냄새

SMELLOSOPHY: What the Nose Tells the Mind

Copyright © 2020 by the President and Fellows of Harvard College
Published by arrangement with Harvard University Press.
All rights reserved.
Korean translation copyright © 2020 by SERO BOOKS.

이 책의 한국어판 저작권은 PubHub 에이전시를 통한 저작권자와의 독점 계약으로 세로북스에 있습니다. 저작권법에 의해 한국 내에서 보호를 받는 저작물이므로 무단 전재와 무단 복제를 금합니다.

어머니에게

어릴 적 어머니는 내게 동화책 대신
괴테를 읽어 주셨다.

[추천의 말들]

••• 특별한 책이다! 바위치는 실험을 통해 과학적으로 확인하고 역사에서 정보를 취하면서 철학을 한다. 이 책은 후각에 관해 많은 것을 가르쳐 주며, 철학에 대해 더 많이 가르쳐 준다. _타임스 문예부록

••• 코에 대한 확고한 편견을 뒤엎는 책. 바위치는 우리가 시각 중심의 사고를 포기한다면 의식에 대해 훨씬 더 많은 것을 발견할 수 있다고 말한다. 후각은 외부 세계를 지도화하고 뇌에 정확한 표상을 만드는 대신, 우리의 내적인 삶과 외적인 삶 사이를 끊임없이 오가며 협상한다. _하퍼스

••• 활기차다! 정통 학자의 신뢰할 만한 역작! 소외되었던 냄새와 후각의 지위를 회복하는 책. _월스트리트 저널

••• 바위치는 후각계가 어떻게 작동하는지에 관한 그간의 선입견들에 대해서, 그리고 우리를 살아 있게 하고 안전하게 지켜 주는 여러 감각계와 후각계가 어떻게 다른지에 대해서 매력적이고 정확하게 썼다. 철학의 논리적 일관성과 과학의 경험적 요소 간의 소통과 통합도 빛난다. _스펙테이터

••• 후각 과학의 풍부한 역사와 철학적 관점을 결합하여 지각적, 심리적, 신경생물학적 측면에서 후각을 살핀다. 냄새 지각, 행동과 감정을 이끄는 후각의 의식적 무의식적 영향, 그리고 우리가 어떤 냄새를 어떻게 맡는지 결정하는 신체적 행동적 세부 사항에 대한 풍부한 정보와 논의를 담았다. 이를 통해 후각의 심리학에 대한 폭넓은 통찰을 제공한다. _사이언스

••• 후각을 향한 러브레터! 이 책은 과학과 철학을 자연스럽게 통합한다. 코가 있는 사람이라면 누구나 반드시 읽어야 할 책이다.
_레슬리 보스홀 록펠러 대학교, 하워드 휴스 의학 연구소

••• 열정과 전염성 있는 즐거움으로 쓰인 A. S. 바위치의 새 책은 역사, 예술, 철학 및 현대 후각 과학의 선구자들과의 심층 인터뷰를 통합했다. 이 책은 인간의 삶에서 후각의 역할에 대한 독자들의 인식을 향상시킬 것이다.
_ **고든 M. 셰퍼드** 예일 대학교, 신경과학자, 『신경 미식학Neurogastronomy』 저자

••• 민트 향과 스컹크의 방귀 냄새가 다르게 느껴지는 까닭을 이해하는 일은, 빨간색과 파란색이 다르게 보이는 이유를 설명하는 것보다 훨씬 더 어려운 문제로 밝혀졌다. 바위치는 왜 후각의 과학이 잘못된 길을 갔는지, 그리고 후각이 모호함의 늪에 빠져 있는 동안 시각과 청각의 과학이 어떻게 돌파구를 만들었는지를 매혹적인 이야기로 들려준다. 『Smellosophy』는 내 머릿속 냄새 나는 세상에 대해 많은 것을 가르쳐 준다.
_ **패트리샤 처칠랜드** 분석철학자, 신경철학의 선구자, 『뇌처럼 현명하게』 저자

••• A. S. 바위치는 뇌가 방대한 냄새 분자를 감지하는 방법을 과학적으로 탁월하게 서술하고, 우리의 감정과 기억을 형성하는 복잡한 냄새 지각의 경이로움을 포착해 냈다. 이 책은 후각의 과학, 연구 방법과 실천, 의식의 철학, 그리고 그 사이의 '모든 신비'를 조합한 독창적이고 경이로운 역작이다.
_ **스튜어트 파이어스타인** 컬럼비아 대학교, 신경과학자, 『이그노런스』 저자

••• 우리가 기다려 온 지각에 관한 책이다. 애매하기만 했던 후각을 과학적 정보와 철학적 관점으로 면밀하게 다루었다. A. S. 바위치는 연구의 역사, 최근의 발견 및 후각에 대한 철학적 이론을 동원해 우리를 후각의 세계로 능숙하게 안내한다. 또한 이를 통해 세 분야 모두에 큰 기여를 하고 있다.
_ **배리 C. 스미스** 런던 대학교 감각연구센터, 철학자

냄새 코가 뇌에게 전하는 말

1판 1쇄 펴냄 2020년 11월 10일 1판 2쇄 펴냄 2025년 3월 4일

지은이 A. S. 바위치 **옮긴이** 김홍표
펴낸이 이희주 **편집** 이희주 **교정** 김란영 **디자인** 전수련
펴낸곳 세로북스 **출판등록** 제2019-000108호(2019. 8. 28.)
주소 서울시 송파구 백제고분로 7길 7-9, 1204호
https://serobooks.tistory.com/ **전자우편** serobooks95@gmail.com
전화 02-6339-5260 **팩스** 0504-133-6503

ISBN 979-11-970200-1-8 03400

※ 이 책은 저작권법에 따라 보호를 받는 저작물이므로 무단 전재와 무단 복제를 금합니다.
　이 책의 전부 또는 일부를 쓰려면 반드시 저작권자와 출판사의 허락을 받아야 합니다.
※ 잘못된 책은 구매처에서 바꿔 드립니다.

코가 뇌에게 전하는 말

A. S. 바위치 지음
김홍표 옮김

세로
SEROBOOKS

옮긴이의 글

　일찍이 후각을 잃었지만 여전히 맛있는 음식을 만드는 유명한 중식 요리사 이연복 씨는 어릴 적 기억에 의존해서 맛을 짐작한다고 말한다. 놀랍고 감동스럽긴 하지만, 그 말이 쉽게 이해되지는 않는다. 감기로 코가 막혀 맛을 제대로 느끼지 못한 채 음식을 삼켰던 일이 생생하기 때문이다. 우리는 음식의 맛이 입을 통한 미각 못지않게, 코를 통해 느끼는 냄새와 풍미에서 온다는 사실을 알고 있다.
　또한, 우리는 미각과 후각을 통해 주변 환경에서 유래한 화학물질의 정보를 해석하고 그에 합당한 행동을 취한다. 고소한 맛이야. 꽃향기 좋은데. 윽, 고약한 시궁창 냄새야, 빨리 자리를 뜨자. 그런데 미각은 많아야 여섯 가지(달고, 쓰고, 짜고, 시고, 기름지고, 감칠맛 나는) 맛을 구분하지만 후각이 처리하는 화합물은 수만 가지에 이른다. 우리 인간의 후각계는 이렇게 다양한 화합 물질의 정보를 어떻게 구분하고 기억하는 것일까?
　냄새는 프루스트의 소설 『잃어버린 시간을 찾아서』에 소개된 마들렌 일화를 통해 잘 알려졌듯이 아련한 기억을 불러일으키기도 한다. 동물에게 냄새의 중요성은 말할 것도 없다. 냄새는 사체를 향한 대머리수리의 날갯짓을 유도하는가 하면, 심지어 세균도 화학물질의 농도 차이를 감지하고 '그곳'을 향하거나 피한다. 이렇듯 후각은 생명체 전반에 걸친 오래되고 고유한 종합 감각이다. 우리에게 이 모든 일은 콧구멍에서 약 7센티미터 위쪽, 9제곱센티미터 넓이의 좁은 후각 상피 조직에 운집한 천만 개가 넘는 신경세포에서 시작된다. 다른 감각과 마찬가지로 후각도 이런 감각기관을 통해 입수한 정보와 그것을 해석하고 통합하는 뇌의 협업에 의존한다. 따라서 감각의 말단을 다치거나 뇌가 손상되면 후각 기능이 떨어질 수 있다. 코로나19에 감염된 환자가 후각과 미각에 이상을 보이는 일도 바로 이런 감각 경로에 바이러스가 침입한 결과로 해석할 수 있다. 최근에는 후각의 상실이 퇴행성 뇌 질환인 알츠하이머나 파킨슨병과 긴밀하게 관련되어 있다는 연구 결과도 속속 발표되고 있다.

　한동안 후각 연구가 신경과학계의 본류에서 멀찍이 처지게 된 까닭은 모든 일이 그렇듯 단순했다. 후각 연구 자체가 무척 어려웠기 때문이다. 모든 것을 분류하고자 했던 카를 폰 린네조차 냄새 앞에서는 쩔쩔맸다. 철학, 발생학, 심리학 및 뇌 신경과학 모두 후각을 따라잡기에는 한참 거리가 있었다. 그러나 어느 순간 후각은 자리를 박차고 신경과학의 본류에 뛰어들었다. 모든 일은 순식간에 벌어졌다. 후각 수용체 유전자가 발견된 것이다. 이 책은 바로 그 지난했던 역사를 출발지로 삼

옮긴이의 글

아, 복잡하고 기이하고 난감하기만 했던 냄새 감각의 실마리를 한 올 한 올 풀어 간다. 이 책에는 과학과 철학 및 심리학 전 분야를 망라한 후각 연구 역사의 다양한 목소리가 고스란히 담겨 있다. 따라서 이 책의 어디를 펼쳐도 그 생생한 육성을 들을 수 있다.

『냄새-코가 뇌에게 전하는 말』(이하 『냄새』로 표기)은 현재 인디애나 대학교 과학사 및 과학철학과 교수로 재직하고 있는 바위치 박사의 역작이다. 철학을 전공했지만 실험실 경험도 적지 않은, 독특한 이력을 가진 바위치는 아직 젊다. 『온도계의 철학』을 쓴 케임브리지 대학의 장하석 교수가 그녀의 멘토이기도 하다. 어쨌든 바로 그 젊음 덕분에 역사와 현재를 넘나드는 풍부한 정보와 바로 지금 현장에서 활동하고 있는 연구자들의 열정적이고 생생한 목소리가 이 책에 오롯이 담겼다. 아리스토텔레스와 플라톤, 프로이트가 등장하는 어느 순간, 후각 수용체를 발견한 공로로 노벨 생리의학상을 받은 액설과 린다 벅의 목소리가 흘러나온다. 곧잘 티격태격 싸우던 산티아고 라몬 이 카할과 카밀로 골지가 1906년 나란히 노벨상을 받는가 하면, 향기에 매혹돼 아웃사이더가 된 루카 투린이 빙그레 웃기도 한다. 흥미 가득한 책이다.

『냄새』를 읽다 보면 글에서 저자의 독특한 특성 한 가지를 접하게 되는데, 어렵고 논리적인 문장을 먼저 던진 다음 곧바로 상세한 설명을 제공하는 것이다. 그런 설명이 뒤따르지 않는다면 논리적 수순에 따른 책 읽기가 힘들다고 저자가 생각했기 때문일 것이다. 따라서 우리가 할 일은 다만 눈길을 쫓아 책의 내용을 따라가는 것뿐이다. 그러면 머잖아 우리는 『냄새』가 고스란히 내 후각에 당도해 있음을 알아차릴 수 있을 것이다. 그와 동시에 후각은 끊임없이 훈련된 학습 과정이고 그 결과물이라는 점도 익히 짐작하게 될 것이다.

〈일러두기〉

1. 인명, 지명, 기관명 등은 국립국어원의 외래어 표기법에 따랐습니다. 단, 관례로 굳어진 경우 관례를 따랐습니다.
2. 전문 용어의 번역은 각 학문 분야에서 통용되는 낱말을 쓰되, 가능하면 한글 표현을 사용하였습니다. 전문 용어의 영문은 본문에 병기하였거나 [참고], '역자주'에서 찾아볼 수 있습니다.
3. 인명, 책이나 논문 제목의 영문 표기는 부록의 '인터뷰에 응한 사람들'과 '주註'에 없는 경우에만 본문에 병기하였습니다.
4. 원서에서 이탤릭체로 표기된 것 중 강조의 의미로 쓰인 것은 볼드체로 표기하였습니다. 원서에서 이탤릭체로 표기된 것 중 책 제목은 『 』, 논문 제목은 「 」, 잡지명은 《 》, 영화나 예술 작품 제목은 〈 〉로 표기하였습니다.
5. 저자주는 미주로 1, 2, 3…과 같이 숫자로 표시하였고, 역자주는 페이지 하단 각주로 •, ••, •••로 표시하였습니다.
6. 차례 뒤 [참고] 내용과 그림 번호가 없는 그림은 번역본에서 추가한 것입니다.

차례

옮긴이의 글 • 8
서문 • 21

서론: 냄새 속으로 —————— 26
1장. 코의 역사 —————— 42
2장. 현대적 의미의 후각, 갈림길에서 —————— 92
3장. 코를 사유하다 —————— 128
4장. 냄새, 기억, 행동 —————— 178
5장. 공기를 타고, 코에서 뇌로 —————— 214
6장. 분자를 넘어 지각으로 —————— 242
7장. 후각 망울의 정체 —————— 288
8장. 냄새를 측정하다 —————— 332
9장. 지각의 기술 —————— 366
10장. 코는 마음과 뇌로 통하는 창 —————— 416

인터뷰에 응한 사람들 • 431
주註 • 434
감사의 글 • 469
찾아보기 • 474

[참고]

감각계와 신호 전달

우리 몸은 감각기관을 통해 외부의 자극을 인식하고, 이를 전기적 신호의 한 형태인 활동 전위로 변환하거나 혹은 신경전달물질을 이차 신호로 삼아 뇌에 정보를 전달한다. 여기서는 본문에 등장하는 시각, 청각, 후각, 세 종류의 감각 경로를 간단히 살펴보자.

이들 감각은 각기 눈, 귀, 코라는 감각기관을 통해 빛(광자), 소리(압력파) 그리고 휘발성 화학물질(공기 속 분자) 형태의 자극을 감지하며, 자극에 대한 정보는 대략 세 단계의 경로를 거쳐 해석된다. 즉, 먼저 섬모를 장착한 감각기관의 세포들이 외부 자극을 그러모은다. 적합한 신호로 변환된 이들 자극 신호는 중간 기착지를 거쳐 대뇌 겉질에 이르고, 거기에서 다양한 종류의 감각 통합이 이루어진다.

	시각	청각	후각
감각 수용기 (세포 및 단백질)	망막 원뿔세포(색을 인식) 막대세포(빛을 인식)	달팽이관 청각세포	후각 상피 후각 신경세포 (후각 수용체)
중간 기착지	시상의 가쪽 무릎핵 신경	시상의 안쪽 무릎핵 신경	후각 망울(토리)
뇌의 감각 겉질 및 상위영역	일차 시각 겉질 (V1) 시각 연합 겉질 영역 뒤통수마루 경로: '어디?' (V2, V3, MT, LIP, FEF) 뒤통수관자 경로: '무엇?' (V4, TE)	일차 청각 겉질 (관자엽 위) 청각 연합 겉질 영역 앞쪽 경로: '무엇?' (IFC) 뒤쪽 경로: '어디?' (IPL, PMC)	일차 후각 겉질 (앞쪽관자엽의 조롱박 겉질, 겉질 편도체, 내후각 겉질, 후각 결절) 후각 연합 겉질 영역 감각 통합: 후각 결절 의사결정: 눈확이마 겉질 기억: 해마 정서: 편도체

대뇌 겉질

대뇌 바깥쪽을 이루는 2~3밀리미터의 회백질 부분으로, 신경세포들이 밀집해 있다. 대뇌 겉질은 감각, 운동, 언어 등 여러 기능을 수행하며 기능에 따라 영역이 나뉘어 있다.

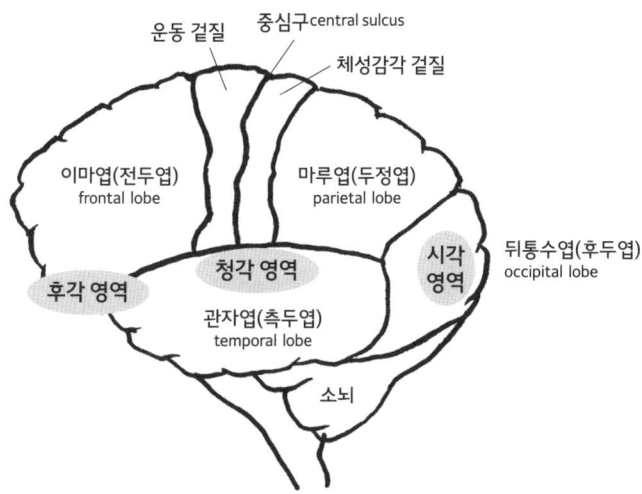

시상과 해마

뇌의 한가운데에 위치한 시상은 대부분의 감각기관에서 온 신호를 선별하여 대뇌 겉질로 전달한다. 해마는 뇌로 들어온 감각 정보를 단기간 저장하고 있다가 대뇌 겉질로 보내 장기 기억으로 저장하거나 삭제한다.

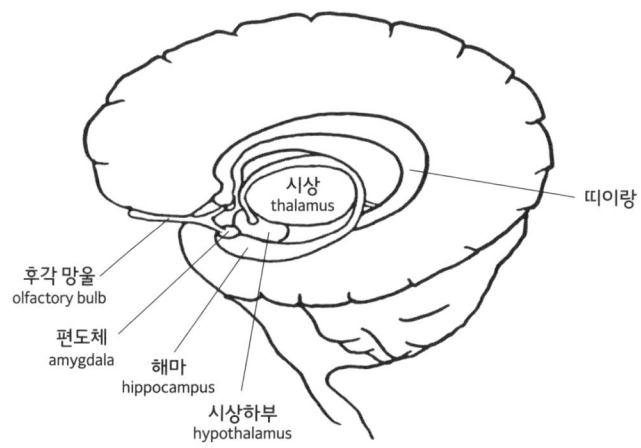

시각계

▶▶▶ 본문 100~102쪽

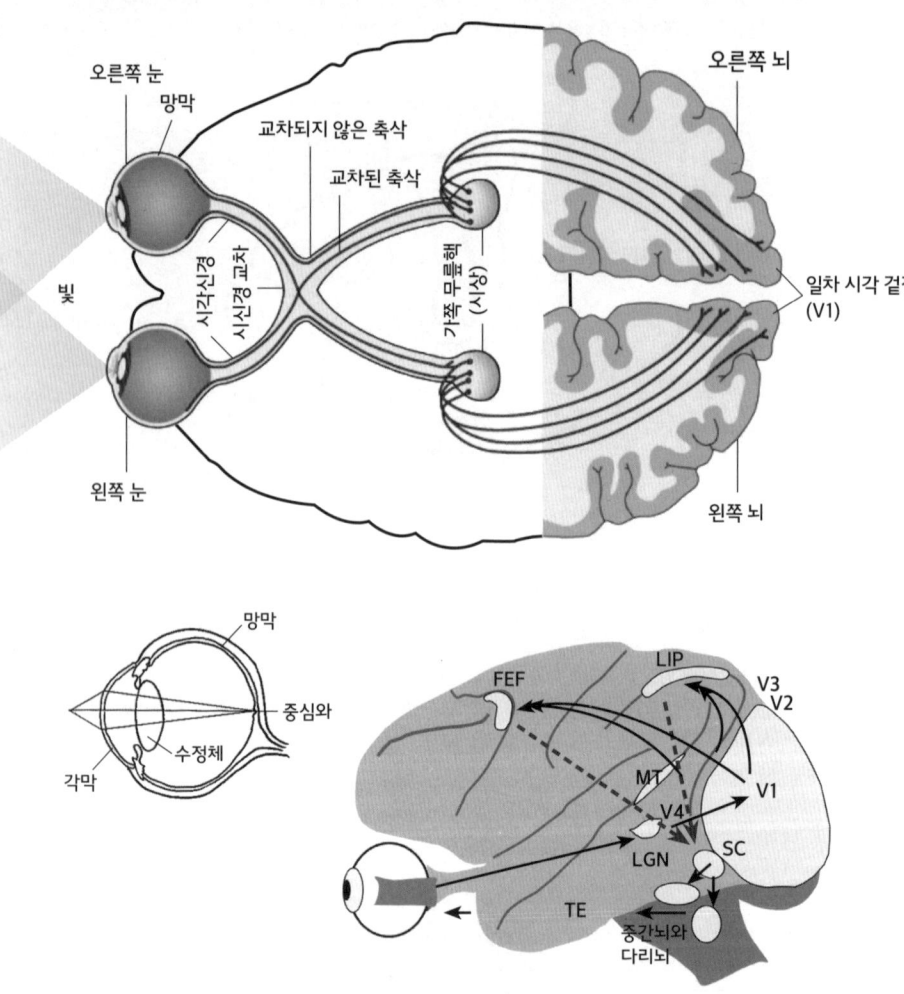

LGN: lateral geniculate nucleus 가쪽 무릎핵 **V1**: primary visual cortex 일차 시각 겉질
MT: middle temporal cortex 중간측두 겉질 **LIP**: lateral intraparietal 가쪽 마루엽속 영역
FEF: frontal eye field 앞쪽 눈 영역 **TE**: anterior inferior temporal cortex 앞쪽측두아래 겉질
SC: superior colliculus 위둔덕

출처: 위_ ⓒ Wiley /Wikimedia Commons CC BY-SA 2.5
　　　아래_ ⓒ Robert H. Wurtz/ Wikimedia Commons CC BY 4.0

청각계

▶▶▶ 본문 236쪽

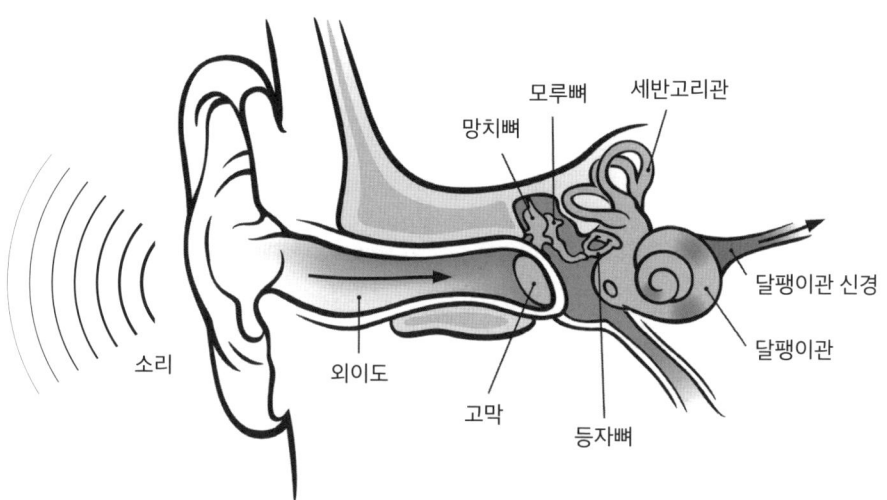

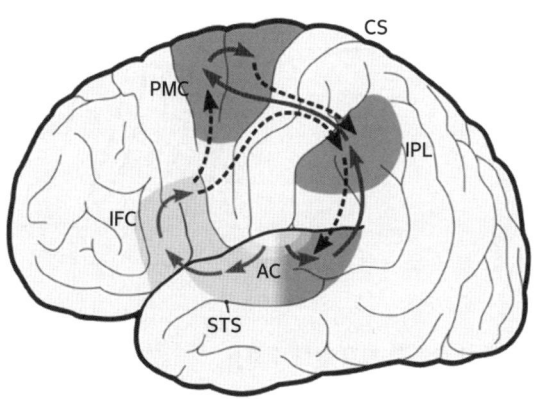

AC: auditory cortex 일차 청각 겉질 **IFC**: inferior frontal cortex 아래이마 겉질
IPL: inferior parietal lobule 아래마루엽 **PMC**: premotor cortex 앞운동겉질
STS: superior temporal sulcus 상측두고랑

출처: 위_ © Chittka L. and Brockmann A./ Wikimedia Commons CC BY-SA 2.5
아래_ © Aniruddh D. Patel, and John R. Iversen / Wikimedia Commons CC BY 3.0

후각계

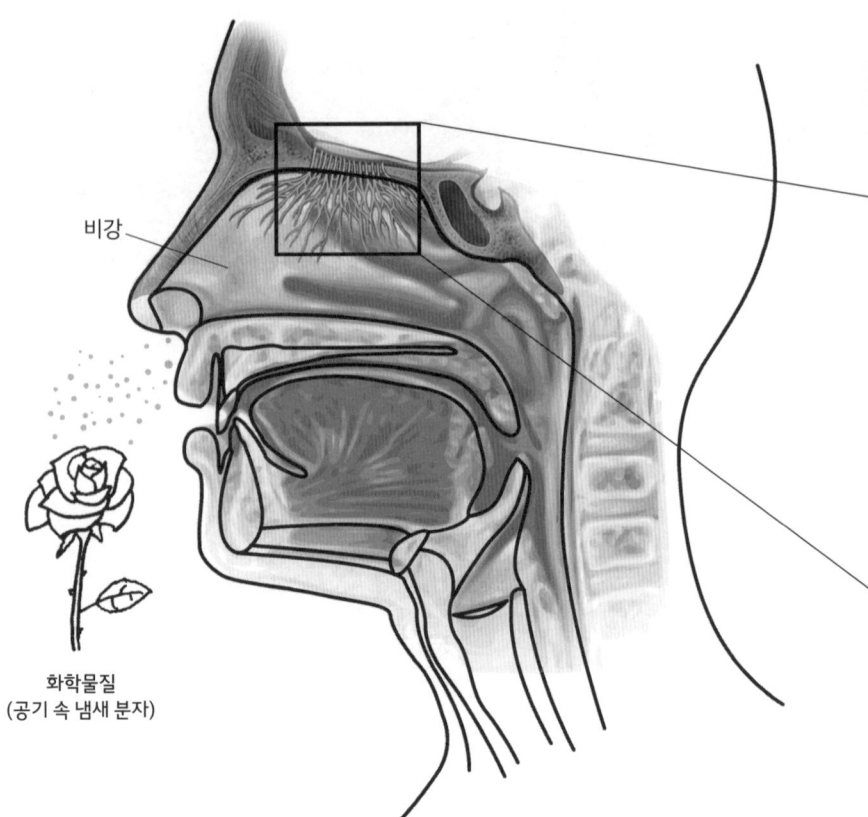

[후각 자극과 신호 전달 경로]

코를 통해 비강으로 들어 온 화학물질

→ 상피의 신경세포(후각 수용체)

→ 후각 망울(토리, 승모세포)

→ 조롱박 겉질을 비롯한 일차 후각 겉질(편도체, 내후각 겉질)

→ 후각 연합 겉질 영역(눈확이마 겉질, 해마, 시상, 섬엽)

Insula
Thal
OFC
Hipp
PC
Amyg
Ento
후각 망울

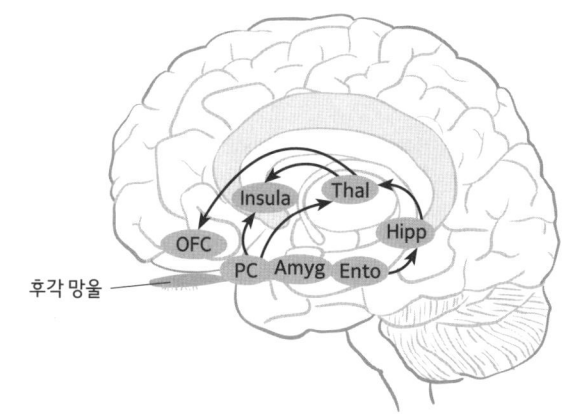

PC: piriform cortex
조롱박 겉질
Amyg: amygdala 편도체
Ento: entorhinal cortex
내후각 겉질
OFC: orbitofrontal cortex
눈확이마 겉질
Hipp: hippocampus 해마
Thal : thalamus 시상
Insula: 섬엽

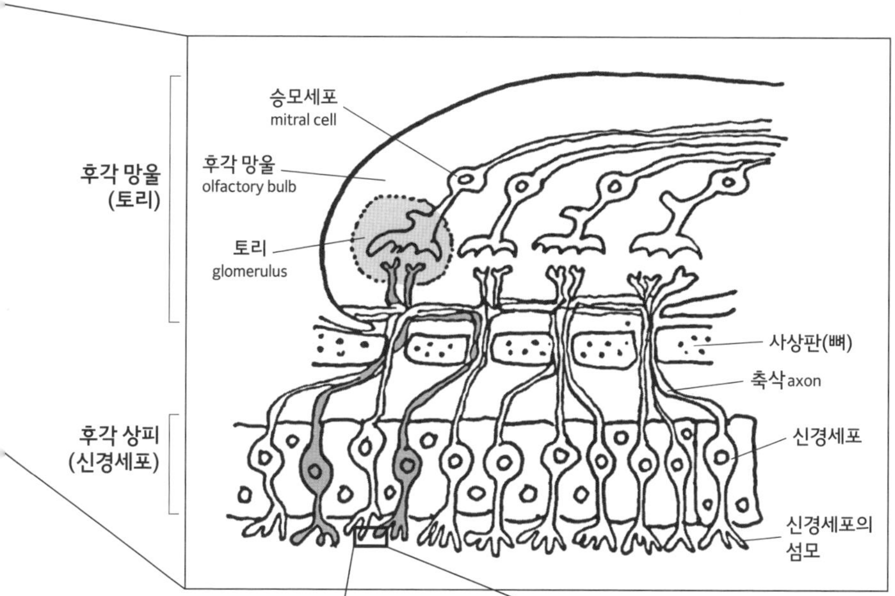

후각 망울
(토리)
승모세포
mitral cell
후각 망울
olfactory bulb
토리
glomerulus
사상판(뼈)
축삭axon
후각 상피
(신경세포)
신경세포
신경세포의
섬모

© 김홍표

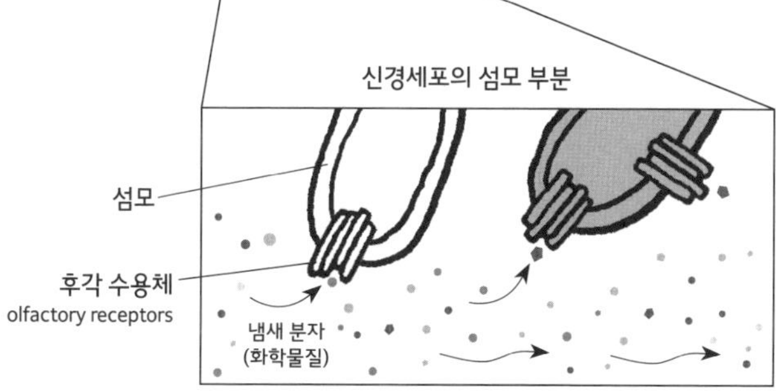

신경세포의 섬모 부분
섬모
후각 수용체
olfactory receptors
냄새 분자
(화학물질)

서문

후각은 인간 감각계의 신데렐라다. 오랜 기간 후각은 찬밥 신세를 면치 못했다. 전통적으로 후각은 주관적 감정과 동물적 감각을 전달한다며 흔히 천대받았고, 철학과 과학 그 어느 쪽에서도 관심의 대상이 되지 못했다. 1754년 프랑스 계몽주의 철학자 에티엔 보노 드 콩디야크는 이렇게 말했다. "후각은 모든 감각 중에서 인간의 인식 체계에 가장 기여도가 낮은 감각이다."[1] 엄격한 프러시안 철학의 대들보인 이마누엘 칸트도 후각을 다음과 같이 평가했다.

유기체의 감각 중 가장 천박하면서 없어도 되는 감각은 무엇일까? 냄새 감각이다. 냄새를 즐기는 데는 따로 교육이 필요하지도 않고 감각을 다듬을 필요도 없다. 게다가 즐거운 냄새보다는 역겨운 냄새가 훨씬 많다. 붐비는 곳에서는 더욱 그렇다. 뭔가 향기로운 냄새를 만났을 때조차 그 기쁨은 덧없고 일시적이다.[2]

서문

칸트가 쾌락의 전문가라고 생각하지는 않는다. 하지만 철학자들은 차치하고, 과학자들조차 인간의 코에는 관심을 두지 않았다. 1874년 찰스 다윈은 인류에게 "냄새 감각이 기여하는 바는 매우 적"다고 지적했다.[3] 학자들은 후각을 거들떠보지도 않았다.

20세기 중반에 접어들며 상황이 급변했다. 점점 더 많은 연구자가 감각 연구의 새로운 모델로 후각의 잠재력을 깨닫기 시작했다. 신경과학이 혁명적으로 발전하면서 지난 수십 년 동안 후각 연구의 방법과 전망에 새로운 가능성이 열리고 있다. 냄새 지각 및 그것의 신경학적 기초는 뇌를 통해 마음을 이해하는 실마리를 제공한다. 새로운 현실은 우리에게 케케묵은 철학적 사고에서 벗어나 우리의 마음과 뇌에 대해 다시 생각하기를 촉구한다.

이 책은 그러한 요구에 부응하기 위한 노력의 하나이다. 코가 마음과 어떻게 의사소통하는지, 내가 가졌던 관심이 독자들에게도 읽히기를 바란다. 최근 후각 분야에서는 논리적으로 합당하고 실험적으로 세련된 연구 결과가 엄청나게 쏟아져 나왔다. 마땅히 이를 축하할 때가 되었다. 『냄새』는 조건 없는 사랑을 후각에 바친다. 이 책은 코가 무엇을 알고 있는지를 탐구하고자 했던, 다양하고 창의적인 연구들에 대한 통합된 관점을 제공할 것이다. 여기에는 신경과학, 분자생물학, 유전학, 화학, 심리학, 인지과학 그리고 철학뿐 아니라 향수 및 와인 제조 분야의 전문 지식까지 포함된다. 그러나 이 책의 철학적 대의는 학제 간 종합 이론을 넘어서는 것이다. 나는 요약이 아닌 전망을, 현 단계의 후각 이론을 넘어서는 열린 질문을 제시하고자 노력했다. 각계의 전문가들이 현장과 개발에 얽힌 이야기를 허심탄회하게 털어놓았고 기꺼이 시간을 할애해 주었다. 고마운 일이다. 다양한 성격과 의견을 가진 여러 분야의 전문가들은 오롯이 자기 색깔을 보여 주었다. 하지만 모든 사람의 목소리가 이 책에 담겨 있지는 않다(이 책에 담지 못한 목소리의 주인공들께 진심으로 사과드린다). 또한, 모든 과학자가 이 책의 주장에 동의해야 하는 것도 아니다.

    코에 관한 연구는 계속되고 있다. 이 책이 출판된 후에도 발견은 이어질 것이다. 책에서 주장하는 바가 힘을 받을 수도 있고, 비판의 빌미를 제공할 수도 있을 것이다. 결국 이 책은 후각의 미래가 시작되는 곳에서 끝나게 될 것이다. 우리 앞날에 행운이 함께하길!

후각,
그것은 지구상에서 결코
마주한 적 없는
새로운 자극을 만들어 낼 수 있는
유일한 감각이다.

– 린다 바토슉

서론

냄새 속으로

간단한 실험으로 시작해 보자. 손가락으로 코를 막고 젤리 빈을 씹으면 어떨까? 달짝지근하겠지만 그뿐일 것이다. 이제 코에서 손가락을 떼고 젤리 빈을 삼키면서 부드럽게 숨을 쉬어 보자. 갑자기 딸기와 귤 향기가 서둘러 콧속으로 들어오면서 당신의 주의를 끌 것이다. 맛은 후각 현상이기 때문이다.

인간이 음식이나 음료수에 들어 있는 수백 종류의 냄새를 분간할 수 있는 매우 뛰어난 능력을 지녔다는 사실을 알면 여러분은 놀랄지도 모른다. 하지만 우리는 뇌가 어떻게 그런 변별력을 가지는지 과학적으로 충분히 이해하지 못하고 있다. 냄새는 우리를 끌어당기기도 하고 밀어내기도 한다. 향기에 취하기도 하지만 괴로울 때도 있다. 그러나 우리는 인간의 뇌가 어떻게 그러한 의미를 창조하는지 잘 알지 못한다. 그런 이유로 냄새 감각에 대한 심각한 오해와 왜곡이 난무하게 되었다.

이 책에서 나는 인간의 후각과 관련된 보편적인 오해를 바로잡고자 한다. 또한 코가 수집하고 뇌가 가공하며 우리의 마음이 지각하는, 냄새라는 실체에 관한 생각의 틀을 바꿔 줄 다양한 연구 결과도 살펴볼 것이다. 과학자들이 냄새에 관해 무엇을 어떻게 아는지 분석함으로써, 감각 지각에 대한 전통적인 질문도 재탐색해 볼 것이다. 코는 뇌에게 뭐라 말하고 뇌는 그것을 어떻게 받아들일까? 그에 대한 답은 아직 확실치 않지만, 나는 이 책에서 인류가 찾고자 애쓰는 신경과학 행보의 역사적이고 철학적인 면면을 살펴보려 한다. 『냄새』를 통해 우리는 후각에 관한 지식에서 무엇이 빠져 있고, 무엇이 불명확한지 알게 될 것이다. 거기에는 냄새의 지각적 차원과 인지로 이어지는 과정에 대한 이론적인 이해가 포함된다. 이는, 우리가 세계의 실체에 접근하는 것을 가능하게 하는, 인간 감각에 관한 경쟁적인 가설들을 견주어 볼 최적의 기회이다. 또한 뇌가 어떻게 감각 정보를 표상하는지, 보다 폭넓게는 지각의 본성이 무엇인지에 관한 새로운 모델로서 후각을 진지하게 들여다볼 좋은 기회이기도 하다.

    냄새는 매우 변덕스러운 감각이다. 사람마다 제각각일 뿐 아니라 개별 경험에 따라서도 달라질 수 있다. 경험이 정성적이고 다양하기 때문에 후각 또한 매우 주관적이다. 코는 외적인 실체를 드러내는 믿을 만한 정보를 제공하지 못하는 것처럼 보인다. 하지만 이런 견해는 수정되어야 한다. 인간의 냄새 감각은 우리가 생각하는 것보다 훨씬 믿음직하다. 후각을 다룬 최신 연구 결과는, 주관적인 경험이 어떻게 객관성을 확보하게 되는지를 포함하여 감각을 이해하는 새로운 식견을 제공한다. 감각의 주관성과 객관성 사이의 뿌리 깊은 갈등은 철학 체계에 뇌 개념이 들어 있지 않았던 시기까지 소급된다. 눈으로 보는 것 이상을 좀처럼 보려 하지 않았기에, 마음과 뇌에 대한 현대의 이론 또한 한동안은 근시안적일 수밖에 없었다.

    감각 연구의 오랜 패러다임은 시각이었다. 그리 놀랍지는 않다.

'보는 것'을 이해하는 데 철학적 전통이 집중되었기 때문이다. 과학자들은 다른 어떤 감각보다 시각 경로에 대해 더 많은 정보를 축적했다. 1950년대 후반에서 1960년대에 걸쳐 뇌 과학자들은 시각계를 담당하는 뇌의 부위를 지도화mapping하는 데 총력을 기울였고, 이런 발견이 갖는 철학적 함의에 대한 논쟁도 뜨겁게 달아올랐다. 시각 연구에서는 공간적 위상에 초점을 맞추고, 외부 자극에 대한 표상으로서 자극에 반응하는 뇌의 특정한 영역에 국지화된 신경 패턴이 나타난다고 가정했다. 이러한 견해에 따르면, 뇌에는 물체의 방향과 모양 또는 색상과 같은 특성을 지각하고 처리하는 특정한 부위가 존재한다. 이와 유사한 뇌의 조직화 원리가 청각계에도 적용되었다. 대뇌 겉질 청각 영역에서 특정 부위의 활성도를 측정하면, 고음을 듣는지 저음을 듣는지 우리가 알 수 있으리란 뜻이었다.

눈을 통해 색을 보든 귀를 통해 소리를 감지하든, 그것은 뇌의 특정 장소를 비례적으로 자극하는 주요한 원인 인자(전자기파인 빛의 파장 또는 공기압의 파동)에 바탕을 두고 있다. 하지만 후각 자극은 다차원적이다. 수천 가지 분자 특성을 갖는, 구조적으로 다양한 화학물질에 따라 냄새의 성질이 달라진다. 비공간적인 후각 자극의 정보를 암호화하기 위해 인간의 뇌가 어떻게 신경 영역을 할당하는지 아직은 잘 모른다. 지금까지도 후각 뇌의 주요 겉질 부위에서 냄새 지도는 확정되지 않았다. 심지어 지도화할 수 있는 그런 신경 영역이 존재하는지조차 의심스럽다.

마늘 냄새, 탄 냄새, 식물 혹은 채소 냄새 등 냄새는 도처에서 맡을 수 있다. 하지만 시각이나 청각과 달리 냄새를 감각하게 만드는 물리적 자극은 보편적으로 분류할 수조차 없다. 아마도 이는 냄새 감각이 주관적이어서가 아니라, 냄새 자극이 분자 수준에서 매우 복잡하기 때문일 것이다. 눈에 보이는 물체의 공간적 특성, 예컨대 모양이나 방향 혹은 움직임은 뇌의 특정한 기능 영역에 지도화가 가능하다. 하지만 사과, 마늘, 오줌 등의 정성적인 냄새를 구분하고 이를 뇌의 특정 부위에 지도화하는 일은 어렵기 그지없다. 정성적인 공간을 물리적 구조에 연결하기가 거의 불가능하기 때문이다.

냄새를 인식할 때 우리는 다양한 지각 경험과 맞부딪친다. 예를 들어, 코로 어떤 냄새를 맡았더라도 우리는 그것이 입에서 온 것임을 알고 있다(과학자들은 이를 '구강 참조oral referral'이라고 한다). 또, 익숙한 냄새지만 뭐라고 형언할 수 없는 코끝 현상*도 만나게 된다("음, 아는 냄새인데 도무지 뭐라 표현을 못하겠네!"). 게다가 후각은 흔히 구어적 표현과 복합적인 감각을 동원하는 방법으로 애매하게 설명되곤 한다. 와인 전문가들은 감지되지 않은 바닐라 향기를 입으로 소환한 뒤에야 비로소 그 냄새가 나는 듯하다고 말한다. 정황에 따라, 같은 냄새가 섞인 것을 사람마다 다르게 느끼는 경우도 흔하다(눈을 감은 상태에서 고약한 치즈 냄새와 발 냄새를 구분할 수 있을까?). 우리는 냄새란 무엇이고 그것이 이 세계에서 무엇을 표상하는지 살펴봄으로써 이러한 현상의 본질을 파헤치고자 한다. 좀 더 과학적으로 말하면, 냄새를 통해 어떤 지각 정보가 표상되는 것인지, 그리고 그 정보가 어떻게 뇌의 해당 신경 영역과 관련을 맺는지 알아볼 것이다.

---

* 1977년 롤리스와 엥엔(Lawless & Engen)이 심리학 용어인 설단(tip of the tongue) 현상에 빗대어 만든 용어. 설단(혀끝) 현상은 무엇인지 잘 알고 있지만 입 끝에 맴돌 뿐 말이 되어 나오지 못하는 상황을 이른다. 마찬가지로 익숙한 냄새지만 뭐라 이름 붙이기 힘들 때 이를 코끝 현상(tip of the nose)이라고 한다.

감각신경과학의 현대적 모델

냄새에 대한 과학적 연구는 극히 최근에 시작되었다. 1991년 린다 벅과 리처드 액설이 후각 수용체 유전자를 발견한 직후에야 비로소 후각이 주류 신경과학의 시야에 포착되었다. 하나의 과학적 발견이 그 분야 전체를 재편한 무척 드문 사건이었다. 이 연구로 벅과 액설은 2004년 노벨 생리의학상을 받았다. 후각 수용체는 대부분의 포유류(돌고래는 예외다) 유전체에서 가장 큰 단백질 유전자 집단을 이루며, 구조-기능을 기준으로 단백질 행동을 분석할 때도 다양함이 두드러진다. 후각 수용체는 이른바 G-단백질 결합 수용체(GPCR)**라 불리는 거대 단백질 집단에 속하는 것으로 밝혀졌다. GPCR은 시각과 면역 기능을 포함해서 다양하고 근본적인 생물학적 메커니즘을 매개한다. 이러한 후각 수용체 유전자가 발견되면서 드디어 뇌에서 후각 신호 전달을 공간적으로 탐지할 수 있는 토대가 마련되었다.

유전적 발견이 몰고 온 혁신적인 파급력 덕택에 후각 수용체는 큰 의미를 띠게 되었다. 이러한 발견은 근거도 없이 한 세기 넘게 남아 있던 후각에 관한 여러 가설을 뒤엎었다. 예컨대, 분자 체계로만 보면 후각이 유별나게 정교하지는 않다든가, 인간의 후각 능력은 진화적으로 퇴보했다든가, 후각 경로는 다른 감각들과는 다른 인과원칙에 따라 작동하는 기이하고 협소한 조직처럼 보인다든가, 후각으로부터는 배울 게 거의 없고 다른 감각계가 작동하는 방식을 이해하는 데도 별 도움이 안 된다는 생각들 말이다. 하지만 이러한 통념은 결코 사실이 아니다.

후각의 특성을 중심으로 냄새 지각에 관한 이론을 정립할 필요

** G-protein coupled receptor. GPCR로 줄여 쓰기도 한다.
이후 연속해서 나올 경우에는 GPCR로 쓰겠다. 관련 내용은 95쪽 참고.

가 있다는 생각은 최근에야 대두되었다. 불확실한 것을 측정하고, 보이지 않는 것을 가시화하는 기술적인 진보가 현대 과학을 만들어 가고 있다. 후각이 근대 과학의 역사에서 전혀 모습을 드러내지 못했던 까닭은 의외로 단순하다. 본질적으로 후각 연구가 어려웠기 때문이다. 우리 스스로를 19세기 실험 연구자라고 생각해 보자. 어떻게 냄새를 이해할 것인가? 쉽사리 사라지고 일시적으로 나타나는 냄새를 가시화하고, 그것의 물리적 경로를 구체화하는 동시에, 그 원인을 파악하는 체계적 실험을 할 수 있겠는가? 도대체 어떻게 각각의 냄새를 비교하고 정의할 수 있을까? 1914년에 다른 사람도 아닌 알렉산더 그레이엄 벨이 그런 어려움을 토로하며 쓴 글을 보아도 문제가 뭔지 잘 드러난다.

> 냄새를 측정해 본 적이 있는가? 어떤 냄새가 다른 냄새보다 두 배 강하다고 말할 수 있는가? 한 종류의 냄새와 다른 냄새의 차이를 측정할 수 있는가? 제비꽃과 장미에서 아위*에 이르기까지 우리 주변에서 맡을 수 있는 냄새는 수없이 많다. 그러나 그것이 얼마나 비슷하고 다른지 측정할 수 없다면 냄새에 대한 과학은 없다. 새로운 과학을 정립하고자 하는 욕망이 있다면 먼저 냄새를 측정하라.[1]

1991년 이전까지 후각은 실험적으로 매력적인 주제가 아니었다. 과학에서의 영광을 약속하지도 못했다. 그저 호기심과 열정만이 후각을 연구하는 과학자들을 이끌었을 뿐이었다. 하지만 수용체가 발견되자 이 분야는 분자생물학과 신경과학의 주류가 되었다. 연구비가 폭

---

* 미나리과 아위속 식물로
톡 쏘는 냄새가 난다.

주했다. 첨단 기술이 도입되고 정밀한 분석이 가능해지면서 과학자들이 몰려들기 시작했다. 후각 연구에 학문적으로 근본적인 변이가 찾아오고, 두드러진 성과가 도출되었다. 지금 우리는 그 진보의 핵심 현장을 목격하고 있다.

과거 한 세기를 합친 것보다 지난 10년 동안 우리는 후각 경로에 대해 더 많은 지식을 축적했다. 그러나 후각의 메커니즘에 대해 결론을 내리는 대신, 우리는 보다 심오한 질문을 던질 단계에 이르렀다. 냄새 지각에 관한 핵심 가설을 환기하는 질문이다. 그 질문은 과학과 철학이 만나는 공간을 만들었다.

실험실의 철학자

코의 비밀을 해독하는 일은 실제로 얼마나 어려운 작업일까? 이 질문의 진정한 의미를 깨닫던 순간을 나는 지금도 기억한다. 2014년 1월 나는 후각 과학자를 만나기 위해 빈에서 영국으로 가는, 기대에 가득 찬 여행길에 올랐다. 몇 가지 의미에서 그 만남은 뜻하지 않은 기회였다. 먼저 스튜어트 파이어스타인은 그저 그런 과학자가 아니었다. 필라델피아에서 연극 연출가로 일했던 스튜어트는 과학사에 흥미를 느끼기 전에 이미 유명한 신경과학자였다. 그 당시 나는 과학자가 아니었다. 나는 최근에야 과학사와 과학철학 분야에서 냄새 분류로 박사 학위를 받았다. 모든 일은 급작스레 진행되었다. 여행 몇 주 전에 내 박사 학위 논문 심사 위원이었던 장하석 박사가 난데없이 말했다. "자네, 스튜어트 파이어스타인을 아나? 그가 안식년을 보내러 케임브리지로 올 텐데 만나서 얘기를 좀 해 봐."

그 당시만 해도 우리는, 일 년 반 뒤에 내가 컬럼비아 대학 파이어스타인 실험실에서 3년 동안 일하게 되리라는 것을 짐작조차 하지 못했다. 그것은 천상의 경험이었다. 스튜어트와 나의 첫 만남은 새벽 5시에야 끝났다. 체력이 허락했다면 더 오래 계속되었을 것이다. 맥주를 기울이며 얘기하는 동안 나는 후각에서 모든 분자 간의 사건이 무척 복잡하고, 지난 수십 년 동안 명맥을 유지했던 가설과는 사뭇 다르다는 사실을 또렷이 깨닫게 되었다. 냄새 과학은 빠르게 움직이고 있었다. 너무 빨라서 그 누구도 과학의 역사에서 그것의 한 자락이 온전히 생동하는 그 시간을 포착할 수 없을 지경이었다. 나는 완전히 빠져들었다.

핵심적인 실험을 주도하며 특정 분야를 확립한 대가와 얘기할 기회는 쉽게 찾아오지 않는다. 코가 무엇을 알고 있는지, 과학의 기본적인 질문에 답하기 위해 노력하는 최첨단 실험실에서 연구하는 일도 마찬가지다.

이 기념비적인 시대에 현장의 분위기를 담아내고자, 나는 이 분야에서 활동한 과거와 현재 주인공들과의 대화를 토대로 이 책을 꾸몄다. 후각을 두고 과거와 현재에 벌어진 갖가지 도전에 대해 여러 시간에 걸쳐 진행된 토론은 매번 성격이 다른 만남을 통해 이어졌다. 회의석상에서 커피를 앞에 두고, 바에서 맥주를 마시면서, 혹은 실험실 의자에 앉아, 때론 전화로도 대화가 이루어졌다. 토론은 즉석에서 한 시간에 끝나기도 했지만 여행하는 동안 며칠에 걸쳐 계속되기도 했다. 녹음으로 기록된 대화는 이 분야의 지적 역동성과 토론을 환영하는 열린 성격을 비공식적으로 증언한다. 제 40차 화학감각협회(AChemS) 모임에서 모넬화학감각센터의 폴 브레슬린Paul Breslin은 내게 이렇게 말했다. "이 분야에 학제 간 경계는 없어요. 다만 우리 모두는 공통 질문에 함께 묶여 있을 뿐이죠."

이 책에서 나는 각 분야별 실험 과학의 성과를 바탕으로 학제의 장벽을 뛰어넘는 생생한 목소리를 담으려고 노력했다.[2] 그런 목소리들은 현재 진행 중인 과학을 보여 준다. 가설을 세우고 실험을 통해 가설을 증명하는, 대중에게 매력적으로 보이는 산뜻한 과학적 방법론은 막다른 골목에 막혀 시행착오로 점철된 모습을 드러낼 때가 흔하다. 하지만 실패와 불확실성, 혹은 실험을 진행하는 도중에 이루어진 토론을 통해 불현듯 창의적인 생각이 떠오르기도 한다.[3] 급속도로 발전하는 현대 과학에서 가설, 설명, 증거, 정확도의 가변적인 본성이 무엇인지 면밀하게 다시 살펴볼 필요가 있다.

후각에 대한 질문 다음으로, 이 책은 '과학을 하는 행위'에 대해 성찰하려 한다. 과학은 매우 다원적이다. 실험실 밖에서 흔히 제기되는 비판적인 반대에도 열린 마음으로 다가서야 한다. 1962년 토머스 쿤Thomas Kuhn, 1922-1996은 그의 기념비적인 책 『과학 혁명의 구조』에서 과학 진보에 대한 전통적인 시각을 언급했다. 이런 생각은 당대의 주도적인 이론 틀에서 "경험적인 빈틈을 채우는" 활동에 종사하는 (정상 과학에 관한 쿤의 견해를 받아들인) 후대 과학자들과 철학자들에게 커다란 영향을 끼쳤다. 지금도 그 혁명은 진행 중이다.

그러나 과학 현장의 선두에서 열린 질문과 역동적인 진보의 한

가운데 서 있다면 어떨까? 실험실이라는 참호에서 우리는 다른 방법으로 정상 과학을 관찰할 수도 있다. 바로 역동성과 호기심이라는 측면을 강조하는 방식이다. 실험의 최전선에서 과학의 진보는 어떻게 관측될까? 바로 이 질문에 대답하기 위해 나는 이 책을 쓰게 되었다. 과학이 그러하듯 이 질문도 막 진화하기 시작했다.

『냄새』를 준비하면서 나는 패트리샤 처칠랜드가 1986년 『신경철학』에서 언급한 말을 깊이 생각했다. "지각이 무엇인지 알고자 한다면 먼저 뇌를 이해해야 한다."[4] 폴 처칠랜드는 신경 연산 관점에서 이에 접근했고 존 빅클은 이러한 개념을 정신신경 이론으로 정리했다.[5] 20세기에는 마음의 기원으로 뇌를 이해하는 혁명적인 신경과학이 만개했다. 그것은 인지와 인지 구조에 관한 전통적인 철학적 직관에 도전하는 일이었다. 이런 흐름에 따라, 기존의 철학적 세계관에 과학적 통찰을 맞추기보다는 그 반대의 작업이 필요해졌다. 신경철학이 진보하면서 제기된 마음과 뇌에 관한 근본적으로 새로운 철학적 질문은 무엇인가? 이런 맥락에서 냄새 감각은 그러한 철학적 논제를 시험해 볼 좋은 기회가 될 것이다.

공기에서 뇌를 거쳐 마음으로

이 책은 열 개의 장에 걸쳐 후각 연구를 통합적인 관점에서 개괄한다. 또한, 보다 보편적인 지각 이론을 세우는 데 후각 연구가 어떻게 적용될 수 있는지도 살펴본다.

『냄새』는 대략 네 개의 주제로 이야기를 풀어 간다. 역사, 철학,

신경과학 그리고 심리학이 그것이다. 잘 섞이지는 않지만, 각각의 접근 방식은 퍼즐의 한 조각을 품고 있다. 심리학적 현상은 신경 처리 과정의 표현이며, 후각을 탐구해 온 역사를 통해 파악할 수 있는 철학적 시각은 통합적인 이해를 돕기 때문이다.

먼저, 우리는 냄새 감각에 대해 과학적 관심을 기울였던 역사를 파헤칠 것이다. 1장 '코의 역사'에서 우리는 먼 과거인 고대 철학자에서 20세기 중반 후각 연구자 집단의 출현까지를 살핀다. 거의 잊힐 뻔한, 냄새에 대한 초기의 실험 연구 기록은 창의적인 과학적 사유의 역사를 엿볼 수 있는 매우 흥미로운 시각을 제공한다. 초기 연구자들은 가끔은 무시함으로써, 후각을 이론화할 가장 핵심적인 요소들을 역설적으로 강조하곤 했다. 2장 '현대적 의미의 후각, 갈림길에서'는 후각 수용체 발견 이후 어떻게 후각이 신경과학의 주류로 자리매김하게 되었는지 살펴본다. 현재 우리가 냄새와 후각 경로에 대해 이해하고 있는 내용들, 보다 일반적으로는 시각을 중심으로 운영되던 뇌 연구 분야에 어떻게 후각 연구가 자신의 위치를 정립하게 되었는지를 보게 될 것이다. 여기서 아직 해답을 구하지 못한 과제가 등장한다. 신경계 안에서 냄새 지도를 만드는 작업을 통해 후각 모델을 구성하는 것이 의미가 있을까?

이런 과제를 해결하기 위해서는 먼저 냄새가 무엇인지에 대한 근본적인 질문에 답해야 한다. 이는 후각에 대해 보다 철학적인 입장을 견지하게 만든다. 3장과 4장에서 우리는 냄새가, 생각했던 것보다 훨씬 정교한 인식 과정이며 행동적 타당성을 가진다는 점을 깨닫게 될 것이다. 3장 '코를 사유하다'에서는 마음의 한 요소로서 냄새의 역할을 살펴본다. 냄새는 의식과 무의식의 경계에 있는 감각이다. 그렇다면 우리는 정신적 대상으로서 냄새를 어떻게 사유해야 할까? 냄새가 어떤 개념적인 내용을 표상하는 것이라면, 그것은 이 세상의 어떤 실체를 대표하는 것일까? 논조를 바꾸어 4장 '냄새, 기억, 행동'에서는 생물학적 시각과 사회적 시각에서 냄새 지각을 상보적으로 살펴본다. 정서적 차원에서 후각은 매우 강력한 힘을 갖는다. 냄새는 우리의 기분을 보듬고, 생리적 정서적 반응을 불러일으킨다. 그뿐만이 아니다. 어떤 냄새는 오래된 기억을 불러오는 강한 흡인력을 갖기도 한다. 냄새는 인간의 행동에도 여러 가지 영향을 끼친다. 이렇게 다양한 후각의 효과를 어떻게 설명할 수 있을까? 5장 '공기를 타고, 코에서 뇌로'에서는 이 질문에 답하기 위해 다른 방법을 탐색한다. 화학적 자극을 운반하는 냄새를 공간적으로 추적하는 과정이 주된 내용이다. 여기에는 가령, 킁킁거리기, 신경 지도, 지각 공간 등이 모두 포함된다. 냄새가 어떻게 정신의 감각으로 구현되는지를 이해하기 위해서는 후각계의 신경 지형을 더 상세히 들여다볼 필요가 있다.

    6장부터 8장까지는 신경과학의 입장에서 냄새를 살펴본다. 먼저 후각 경로의 구조를 훑어본다. 후각 수용체에서 후각 망울을 거쳐 후각 겉질로 이동하면서, 냄새의 정체를 밝히는 경로이다. 특히 후각 겉질은 논쟁의 핵심 장소로, 왜 후각이 시각계 패러다임을 바탕으로 한 현재 신경과학의 개념을 바닥에서부터 흔들어 대고 있는지 알 수 있다. 후각 신호는 심하게 뒤섞이기 때문에, 다양한 화학적 자극은 신경망과 그다지 연관성이 없는 것처럼 보인다. 어떤 의미로든 우리의 정신적 삶이 물질 세계를 표상하는 것이라는 개념은 후각 경로에 이르면 산산조각 나 버린다. 지각은 세상을 있는 그대로 비추지 않는다. 다만 세상을 해석할 뿐이다. 특히 6장 '분자를 넘어 지각으로'에서 우리는 수용체 메커니즘을 배제한 감각과 자극 모델이 왜 실패할 수밖에 없었는지 알아본다. 원인은 두 가지인데 하나는, 후각 수용체가 유기화학의 원칙을 비웃듯 물질의 분자적 특성에 조응하지 않기 때문이다. 또 다른 하나는, 수용체 수준에서 두 가지 분자 메커니즘을 통해 후각 신호가 해체되면서 감각이 심하게 불분명해지기 때문이다. 7장 '후각 망울의 정체'에서는 후각 망울이 화학지도로 귀결된다는 기존의 통념을 반박한다. 화학지도란 화학적 특성에 대응하여 계의 고정된 위치에 자극의 표상이 드러나는 것을 의미한다. 7장에서는 또한 발생의 기원을 연구하면 후각 망울 내부의 공간적 기능을 결정할 수 있다는 생각이 잘못되었다는 점도 밝힐 것이다. 8장 '냄새를 측정하다'는 일차 감각 겉질에 대한 전통적인 견해를 대체할 이론을 살피면서 다음의 질문에 답을 구하고자 한다. 즉, 뇌가 자극을 지도화하는 방식으로 후각 신호를 처리하지 못한다면 후각은 어떤 모델로 설명할 수 있을까? 조롱박 겉질이 이웃하는 겉질 영역과 매우 밀접하게 연결된다는 점을 고려할 때, 조롱박 겉질을 탐구하는 하나의 대안은 냄새를 분류하는 신경 활동의 시간적 특성을 살펴보는 것이다. 이 부분에서 우리는, 후각을 담당하는 뇌는 지도보다는 측정 기계에 가깝다는 결론에 이르게 된다.

    9장 '지각의 기술'에서는 지각 학습과 거기서 얻은 전문지식을 심리학적으로 설명하는, 최근 신경과학의 경향을 소개할 것이다. 여기서는 냄새를 지각하는 과정에서 어쩔 수 없이 생기는 편차에 대해 알아본다. 냄새를 서로 다르게 지각하고 묘사하는 일은 경험의 주관적 차이에서만 비롯되지 않는다. 주관성은 곧 객관적인 측정이 없음을 뜻한다. 하지만, 후각 지각에서의 편차는 수용체 유전학과 후각 신경의 복잡성에서 비롯되는 것이다. 우리의 코는 정신적인 삶과 생리적인 조건을 조율해서 세상을 측정하도록 특성화되었다. 향수와 와인 전문가들에서 보듯, 이 과정은 객관적 기반을 갖고 있다. 후각 지각의 전문성은 관찰의 정교함과 기술 구축 그리고 몇 가지 독특한 인지 체계로 설명할 수 있다. 마지막으로 10장 '코는 마음과 뇌로 통하는 창'에서는 후각, 더 나아가 지각과 뇌에 대한 보편 이론의 관점에서 후각을 살핀다.

뇌는 어떻게 코를 앞세워 세상의 정보를 해석하고, 보다 나은 선택을 하도록 하는 것일까? 흥미롭고 복잡한 질문이다. 이렇게 질문하고 답을 찾으며, 심지어 현재 진행형인 과학을 보여 주는 『냄새』는 그래서 미래지향적이다. 이 책은 냄새가 불러일으킨 과학과 철학의 새로운 전망이 보이는 곳에서 끝날 것이다.

냄새의 과학은 지금, 코를 연구해 온 인류 역사에서 그 어느 때보다 빠른 속도로 미래를 향해 내닫고 있다.

1장

코의 역사

"인간의 냄새 감각은 뛰어나게 섬세하지만 흔히 무시되었다."

— 해블록 엘리스

"모든 것이 연기가 된다 해도 우리 콧구멍은 그것을 구분할 것이다." 후각의 과학적 자서전은 헤라클레이토스의 이 한 문장으로 요약할 수 있다. 언제든 냄새는 존재론적 문제를 불러온다. 무엇보다 냄새는 동물의 행동이나 꽃의 수분受粉과 같은 다른 현상을 설명하는 데 번번이 차출되었다. 그렇지만 냄새 그 자체의 특징에는 거의 관심을 기울이지 않았다. 후각의 특징을 규정하고, 냄새를 측정하는 일은 쉽지가 않다. 냄새 지각을 다루는 과학적 실험이 확고한 해답을 내놓은 적은 결코 없었다.

후각을 이해하려는 시도 중에 우리가 놓친 것이 무엇인지 역사는 뚜렷이 기억하고 있다. 거기에는 빠진 것이 많다. 감각계로부터 출발하여 냄새에 의미를 부여하는, 생물학적이고 총체적인 접근은 여전히 부족하다. 역사적으로 냄새 연구는 냄새의 물질적 기초로서 냄새를 발산하는 물체에 헛된 노력을 집중해 왔다. 오늘날에도 이런 경향은 여전해서 냄새 연구자들은 어떤 물리적 자극이 특정한 지각 효과를 내는지 파악하려 애쓴다. 이런 전략은 다른 감각을 연구할 때는 제법 성공적이었다. 하지만 후각 연구에서는 암시적인 의미만 띠었을 뿐이다. 이제 이런 접근을 통해 얻은 진정한 진보는 무엇이었는지 살펴볼 때가 되었다.

역사적인 창발로서 현재의 지식을 고려하여, 후각 연구에서 물체 중심의 시각에 깔린 전제를 재평가할 때다. 냄새에 관한 역사적 연구 자료를 훑어보는 일은 흥미로울 뿐만 아니라, 그를 통해 과학적 사유의 창의성이 어떤 식으로 전개되었는지 숨겨진 면모를 엿볼 수 있다.

고대

대개 과학 역사의 출발점은 고대 그리스다. 냄새의 역사도 예외는 아니다. 근대 과학의 요람인 르네상스가 시작되기 한참 전, 냄새 이론은 아리스토텔레스와 플라톤까지 소급된다. 근대 이전의 사람들은 우주의 모든 것이 네 가지 원소인 흙, 물, 공기, 불로 이루어졌다고 믿었다. 엠페도클레스가 주창한 이 이론은 사물의 질서를 설명한 것이다. 각 원소는 거대한 우주에서 자신의 자리를 차지하고, 이 세상 모든 것의 성질을 결정한다. 불은 뜨겁고 건조하지만 공기는 뜨겁고 축축하다. 물은 차갑고 축축하지만 땅은 차갑고 건조하다.

냄새는 이러한 세계관에 어떻게 부합될까? 냄새는 그것을 수용하는 사람에게 도달하기 위해 냄새 근원 물질로부터 먼 거리를 이동하는 것으로 여겨졌다. 한 예로, 대머리수리는 퍽 먼 거리에 있는 짐승의 사체도 찾아서 먹는다. 그럼에도 불구하고 어떤 종류의 물질이 그런 효과적인 이동을 가능하게 하는지는 확실하지 않았다. 냄새는 매질을 필요로 할까? 불확정적이고 실체가 없는 냄새의 속성 때문에 고대 철학자들은 인간의 후각에 그다지 큰 의미를 부여하지 않았다. 따라서 후각이 화두로 등장하는 일은 드물었다. 대부분의 철학자들은 냄새가 동물의 삶에서 주도적인 역할을 할 뿐이지, 인간에게는 부차적이라는 공통된 믿음에서 벗어나지 못했다. 냄새의 원인에 대한 드문 성찰은 물질성에 관한 두 가지 상반된 개념으로 모아졌다. 냄새는 입자인가, 아니면 파동인가?

 냄새에 관한 최초의 가설은 원자론에 바탕을 두었다. 데모크리토스와 로마의 철학자 루크레티우스는 쾌락에 대해 깊이 생각했다. 그들은 둥그런 입자 주위에서는 기분 좋은 냄새가, 삼각형처럼 각이 진 입자 주변에서는 불쾌한 냄새가 난다고 말했다. 하지만 이런 생각은 금방 걸림돌에 맞닥뜨리게 되었다. 같은 냄새를 가진 동일한 액체에 대해 사람마다 각기 다른 냄새를 느끼고, 그 세기도 천차만별인 이유를 도저히 설명할 수 없었기 때문이다.

 플라톤은 이러한 딜레마를 피했다. 그는 미세한 입자의 물리적 운동에서 냄새가 나타난다고 생각했다. 네 원소 어느 것도 냄새 자체는 아니었다. 냄새는 원소가 물이나 공기 중에서 기체 혹은 연기로 물질적 전환을 치른 후에야 나타나는 것이었다. 『티마이오스Timaeus』에서 플라톤은 냄새가 구체적인 실체를 벗어나 중간적이고 혼성적인 특성을 지녔다고 분석했다. 이런 복합적 구성 때문에 냄새는 있는 그대로의 대상이 되지 못하고, 그것이 제공하는 즐거움을 동반한 쾌락에 의해서만 평가될 수 있었다. 플라톤의 가설에 의미가 있다면, 그것은 냄새를 물질 변화의 신호로 파악했다는 사실이다. 원소 변환의 표시로서 냄새는 상황에 따라 달라질 수 있는, 물체의 감각적 판단 형태를 취하게 된다.

 아리스토텔레스는 물고기는 물속에서 냄새를 감지한다면서 냄새의 증기 이론을 부정했다. 아리스토텔레스는 그의 스승 플라톤을 직접 비판하는 대신 그와 비슷한 견해를 펼쳤던 헤라클레이토스를 공격했다. 『감각과 감각 능력에 대해De sensu et sensibili』에서 아리스토텔레스는 매질의 필요성을 강조하고, 냄새의 파동 이론을 주장했다. 이런 견해는 진공의 가능성을 부정하는 아리스토텔레스의 형이상학적 세계관을 반영한다("자연은 진공을 싫어한다"). 파동처럼, 냄새는 공기와 물의 매개로 유발되는 형상인formal cause으로서 정보를 운반한다. 아리스토텔레스의 형이상학에서 개별 물체는 질료(hulê)와 형상(morphê), 두 가지 원인의 합성으로 자신을 드러낸다. 이 둘의 상호작용이 질료형상론hylomorphism의 근간이 된다. 이런 관점에서 냄새의 질적 편차는 파동의 물질적 합성이 서로 다름을 의미한다.

아리스토텔레스의 생각 두 가지는 언급할 만한 가치가 있다. 첫째, 인간의 후각은 두 가지 유형의 냄새를 구분한다. 「감각에 관하여De sensu」에서 아리스토텔레스는 어떤 냄새는 우연적인 특성을 갖는다고 말했다. 이런 냄새들은 냄새의 쾌락성이 물질에 내재하는 것이 아니라 관찰자 의존적이다. 예를 들어, 음식의 향은 배가 고플 때 더욱 큰 즐거움을 선사한다. 하지만 다른 어떤 냄새는 관찰자와 무관하게 본질적으로 즐겁거나 즐겁지 않다. 이러한 냄새들은 인간의 욕망에 관심을 두지 않는, 실재實在하는 특성이었다. 이 두 번째 유형의 냄새는 꽃향기처럼 인간의 미적 감각을 충족시킨다.

둘째, 아리스토텔레스는 냄새와 풍미를 지각하는 데 인지의 역할을 암시했다. 냄새와 풍미는 "잠재적으로 이미 존재하는 지각 능력을 실제로 활동하게 하는 일이다. 그러므로 감각 지각 활동은 지식을 습득하는 과정이 아니라, **이미 습득한 지식을 행사하는 것이다.**"[1] 아마도 냄새와 풍미는 개인의 기억과 강하게 연결되기 때문에 객관적 현실의 기초를 세우기 위해 냄새에 철학적 질문을 던지는 일은 부적절하다고, 그는 생각했다.

하지만 원예 분야와 의학계에서는 냄새를 객관적 특성으로 간주했다. 아리스토텔레스의 제자인 테오프라스토스는 냄새의 치료 효과를 연구했다. 「식물 연구 및 냄새와 기후 징후에 관한 소론」에서 그는 냄새를 풍기는 수액과 식물 주스의 질병 치료 효과를 설명했다. 양배추는 와인의 영향을 상쇄하고 "숙취를 제거한다."[2] 테오프라스토스는 액체의 풍미를 여덟 가지로 기술했다. 달고, 기름지고, 시고, 아리고, 톡 쏘고, 짜고, 쓰고, 시큼한 맛이 그것이다. 몇 종류의 맛은 좀 더 세분화되었는데, 예를 들어 단맛에는 네 가지 변화된 형태가 있었다.

테오프라스토스는 냄새에 영향을 미치는 다양한 물질적 효과를 기술하기도 했다. 마른 원소와 같이, 어떤 냄새는 젖은 원소가 기화하면서 나타난다. 식물 즙의 맛은 마르고(흙) 젖은(물) 요소의 합성이다. 이런 개별적 구성에 따라 식물의 냄새와 맛이 달라진다. 이를테면, 어떤 냄새 성분은 쓰지만 달콤한 성분들은 대개 냄새가 없다.

식물을 의학적 용도로 사용할 때는 용량 못지않게 향과 맛이 중요하다. 특정한 냄새와 풍미는 그 구성에 따라 어떤 생명체에게 이로울 수 있지만, 다른 생명체에게는 해를 끼칠 수도 있기 때문이다. 이는 어떤 물질이든 서로 대립되는 한 쌍으로 특징지어진다는 아리스토텔레스의 원칙과 어긋난다. 아리스토텔레스의 관점에서, 냄새는 좋은 '천연의 종류'(가령 단맛처럼)이거나 아니면 해로운 결핍으로서 긍정적인 상대에 대한 부정(단맛에 반대되는 쓴맛처럼)의 것들로 구성되어 있다. 그러나 테오프라스토스는 냄새의 효과가 그것을 받아들이는 생명체와 짝을 이루는 동시에 식물의 기본적인 구성과 궤를 같이한다고 생각했다.

따라서 냄새 지각에서의 편차는 관찰자의 상태 혹은 기질과 연결되었다. 냄새에 관한 이런 구성적 이론을 뒷받침하는 근거는, 어떤 냄새(톡 쏘는 맛 혹은 단맛)가 즐거움을 주기도 하지만 불쾌한 냄새로 여겨지기도 한다는 관찰에서 비롯되었다. 테오프라스토스의 생각은 감각 혼합 연구의 초기 단계라 할 수 있다. 『식물의 역사 De causis plantarum』에서 테오프라스토스는 냄새를 폭넓게 다루었지만, 혼란스럽기 그지없었다. 이러한 생각들로부터 제대로 된 냄새 이론이 나오기는 어려웠다.

중세

중세를 지나는 동안 사람들은 감각을 죄와 동일시했기 때문에, 냄새도 그 기준에 따라 취급되었다.[3] 냄새는 사물의 정수를 드러내는 도덕적인 표시였다. 신의 질서를 공들여 설명하는 수많은 조서에서는 유쾌한 냄새와 도덕적 미덕을 나쁜 냄새 및 악덕과 대비시켰다. 지옥의 유황 연기, 썩어 가는 시체와 부패한 과일에서 나는 냄새, 또는 죄에 대한 징벌로 풍기는 질병의 악취는 신이 창조한 아름다움을 상징하는 꽃향기와 날카로운 대조를 이루었다. 그런 아름다움의 상징에는 향과 함께하는 기도자의 제의와 꽃이 만발한 천국도 있다. 심지어 죽음에서도 '신성의 향기'가 성자와 순교자임을 나타낸다. 썩은 시체의 악취 대신 성자의 몸이나 무덤에서는 꿀이나 달콤한 꽃, 풀의 유쾌한 향이 은은하게 흘러나왔다.

냄새는 영적 질서의 명백한 신호로서 자연의 법칙을 드러내는 것이었다. 신에 대한 성찰은 과학 이전의 우주에 대한 초기 질문과 분리될 수 없었으며, 그런 의미에서 냄새는 중세적 사고방식에서 현실의 보편적인 구조를 나타냈다. 중세인들은 냄새를 물질과 정신 사이의 관문으로 파악했고, 따라서 숨겨진 의미 세계와 원인 세계를 넘나들며 소식을 전하는 냄새는 중세인들에게 즉각적이고 물리적인 환경 그 이상이었다.

본질적인 정수의 표현으로 간주된 냄새는 의사들에게 무척 소중한 도구로 여겨졌다. 중세 의학은 그리스 생리학자 갈레노스의 체액이론에 대한 통찰로 귀결된다. 건강과 질병은 네 원소(공기, 물, 불, 흙)에 상응하는 네 종류의 체액(피, 점액, 담즙, 흑담즙) 사이의 관계를 표현하는 것이었다. 각 쌍에는 특정한 성질이 주어졌다. 그들의 균형은 개인의 기질과 생리 모두를 결정했다. 피는 용기를, 가래는 차분한 기질을, 담즙은 야망이나 안절부절못하는 성격을 그리고 흑담즙은 분석력을 상징했다. 자연의 신호 체계로 구성된 신체는 관찰이 어려운 심리 현상을 추론하는 실마리를 제공했다. 냄새는 이런 실마리의 중요한 요소였다. 사람의 체액 구성과 비슷한 냄새는 즐거운 것으로 느껴지고, 그렇지 않은 것들은 불쾌한 냄새가 되는 것이다.

의사들은 냄새를 진단의 도구로 삼아, 기질과 체액의 균형을 재

조정하는 방식으로 치료했다. 또한 '오줌 도표'라는 널리 쓰이는 표를 보면서 체액의 냄새, 색 그리고 배설물 맛의(맞다! 맛을 보았다) 차이를 근거로 환자들의 질병을 분류했다. 다른 의학 발명품들과 마찬가지로 이러한 접근 방식도 소변으로 신성을 점치려는 사기꾼들을 끌어들였다. 이 사기꾼들을 통틀어 '오줌의 예언자piss prophets'라고 하는 공식 어휘가 등장했다. 1655년의 일이다.[4]

냄새 운반에 관한 중세의 관심은 제한적이었고, 고대 우주론에 대한 일반적인 논의의 일부에 지나지 않았다. 대부분의 학자들은 플라톤의 증기보다는 아리스토텔레스의 매질을 선호했다. 냄새가 중심에서부터 퍼져 나가고 바람이 불지 않아도 사체 냄새가 멀리 떨어진 포식자를 부른다는 사실은 아리스토텔레스의 가설을 뒷받침하는 증거였다. 안달루시아의 철학자인 이븐 루시드*는 호흡을 하지 않아도 벌들이 냄새를 검출한다고 언급했다. 이븐 루시드는 감각 지각의 본질을 두 가지 유형인 물질적 요소(사물 요소)와 비물질적 요소(정신 요소)로 구분했다. 전자는 감각기관을 통해 파악되지만 후자는 영혼에 의해 지각된다.[5]

토마스 아퀴나스Thomas Aquinas, 1225~1274와 페트루스 히스파누스Petrus Hispanus, 1215~1277(『영혼의 학문Scientia libri de anima』의 저자)를 포함한 학자들 대부분은 냄새의 파동 이론을 믿었다. 중세의 학문은 자연은 진공을 싫어한다는 아리스토텔레스의 믿음을 고수했다. 도미니크 수도회 수도사이자 의사였던 알베르투스 마그누스Albertus Magnus, 1193~1280만이 유일하게 냄새에 대한 아리스토텔레스와 플라톤의 상반된 견해를 심각하게 숙고했을 뿐이다. 『영혼론De anima』에서 마그누스

---

* Ibn Rushd(1126~1198). 이슬람권을 대표하는 지식인 중 한 명으로 아리스토텔레스의 모든 저작물에 주해를 달았다. 아리스토텔레스의 철학을 계승함으로써 유럽의 르네상스에 기여했다는 평을 받는다.

는 플라톤이 말한 입자가 냄새의 진정한 원인이며, 그것이 영적인 것으로 변환되어 감각의 통로인 폐 공간을 통과한다고 가정했다. 그는 독성이 강한 연기에서 관찰된 입자를 이 가설과 연결시켰다. 마그누스는 여러 단계에 걸친 감각 지각 이론을 옹호했는데, 감각은 감각기관에서의 지적인 인식을 통해 물질적 형태로부터 추상화된다는 것이다.[6] 그러나 여전히 냄새의 매질 이론이 주류를 이루었다.

다만 파동이 어떻게 매개물로 작용하는지는 논쟁거리였다. 아비센나Avicenna로도 알려진 페르시아의 의사 이븐 시나Ibn Sina, 980~1037는 다음과 같은 세 가지 해석을 내놓았다. 아마도 입자가 매질(물 혹은 공기)과 섞였을 것이다. 아니면 매질 안에서 물질이 변하면서 냄새가 생긴다. 또는 정보를 가진 파도로서 매질이 냄새를 운반한다. 이븐 시나는 쾌락의 정도에 따라 순서대로 냄새를 배치했다(달고 신 정도에 따라서). 더욱이 그는 특이하게도 냄새가 형태나 수, 움직임 또는 정지와 같은 주요 성질을 전달한다고 생각했다.[7]

그렇다면 생리학은 어떨까? 후각 경로, 특히 후각 신경에 대한 중세인들의 이해는 혼돈 그 자체였다. 고대 갈레노스가 발견한 후각 신경은 처음에는 두개골 신경 집단에서 제외되었다. 17세기에 이르러서야, 카스파 바르톨린**이 이런 견해를 수정했다.[8]

냄새의 생리학에 관한 중세 철학은 빈곤했지만 유일한 예외가 있었으니, 13세기 프란체스코 수도사였던 바르톨로메우스 앵글리쿠스Bartholomeus Anglicus, 1203~1272다. 그는 후각 경로의 해부학적 지식을 폭넓게 검토했다. 바르톨로메우스는 한쪽 콧구멍의 기능은 뇌로 공

** Caspar Bartholin the Elder(1585~1629).
  스웨덴 출생으로 철학, 해부학, 의학, 신학 교수를
  역임했으며 후각 신경의 기능을 처음 설명했다.

기를 끌어들이는 것이고 다른 콧구멍은 과도한 공기를 배출하는 것이라고 했던, 아프리카 콩스탕틴Constantine the African(아랍의 의학 서적을 번역한 것으로 알려진 11세기의 의사)의 해석이 잘못되었다고 판단했다. 바르톨로메우스는 뇌에서 젖꼭지처럼 튀어나온 부비강 조직이 콧구멍 안에 있어서, 마른 연기를 흡입하여 영혼의 정령으로 변형시킨다고 주장했다. 더 나아가 바르톨로메우스는 냄새가 직접적으로 뇌에 작용한다는 가설을 세웠다. 현대의 역사학자 울거는 이렇게 말했다. "코는 냄새를 뇌로 운반하는 통로였다. 뇌와 코를 분리하는 뼈에는 구멍이 있고, 이곳으로 냄새를 품은 공기가 들어온다. 뇌실의 두 돌출 부위가 그 냄새를 감지하는 것이다." 그러니까 "냄새의 경우에는, 뇌 자체가 감각기관이었다."[9]

중세 세계에서 고대의 사원소 이론은 점차 설 자리를 잃고 무너져 내릴 것이었다. 코페르니쿠스의 물리학 혁명 덕에 우주는 더 이상 유한한 존재가 아니었다. 사람들의 마음에, 닫힌 세계라는 이전의 개념을 대체할 무한한 우주가 스며들었다. 그 결과 르네상스와 근대 초기의 자연과학자들에게 새로운 세계가 펼쳐졌다. 우주와 사물들은 본래의 자리를 잃고, 이제 비결정적이고 불명확한 성질의 것이 되었다. 고대의 존재론이 붕괴되고, 낡은 관념이 새로운 것과 뒤섞이기 시작했다. 우주 안에 얼마나 많은 사물이 있으며, 그것들을 어떤 방식으로 분류해야 하는지, 지루했던 질문들이 다시 활기를 띠었다. 사물의 기초적인 토대를 규정하는 고정된 형이상학 체계가 없는 세계에서 냄새는 어떤 운명을 겪었을까?

근대

18세기 식물학의 발흥기 내내 냄새는 과학적으로 매우 중요한 위치를 차지했다. 이러한 발전의 중심에 현대 분류학의 아버지, 카를 폰 린네Carl von Linne, 1707~1778가 있었다. 스웨덴의 과학자 린네는 식물, 동물, 광물, 심지어 그의 동료들과 자신이 마주치는 모든 것을 분류하고 순위를 매기는 일에 푹 빠져 살았다. 린네는 개별적으로 다양한 요소들을 일반적인 범주 아래 계층적으로 통합하는 데 성공했다. 식물이나 동물을 엄격하게 속과 종으로 나누는 이명법은 천재적인 발명이었다. 모든 것을 포착하고 분류할 수 있는 체계를 고안하고자 했던 린네의 야망이 빚은 결과였다. 그는 거의 성공했다. 오직 냄새만이 그의 체계를 따르지 않았을 뿐이다.

린네는 감정을 움직이는 냄새의 특성을 바탕으로 식물의 치료 효과를 파악했다. 제자인 안드레아스 볼린과 함께 쓴 논문 「냄새와 약」에서 린네는 처음으로 냄새를 체계적으로 구분했다.[10] 그러나 그는 정작 냄새를 분류하는 대신, 약용 식물의 효과를 드러내는 지표로 냄새를 나누었다. 왜 그랬는지 이유는 잘 모르지만, 린네의 냄새 분류는 그의 일반적인 분류학 원칙에서 상당히 벗어나 있었다. 린네는 계층적 특성 대신 얼마나 쾌락적인가를 기준으로(쾌감을 불러일으키는 정도에 따라) 냄새를 일곱 등급으로 나누었다. 기분 좋은 냄새는 따뜻한 정향이나 백합처럼 방향성이 있거나 향기롭다. 불쾌한 냄새에는 사향처럼 이상한 냄새, 염소 냄새, 역겨운 썩은 냄새, 구역질 나는 메스꺼운 냄새들이 포함된다. 일곱 번째 등급인 마늘 냄새는 이 쾌락적 척도로 구분하기 힘든 탓에 예외적인 취급을 받았다.

1766년 출간된 『의학의 두 열쇠』에서 린네는 보다 세련된 대안을 제시했다. 치료적 용도를 목표로, (사람들의) '생활 방식'을 '자연의 특성'과 관련짓는 방법이었다. 린네는 '달콤한 냄새' 대 '악취'로, 쾌락의 척도를 기준으로 다섯 가지 대조되는 냄새를 구분했다(표1 참조. 호그 Hogg의 번역을 따름).[11] 냄새의 감정적 특성에 대한 관심은 한편으로 행동에 영향을 끼치는 냄새의 효과에 대한 탐구로 이어졌다. 스위스의 해부학자이자 현대 생리학의 아버지인 알브레히트 폰 할러 1708~1777는 시간이 지남에 따라 냄새 경험이 바뀔 수 있다는 데 흥미를 느꼈다. 예를 들

표 1. 치료 목적에 따른 린네의 냄새 구분

달콤한 냄새	기준에 따라 상반되는	악취
천상의 향 동공이 커지는 기분 좋은	성적 충동 Libido	**역한 냄새** 최음제 부풀림
향기로운 진정시키는 수면을 유도하는	잠	**땀 냄새** 가라앉는 기운 나는
달콤한 향 고무적인 마취의	생명력	**톡 쏘는** 자극적인 숨 막힐 듯한
방향성의 자극하는 비우는	활동	**구역질 나는** 따뜻한 떨리는
절정의 수렴성인 멍하게 하는	의식	**코를 톡 쏘는** 강박적인 나른한

어, 신선한 사향이나 사향고양이의 기분 좋은 냄새는 똥 비슷한 불유쾌한 냄새로부터 시작된다. 하지만 여러 단계에 걸쳐 분해되면서 분해 산물은 악취에서 향긋한 냄새로 변했다. 사실상 냄새의 범주를 구분하는 방법은 얼마든지 생각해 낼 수 있다. 『생리학 원론』에서 할러는 (i) 달콤한 냄새 혹은 꿀맛 (ii) 중간 (iii) 고약한 냄새라는 세 가지 일반적인 범주로 냄새를 구분했다.[12] 이들의 하위 범주에는 사프란에서 똥, '고수 냄새와 흡사한 빈대 분비물 냄새' 등 다양한 냄새가 포함된다.

  린네와 할러가 불 지핀 후각에 대한 관심을 확장한 사람은 네덜란드의 생리학자 헨드릭 즈바르데마케르1857~1930였다. 1895년에 출간된 『냄새의 생리학』에서 그는 중세와 근대 후각 이론을 폭넓게 섭렵했다.[13] 즈바르데마케르는 세 종류의 냄새 감각을 구분했다. 순수한 냄새(냄새 물질 자체)와 두 가지 종류의 혼합 감각, 즉 코를 자극하는 냄새(들숨 냄새)와 입안의 향미를 돋우는 냄새(날숨 냄새)였다. 즈바르데마케르는 순수한 냄새를 연구할 때 적절한 이름이 부족한 상황이 문제가 된다고 지적했다. 일반적으로 냄새는 어디에서 나는 냄새인지, 냄새의 물질적 기원에 따라 구별되었다. 그는 이러한 딜레마를 선험적인 색채 묘사와 비교했다. 뉴턴이 등장하기 전까지 색은 실제 본보기에 기준을 두었다. 가령 빨강은 피의 색이다. 빛스펙트럼이 발견된 후에야 색에 대한 제대로 된 용어가 등장했다.

  냄새를 과학적으로 분류하려면 기본 색상에 필적하는 기본 냄새의 성공적인 분리가 선결 조건이었다. 하지만 기본 냄새를 분리하는 일은 엄청나게 어려웠다. 뭔가 약간 섞이거나 배합된 물질의 양이 조금만 달라져도 덩달아 냄새가 변했다. 이에 대해 즈바르데마케르는 다른 접근 방식을 취했다. 그는 아홉 가지 종류의 기본 냄새를 다음과 같이 분류하고 간략히 설명했는데, 이는 냄새 물질에 대한 식물적, 화학적, 생리적 관점을 통합한 것이었다.

1. 에테르 냄새(달콤한 냄새)
2. 아로마 냄새
3. 방향성 냄새(발삼*의 향)
4. 사향 냄새
5. 마늘 냄새
6. 탄 냄새
7. 염소, 산양 냄새
8. 불쾌한 냄새(고수)
9. 역겨운 냄새(구역질 나는 냄새)

일관성 있게, 포괄적으로 냄새 물질을 분류하는 일은 요원해 보였다. 즈바르데마케르의 관찰 결과는 그가 분류한 체계에 들어맞지도 않았다. 심지어 비소**를 가열하자 마늘 냄새가 나기도 했다. 19세기 후반 들어 합성 화합물이 등장하면서 방향성 물질에 대한 분류는 더욱 어려워졌다.

    식물학자들은 향 성분의 엄청난 다양성에도 불구하고 냄새 물질들을 지속적으로 분류하고자 노력했다. 오스트리아의 식물학자 안톤

---

* 발삼(balsam)은 점성이 강한 식물의 진액에 계피산(cinnamic acid) 혹은 벤조산 등 정유 성분이 녹아 있는 물질을 이른다. 향수 및 화장품 원료로 사용된다. 송진 같은 것이 그런 예이다.

** 비소 자체는 냄새가 없다. 하지만 어떤 사람들은 쓴 아몬드 냄새에 비유하기도 한다.

케르너 폰 마릴라운1831~1898은 냄새를 화학적으로 이해하는 일이 필요하지만, 기술적으로 매우 어렵다는 점을 인식했다. 냄새는 화학 조성만으로는 연역할 수 없는, 살아 있는 복잡한 세계를 그러안고 있다. 냄새 닮음 현상olfactory mimicry이 그러한 예이다. 식물들은 다른 종에서 나는 냄새와 비슷한 냄새를 풍기고 순진한 곤충들을 꼬여서 꽃가루받이에 동원한다. 그는 『식물의 자연사, 형태, 성장, 생식 및 분포』에서 이러한 관찰 결과를 자세히 기술했다.[14]

폰 마릴라운은 생존과 생식이라는 두 가지 핵심 목적에 봉사하는 역할을 기준으로, 냄새 물질을 유인제와 기피제로 분류했다. 화학과 생물학을 융합한 책에서 그는 다섯 가지의 기본 화학 집단으로 냄새를 나누었다. 인돌, 아민, 파라핀, 벤졸, 테르펜 냄새였다. 이들 집단의 기능을 규정하는 네 가지 특성도 마련했는데, 냄새의 질적 묘사, 화학 성분, 기원 식물, 그리고 가치였다. 그러나 폰 마릴라운의 이런 관점도 혼란스럽기는 매한가지였다. 현실에서 마주치는 대부분의 냄새는 단순하지 않은, 복잡한 화학 혼합물이다. 게다가 성장하는 동안 식물은 하루 주기와 일 년 주기에 따라 다양한 향기를 공기 중으로 내보낸다. 생물학적으로 냄새는 쉽게 범주화를 허락하지 않는 데다 중첩되는 특징을 보인다.

그래도 폰 마릴라운의 분류 체계는 원예학 분야에서 지속적으로 인기가 있었다. 폰 마릴라운의 열렬한 지지자인 식물학자 존 하비 러벨은 1920년대 《미국 벌 저널》에 꽃 냄새에 관한 일곱 편의 논문을 연속해서 실었다. 냄새에 관한 이 일련의 논문들은 인간의 후각과 맛과의 관계에 대한 일반 생리학, 꽃 냄새의 분류, 그리고 꽃 냄새가 벌의 행동에 어떤 영향을 미치는지에 대한 체계적인 조사를 포함한 실로 다양한 주제를 다루었다. 그중 러벨의 두 번째 논문은 주목할 만하다. 「꽃 냄새 분류」에서 그는 실용적 용도에 얽매여 있기 때문에 어떤 분류 체계일지라도 독단적인 데가 있다고 말했다. 그는 자신의 분류 체계에도 다소 모호한 측면이 있다는 점을 인정했다. "많은 경우 특정한 꽃 냄새에 대한 개인 간 의견 차이가 있을 수 있다." 그런 차이는 "꽃 한 송이가 두 가지 냄새를 발산할 수도 있고, 아침의 꽃 냄새가 저녁에 달라질 수 있기 때문"[15]일 것이다.

폰 마릴라운의 또 다른 옹호자는 프랭크 앤서니 햄프턴1888~1967이었다. 『꽃과 잎의 향』에서 햄프턴은 알려진 냄새를 식별하고 새로운 냄새를 수용하기 위해 열 가지 범주를 규정하고, 표준이 되는 세 가지 뚜렷한 기준을 제시했다.[16] 첫 번째는 뚜렷한 냄새(말로 표현할 수 있다), 두 번째는 정유나 지방 또는 알코올(식물 추출 성분)과 같은 향 물질의 구성 성분, 세 번째는 꽃 종류였다.

20세기 중반에 접어들면서 냄새를 분류하는 작업은 인기를 잃고 시들해졌다. 19세기 그리고 특히 20세기에 생물 과학 분야에서 벌어진 근본적 혁신이 이러한 경향을 가속시켰다. 기술적인 진보에 힘입어 생화학적 과정에 대한 통찰이 깊어짐에 따라 과학적 관심사가 바뀌었다. 유전학과 실험 과학의 중요성이 커지면서 동물과 식물에 대한 이해가 새로운 지평을 연 것이다. 생명과학에 대한 이러한 새로운 이해에서 냄새는 설명적 가치를 잃었다.

화학적 전환: 합성 화학의 도래

향수를 제외하면, 19세기 이전에 화학물질로서 냄새를 연구한 과학자는 거의 없었다. 세계에서 가장 오래된 두 직업 중 하나인 조향사(향수 제조가)는 철저한 비밀 직업군에 속했다. 향수의 역사는 숨겨진 이야기들로 가득 차 있어서 초기 화학과의 복잡한 연관성의 매듭을 풀기 어려워 보인다. 하지만 주요 방법론에서 향수 제조는 초기 화학의 토대를 마련했다고 볼 수 있다. 화학과 향수 제조는 사용하는 재료와 기구가 서로 다르지 않았고, 목표도 비슷했다.[17]

조향사들은 추출하고 섞고 가열하고 분리하면서 냄새 물질의 관찰 가능한 특성을 실험한다. 향 물질을 만들고 조작하는 기법이 적힌 최초의 문서는 기원전까지 소급된다. 고대 이집트인들은 기름과 향유를 처음으로 사용한 사람들이다.

수세기에 걸쳐, 조향사들은 여러 가지 기술을 개발하고 완성했다. **추출** 과정에서는 압착하거나 가는 방법으로 식물 재료에 물리적 힘을 가했다. 이렇게 가공된 추출물에는 정유*가 풍부했다. 오렌지 껍질처럼 구하기 쉬운 재료도 흔히 사용되었다. 또 하나의 기술은 건식 혹은 습식 **증류**였다. 꽃이나 나무와 같은 재료에 열을 가하고, 이때 나온 향 추출물을 냉각시키는 방법이다. 재스민과 같은 일부 꽃들은 증류 과정에서 변성될 수 있다. 따라서 더 섬세한 재료는 물에 담가 부드럽게 하는 **침수**浸水 과정을 거쳤다. 고농도의 알코올과 같은 용매를 사용하여 특별한 성분을 추출하는 단계를 거치기도 했다. 극도로 섬세한 꽃들은 **냉침**冷浸을 이용했다. 72시간 동안, 냄새를 흡수하는 지방층이 포함된

---

* 64쪽 "다섯 개의 탄소 원자가 여덟 개의 수소 원자와 결합((C_5H_8)x)한 물질"은 이소프렌(isoprene)으로, 다양한 방향성 물질의 기본 단위다. 이소프렌 두 개가 결합하면 탄소 10개인 테르펜 분자가 만들어진다. 탄소가 15개보다 적은 화합물들은 가벼워서 활발하게 움직이고, 후각계에 쉽게 포착된다. 휘발성이 큰 이들 물질을 정유(essential oil)라고 한다.

틀 아래에 꽃을 펼쳐 놓는 방법이다. 그러려면 비용이 많이 들고 시간도 오래 걸린다. 제품의 가격과 원하는 품질 및 최종 상품의 형태, 즉 에센스인지, 수용액인지, 기름이나 향유인지 또는 연고balm인지에 따라 쓸 수 있는 방법이 달랐다. 14세기까지 수세기 동안 조향사들은 이런 방법을 관행적으로 사용했다.

대략 1320년경 두 명의 이탈리아인이 제작한 기념비적인 발명품 덕에 향수 제조의 근대적 기틀이 마련되었다. 다름 아닌 사형蛇形 냉각 시스템*이 고급 알코올의 생산을 쉽게 만든 것이다. 그것은 조향사들에게 예상치 못한 기회를 열어 주었다. 고급 알코올이 생산되면서 향 제품의 활용 방식이 급변했다. 알코올로 혼합물을 희석하거나 분해할 수 있게 되었기 때문이다. 여러 단계에 걸쳐 향 화합물을 분리하거나 방출할 수도 있었다. 피부와 접촉하는 시간에 따라 다양한 향을 발하는 향수가 등장하게 된 것이다.

현대적 의미의 향수가 탄생했다. 향수는 이제 발향 순서에 따라 '상향'(첫 15분 안에 날아감), '중향'(상향이 증발한 뒤 약 30분간 지속됨), '하향'(최대 24시간까지 계속됨), 이렇게 삼중의 구성으로 변모했다. 르네상스 시대에는 더 새롭고 더 복잡한 종류의 향수를 만드는 일에 대한 집착까지 생겨났다. 헝가리의 엘리자베스 황후가 의뢰한 '헝가리 워터Hungarian Water'는 1370년 직후에 만들어진 최초의 알코올 기반 향수 중 하나이다. 지금까지도 그것은 가장 성공적인 향수 중 하나로 꼽힌다.[18]

냄새의 화학 성분에 대해서는 알려진 것이 거의 없었다. 하지만 현대 화학의 개척자인 앵글로 아일랜드인 로버트 보일1627~1691이 등

---

* 기화된 공기가 지나는 유리관 밖에 스프링 모양의 관이 있어, 관 안으로 차가운 물이 지나가면서 기체를 액체로 응축시키는 장치.

장하면서 상황이 바뀌었다. 1675년 보일은 '냄새의 기계적 생산에 관한 실험 및 관찰' 결과를 12개의 논문으로 발표했다.[19] 실험 재현을 위한 지침서이기도 했던 보일의 이 짧은 보고서들은 동시대인인 파라셀수스 Paracelsus, 1493~1541와 그의 추종자인 연금술사들이 주창한, 인기 있었던 이론인 이른바 3원소론tria prima(현대 화학의 전신)의 교리를 폭넓게 비판하고자 하는 의도가 깔려 있었다. 3원소론에서는 고정성과 불연성의 원소로서 소금, 가연성의 원소로서 유황, 그리고 가용성과 휘발성의 원소로서 수은이라는 세 가지 원소를 준거로 물질의 구성을 설명했다.[20]

보일은 화학적 세계를 입자(소체小體, corpuscles)의 구성으로 보았다. 냄새도 예외는 아니었다. 그러나 냄새는 불확실성의 근원이었다. 물질들이 온갖 종류의 냄새를 풍기는 것은 분명했지만 '냄새 나는 입자'의 정체는 분명하지 않았다. 냄새 입자 이론의 문제점은 냄새 나는 입자를 계속해서 내놓음에도 그 물체의 무게가 거의 줄어들지 않는 것처럼 보인다는 데 있었다. 엿새 동안 아위 수지** 한 조각을 관찰하고, 보일은 "수지resin는 사타구니 때의 8분의 1만큼도 줄지 않았다. 내가 보기에 여기에는 우리 코로만 분간할 수 있는 어떤 흐름이 있는 것 같다. 코는 향신료 자체에서 분출되는 냄새보다 훨씬 더 민감함에 틀림없다."[21] 고 썼다.

화학 반응이 달라서 각기 다른 냄새가 나는 것일까? 보일은 은이나 금과 같은 금속 용기, 혹은 희석이나 가열 등의 과정이 냄새에 영향을 끼치는지 알아보려 다양한 실험을 수행했다. 반응은 뚜렷했고, 분명히 측정할 수 있었다. 예컨대 보일은 무취 물질을 몇 가지 조합하면 강

** 미나리과 식물인 아위의 뿌리 혹은 땅속줄기의 진을 말린 수지(resin).

한 냄새가 나는 물질을 얻을 수 있다는 사실을 발견했다. 가끔은 악취가 나는 재료에서 기분 좋은 냄새가 나는 물질을 얻기도 했다. 거의 냄새가 나지 않는 물질을 첨가함으로써 일부 냄새를 중화시키거나 강화시킬 수도 있었다. 이러한 일련의 실험을 통해 보일은 냄새 물질을 만드는 일이 화학반응의 보편적인 법칙을 따른다는 점을 입증했다. 보일의 실험 지침서 하나를 읽어 보자.

실험 1.
냄새가 나지 않는 두 가지 물질을 섞어 강한 오줌 냄새가 나게 할 수 있다.
생석회(산화칼슘)와 살 암모니악(탄산암모늄)을 취한 뒤 이들을 잘게 갈아 섞고, 그 혼합물을 코에 대어 본다. 곧바로 휘발성 염이 내뿜는 오줌 냄새가 날 것이다. 이 증기가 눈에 들어가면 눈물이 흐른다.

18세기 내내 냄새 물질은 입자라는 가설이 과학계의 주류였다. 그러나 공중에 떠 있는 입자들의 냄새는 순수하게 물질적인 언어로만 설명할 수 없었다. 여전히 비물질적이고 생기 있는 어떤 정수가 냄새 지각에 관여한다고 사람들은 추정했다. 이 '영혼의 인도자' 가설을 꾸준히 밀고 갔던 사람은 네덜란드 식물학자이자 화학자겸 의사로, 폰 할러의 스승이기도 했던 헤르만 부르하버1668~1738였다.

부르하버는 물리적인 물질의 인과관계를 정신적 경험과 분리하면서, 이 두 요소가 냄새 감각을 결정한다고 가정했다. 냄새를 전달하는 효과적인 물질적 원인은 휘발성 입자였다. 그러나 입자들은 동질적이기 때문에 순수하게 입자의 관점만으로는 냄새의 다양성을 설명할 수 없었다. 냄새의 정성적 특징은 여전히 '영혼의 인도자'이고 그것은 물질 입자에 끈을 댄 보이지 않는 정유 성분이며, 생기처럼 지각자의 마음에 직접 작용하는 어떤 것이었다. 부르하버는 다음과 같이 말했다. "하지만 정유는 영적인 인도자와 함께 날아가 후각 막 표면에 달라붙어서, 냄새 입자의 효과나 작용을 더 영구적으로 지속시키기 때문에 어느 정도 후각에 복종한다."[22] 아직도 냄새는 물질적 원인을 초월하는, 살아 있는 세계의 본질적 표현으로 남아 있었다.

냄새에 대한 근대 이론이 자리 잡게 된 것은 말 오줌을 자세히 관찰한 두 프랑스 과학자의 노력 덕분이었다. 18세기 유럽에서 구하기도 쉽고 흔했던 말 오줌은 실험적 흥미를 자아내는 몇 가지 특성(밝은 색깔, 알칼리성, 톡 쏘는 냄새)을 지니고 있었다. 라부아지에에 이어서 그 시대에 가장 잘 알려진 프랑스 화학자였던 두 사람은 바로 앙투안 프랑수아 푸르크루아(라부아지에의 때 이른 죽음과 불길하게 연결됨*)와 클로드 루이 베르톨레Claude Louis Berthollet, 1748~1822이다. 이들은 오줌 냄새의 원인 물질이 요소($CO(NH_2)_2$)임을 밝히고, 오줌으로부터 요소를 분리했다.[23] 다른 과학자들도 이 놀라운 결과를 재현했다.

알칼리성이 되면 오줌은 매우 끈적끈적하고 점성이 높아져서 실처럼 길게 뽑아낼 수 있다. 말의 오줌을 현미경으로 관찰하면 점액성 입자 혹은 그보다 네 배쯤 큰, 많은 수의 둥근 입자가 보인다. 슬라이드 유리 사이에서 눌린 입자들이 터지기도 한다. 푸르크루아와 장 보클랭은 말의 오줌을 증발시킨 후 질산염의 형태로 요소를 분

---

* Antoine Francois, comte de Fourcroy(1755~1809).
푸르크루아는 라부아지에의 처형을 방조했다고 알려져 비난의 대상이 되었다. 하지만 박물학자 조르주 퀴비에 등은 이러한 비난에 대해서 푸르크루아를 옹호했다.

리하고, 이 산을 알칼리로 중화시켰다. 이때 발견된 붉은빛이 도는 소량의 지방은 수조水槽에서 쉽게 휘발하였다. 바로 이 물질이 오줌의 냄새와 빛깔의 원인으로 간주되었다.[24]

1828년 독일의 과학자 프리드리히 뵐러는 후속 실험을 거쳐 냄새를 핵심 화학에 접목시켰다.[25] 뵐러는 시안산암모늄(CH_4N_2O)으로부터 요소를 합성했다. 이 합성의 중요성은 이루 말할 수 없었다. 그 당시 유기물질은 무기물질을 지배하는 원리에 귀속될 수 없는 것이었기 때문이다. 유기물은 별도의 법칙에 따라 생명력을 지켜 가야 했다. 뵐러는 그게 틀렸다는 사실을 실험적으로 증명했다. 그는 무기물인 시안산암모늄으로부터 유기물인 요소를 합성했다. 그렇게 유기화학과 무기화학은 하나로 결합되었다. 화학의 패러다임이 달라졌다. 냄새 과학에서도 그것은 출발 신호였다.

냄새와 관련하여 새로운 물질 세계가 열렸다. 향료의 화학적 구성이 하나하나 밝혀졌고, 원재료와 희귀한 재료를 합성하기 위한 적극적인 탐사가 시작되었다. 1818년 자크 라빌라르디에르Jacques Labillardiere, 1755~1834는 테레빈유가 "다섯 개의 탄소 원자가 여덟 개의 수소 원자와 결합(($C_5H_8)_x$)"[26] 한 물질*과 관계있음을 알아냈다. 이 발견에 고무된 과학자들은 테레빈유와 비슷한 성분의 정유 연구에 뛰어들었다. 1833년 장 바티스트 뒤마는 대부분의 정유가 화학적 구성에서 뚜렷한 유사성을 보인다는 점을 인식했다.[27] 그는 정유를 테레빈유나 유자유처럼 탄화수소만을 가진 화합물, 장뇌와 아니스유처럼 산화된 화합물, 겨

---

* 이 물질은 이소프렌(isoprene)이다.
   59쪽 역자주 참고.

자유처럼 황을 포함한 화합물, 쓴 아몬드처럼 질소를 포함한 화합물로 분류했다.[28] 외젠 멜키오르 펠리고트Eugene-Melchior Peligot, 1811~1890, 유스투스 리비히Justus Liebig, 1803~1873, 오토 발라흐Otto Wallach, 1847~1931는 멘톨이나 아몬드와 같은, 향수 제조에 중요한 정유 성분의 조성에 대해 더 많은 통찰력을 쌓아 나갔다. 이러한 발견을 통해 원재료에서 다양한 냄새 성분을 분리하기 위한 기법은 점점 더 개선되었다. 진공 증류법 및 특정 화합물을 시작 물질로 그와 구조가 비슷한 유도체를 만드는 기법도 이 시기에 등장했다.

그 후 50년 동안 합성 화학 연구가 급증했다. 특히 쿠마린 합성은 이러한 발전의 촉매 역할을 했다. 1868년 처음 합성된 쿠마린은 신선한 건초 냄새가 나며 통카콩과 전동싸리 혹은 달콤한 클로버에서 흔히 발견된다. 이른바 퍼킨 축합반응**을 이용하여 살리실 알데히드(C_6H_4 CHO-2-OH)와 무수 초산(($CH_3CO)_2O$)을 축합하고 쿠마린을 얻었다. 이 반응의 이름 제공자인 윌리엄 헨리 퍼킨 경Sir William Henry Perkin, 1838-1907도 오늘날 모브***로 알려진 최초의 합성염료 아닐린 합성에 관여했다.

향기와 풍미의 화학은 1874년 페르디난트 티만1848~1899과 빌헬름 하르만1847~1931이 코니페릴 알코올로부터 바닐린을 합성한 일을 계기로 일대 전환기를 맞았다. 하르만은 합성에 대한 학문적 관심이 증대하는 산업화의 요구와 맞물린다는 점을 깨달았다. 그와 티만은 즉시 자신들만의 회사를 설립했다(Haarmann's Vannilinfabrik). 이듬해에는 합성물의 대규모 생산이 가능한 반응 공정이 도입되었다.[29] 하르만이 고용한

** 두 개 혹은 그 이상의 유기화합물이 반응하는 동안 간단한 화합물이 떨어져 나가고 새로운 화합물이 만들어지는 반응. 퍼킨은 미나리과 식물에서 흔하게 발견되는 쿠마린 말고도, 탄소 7개짜리 화합물에 탄소 2개를 추가하여 계피산을 합성하기도 했다.

*** mauve. 연보랏빛을 띠는 최초의 인조염료.

카를 라이머는 바닐린의 합성 효율을 극대화하는 기술을 고안했다. 라이머의 방법은 완벽하게 성공적이었다.[30] '하르만 앤 라이머'라는 이름으로 재탄생한 이 회사는 급성장했다(한참 뒤에 이 회사는 드래고코Dragoco를 합병하여 세계에서 네 번째로 큰 향수 회사인 심라이즈Symrise가 되었다).

향과 향료, 염료와 잉크 전반에 걸쳐 화학적 생산에 근본적인 변화가 있던 시기였다. 오늘날 산업용 향수 시장을 장악하고 있는 다국적 기업인 피르메니히와 지보단을 포함하여(둘 다 1895년에 설립되었다), 합성 물질을 전문적으로 생산하는 많은 기업들이 이 당시에 우후죽순처럼 생겨났다.[31]

19세기 유럽의 산업화는 현대 화학의 면모를 일신했다. 합성 아로마와 함께 수익성 있는 시장이 열렸다. 더 빠른 생산 속도와 확대된 향료 수요가 맞물리면서 사람들은 더 많고 더 좋은, 새로운 합성 화합물을 찾는 일에 혈안이 되었고 그에 따라 식품 산업과 향수 제조업의 현대화가 불가피해졌다. 가령 용연향龍涎香*처럼 전통적으로 향수에 쓰이던 대부분의 야생 원료들은 상업적 유통망을 넓히기에는 너무 희귀하고 가격도 천정부지로 올랐다.[32] 합성 물질이 야생 원료를 대체했다. 몇 가지 측면에서 합성 화합물이 다루기가 훨씬 쉬웠다. 합성 공장은 사계절 계속해서 가동할 수 있기에 꽃을 재배할 때처럼 계절에 의존적이지 않을 수 있었다. 또한 용연향이나 사향고양이 향낭과 같은 동물성 제품을 사용할 때 생기는 윤리적, 위생적, 법적 문제도 피해 갈 수 있었다.

합성 화학이 대두하면서 냄새의 과학적 이해가 근본적으로 달라졌다. 곤충 페로몬을 연구한 공로를 인정받아 1939년 노벨 화학상을 받

---

* 향유고래의 소화기관에서 발견되는 덩어리의 향. 그 냄새 물질인 이소프로필 알코올 추출액은 은은한 향이 난다. 지금은 거의 대부분 합성품인 암브로시드(ambroxide)로 대체되었다.

은 헝가리의 레오폴트 루지치카1887~1976는 분자 결합력에 관한 통찰력을 확장했다. 1920년 초반 루지치카는 분자가 가상의 수용체 부위에 결합할 때 결합 자리를 결정하는 발향단發香團**이 있으리라고 생각했다[33] (루지치카의 경력은 당시 많은 향료 화학자들의 전형이었다. 그는 전통적인 기초 학문에 대한 지원이 줄자 산업계로 전향하여 피르메니히의 연구 개발 책임자가 되었다).[34]

화학이 부상하면서 냄새의 존재론적 입지도 달라졌다. 무엇이 자연적이고 무엇이 인위적인 것인지, 그 의미도 불분명해졌다. 합성 화학은 물질의 변형 이상이었다. 그것은 냄새와 그것의 물질적 기반 사이의 인과성에 대한 새로운 관점을 제시했다. 보이지 않게 뒤얽히고 구조화된 분자 세계는 식물 대사 산물의 다루기 힘든 질서를 사뿐히 뛰어넘었다. 식물과 동물의 발생과 진화에 의해 형성된 냄새의 세계는 이제 오 분 전에 실험실에서 인위적으로 합성된 화학적 냄새의 세상과 다를 바 없었다. 이 존재론적 혁명은 후각에 대한 과거의 접근 방식에서 무엇이 빠졌는지를 알려 주었다. 그것은 바로 '과연 냄새를 감지하는 일은 무엇을 뜻하는 것일까'라는 본질적인 질문이었다.

19세기 후반의 생리학

20세기 이전 냄새를 향한 과학적 관심은 그것을 발산하는 물질에 집중되었다. 그럼 감각 체계의 생리학 혹은 심리학에 관심을 두게 된 건 언제였을까? 20세기에 접어들면서 후각을 대상으로 하는 과학적 관심이 다양한 분야에서 독립적으로 나타났다. 따라서 우리의 역사적 풍

** 냄새 화합물 분자에서 수용체에 결합하여 냄새를 낼 수 있는 특정한 부위를 통틀어 말한다. 색을 나타내는 '발색단(發色團)'과 같은 의미를 담아 옮긴이가 만든 용어다.

광은 연대기에서 벗어나 초기 생리학과 심리학, 곧이어 생화학까지 포괄하는 범학제적 모자이크로 변한다.

    후각 생리학에서의 초기 관심은 오래가지 못했지만 제법 창의적인 데가 있었다. 먼저, 후각 경로에 대해서는 거의 알려진 게 없었다. 히포크라테스와 레오나르도 다빈치는 비강의 기초 해부학적 이미지를 후대에 남겼다. 후에 영국 외과 의사 너새니얼 하이모어Nathaniel Highmore, 1613~1685와 그의 프랑스 동료인 루이 라모리에르Louis Lamorier, 1696~1777, 루이 베르나르 브레칠레르 주르댕Louis Bernard Brechillet Jourdain, 1734~1816을 비롯해 독일의 의사 자무엘 토머스 폰 죄머링Samuel Thomas von Sömmerring, 1755~1830, 이탈리아의 해부학자 안토니오 스카르파Antonio Scarpa, 1752~1832 등이 후각 연구를 이어 갔다.[35]

    프랑스 의사이자 해부학자인 이폴리트 클로케1787~1840는 냄새 탐지 메커니즘에 관해 거의 독보적으로 주목할 만한 성취를 이루었다. 1821년 저서 『냄새와 냄새 감각: 후각, 감각, 장기를 치료하거나』[36]에서 클로케는 독일 의사 콘라트-빅토어 슈나이더Konrad-Victor Schneider, 1614~1680와 요한 프리드리히 블루멘바흐Johann Friedrich Blumenbach, 1752~1840의 논문을 읽고 점액의 중요성을 깨달았다고 썼다. 클로케는 점액을 포함하는 냄새 감지 메커니즘을 처음으로 확립했다.

    냄새 분자들이 일단 콧구멍에 들어가면 그들은 좁은 구멍을 지나 좀 더 넓은 공간을 거쳐 그 구역 전체에 퍼져 나간다. 모든 유체역학 법칙에 따르면 이런 조건들은 움직임을 늦춰 냄새 분자들과 후각 점막의 접촉 시간을 충분히 늘린다. 그다음, 냄새 분자들은 점액과 섞이는데, 이때 이들의 친화력은 공기 중에 있을 때보다 훨씬 큰 어떤 물리적 특성을 가지는 듯하다. 냄새 분자들은 점액으로부터 떨어져 나와 세포막에 포획된 다음 후각 신경을 거쳐 그들이 받은 인상을 뇌에 전달한다.[37]

후각 생리학은 19세기 말까지 대부분 전인미답의 영역이었다. 그런 무관심은 우연이 아니었다. 냄새가 어떻게 **처리되는지**를 측정하고 시각화하기는 어려워 보였다. 어떻게 상호작용하는지는 고사하고 코 안 **어디에서** 냄새 입자가 상호작용하는지 어떻게 알 수 있을 것인가? 비엔나의 생리학자 E. 파울젠1848~1916은 이 주제에 대해 깊이 생각했다.[38] 1882년 파울젠에게 아이디어가 떠올랐다. 오늘날 우리 귀에는 약간 섬뜩하게 들리지만 그것은 천재적인 실험 발상이었다. 파울젠은 시체 머리를 반으로 잘라 안면과 뒤통수 쪽으로 나누었다. 그는 비강에 리트머스 띠를 붙이고, 인공호흡기를 삽입한 다음, 머리 반쪽을 닫아 합쳤다(그림 1-1). 조악했지만 제법 효과적이었다. 모형 호흡 기관은 기관지 역할을 하는 금속 튜브와 폐 역할을 하는 돼지 방광으로 구성되어 있었다. 파울젠은 공기 중에 알칼리성 암모니아를 뿌리고, 코 안으로 공기를 밀어 넣었다. 리트머스 종이의 색이 변한 곳을 보고 그는 비강에서 냄새를 탐지하는 장소인 상피까지 공기의 흐름을 추적할 수 있었다. 곧이어 즈바르데마케르도 이와 비슷한 연구를 진행했다.[39] 그는 사람 사체 대신 죽은 말의 머리를 사용했고, 유리판으로 비강을 격리했다. 그는 양

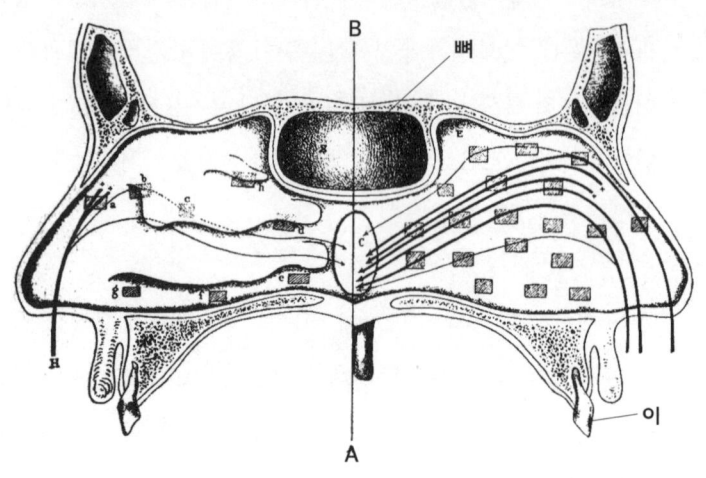

그림 1-1 인간 머리를 앞뒤로 자른 단면도

1882년 과학자 파울젠은 비강 안의 공기 흐름 패턴을 기록했다. 리트머스 종이(오른편 사각형)와 모형 호흡 기관(AB축에서 연장)을 이용하여 암모니아가 섞인 공기를 뿌리고 리트머스 종이의 색상 변화를 추적했다.
출처: H. 즈바르데마케르, 『냄새의 생리학』(라이프치히: 빌헬름 엥겔만 출판사, 1895) 47쪽

초를 콧구멍 아래에 놓고, 파울젠처럼 호흡기를 통해 탄산 공기를 주입했다. 그리고는 양초에서 나온 탄소의 농도를 유리판에서 측정하고 기류 패턴을 재구성했다.

  파울젠과 즈바르데마케르 모두 실험을 위해 인공 장치를 이용했다. 하지만 시체 머리도, 그것을 흉내 낸 어떤 것도, 살아 있는 조직은 아니었다. 살아서 맥동하는 막에 기록된 공기의 흐름은, 죽어서 탄력을 잃었거나 단단한 무기질과는 상당히 다를 것으로 예상되었다. 따라서 이

들은 실제 상황을 재현하기 위해 금속 튜브 대신 고무 튜브를 쓰는 등 다양한 시도를 마다하지 않았다.

후각 경로를 구성하는 조직들에 대한 통찰이 없다면 냄새 이론은 추론을 벗어날 수 없다. 후각 신경을 해부학적으로 접근하기 위해서는 조직 염색 기술이 필요했다. 아마도 카밀로 골지의 은 염색법*이 가장 대표적인 방법이었을 것이다. 이 방법은 개별 신경세포뿐만 아니라 그들의 각기 다른 구조들도 그려 낼 수 있었다. 골지의 방식을 이용해서 신경계를 자세히 관찰한 라몬 이 카할Ramón y Cajal, 1852~1934의 논문은 오늘날에도 유효하다(2장과 7장에서 그의 연구를 소개할 것이다). 이처럼 뇌에서 후각과 관련된 영역이 점차 가시화되었다. 하지만 그에 대한 설명은 아직 요원했다.

20세기 초반의 심리학

냄새를 맡는다는 것이 무엇인지 그 누구도 알지 못했다. 역사를 통틀어 냄새는 사물의 보이지 않는 본질이었다. 그렇다면 후각의 본질은 무엇일까? 냄새를 지각한다는 것은 도대체 어떤 종류의 특질을 감지하는 것일까? 무엇이 미세한 분자 특성과 섬세한 신경 구조의 심리적 해석을 가능하게 할까? 특정한 수의 이중결합이나 탄소 사슬을 장미나 복숭아 같은 정신적 이미지로 바꾸는 일은 어떻게 가능한 것일까? 예고도 없이 어느 순간 후각은 심리학의 대상이 되었다.

사실 20세기 초의 심리학은 이 일을 수행할 상황이 아니었다. 당시 인기 있던 이론들, 특히 정신분석학은 인간의 본성과 사회를 포괄하

---

* 이탈리아의 생물학자 골지(Camillo Golgi, 1843~1926)는 중크롬산 칼륨으로 고정한 신경 조직에 질산은을 침투시켜 세포를 검게 염색했다. 두 물질이 반응해 검은색 크롬산은으로 변한 것이다. 현미경으로 세포를 관찰할 때 관찰하려는 세포만을 선택적으로 염색할 수 있었기에, 골지의 염색법은 생물학에 획기적인 발전을 가져왔다.

는 보다 거대한 일반화에 몰두했다. 냄새는 그 목표에 적합하지 않았다. 악명 높게도 모든 것을 성적인 표현 또는 억압과 관련지었던 지그문트 프로이트Sigmund Freud, 1856~1939가 후각을 언급한 적은 거의 없다. 현대의 인간성 분석에 후각이 낄 자리는 없었다. 프로이트는 인간 문명의 도래를 직립보행과 연결 지었다. 땅에서 멀어지면서 코가 인간 심리학에서 차지하는 중요성은 더욱 떨어졌다. 게다가 프로이트는 성인의 후각이 비정상적이고 오래된 본능에(항문 성욕에 대한 집착에 더해) 불과한 것이라며[40] 거의 관심을 두지 않았다. 그는 냄새를 내팽개쳤다.

냄새를 무시하는 태도는 곳곳에서 발견되었다. 1840년 영국의 의사 토머스 레이콕의 저서 『여성의 신경 질환에 대한 치료』에서 보듯, 냄새가 관심을 끌었을 때조차 그것은 정신병과 관련되었다.[41] 인류학 연구자들은 예민한 후각이 원시 문화의 속성이고, 문명화된 인류에 반하는 것이라는 편견을 강화했다. 그러나 심리학의 역사가 프로이트와 그의 추종자들의 전유물은 아니었다. 다른 목소리들도 존재했다.

인간의 성에 대한 과학적 관심을 촉발한 혁명적인 영국인 의사, 해블록 엘리스1859~1939도 그중 하나였다. 그의 1905년 저서 『인간의 성적 선택: 촉각, 후각, 청각, 시각』은 이미 제목에서 짐작할 수 있듯이 감각의 전통적인 위계질서와 권위를 뒤집었다.[42] 엘리스는 후각에 여섯 개의 장을 할애했다. 물론 섹스와 후각 사이의 친밀한 관계는 언제나 신화적인 농담이었다. 그는 코의 특징에 대해서도 한마디 거드는 일을 잊지 않았다. "로마인들은 큰 코와 큰 페니스의 연관성을 믿었다. … 관상학자들은 이를 엄청나게 과장했다. (나폴리의 조반나*와 같은) 음탕한 여

---

* 1898년 이비인후과 잡지(13권 109-123)에 실린 존 놀랜드 매켄지의 논문 제목은 「남성의 코와 성적 장치 사이의 생리 및 병리적 관계」이다. 매켄지는 나폴리의 여왕, 조반나 1세를 "만족할 줄 모르는 정욕"을 가진 여성으로 묘사하고 있다. 그녀는 4명의 남편이 있었는데 모두 코가 큰 사람이었다고 한다.

자들도 그렇게 생각했다. 종종 실망이 뒤따랐다는 단서가 붙기는 했지만." 엘리스는 신화를 벗어나, 인간의 냄새 감각이 일반적인 통념과는 달리 "뛰어나게 섬세하지만 흔히 무시되었다."고 강조했다. 하지만 그 역시, 다른 동물들과 비교하면 인간의 냄새 감각은 둔감한 데다 본능적인 목표에 종사한다고 기술했다.

다양한 연상을 이끌어 내기 때문에, 엘리스는 냄새가 '상상의 감각'이라는 결론에 이르렀다. 냄새와 연상의 이러한 연관성은 냄새의 호소력, 즉 "과거의 기억에 대해 더 넓고 더 깊은 감정적인 반향"을 불러내는 힘에 바탕을 두고 있다.[43] 그는 "남녀 모두 냄새가 난다."면서 이차성징으로서 체취의 중요성 또한 강조했다. 개인의 냄새는 "개인의 감촉과 비슷한" 것이어서 냄새의 주인이 누구인지, 얼마나 익숙한 것인지를 증언한다. 하지만 그의 전임자들과 마찬가지로 엘리스도 냄새에 대한 고도의 예민함이 비정상적인 신경 질환과 관련된다고 믿었다.

어쨌든 냄새 이론을 구축하고자 한 사람은 극히 소수였다. 독일의 철학자이자 심리학자 기슬러는 1894년 『냄새의 심리학 길라잡이』를 통해 후각의 일반 심리학적 기초를 다지기 위한 지침을 마련했다.[44] 기슬러는 냄새 인지와 그것의 생리적 효과를 분류했다. 각기 다른 냄새들이 서로 다른 방식으로 몸과 마음에 영향을 미친다고 기슬러는 생각했다. 어떤 냄새는 강한 생리적 반응(기침, 눈물, 재채기, 구토, 심지어 배변까지)을 불러일으켰다. 신경이나 근육 같은 특정한 장기 복합체, 또는 호흡·소화·생식과 관련한 자율 신경계를 활성화하는 냄새도 있다. 신경과 근육에 영향을 주는 냄새는 자신을 드러내게 하거나 사교적인 기능을 한다. 예를 들어 '사회적인 냄새'는 개인들 사이의 유대감을 돈독히 하고, 집단 내부의 구성원들을 편안하게 만들었다. 이와는 대조적으로 '식별' 기능이 있는 냄새는 그것이 어디서 비롯했는지 주의를 기울이도록 했으며, 종종 기억으로 남기도 했다. 한편 기슬러는 냄새가 소화기관, 또는 에로틱한 냄새를 생성하는 자율 신경 활성과 관련이 깊다고 보았다. 이처럼 기슬러는 자율 신경성 냄새의 범주를 창안했다.

　　　기슬러는 인지 효과가 있는 '이상적인 냄새'를 고안하기도 했다. 이상적인 냄새는 세 가지 형태의 인지적 개선과 관련이 있었다. 첫째, 담배 연기와 같은 '유쾌한 냄새'는 논리 전개를 돕는다. 둘째, 정신적 이미지를 만들어 내고 재생산한다는 사실로 볼 때 냄새는 미적 풍요를 동반한다. 마지막으로, 냄새는 진정 또는 자극 효과가 있어서 윤리적인 행동을 촉발할 수 있다. 물론 그들과 대립하는 특성도 있다.

　　　기슬러는 물질적 기원(식물이건 화합물이건)에 의지하지 않고, 그 효과로부터 냄새를 연역했다. 그러나 이 이론에는 결함이 있었다. 실험적인 증거 없이 오로지 추론에 의존했기 때문이다. 당시에는 이런 접근 방식이 특이한 것은 아니었다. 19세기 중반에 이르러서야 빌헬름 분트Wilhelm Wundt, 1832~1920와 그의 제자인 에드워드 B. 티치너Edward B. Titchener, 1867~1927로부터 시작된 실험심리학이 등장했다. 분트와 티치너는 시각에 초점을 맞췄다. 물리적 자극과 수용 사이의 관계를 경험적으로 측정하는 주류 정신물리학에서는 후각에 거의, 아니 전혀 관심이 없었다.[45] 하지만 한 여성이 나타나 이 상황을 뒤집었다.

　　　미국의 엘리너 애치슨 매컬러 갬블1868~1933은 인간이 어떻게 냄새를 지각하는지를 적절한 실험 환경에서 연구한 최초의 과학자였다. 갬블은 티치너의 제자였다. 1898년의 논문 「베버의 법칙*으로 본 냄새」에서 갬블은 정기적으로 냄새 물질에 노출되는 것과 같은 영향력 있는 요소들을 포함하여, 냄새 혼합물에 대한 몇몇 사람들의 반응을 확인했다. 그녀의 접근 방식은 혁신적이었다. 그 당시에는 냄새가 정신물리학적 척도를 따를지, 그렇지 않을지 불분명했다. 갬블은 약한 냄새나 강한 냄새와 같이 주관적으로 지각되는 성질을 객관적으로 정의하는 데 어려움이 있음을 잘 알고 있었다. 유기체의 생리적 조건(탈진, 민감도의 일주기 변화)과 몇 가지 지각 효과(냄새의 강도, 쾌락성, 냄새의 질) 사이의 복잡한 상호작용을 조사하는 것은 방법론적으로 쉽지 않았다. 그녀는 다음과 같이 몇 가지 냄새 특성을 언급했다.

(1) 약한 냄새는 강도의 차이가 뚜렷하지 않다. 예컨대 바닐라와 쿠마린은 금방, 사람들이 더 이상 반응하지 않는 냄새의 최대 강도에 이른다. 또한 농도가 높으면 쉽게 불쾌해진다.
(2) 약한 냄새일수록 사람마다 느끼는 차이가 더 뚜렷하다.
(3) 약한 냄새일수록 날마다 느끼는 감도의 변화가 더 뚜렷하다.
(4) 피곤함은 약한 냄새에 더 영향을 끼친다.
(5) 강한 냄새는 약한 냄새를 숨긴다.[46]

실험을 통해 갬블은 냄새를 비교하는 체계적인 수단을 마련하고, 후각 정신물리학의 기초를 마련했다. 후각 지각의 기본 단위인 '감

*Weber's Law. 베버-페히너의 법칙이라고도 한다.
감각기관이 자극의 변화를 느끼려면 처음 자극과 비교하여 일정 비율 이상의 후속 자극이 가해져야 한다는 것을 정량적으로 표현하였다.

지 가능한 최소 차이(JND: Just Noticeable Difference)'를 정의한 것이었다. 감지 가능한 최소 차이는 지각할 수 있는 자극의 가장 작은 차이를 의미한다. 갬블의 후각 연구는 기억과 지각을 향한 그녀의 폭넓은 관심의 발로였다. 갬블의 주된 관심사는 심리학에서 경험적 표준을 확립하는 일이었다. 그녀는 냄새의 심리적인 차원에 대해 성급한 판단을 하지 않도록 세심한 주의를 기울였다.

정확한 물리적 자극과 그 효과를 확인하는 실험적 엄격함이 정신물리학의 지렛대였다. 냄새 연구에는 새로운 도구가 필요했다. 시각이나 청각과 달리 후각 자극은 특정 자극만 분리해서 제공하기가 어려웠다. 냄새는 주어진 환경이나 다른 냄새와의 상호작용에 따라 어지럽게 행동할 수 있기 때문이다. 예를 들어 방에 밴 냄새가 섞이는 경우가 그렇다. 하지만 갬블에게는 운이 따랐다. 박사 학위 논문을 작성하기 일 년 전에 즈바르데마케르가 후각 측정기라는 새로운 도구를 제작했기 때문이다(1888년 발명, 1895년 논문 출판).

원래 후각 측정기는 기다란 원형 튜브 형태의 다공성 도자기 실린더가 유리 파이프를 둘러싸고 있는 모습이었다(그림 1-2, 위). 실험자는 코르크로 밀봉하기 전에, 피펫을 이용해서 실린더와 파이프 사이의 공간을 냄새 나는 액체로 채웠다. 이것은 액체의 냄새가 실험실 냄새와 뒤섞이는 것을 막았다. 액체는 천천히 실린더 안으로 들어갔다. 냄새 측정기는 냄새 혼합물의 농도를 달리하며 실험할 수도 있었다. 즈바르데마케르는 도구를 몇 번 개량했다. 처음에는 콧구멍 파이프가 하나였던 것이 두 개가 되었고, 파이프 재질을 금속으로 바꾸기도 했다. 나중에는

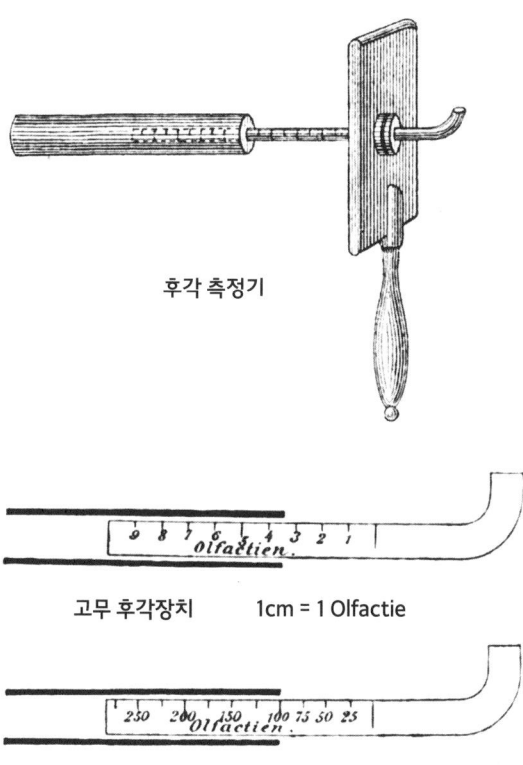

후각 측정기

고무 후각장치　　1cm = 1 Olfactie

암모니아쿰-구타페르카 식물의 수지로 만든 후각장치
1cm = 30 Olfactien

그림 1-2 후각 측정
위_ 즈바르데마케르가 고안한 후각 측정기. 1888년 발명했고, 논문은 1895년에 출판되었다. 오른쪽 위로 휜 부분을 콧구멍에 넣고 냄새를 맡는다.
아래_ 눈금은 냄새 측정의 단위인 '올팍티'를 나타낸다.
(올팍티olfactie는 후각 자극의 문턱값)
출처: 위_ 즈바르데마케르, 『냄새의 생리학』(라이프치히, 빌헬름 엥겔만 출판사, 1895) 85쪽.
　　아래_ 같은 책 136쪽

피실험자들이 시각적 단서에 영향을 받는 것을 막기 위해 실린더와 콧구멍 파이프 사이에 금속판을 끼워 넣었다.

독일의 심리학자인 한스 헤닝1885~1946은 후각 이론의 뒷받침 없이는 의미 있는 행동 반응을 설명하는 일이 불가능하다고 생각했다. 1916년에 출간된 기념비적인 저서 『후각』에서 그는 실험 연구에 바탕을 둔 최초의 실질적인 냄새 이론을 제시했다.[47] 주위의 평가를 거의 아랑곳하지 않은 채, 그는 특히 데이터에 근거하지 않은 갬블(그의 맞수였다)의 정성적인 용어를 신랄하게 비판했다. 헤닝이 수집한 데이터는 훌륭했다. 그는 남녀 어린이와 어른 18명(동료와 그들의 아이, 대학생)을 대상으로, 451가지 단순한 냄새와 51가지의 혼합물을 실험했다. 시험자들은 기준 냄새 물질, 예컨대 바이올렛 꽃향기, 레몬 과일 향, 썩은 황화수소 냄새, 쌉쌀한 육두구 냄새, 유향 냄새가 나는 수지, 탄 냄새인 타르 냄새 등을 가지고 사전 훈련을 받았다. 결과가 모호한 것은 46명의 학생을 대상으로 재실험했다.

헤닝은 여섯 개의 기본 냄새를 주된 범주로 발전시켰다. 냄새를 규격화하기 위해 그는 색깔, 소리, 맛을 냄새와 비교했다. 헤닝은 20세기 첫 10년이 지나기 전 체계적으로 색상 분류법을 고안한 앨버트 먼셀 Albert Munsell, 1858~1918의 작업에서 영감을 얻었다. 그는 먼셀의 색 체계*를 이용해서 냄새의 삼차원 개요도를 그리는 일에도 착수했다. 냄새의 일반적인 질, 강도, 냄새의 명료함 또는 단순성, 이 세 가지를 요약하는 모델이었다. 그러나 색상과 달리 냄새의 혼합은 기본 색을 혼합하는 구성비 규칙(예컨대 녹색은 노랑과 파랑을 합친 색이다 같은)에 맞지 않았다.

---

* Munsell's color system.
색상, 명도, 채도의 3가지 요소를 이용한 색 공간.

헤닝은 화음에서 '음의 융합'과 유사한 방법으로, 섞인 냄새를 비교하기도 했다. 이러 저러 유사성 비교를 종합한 헤닝은 후각 공간이 미각 공간과 비슷하다고 추론했다(그림 1-3, 아래). 특히 냄새는 맛과 흡사한 '가변적 특성'을 나타냈다. 짜고 단 맛, 짜고 신 맛, 짜고 쓴 맛이 그런 예이다. 이런 생각은 여섯 가지 일차 냄새인 꽃, 과일, 썩은, 매콤한, 불에 탄, 그리고 수지 향을 기반으로 한 냄새 프리즘을 탄생시켰다(그림 1-3, 위).

헤닝의 이런 시도는 전통적인 선형 분류를 거부하고 삼차원으로 냄새의 질을 표현했다는 점에서 독창적이었다. 그래서 인기를 끌기도 했지만, 지나치게 정교한 개념화 프리즘이라는 비판을 받기도 했다. 갬블은 헤닝의 가설에 커다란 흠결이 있다고 지적했다. "지나친 산뜻함이 오히려 결점이다."[48] 너무나 간결해서 냄새 혼합물의 복잡성과 맞지 않았다는 것이다.

하지만 그 단순성 때문이었는지 헤닝의 프리즘은 한동안 인기 만점이었다. 후속되는 냄새 분야의 연구와 분류 체계에서도 여전히 살아남았다. 특히 1927년 크로커-헨더슨의 시스템은 여섯 가지 일차 냄새를 넷(향기 나는, 신 맛, 탄 맛, 카프릴산(과일산))으로 줄였다.[49] 랠프 비엔팡은 감각들 사이의 유사성을 방법론적인 수단으로 확장시켰다. 먼셀의 색 체계와 비교한 것은 특히 인기를 끌었다. 1941년 출판된 『냄새의 차원 특성』에서 비엔팡은 냄새의 범주(색상에 대응)와 뚜렷함의 축(명도에 대응) 그리고 강도의 반경(채도에 대응)을 명시하면서, 색과 냄새의 삼차원 특성을 자세히 설명했다.[50]

사실 헤닝의 연구 방법 중에서 냄새 프리즘보다 더 오랫동안 살

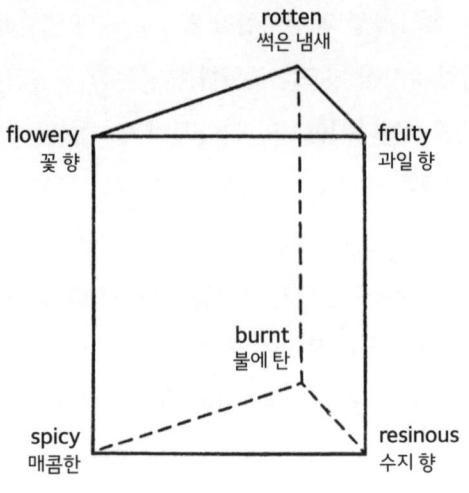

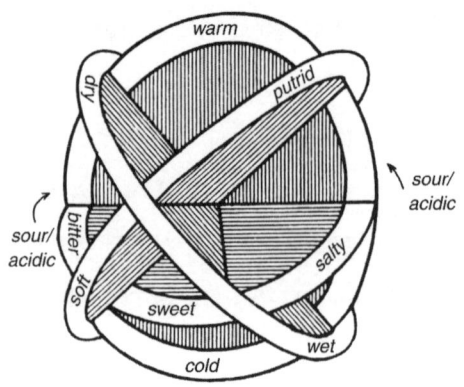

그림 1-3 후각의 지각 공간 개념도

위_ 여섯 가지 일차 냄새로 구성된 냄새 프리즘
아래_ 냄새, 맛 그리고 촉감을 통합한 교차 감각구(感覺球)
출처: 위_ 헤닝, 『후각』(라이프치히, 요한 암브로시우스 바르스 출판, 1916) 94쪽
 아래_ 같은 책 26쪽 (A. S. 바위치 번역)

아남아 냄새 연구에 기여한 것은, 양쪽 코를 함께 측정해야 한다는 제안이었다. 헤닝과 동시대인들은 대부분 한쪽 콧구멍을 열거나(한쪽 콧구멍) 아니면 한쪽 콧구멍을 사용한 뒤 그와 별개로 다른 쪽 콧구멍을 사용하는 방법(양쪽 콧구멍)으로 냄새 능력을 실험했다. 사람들이 그런 식으로 행동하지 않는다는 점을 들어, 헤닝은 그런 관행을 거부했다. 한편, 그의 주요 업적인 일차 냄새를 바탕으로 하는 냄새 가설은 20세기가 끝나기 전에 수명을 다했다.

20세기 전반기

뭇사람들이 노력하긴 했어도, 심리학과 신경생리학 분야에서 냄새는 여전히 변방에 머물렀다. 예외적으로 화학만이 20세기 내내 냄새 연구의 주요한 이론적 틀이었다. 놀랄 만한 일은 아니다. 화학적 자극은 냄새를 측정하고 정량화하며 분류하는, 유일하게 객관적이고 통제 가능한 수단으로 보였던 까닭이다. 하지만 생물학 모델이 없는 화학은 불완전한 것이었다. 어떤 식으로든 감각계는 자극의 인과관계를 관리했다. 냄새를 느끼게 만드는 화학물질의 구조적 특징은 무엇일까?

20세기 초에 많은 가설이 등장했다.[51] 냄새 감각의 구조적 기반 연구는 알려진 물리적 효과와 관련한 연구로 이어졌다. 빛과 소리 그리고 열과 비교되면서, 19세기와 20세기 초반에는 진동 이론이 활개를 폈다. 하지만 그 역시 완벽함과는 거리가 멀었다. 진동 이론은 색과 냄새의 심미적 유사성을 포함하고 있었다. 에테르*와 같은 매질뿐만 아니라, 심지어 멘델레예프의 주기율과 같은 화학 원리까지 두루 소환되었다.

---

* 빛의 파동설의 가상적 부산물이다.
  물결을 매개하는 물처럼 빛의 파동이
  진행하기 위해서 있어야 한다고
  생각했던 매질.

생명체는 어떻게 이런 냄새 물질의 진동을 감지할까? 한 모델은 후각 세포의 진동과 냄새 분자의 진동 사이에 대응 관계가 있다고 보았다. 어떤 사람들은 후각 세포들이 화학적 활동의 영향으로 진동한다고 생각했다.[52]

진동 이론의 출현은 그 당시 과학의 대표로서 물리학이 융성했던 상황을 반영한다. 진동의 정의는 무척 폭이 넓다. 사람들은 냄새 진동을 짧은 파장의 광선, 뢴트겐선, 또는 전자기파로서의 빛을 닮은 것으로 간주했다. 최초의 체계적인 냄새 진동 이론은 1920년대와 30년대에 맬컴 다이슨에서 비롯되었다.[53] 다이슨의 접근은 빛의 회절과 광자 방출에 영향을 끼치는 '라만 효과'의 발견에 기반한 것이었다. 1960년대 로버트 라이트는 진동 가설을 부활시켰다.[54] 그렇지만 여전히 진동 가설을 뒷받침하는 생물학적 원리는 모호했다. 진동 가설이 포괄하는 범주는 넓었다. 한 가설에서는 후각 신경과 함께 공명하는 일부 매질에 작용하는 원거리 작용을 제시했다.[55] 냄새 입자의 무게와 운동량이 후각 섬모를 기계적으로 자극해서 서로 다른 진동을 만들어 낸다는 가설도 있었다.[56] 이 가설은 1990년대에 비탄성 전자의 터널링 효과와 관련된 루카 투린의 멋진 양자 물리학 모델*로 한 번 더 주목을 받았으나, 곧 폐기되었다.[57]

물리학과 화학을 결합한 모델들도 있었다. 어떤 사람들은 냄새 물질이 적외선을 흡수하기 때문에 가상의 냄새 수용체의 에너지가 줄어들 거라고 추측했다.[58] 다른 이들은 양극성 분자가 막과 접촉한 뒤 전기적 중성을 띨 것이라고도 말했다.[59] 후각 막에 있는 색소 입자의 지름

---

* 생물물리학자인 루카 투린(Luca Turin, 1953~)은
분자의 진동에 기초하여, 바닐라 향과 무관한
과이어콜과 벤조알데히드라는 두 분자를 섞으면
바닐라 향이 날 것이라고 예측했다.

이 진동 주파수와 관련 있다는 주장을 펼치기도 했다.[60]

후각의 화학 이론은 냄새 분자와 후각 상피의 상호작용에 집중한다. 이 가설도 흡착(막 표면에 분자의 부착)과 흡수(분자가 막 표면을 통과하거나 점액에 녹음) 사이를 오락가락했다.[61] 덜 인기를 끌었던 가설에서는, 표면장력의 감소를 언급했다.[62] 막이나 세포 자체에 들어 있는 물 혹은 지질상으로 설명하기도 했다.[63] 후각면역 가설에서는 인슐린을 조직에 주사한 뒤 냄새 항체가 생기는지를 관찰했다.[64] 냄새 자극의 진정 효과를 측정한 이들도 있었다.[65] 1950년대 들어, 몇몇 과학자들은 몇 가지 효소 반응 사슬이 후각 반응을 촉매할 것이라고 생각하기도 했다.[66]

20세기 중반에는 후각 연구자의 숫자에 육박할 정도로 각종 후각 이론이 무성했다. 이러한 다양한 가설을 통합한 것은, 특정 분자가 왜 자신만의 특정한 냄새를 풍기는지를 결정하는 본질적이고 구조적인 원칙이 있어야 한다는 일종의 믿음이었다. 그러나 그 원리가 무엇인지는 여전히 미궁으로 남아 있었다.

20세기 중반 이후

20세기 중반 들어 후각에 대한 관심이 고조되었다. 그렇다고 해도 초기 후각 연구의 성과는 여전히 단편적인 주제에 몰두하는 개인들에서 나왔다. 미국 농무부 연구소의 향 화학자인 존 아무어1930~1998는 이들 선구자 중 한 명이었다. 코넬의 미각 화학자인 테리 애크리는 학생이었던 아무어와 우연히 만난 사실을 기억했다. "이 농무부 연구소는 전쟁과 홍수와 같은 다양한 종류의 긴급 상황에서 민간인과 군인들을 위한 음식의 질을 향상하는 데 관심이 있습니다. 음식을 어떻게 보존하면 좋을지 연구하느라 많은 시간을 보내죠. 존 아무어는 얼리거나 말렸을 때 또는 다른 방식으로 저장했을 때, 음식물의 향미가 어떻게 변하는지에 지대한 관심을 보였습니다."

아무어의 관심은 식품 화학을 넘어섰다. 그는 냄새 자체를 이해하길 원했다. 1960년대에 아무어는 화학 구조의 발견에 고무되어 '냄새의 원형'이라는 개념을 부활시켰다.[67] 냄새 생물학은 여전히 미궁 속이었다. 아무어는 화학과 정신물리학에서 도출된 두 종류의 데이터를 바탕으로 다섯 개에서 여덟 개의 냄새 원형을 제안했다. 그는 기발한 전략으로 생물학의 빈자리를 극복하는 방법을 고안해 냈다. 바로 냄새 맡는 능력을 잃은 후각 상실증 환자들을 연구 대상으로 삼은 것이다. 아무어는 그중에서도 일반적인 냄새는 정상적으로 느끼지만 특정한 한두 가지 냄새를 맡지 못하는, 특별한 후각 상실증 환자를 선별했다. 예를 들어 어떤 사람들은 사향 냄새를 맡을 수 없다. 그 당시엔 선구적인 접근 방식이었다. 록펠러 대학의 신경과학자인 레슬리 보스홀은 다음과 같이 말했다. "아무어는 분자에서 지각으로 향하는 문제와 씨름하는 이 분야의 거장이지요. 그의 생각은 당대를 훨씬 앞서 나갔습니다. 특정한 후각 상실을 대하는 그의 생각은 어떤 식으로든 분자들이 뇌에 도달하는 메커니즘의 상당 부분을 우리에게 이야기해 주었답니다."

아무어는 후각 상실증 환자가 맡지 못하는 냄새를 배제하는 방법으로, 냄새의 범주와 화합물의 구조 사이에 연관성을 찾기를 바랐다. 또한 그는 당대에 인기를 끌었던 리간드* 결합의 열쇠-자물쇠 모형을

---

* 예를 들면 성호르몬인 에스트로겐이 생체 내에서 어떤 일을 하려면 우선 세포막에 있는 에스트로겐 수용체 단백질과 결합해야 한다. 그런데 자물쇠에 따라 열쇠가 다르듯 에스트로겐 수용체는 테스토스테론에는 반응하지 않는다. 이처럼 커다란 수용체 단백질과 특이적으로 결합하는 호르몬 혹은 저분자 물질을 리간드(ligand)라고 한다.

이용하여 주요 냄새와 짝을 이루는 수용체의 자리를 깊이 연구했다. 그에 따르면, 리간드가 구조적으로 상응하는 수용체와 결합하리라 추측할 수 있다. 열쇠-자물쇠 원리는 1902년 노벨상을 받은 에밀 피셔Emil Fischer, 1952~1919가 1894년에 처음 도입했다. 라이너스 폴링은 열쇠-자물쇠 모델을 사용하면 후각의 생화학적 상호작용을 설명할 수 있을 거라고 제안했다.[68] 폴링 다음으로 스코틀랜드의 화학자인 로버트 몽크리프가 1949년에 이와 유사한 구조 가설을 연구했다. 그는 냄새 물질(분자)의 입체적(기하학적) 특성을 분석하고, 분자의 형태를 바탕으로 생화학적 설명이 가능한지 타진했다.[69] 이런 모델들이 초기 냄새 이론의 시작을 장식했다.

　화학자들이 열심히 연구한 덕에 냄새와 관련된 일반적인 규칙과 세부 사항이 점차 모습을 드러내기 시작했다. 이는 궁극적으로 냄새 물질 집단과 그에 반응하는 수용체 유형을 밝히려는 노력으로 이어졌다. 또 다른 구조-냄새 모델의 선구자는 독일인 귄터 올로프였다. 피르메니히의 화학자 크리스천 마고는 올로프와 함께 일했던 시절을 기억했다. "그는 새로운 이론을 세웠어요.[70] 연구에 대해 그는 매우 열정적이고 도전적이며 항상 뭔가에 고무되어 있었습니다. 고품격 독립 연구자라고 할 수 있죠." 올로프는 이른바 '용연향의 3축 규칙'[71]이라 불리는, 구조-냄새 규칙에 근접한 뭔가를 처음으로 발견했다. 1971년 발표된 이 규칙은 용연향의 2고리 화합물인 데칼린decalin의 존재에서 비롯되며(지정된 세 위치에서) 특정 원자단은 축방향으로 배열되어 있어야 한다고 명시했다. 초기에 성공적이었던 이 규칙은 나중에 몇 가지 수정을 거쳤다. 올로프의 규칙에 어긋나는 사례들이 나타난 까닭이다(카라날karanal이 그랬다. 이 물질은 화학적 위상의 정의를 따르지 않는 분자였다). 또 다른 구조-냄새 규칙을 벗어나는 예들이 여기저기서 출몰했다.[72]

화학자들은 곧 냄새 분자가 구조적으로 엄청나게 다양하다는 사실을 인정했다. 20세기 후반 가스 크로마토그래피를 포함한 기술적인 진보, 그리고 찰스 셀과 파올로 펠로시 같은 화학자들의 헌신적인 노력에 힘입어 냄새 화학의 세계에 대한 통찰력은 폭발적으로 성장했다.[73] 냄새 분자들의 구조적 다양성은 가장 세심하게 설계된 구조-냄새 규칙조차 헛되이 좌절시켰다.[74] 구조-냄새 규칙으로는 도저히 코의 암호를 해독할 수 없었다. 그 규칙은 냄새 분자들이 그런 냄새를 내는 이유를 설명할 수 있을 것처럼 보였지만, 그런 일은 결코 일어나지 않았다. 애크리는 고개를 끄덕였다. "요점은, 리간드의 분자 구조 연구가 실제 세계에서 벌어지는 리간드의 생체 반응에 대해 아무것도 설명하지 못한다는 것이었죠."

구조-냄새 규칙처럼, 열쇠-자물쇠 모델도 잘못된 것으로 판명되었다. 생화학 분야의 광범위한 연구 영역 안에 후각을 배치했다는 점이 굳이 성과라면 성과일 것이다.[75] 곧이어 생물학자들이 후각 연구에 합류했다. 그중에 업스테이트 메디컬 대학의 생리학자 맥스웰 모젤이 있었다. 1950년대부터 1970년대까지 이어진 모젤의 초기 후각 이론은 당대의 연구 전략을 여실히 보여 주는 것이었는데, 바로 공간 패턴화를 통한 선택적 활성 연구였다. 모젤의 이론은 후각 망울에서 공간적 활성을 측정하는 에드거 에이드리언Edgar Adrian, 1889-1977의 초기 생리학적 성과에서 영감을 얻은 것으로, 비강 상피를 크로마토그래피*의 기능과 비교했다(크로마토그래프 가설).[76] "이것이 바로 청각이나 촉각 심지어 어느 정도까지는 미각과 유사하게 후각에서도 냄새 물질을 흡수하고 확산하는 방법에 공간적인 관계가 있으리라고, 제가 생각한 근거입니다." 그는 냄새 분자가 전체 상피에 퍼지는 대신, 특정 냄새 분자에 반응하는 정해진 영역이 있으리라 가정했다. 흡수되는 속도의 차이가 반응의 민감도 차이를 설명할 수 있으리라 본 것이다.

모젤은 개구리 코에서 공기 흐름 패턴을 연구했고, 화학 자극에 따라 '흡수·흡착'이 달라진다는 사실을 발견했다. "분별 흡착 효과가 우리의 지각 과정에 커다란 영향을 미친다고 가정해 봅시다. 제 논문을 읽었는지 모르겠지만, 저는 가스 크로마토그래피의 세로 항을 개구리의 코로 치환했어요. 제가 한 일은 각기 다른 냄새의 머무름을 살펴보는 것이었습니다. 가스 크로마토그래피에서 늘 하는 일이지요. 단순히 저는 세로 항을 개구리의 코로 바꾼 겁니다. 그런 뒤에 크로마토그래피에서 벌어지는 일과 비슷한 현상을 목격했지요." 모젤은 지용성 혹은 수용성과 같은 분자 특징이 냄새 분자의 '흡수·흡착'과 관련되는지 분석했다. 모젤은 결코 그의 이론을 완성할 수 없었지만 그것은 코의 공기 흐름과 유체 역학에 대한 기본적인 식견을 제공했다.

1970년대에 몇몇 생리학자들이 후각 연구로 발길을 돌렸다. 진보가 더디긴 했지만, 거의 미개척 분야라는 매력도 있었다. 후각 연구에서 생물학적 연구가 성장하기 시작했다. 사회적인 변화가 먼저 찾아오고, 실험이 그 뒤를 따랐다.

---

* 크로마토그래피는 분자들의 이동 속도 차이를 이용해 혼합물을 구성 성분으로 분리하는 분석법이다.
크로마토그래피처럼 비강 상피에 다양한 냄새 분자가 흡착되며 분리된다는 뜻으로 쓰였다.

미국 신경과학학회의 화학 감각 그룹 같은, 대규모 모임의 변방에서 자주 얼굴을 마주하던 매우 헌신적인 사람들의 주도로 현대의 후각 과학이 부상했다. 고든 컨퍼런스와 같은 더 전문화된 모임도 진행되기 시작했다(여기서는 화학 감각인 냄새와 미각을 주제로 3년마다 토론을 벌인다). 1970년대 후반부터 화학 감각을 주제로 두 종류의 회의가 개최되었는데, 유럽화학감각연례회의(ECRO: European Chemoreception Research Organization)와 3년마다 소집되는 후각과 미각 국제심포지엄(ISOT: International Symposium on Olfaction and Taste)이 그것이다. "하지만 모든 사람이 거기에 참가한 건 아니었어요."라며 모젤은 회상했다. "심리학자는 심리학 회의에 참석했고, 생리학자는 생리학 회의에 참석했지요. … 고든 컨퍼런스는 3년마다 개최되었지만 우리는 그들을 자주 볼 수 없었습니다. 매년 후각 학회가 열려야 한다는 얘기는 늘 있었지만 그런 일은 벌어지지 않았답니다."

필요가 변화를 이끌었다. 1970년대 후반, 미국립과학재단(NSF)은 연구비를 대폭 줄였다. 신경과학의 떠오르는 총아였던 시각 분야는 연구비를 걱정할 필요가 없었다. 하지만 후각 분야에 할당되는 연구비는 안정적이지도 일정하지도 않았다. 간신히 연명할 정도였다. 북미에서 후각을 연구하려면 연구비를 유치하기 위한 조직이 절실했다.

"저는 미국립과학재단에서 잠시 일했습니다. 저를 못살게 구는 한 남자와 함께 일했지요. '후각 연구자들은 시각이나 청각 연구자들에 비하면 형편없어.' 그러면서 아주 못되게 굴었습니다. 슬프지만 그의 말은 옳았습니다. 당시 우리는 후각에 대해 아는 것이 거의 없었죠. 우리는 분자가 냄새를 풍긴다는 걸 알았지만, 그게 다였습니다. 생리학 회의에 모일 때마다 이야기를 나누었습니다. 우리는 뭔가를 해야 해. 뭔가 해야 했어. 그런데 그때 뭔가를 한 건 미국립보건원(NIH)과 국립과학재단이었습니다." 연구비 조달 정책이 변했다. 후각 연구는 지원이 필요했다. "국립보건원과 국립과학재단과 대화하고, 미국에서 지속적인 후각 연구가 필요하다는 주장을 전달할 단체가 절실했습니다."

화학감각협회(AChemS: Association for Chemoreception Sciences)가 탄생했다. 테리 애크리는 "AChemS가 등장하기 전에는 이 모든 것들을 하나로 묶을 수 있는 학회가 없었습니다."라고 회상했다. "내 생애에서 일어난 가장 놀라운 일이었지요. 학회의 틀 안에서 후각 연구가 함께 발전할 수 있게 된 겁니다." 토론하고 아이디어를 발굴하는 일이 주된 업무였다. 간단히 말하면 ECRO와 AChemS가 어떤 형태의 연결과 지속성을 지니면서 연구에 박차를 가할 수 있게 된 것이었다. 모젤은 이 공동체가 비교적 작았다고 기억했다. "AChemS에는 불과 500명의 회원이 있었지만 비전은 무궁무진했습니다." 오늘날 AChemS는 독립된 기관으로 성장했으며, 2018년에 40주년을 맞았다. "만약 국립보건원과 국립과학재단이 화학 감각보다 시각과 청각 연구에 더 많은 돈을 투자해야 한다고 결정하지 않았다면, 우리는 결코 조직을 구성하지 못했을 겁니다!" 모젤은 호탕하게 웃었다.

1970년대 후반에서 1980년대 초반에 이르러 후각 분야는 마침내 하나가 되었다. 후각 연구는 화학뿐만 아니라 생물학에도 문호를 개방했다. 1980년대에는 후각계에서 분자 기반의 체계적인 연구가 시작되었다. 몇몇 연구는 냄새 지각이 다른 감각에서의 자극 검출과 마찬가지로 분자들의 경로에 의존한다는 점을 확인했다. 자극에서 오는 외부 정보(광자, 음파 또는 공기 속의 분자)는 감각 신경에서 전기적 신호로 변환된다. 이 변환 과정에는 이차 신호 물질이 관여한다. 다양한 분자 구성 물질들 사이에 일어나는 연쇄적인 생화학적 반응이 생화학자들, 유전학자들 그리고 신경생물학자들에 의해 점차 밝혀졌다. "후각에서 분자생물학을 향한 거대한 발걸음이 첫발을 떼었죠." 컬럼비아의 신경과학자인 스튜어트 파이어스타인은 회상했다. "저는 특히 홉킨스의 랜들 리드, 독일의 한 브리어Han Breer, 이스라엘의 도론 랜싯Doron Lancet, 가브리엘 로넷Gabriel Ronnett이 생각납니다. 그들은 본격적으로 후각 세포 및 분자생물학을 탐구했고, 실제로 신호 전달 체계를 알아냈습니다. 수용체를 알기도 전의 일이에요. 그 당시 좀 더 다루기 쉬운 질문이었던 거죠."

이러한 발견을 통해 사람들은 후각계가 뭔가 괴상할 것이라는 생각에서 벗어나게 되었다. "제가 이 분야에 발을 들였던 초반기에", 예일 대학의 신경과학자이자 파이어스타인의 멘토였던 고든 셰퍼드가 운을 떼었다. "후각은 저 멀리 있었어요. 아무도 그것을 알지 못했습니다. 그들이 뭔가를 시작하자 모든 것이 달라졌죠. 냄새 자극이 어떤 것인지 상상조차 못했기 때문에 그것을 어떻게 다뤄야 할지 몰랐습니다. … 우리는 뇌에서 무슨 일이 벌어지는지 몰랐어요. 사람들은 후각이 특별하다고 생각했지요. 뭔가 다르다고. 시각 분야에서 혁신적인 결과가 나올 때마다 사람들은 시각이 주류 감각이고 후각은 일종의 변두리 감각에 불과하다고 생각했답니다."

　분자 통신이라는 보편적인 메커니즘에 대한 통찰이 깊어짐에 따라, 후각에도 다른 감각 과정을 지배하는 것과 비슷한 일반적인 원칙이 적용될 거라는 생각이 자리를 잡아 갔다. 주류 과학의 흐름에 후각 연구가 슬며시 끼어들게 된 것이다. 갑작스러운 경주가 시작되었다. 중요하지만 아직 빠져 있는 퍼즐 조각은 분자의 관문을 열기 시작한 막 수용체 membrane receptors와 관련되었다.

　부단한 노력이 진정한 성과로 연결되기까지는 10년이 더 걸렸다. 1991년 린다 벅과 리처드 액설이 오래전부터 예견되었던 후각 수용체를 발견함으로써 후각 연구 분야는 그야말로 축포를 터뜨렸다. 진짜 그랬다. 후각 수용체가 발견된 바로 다음 날 말 그대로 후각에 광명이 깃들었다.

　다른 역사가 어떻게 전개되었든, 후각의 과학은 수용체 발견 이전과 이후로 극명하게 구분된다. 이것은 마침맞게 도착한 시의적절한 발견일지도 모르겠다. 신경생물학자 랜들 리드는 이렇게 말했다. "수용체가 발견되지 않은 채 10년을 더 허비했더라면 사람들이 다 포기하고 떠나는, 위험한 상황이 초래될 수도 있었을 거예요. 만약 린다가 '나는 지쳤어요'라고 넋두리했을 상황을 상상이나 해 보셨나요." 하지만 린다는 포기하지 않았다.

　여기서부터, 오늘날의 후각 이야기가 시작된다.

2장

현대적 의미의 후각, 갈림길에서

"다른 역사가 어떻게 전개되었든, 후각의 과학은 수용체 발견 이전과 이후로 극명하게 구분된다."

― A. S. 바위치

현대 후각 연구를 특징짓는 개벽과 같은 사건은 1991년에 벌어졌다. 린다 벅과 리처드 액설이 포유동물의 유전체에서 가장 큰 다중 유전자군이라 할 만한 유전자들을 발견한 것이다.[1] 이런 발견이 그리 쉽게 이루어진 것은 아니었다. 벅은 후각 수용체(ORs: Olfactory Receptors)를 찾아 3년을 연구했다. 냄새 화합물의 엄청난 다양성을 생각할 때, 분명 상당한 크기의 수용체 집단이 있을 것으로 그녀는 생각했다. 비록 그 집단의 규모가 얼마나 될지 상상하기 어려웠지만 말이다. 벅은 처음에 몇 가지 수용체를 발견했지만, 그 어떤 것도 냄새 화합물에 반응하지 않았다. 다른 실험실도 성과가 없긴 마찬가지였다. 출판할 만한 결과물 없이 허무하게 지나간 3년의 허송세월은 연구자에겐 고통의 시간이다. 이제 막 경력을 쌓기 시작한 젊은 연구자에게는 치명적이기조차 하다.

그러므로 벅의 담대함은 나중에라도 결코 잊혀선 안 된다. 벅의 친구인 스튜어트 파이어스타인은 '하비 협회 강연'에서 벅의 끈기가 얼마나 중요한지 강조하며 찬사를 아끼지 않았다.

제가 후각을 연구하는 몇 년 동안 누구도 후각을 거들떠보지 않았지만 리처드, 그리고 다들 아시다시피 린다 벅은 예외였습니다. …

그녀는 제게 용기 있는 과학자의 표상입니다. 고마운 일이지요. 학생들과 일할 때 저는 그녀 얘기를 자주 합니다. 린다는 대안도 없고 출판할 데이터도 없는 연구를 끈기 있게 밀고 갔습니다. 오늘 밤 여기 와 있는 리처드도 그에 못지않습니다. 생활비도 충당해야 하고 연구비도 벌어야 했지만, 그들은 이 일이 얼마나 중요한지 잘 알고 있었습니다. 그러나 만일 다른 실험실에서 후각 수용체를 발견하기라도 했다면 그들은 아마 잊힌 채로 사라졌을 겁니다. 린다도 박사 후 연구 기간이 상당히 길었습니다. 그녀는 모험을 하고 있었던 것이죠. 안정된 생활 그리고 아마도 과학자로서의 경력을 다 걸었을 겁니다. 중개 연구*에 치중하고, 보다 실용적인 연구를 통한 기술 이전을 강조하는 요즘과 같은 환경에서 이런 과학적 용감함을 찾아보기는 힘들어졌습니다. 린다는 우리에게 대담한 정신의 가치를 일깨워 주었지요.[2]

리처드 액설은, 발견한 결과물을 들고 벅이 사무실로 들어서던 그 순간을 기억했다. "그녀는 매우 기발한 것을 기획했고, 마침내 성공했습니다. 벅이 내민 결과를 보았을 때 저는 잠시 말을 잊었습니다. 하지만 제 머릿속에서는 모든 것이 새롭게 펼쳐지기 시작했습니다."

이 발견의 중요성을 양적으로 보여 주는 것은 인용지수다. 벅과 액설의 발견이 이루어지기 전, 약 30년 동안 '냄새odor' 혹은 '후각 수용체odor receptor'라는 키워드로 검색되는 연구 논문은 295편에 불과했다. 하지만 그들의 논문이 발표되고 5년 뒤에 그 수는 406편으로 늘었고,

---

* 벤치에서 임상으로(bench to bedside)를 번역한 용어로 처음 사용되었다. 실용적인 목표를 강조한 학문 연구를 일컫는다.

지난 23년 동안에는 4,037편으로 급증했다. 《셀Cell》에 실린 그들의 최초 출판물은 지난 40년 동안 생물학의 근본적인 발전에 이바지한 일군의 논문으로 선정되기도 했다.[3] 2004년 벅과 액설은 노벨 생리의학상을 받았다.[4] 과학사의 주변부에 불과했던 후각이 주류 연구에 당당히 편입된 것이다.

후각, 노벨상을 받다

후각 수용체는 도대체 무엇이 그리 독특했을까? 후각 수용체의 발견은 어떻게 현행 후각 신경과학의 주춧돌이 되었을까? 후각 수용체의 의미는 세 가지 이유에서 두드러진다. 집단의 크기(후각 수용체는 인간 유전체에서 가장 큰 다중 유전자군 소속이다), 발견 방식, 그리고 후각을 담당하는 뇌를 총체적 관점으로 연구할 수 있게 한 이들 수용체의 실험적 역할이 바로 그것이다.

첫째, 후각 수용체 집단은 이른바 G-단백질 결합 수용체(GPCR)**라고 불리는 거대 단백질 집단과 관련이 있다. GPCR은 세포막에 박힌 거대 단백질 집단으로, 시각과 면역반응 조절 그리고 신경전달물질의 감지 등과 같은 다양하고 근본적인 생물학적 과정을 담당한다. 오늘날 우리는 이 단백질 집단이 포유류 유전체의 약 10퍼센트를 차지한다는 사실을 알고 있다. 하지만 이미 1980년대 후반부터 GPCR 단백질의 중요성이 서서히 부각되

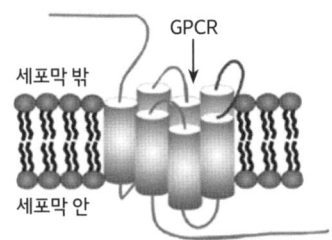

** G-단백질 결합 수용체(GPCR: G-Protein Coupled Receptor)는 세포막을 7번 관통하기 때문에 '7-막 통과 수용체'라고도 한다. G-단백질은 구아닌이라는 핵산과 결합하는 단백질로, 세포막에 존재하는 또 다른 단백질인 G-단백질 결합 수용체에 붙거나 떨어지면서 외부의 신호를 세포 안으로 전달한다.

기 시작했다. 미국의 분자생물학자인 듀크 대학의 로버트 레프코위츠가, 아드레날린 수용체와 로돕신은 구조적 특징(모티프motif)을 공유하며 이것들은 아마도 거대 단백질 집단의 일부일 거라는 가설을 제기한 때였다.[5] 과학자들은 후각 수용체를 GPCR의 후보로 여기고, 후각 수용체를 통해 몇 가지 흥미로운 유전적 발견을 이룰 수 있기를 고대했다. 놀랍게도 그 결과는 기대 이상이었다.

이 집단에 소속되면서 후각 연구는 과학의 주류에 올라탔다. 후각 수용체의 구조와 기능적 특성은 GPCR 연구에 완벽한 패러다임을 제공했다. 후각 수용체 집단은 생쥐에서는 약 1,000가지 그리고 인간에서는 약 400가지의 단백질을 아우르는 것으로 드러났다. 그간의 모든 예측을 초과하는 숫자. 숫자만 놓고 볼 때, 후각 수용체가 등장하기 전까지 가장 큰 GPCR 집단은 세로토닌 수용체*로 12개를 넘지 않았다 (현재는 15개로 밝혀졌다). 새롭게 발견된 이들 수용체의 유전적 구성에서 흥미로운 점은, 후각 수용체가 다른 GPCR 단백질들과 몇 가지 주요 아미노산 서열을 공유하고 있다는 점이었다. 후각 수용체 단백질끼리는 서로 추가적인 모티프를 공유하지만, 그들 집단 내에서의 변이도 큰 것으로 밝혀졌다. 다시 말해, 후각 수용체는 기능적으로나 구조적으로 두드러진 GPCR의 특성을 갖지만 보다 작은 규모에서 각기 다른 하위 집단으로 나뉜다. 현재 약물 개발 연구의 절반 이상이 GPCR을 목표로 한다는 점을 감안하면, 후각 수용체의 분자 암호를 해독하는 작업은 코를 이해하는 것 이상으로 한층 더 중요해진다. 분자 수준에서 냄새를 탐지하는 일은 유별난 것이 아니라, 아주 기본적인 모델이었던 것이다.[6]

---

* 세로토닌은 행복감을 포함한 감정을 느끼는 데 기여하는 신경전달물질로, '행복 호르몬'으로도 불리며 주로 소화기관에서 만들어진다. 세로토닌 수용체는 세로토닌을 리간드로 하는 수용체 집단이다. 우울증 치료제인 프로작은 신경연접부에서 세로토닌의 양을 늘리는 역할을 한다.

후각 수용체의 발견 방식에도 사람들은 상당한 관심을 보였다. 중요한 유전적 기법을 성공적으로 적용하고 그 효율성을 확장했다는 점에서 후각 연구는 신경생물학 발전에 크게 이바지했다.

벅의 천재성은 실험을 고안하는 데서도 여실히 드러났다. 그녀는 실험에서, 전례 없이 중합효소연쇄반응(PCR)**을 대대적으로 이용했다. PCR은 자연적인 DNA 복제 과정에 기반을 둔 방법으로, 프라이머primer 쌍에 의해 표적이 된 DNA 가닥을 복제하는 효소(중합효소)를 이용한다. 프라이머는 특정 유전체 서열에 상보적으로 결합하는 짧은 핵산 다발이다. 이 과정은 반복적인 반응 주기를 거쳐, 기하급수적으로 DNA를 복제할 수 있다. 따라서 특정 유전자 가닥을 다량으로 만들 수 있는 것이다. 이런 기법이 발명되면서 유전물질의 희소성 문제가 대부분 해결되었다.

생물학 역사상 PCR만큼 혁명적인 발명은 그리 많지 않다. 1993년 노벨 화학상을 받은 캐리 멀리스Kary Mullis, 1944~2019가 발명한 이 기술은 "사실상 생물학을 PCR 이전과 이후로 양분했다."[7] 벅의 박사 후 연구 과정이 끝나 갈 무렵에 PCR 기법이 등장했다. "그 논문이 출간되었을 때 저는 전율을 느꼈어요." 벅은 회상했다. "제 생각에 PCR은 많은 일을 가능하게 할 수 있었어요." 분자생물학자들에게는 기적의 약물 같았다. "현미경이 처음 등장했을 때 사람들이 한 일을 떠올려 보세요. 그들은 볼 수 있었어요. 사물을 볼 수 있게 되었지요. 마찬가지로 제게 PCR은 모든 것을 볼 수 있는 현미경 같은 것이었답니다!"

새로운 기술이 도입된 초기에는 여러 가지 어려움이 찾아오기

** Polymerase Chain Reaction. 유전자를 증폭하는 기술로, 원하는 유전자만 선택하여 증폭할 수 있어 유전자 실험 연구에 혁명을 가져왔다.

마련이다. 재료도 새롭게 준비해야 하고 어떤 범주의 실험에 그 방법을 적용할지도 결정해야 하기 때문이다. 당시 PCR은 알려지지 않은 유전자 군을 발견하는 데 가장 확실한 도구처럼 보이지는 않았다. PCR은 세포에서 진행되는, 자연의 복사-붙이기 방식을 차용하여 유전물질을 증폭시킨다. 덕분에 과학자들은 대규모 연구에 필요한 유전자를 충분히 확보할 수 있게 되었다. 기본적으로 PCR의 전제 조건은, 증폭하려는 유전체의 서열을 최소한 부분적으로라도 알고 있어야 한다는 것이었다. 그러나 후각 수용체에 대한 유전체 서열은 알려진 것이 거의 없었다.

벅은 PCR에서 두 가지 변형을 꾀했다. 그녀는 마치 물고기 그물망처럼 가변적인 유전자 패턴(축퇴 프라이머degenerate primers라고 한다)을 조합했다. 다양한 범위에 걸쳐 있지만 유사성이 충분히 높은 유전자 서열을 붙잡아 증폭하기 위해서였다. PCR에서 프라이머가 '축퇴되었다'는 말은, 염기 서열의 일부 위치에 올 수 있는 염기가 하나보다 많다는 의미이다. "예를 들어, 프라이머 GG(CG)A(CTG)A에서 세 번째 위치에는 C 또는 G가, 다섯 번째 위치에는 C나 T 또는 G"[8]가 올 수 있다. 프라이머의 축퇴는 특정 서열로 조합 가능한 수를 나타낸다(이 예에서는 축퇴가 여섯 개*다). 따라서 축퇴 프라이머들은 특이성은 떨어지지만, 유전자 서열이 비슷한 여러 유전자 가닥들을 증폭시킬 수 있다.

"이러한 축퇴 프라이머를 만들기 위해 저는 알려진 GPCR의 모든 서열을 모았어요. 몇 개 되지 않았지요. 그래서 손으로 일일이 배열할 수 있었습니다. 그런 다음 저는 어떤 종류의 GPCR이라도 증폭할 수 있도록, 유전자들을 조합해서 축퇴 프라이머를 만들었습니다." 그뿐만

---

* 6가지 프라이머는 각각
　GGCACA, GGGACA
　GGCATA GGGATA
　GGCAGA GGGAGA이다.

이 아니었다. "일반적인 프라이머를 만들 무렵, 저는 생각했어요. '아마도 그것들은 GPCR이겠지. 하지만 약간 다른 종류의 수용체일 수도, 어쩌면 핵형nuclear type 수용체일지도 몰라.' 그래서, 실제로 저는 GPCR뿐만 아니라 핵 수용체군도 증폭할 수 있는 일반적인 프라이머를 만들었답니다."

벅이 모든 GPCR에 공통적으로 알려진 유전자 모티브를 찾으려는 것은 아니었다. 그녀의 모자이크 조합 방식은 각기 다른 GPCR에서 부분적으로 중첩되는 유사성을 찾으려는 시도였다. 올바른 유전자를 찾았는지 어떻게 알 수 있을까? 벅의 두 번째 놀라운 행진은 DNA 대신 RNA**를 사용한 것이었다. 덕분에 그녀는 다른 농도의 유전물질을 얻을 수 있었고, 그중에서 가장 무거운 것을 골랐던 것이다! 오늘날 PCR에서 축퇴 프라이머를 사용하는 것은 거의 유전학의 표준이 되다시피 했다. 예를 들어, 여러 종에 걸쳐 유전자를 비교할 때 벅과 같은 접근 방식이 매우 유용하다.

수용체 유전자가 알려지면서 과학자들은 비로소 후각을 담당하는 뇌에 접근할 수 있게 되었다. 매우 독특한 특징을 보이는 후각계의 유전자 발현 패턴을 확인하고, 후각계의 신경 조직에 직접 접근할 수 있게 된 것이다. 비강 상피에 있는 모든 감각 신경은 각기 하나의 수용체 유전자를 발현한다(세포에 나타나게 한다는 뜻이다). 따라서 실험자가 개별 감각 신경의 활성 신호를 추적할 수 있다면, 수용체가 어디에서 어떻게 뇌에 신호를 전달하는지 직접 볼 수 있다(18~19쪽 그림 참조).

20세기 말까지 코의 비밀을 푸는 데 필요한 많은 단서를 얻었다.

** DNA는 모든 세포에서 동일하지만 RNA는 세포마다 다르게 발현된다. 간세포는 DNA에서 알부민을 만드는 RNA를 선택적으로 합성하지만, 신경세포는 그렇지 않다. 후각 상피 신경세포는 후각 수용체를 선택적으로 만들 것이기에 이들 RNA를 증폭시키면 GPCR의 양이 가장 많을 것이라고 안전하게 추론할 수 있다.

이후 20년 동안 여러 실험실이 후각 암호를 풀기 위한 무한 경쟁에 돌입했다. 1990년대와 2000년대의 과학자들은 후각과 관련된 뇌의 내부 활동을 빠르게 알게 되리라 믿어 의심치 않았다. 다른 감각계와 마찬가지로 후각계도 뚜렷한 위상학적 방식으로 신경 공간을 사용하여 후각 자극을 표현할 거라는 가정이 지배적이었다. 그렇다면 질문은 '어떻게?'였다. 시각계를 연구하는 과정에서 과학자들은 이미 이러한 접근법을 시도한 바 있다. 후각을 담당하는 뇌가 시각계와 비슷한 방식으로 작동하리라 생각한 데는 몇 가지 이유가 있었다.

시각 패러다임과 뇌의 기능 국지화

시각계는 매력적이다. 잠깐 생각해 보자. 보통 우리가 보는 것은 망막에 있는 세포들이 '보는' 것과 같지 않다. 시각은 단일 광자photon에서 시작한다. 그렇다면, 광자를 검출하는 일이 어떻게 인간의 얼굴과 같은 복잡한 시각적 영상으로 귀결되는 것일까?

시각계가 어떻게 작동하는지 이해하려면 시각계 세포들이 깐깐하게 반응하는 중심 원리를 알아야 한다. 시각계 세포들은 모든 자극에 일일이 반응하는 것이 아니라 특징적인 자극에 대해서만 선별적으로 반응한다. 이러한 선택적 특성 때문에 단일 세포를 집단에 소속시키고, 이들 집단에서 감각 특성을 추출하는, 연속적이고 정교한 기계로 시각계를 추론하는 일이 가능하다. 시각계의 작동 방식은 정말이지 놀랍다.

시각은 광자의 에너지 패턴이 망막의 수용체에 도달하면서 시작된다(지금은 망막이 우리 눈 뒤쪽에서 이차원의 판처럼 작동한다고 생각하자).

이들 신호는 축삭axon이라 불리는 신경 섬유 다발인 시신경을 통해 시상thalamus으로 전달된다. 척추동물의 머리를 앞뒤로 가르면 시상은 뇌의 한가운데에 위치한다. 루터˚처럼, 시상은 다양한 곳에서 들어오는 감각 또는 운동 정보를 커다란 대뇌의 적절한 영역으로 전송하는 정거장 역할을 한다(15~16쪽 그림 참조). 망막에서 온 정보는 시상에서 시각을 담당하는 부위인 가쪽 무릎핵을 지난다. 이제 이 정보는 시각 겉질이 있는 두개골 뒷면 가까이로 전달된다. 시각 겉질은 기능에 따라 몇 개의 하위 영역으로 구분된다. 시상에서 비롯된 주 신호는 V1 또는 줄무늬 겉질로 알려진 일차 시각 겉질로 들어간다. 거기에서 신호는 시각 겉질의 여러 상위 영역(자가 운동, 방향 혹은 색상의 처리 등 세분화된 기능을 담당)으로 퍼져 나간다.[9]

그동안 집중적으로 진행되었던 시각 연구 덕에 시각 경로에 관한 그림이 사뭇 단순해졌다. 인디애나 대학교 블루밍턴의 시각 신경과학자인 아이나 푸스는 망막-시상-V1 모델만으로 시력을 설명할 수는 없다고 덧붙였다. "V1을 우회하여 시상베개pulvinar와 위둔덕을 지나 바깥줄무늬 겉질extrastriate cortex로 이어지는 다른 경로도 있습니다. 그로 인해 맹점blindsight이 나타나는 것이죠!"

시각 경로의 기본 원리는 표상 설정이다. 시각 겉질은 이른바 망막 지도에 따라 작동한다. 이 지도는 망막의 특정 부위에 조응하는 겉질 영역을 나타낸다. 겉질의 지도는 망막 어디에서 신호가 오는지 지정하는 길라잡이다. 반대로, 우리가 망막을 보고 있다면 신호가 겉질의 어디로 향해 갈지 짐작할 수 있다. 이러한 원리를 가장 잘 드러내는 곳이 망

˚ router. 어떤 네트워크 안에서 통신 데이터를 보낼 때 최적의 경로를 지정해 주는 장치이다. 인터넷 공유기를 떠올리자.

막에 있는 중심와fovea라는 장소이다. 이곳은 망막의 원뿔세포가 촘촘히 밀집되어 있어서 시각 중 가장 예민한 부위이다(강한 광원에 반응하는 색-민감 수용체가 원뿔세포에 있다). 중심와에서 온 신호는 V1의 특정 지역에 집중된다. 기준점이 생기면, 시각의 입구인 망막의 주변 세포로부터 온 신호를 일차 겉질의 나머지 부분에 지도화할 수 있다. 망막을 통과한 입력이 신경의 특정 위치에 도달하는 것이다. 이러한 시각계 모형은 감각 신경과학의 핵심 원리로 부상하면서 후각 연구에도 커다란 영향을 끼쳤다. 나중에 신경과학의 역사적 실체와 기술적 세부 사항을 다룰 때 이를 다시 언급할 것이다.

20세기 전반에 많은 뇌 과학자들이 달려들어 풀고자 했던 수수께끼는, 외부 광원에서 시작한 정보가 시각 경로의 다양한 단계에서 어떻게 암호화되는가에 관한 것이었다. 감각계는 신경의 발화 속도로 기록할 수 있는 공간적·시간적 패턴의 형태로 시각 데이터를 전송한다. 문제는 시각계가 어떻게 이러한 패턴을 구분하고 통합하여 하나의 시각적 이미지를 만들어 내느냐에 있었다.

일련의 혁명적 실험들이 이 퍼즐을 푸는 데 중요한 역할을 했다.[10] 1950년대 후반, 존스 홉킨스 대학에서 일하던 박사 후 연구원인 데이비드 허블1926~2013과 토르스텐 비셀은 고양이 시각 겉질의 개별 세포로부터 전기적 신호를 기록했다. 고양이 머리 뒤에 있는 V1 지역에 마이크로 전극을 삽입하고, 화면에서 깜박이는 빛 자극을 주면서 세포가 어떻게 반응하는지 기록한 것이다. 처음에는 아무런 일도 벌어지지 않았다. 마취된 동물의 겉질 세포는 자극에 대해 어떤 반응도 보이지 않앗다. 과학 역사상 위대한 사건에 따르기 마련인 우연한 사고가 없었더라면 이들의 실험은 영원히 뇌리에서 사라졌을지도 모른다. 허블과 비셀은 오버헤드프로젝터(OHP)에 하얗고 검은 점이 있는 투명한 유리 슬라이드를 올려놓고, 이를 통해 자극을 주었다. 헛되이 시간을 보내던 어느 날, 그들은 갑자기 고양이의 머릿속에 심었던 미세 전극에서 기관총을 빠르게 발사하듯 세포가 활동하는 소리를 들었다.

왜 이런 일이 일어났는지 원인을 밝히는 데 몇 시간이 걸렸다. 그들이 사용했던 유리 슬라이드의 가장자리가 더러웠다. 프로젝터 위에서 슬라이드가 미끄러져 떨어지면서 스크린에 점이 아니라, 얇은 선이 만들어졌던 것이다. 허블과 비셀은 더 많은 테스트를 거쳐 또 다른 우연한 현상을 발견했다. 대뇌 겉질의 줄무늬 세포들은 선에 반응할 뿐만 아니라, 특정한 방향의 선에 대한 선호도가 있는 것처럼 보였다. 더욱이 특정 방향의 선에 반응을 보이는 세포들은 군집을 형성하는 듯했다.

우리가 보는 것은 수동적으로 받아들인 세상의 거울상이 아니었다. 우리의 감각계가 시각적 이미지를 구축한다는 사실이 밝혀진 것이다. 1981년 허블과 비셀은 이런 연구 결과를 세 편의 논문으로 발표했고, 이는 노벨 생리의학상 수상으로 이어졌다.

허블과 비셀 덕에 신경과학 분야는 일취월장했다. 두 가지 뇌 이론 사이에 벌어지던 지난한 싸움을 명쾌하게 해결했다는 점이 아마 이들의 가장 중요한 성과일 것이다.[11] 그때까지 우세했던 뇌 이론에서는, 모든 정신적 처리 과정이 뇌 전체에 걸쳐 거의 동등하게 진행되거나 적어도 대부분의 뇌 영역과 관련된다고 가정했다. 이 가설은 '장 이론field

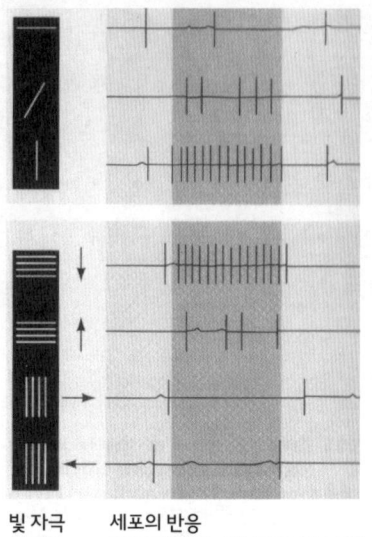

허블과 비셀의 실험
특정한 방향의 선에만 반응하는
특화된 신경세포 기록.

빛 자극
(화면)

세포의 반응
(고양이 일차 시각 겉질, V1 영역)

theory'과 '뇌의 등위 이론equipotential theory of the brain'으로 알려져 있었다. 19세기에 위세를 떨쳤던 이 가설은 프랑스 생리학자인 장 피에르 플로렌스Jean Pierre Flourens, 1794~1867와 독일인 알브레히트 폰 할러가 주창한 것이다. 반대되는 증거가 착착 쌓여 감에도 불구하고 이 가설은, 예컨대 미국 심리학자이자 행동학자 칼 래슐리Karl Lashley의 연구에서 보듯, 20세기 전반 내내 뇌 신경 및 심리학적 메커니즘 이해에 강한 영향력을 행사했다.

이와 경쟁했던 또 다른 가설은 생리적 기능과 정신 능력에 상응하는 뚜렷한 해부학적 영역으로 뇌를 구분하는, 이른바 '뇌의 기능 국지화' 이론이었다. 이미 18세기 스웨덴 과학자 에마누엘 스베덴보리

Emanuel Swedenborg, 1688~1772가 이 가설을 적극 옹호했다. 이 국지화 개념은 19세기 독일 신경 해부학자 프란츠 요제프 갈Franz Joseph Gall, 1758~1828이 열성적으로 옹호하면서 골상학 형태로 널리 알려지게 되었다. 처음에는 회의론이 우세했다. 그러나 뇌 병변을 관찰하는 실험이 빈번해지면서, 어떤 감각과 지각 기능이 뇌의 특정 영역의 활동에 의존한다는 가설이 뒷심을 받았다. 나중에 프랑스 의사 폴 브로카Paul Broca, 1824~1880와 스코틀랜드 신경학자 데이비드 페리어David Ferrier, 1843~1928가 가세하면서 이 가설은 더욱 확고해졌다.

새로운 세기가 동트자 이탈리아 의사인 카밀로 골지의 이름을 딴 골지 염색법과 함께 전환점이 찾아왔다. 골지 염색법은 뇌가 균질한 물질이 아니라, 분화된 신경세포와 세포층들이 복잡하게 얽히고 망처럼 연결되어 있다는 사실을 우아하게 증명했다(여기에도 재미난 역설이 있다. 골지는 이런 결론을 맹렬히 반대했다. 그는 뇌가 다핵체, 다시 말하면 세포질을 공유하는 연속된 조직이라고 주장했다. 골지는 카할이 제안한 신경계 원칙에 대해 공공연한 적의를 드러냈다). 골지의 염색법으로 뇌를 시각화하자 해부학적으로 분화된 뇌에 대해 분명히 알게 되었다. 허블과 비셀의 연구는 뇌에서 특정한 세포층에 할당된 기능적 분화를 웅변하는 결정적 단서를 제공했다.

허블과 비셀의 연구가 갖는 두 번째 함의는 앞서 얘기한 첫 번째 충격을 뛰어넘는다. 그들의 연구는 감각 처리 과정을 신경 기반 모델로 정립하는 새로운 방법론을 제공했다. 시대정신과도 같은 모델이었다. 당시 허블과 비셀의 학문적 성취 중 생물과학 분야에서 엄청난 관심을 끌었던 것은 바로 정보 개념이었다. 이어지는 연구 결과들은 생명체의 시스템이 정보를 해독하는 기계처럼 작동한다는 가설을 뒷받침했다. 유전학뿐만 아니라 감각계에 대한 연구에서도 이런 가설이 서서히 움트기 시작했다. 생물학적 관점에서 정보의 중요성은 제임스 왓슨James Watson과 프랜시스 크릭Francis Crick, 1916~2004이(로절린드 프랭클린Rosalind Franklin도 기여했다) 1954년에 발견한 DNA 이중나선구조에서 두드러졌다. 정보 개념은 또한 노버트 위너Norbert Wiener, 1894~1964, 월터 피츠Walter Pitts, 1923~1969 등의 과학자들이 인공 두뇌학 관점에서 생명체를 연구할 때도 견인차 역할을 했다.[12] 어느 순간, 감각계가 어떻게 정보를 처리하는지에 관심이 집중되었다. 눈과 같은 일차 감각 기관에서 뇌까지 이어지는 정보 처리 시스템의 기본 원칙은 무엇일까?

1950년대 초 허블과 비셀이 연구하던 존스 홉킨스 대학 스티븐 커플러 실험실에서는, 시각 정보 해독의 첫 단계가 이미 망막의 세포에서 일어나고 있다는 사실을 발견했다.[13] 눈이 단순히 기록만 하는 것이 아니라 빛의 패턴을 능동적으로 여과하고 조직화한다는 것을 의미했기 때문에, 이 발견은 결코 사소한 것이 아니었다. 커플러1913~1980가 내린 결론은 동시대의 다른 연구들, 특히 제롬 레트빈의 1959년 논문 「개구리 눈이 개구리 뇌에 말하는 것들」[14]의 결과와 일치했다. 커플러가 허블과 비셀에게 넘겨 준 핵심적인 연구 주제는 수용장receptive field 개념이었다. 수용장은 망막 세포가 반응하는 빛 자극의 범위 및 공간에서의 위치를 의미한다.

커플러는 망막 세포들이, 나중에 '중심-주변 세포'라고 불리게 된 배열을 통해 시각 신호를 원형圓形으로 배치한다는 사실을 알아냈다. 일부 세포는 빛에너지에 반응하여 활성이 증가한다. 이런 흥분성 세포들은 자극을 받았을 때 억제 행동을 나타내는 주변 세포들에 둘러싸인다. 이러한 원형 형태를 '중심 흥분'이라고 한다. '주변 억제'로 표지된 다른 세포 집단은 그 주변에 구축된다. 활성화된 세포를 중심으로 주변에 억제 세포가 포진하는 것이다. 그런 면에서, 우리 눈에 있는 세포들이 묘사하는 것은 단순히 빛과 어두운 점들의 세계이다. 물론, 그것은 우리가 보게 되는 이미지와는 거리가 멀다. 우리는 어떻게 눈보라처럼 몰려오는 희고 검은 점들로부터 눈앞에 보이는 물체를 명확하게 지각할 수 있을까?

고양이 겉질을 연구하면서, 허블과 비셀이 풀고자 했던 수수께끼가 바로 이것이었다. 그들이 고양이 겉질 세포에서 발견한 것은 계층적 통합이라는 고도로 전문화된 절차였다. 감각 처리의 단계가 높을수록 세포는 더욱 더 선택적으로 반응한다. 여러 개의 신경연접부를 지나면서, 망막에 있는 수용장의 검고 흰 점들은 일차 시각 겉질에 있는 선으로 변환된다. 이와 유사하게 선들은 다시 곡선으로 조립되기도 한다. 일차 겉질에서 시각계의 상위 겉질 영역으로 이동함으로써 우리는 이른바 단순 세포(방향 민감)에서 복잡 세포(이동 민감)로, 초복잡 또는 끝 멈춤 세포(길이 민감)까지의 전이 과정을 엿볼 수 있다. 세포의 입력 선택성이 커진다는 것은 곧 복잡한 이미지를 처리한다는 의미이다.

시각 연구에서 시작된 이러한 선구적인 연구 결과는, 뇌가 개별 신경이 아니라 전문화된 세포 집단에서 유래한 정보를 바탕으로 내용을 생성한다는 가설을 굳건히 했다. 순서에 따라 계층적으로 조직된 신경 집단이 정보를 처리한다는 뇌의 작동 원리가 서서히 자리를 잡기 시작했다. 뇌가 이처럼 질서 정연한 단계적 통합을 거쳐 정보를 처리한다는 사실은 배선 체계wiring schemes라는 새로운 연산 개념의 기초를 제공했다. 또한 한편으로는 뇌가 연산한 것은 무엇이고, 어떻게 연산하는가라는 즉각적인 질문을 불러일으켰다.

신경 신호를 연산 처리 방식으로 이해하려는 시도는 신생 신경과학에 커다란 영향을 끼쳤다. 이제 적어도 원칙적으로는 감각 처리의 과정을 서로 더 독립적이거나 덜 독립적인, 다양한 단계로 나누어 분석할 수 있었다. 신경 조직을 통한 제한적이고 부분적인 통찰과는 별개로, 지각 처리의 개별 단계들을 이론적으로 조망할 수 있게 된 것이다.

신경 지형의 뼈대 설계

시각계는 감각 신경과학의 패러다임으로 굳건하게 자리 잡았다. 시각에서 확인한 연산 처리라는 방법론을 통해 감각 신경과학의 물질적 구조가 촘촘하게 짜였다. 전체 시각 경로는 신경 지도를 형성하는 체계적으로 연결된 신경세포 그룹이나 집단에 의해 작동한다. 이러한 연결의 바탕에는 견고한 위상학적 원칙이 있었다. 그것은 겉질 기둥*이라는 개념으로, 겉질의 특정 영역에서 특정 자극을 처리한다는 위상학적 해석을 이끌었다.[15]

겉질 기둥은 같은 자극에 반응하는 일련의 세포 집단, 혹은 세포의 띠를 말한다. 시각 우세 기둥과 위치 기둥, 두 종류의 특화된 세포 집

---

* 대뇌 겉질에서 감각 지각 기능을 하는 감각 겉질은 시각, 청각 등의 감각 신호에 따라 영역이 구분되어 있는데, 각 영역은 아파트처럼 겉질 표면에서 수직으로 배열된 기둥 모습이다. 겉질의 모든 층을 포함하는 이러한 수직 단위를 겉질 기둥(cortical column)이라고 한다.

단이 시각계를 조종한다. 시각 우세 기둥은, 망막에서 시작해서 시상의 가쪽 무릎핵을 지나 겉질에 이르기까지, 교대로 층을 이동하면서 왼쪽과 오른쪽 눈으로부터 분리되어 들어온 신호를 보존한다. 따라서 겉질에 미세 전극을 삽입하면 어느 쪽 눈에서 정보가 입력되는지 알 수 있다. 겉질 표면에서 수평 방향으로 미세 전극을 움직이면 체스판과 크게 다르지 않게, 신호가 왼쪽 눈과 오른쪽 눈 사이에서 일정한 간격으로 연속적으로 변화한다. 반면에 미세 전극을 수직으로 집어넣으면 왼쪽이건 오른쪽이건 신호는 한쪽 눈에서만 온다.

또 다른 기둥인 위치 기둥은 특정한 위치를 감지한다. 앞서 보았듯이 시각 겉질 세포는 선 형태의 빛 대비에 매우 선택적으로 반응한다. 이러한 세포들은 "전극이 0.05밀리미터(50마이크로미터)씩 전진할 때마다 선호되는 방향이 시계 방향 또는 시계 반대 방향으로 평균 약 10도씩 이동할"[16] 정도로, 뛰어난 정합성을 갖는 규칙적인 세포 집단을 구성한다. 따라서 세포의 해부학적 위치는 입력 공간에서의 멀고 가까움을 나타낸다.

분리된 기능 단위에 대한 해부학적 개념은 체성감각계** 겉질의 발견에서 비롯되었다. 빈번해진 신경외과 수술 덕에 과학자들은 뇌의 부위에 따라 기능이 뚜렷하게 구분된다는 뇌의 기능 국지화 개념을 발전시켰다. 예를 들어, 감각운동 겉질의 특정 부위를 전기로 자극하면 발이 얼얼해진다. 다른 부위를 자극하면 팔이 둔하게 움직이기도 한다. 맥길 대학의 신경외과 의사인 와일더 펜필드Wilder Penfield, 1891~1976는 이 분야의 선구자였다. 1930년대에 펜필드는 뇌 표면에서 뚜렷이 구분

** somatosensory. 촉각, 압력,
온도 등과 같이 몸 전체로
느끼는 감각. 몸감각계라고도
한다.

되는 기능적 영역을 겉질 호문쿨루스˚라는 이상화한 인체 모형으로 변환했다. 신경생리학의 원리와 신경 수술의 경험을 성공적으로 융합시킨 결과였다.

    1950년대에 존스 홉킨스의 버넌 마운트캐슬1918~2015은 체성감각계 겉질의 수용장에 관한 상세한 신경생리학적 연구를 수행했다. 그 결과 체성감각계 겉질에서 작동하는 조직화된 기둥 개념이 확립되었다. 이 기둥은 촉각, 압력 또는 관절의 위치와 같은 뚜렷한 자극을 나타내는 특화된 구조를 의미하는 것이었다. 하지만 사람들은 아예 이 개념을 받아들이지 않았다. 격렬한 반대가 이어졌다. 심지어 그의 공동 연구자들조차 1957년 논문의 취소를 요구할 정도였다.[17]

    마운트캐슬의 연구 결과는 허블과 비셀의 상상력을 자극했다. 고양이 겉질에서 발견한 겉질 기둥의 정당성을 확보할 절호의 기회였다. 얼마 지나지 않아 청각 분야에서도 겉질 기둥과 비슷한 연구 결과가 발표되었다. 엄밀하게 말하면, 1929년에 오스트리아의 신경학자 콘스탕틴 폰 에코노모Constantin Freiherr von Economo, 1876~1931가 일차 청각 겉질의 기둥 개념을 이미 제기했다. 하지만 생리학적 증거는 1965년 그리고 다음 해에 이르러서야 등장했다.[18] 그 중요성에 대해서는 여전히 논쟁이 있었지만, 겉질 기둥은 의심의 여지없이 신경 처리의 단일 모델을 향한 통합 연구에 촉매 역할을 했다.[19]

    독립적인 학문 분야로서 신경과학은 위상 모델과 손을 잡고 성장해 갔다. 1980년대의 기능성자기공명영상(fMRI. 삼차원으로 가공된 인지 데이터를 제공한다)과 2000년대 등장한 칼슘 신호의 2광자광학영상화

˚ 호문쿨루스(homunculus)는 라틴어로 '작은 사람',
  '난쟁이'라는 뜻이다. 대뇌 겉질에서 담당하는 기능 영역의
  크기에 따라 신체 각 부위를 나타내면 손이 큰 난쟁이
  모습이 되는데 이를 겉질 호문쿨루스라고 한다.

two-photon imaging 같은 광학 이미지를 통해 기술적 돌파구를 마련하면서 이러한 발전은 가속화되었다. 다음과 같은 세 가지 개념이, 부상하는 패러다임의 핵심 구성 요소였다.

첫 번째 개념은 감각 신호를 연산하여 조직한 **정보**information다. 세포의 수용장은 시각 신호를 신경의 메시지로 변환하면서, 한 세포가 다른 세포에 부과하는 입력 범위를 규정한다. 감각계가 수용장을 형성할 때는 흥분과 억제, 두 과정이 핵심이다. 이러한 상보적 세포 메커니즘을 통해 수용장은 예리함을 잃지 않고 겉질을 활성화하거나 억제한다(기능적 네트워크 상태와 관련 있으며, 8장에서 다룬다).[20]

정보를 이런 방식으로 이해하면, 신경 신호가 정보 패턴으로 정리되는 과정인 **연산**computation이라는 또 다른 중심 개념이 필연적으로 따라온다. 감각 정보의 의미 또는 기능이 무엇인지는 신경 연결의 배선을 보지 않고는 추론할 수 없다.

세 번째 개념은, 특히 위상학적 표현의 중요한 전제인 **국지화** localization다. 이는 모듈식 조직이 어느 정도 개별적인 기능 단위가 되는 것을 뜻한다. 우리는 유사한 자극에 선택적으로 반응하는 시각계의 세포 집단을 확인했다. 특화된 세포 집단의 위치를 드러내는 가장 뚜렷한 예는, 망막의 위치와 공명하는 일차 시각 겉질 부위를 가리키는 망막 지도에서 엿볼 수 있다.

감각운동 겉질과 감각 겉질에서 신호의 투사 위치를 모두 알 수 있다면, 뇌가 '지도화'라는 보편적 원리에 의해 작동한다는 가설이 힘을 얻을 것이다. 시각계의 계층적 조직화는 특히 연산 이론의 토대가 되었던 신경 지도를 하나의 보편 원리로 격상시켰다.

후각 신경에서 후각 뇌까지

시각의 신경 지도 개념은 후각계에 어떻게 적용될 수 있을까? 시각계와의 유사성은, 후각 수용체가 발견되면서부터 이미 성공적으로 그려지기 시작했다. 후각계에서 이차 신호 전달 메커니즘과 수용체가 발견된 데 힘입어 시각계 신호 전달 체계와의 유사성에 대한 통찰이 더욱 깊어졌으며, 세포 표면 수용체로서 시각의 로돕신 단백질 연구에 대한 관심도 커졌다. 감각 모델들 간의 유사성을 기반으로 연구는 더욱 진척되었다. 수용체가 코에 존재하는 암호 비슷한 것이라는 개념도 생겨났다. 그러한 암호는 냄새가 어떻게 신경과 관계를 맺는지에 관한 것일 터였다. 따라서 새롭게 발견된 막통과 단백질transmembrane protein 계열의 수용장을 결정하는 일이 연구의 첫 도전 과제였다. 과학자들은 후각계가 냄새에서 어떤 특징을 추출하고 수집하여 위상적으로 표현하는지를 이들 수용장이 설명해 주리라 믿었다.

낙관론은 무너졌다. 후각의 분자 기제가 예상했던 것보다 훨씬 더 복잡했기 때문이었다. 수용체 집단의 크기도 크거니와, 1999년에 벅과 그녀의 박사 후 연구원이던 베티나 말닉이 보고했듯이 후각 수용체들은 조합적combinatorial으로 작동했다.[21] 후각 수용체는 고리 구조를 가진 사향 분자처럼 특정한 리간드나 동질적인 리간드 집단에만 배타적으로 결합하지 않는다. 하나의 수용체가 여러 가지 구조적 특징을 갖는 다양한 분자를 두루 감지할 수 있고, 그 반대도 마찬가지다. 여러 개의 원자단을 가진 분자 하나가 여러 개의 수용체에 결합할 수도 있는 것이다. 자극의 상호작용 예측치가 급등했다. 게다가 '일차적인 냄새'[22]가 존재할 가능성도 거의 없는 것처럼 보였다. 일차적인 냄새는 시각에서 원색과 같은 개념이다. 시각에서는 이러저러한 원색끼리의 조합에 따라 다양한 색조가 발현된다. 하지만 후각은, 수용체 수준에서 냄새를 확인하는 작업이 중첩되어 진행되기 때문에 일차적인 수용체를 결정하는 일도 헛될 뿐이었다.

조합론만이 문제가 아니었다. 후각 수용기의 섬세함도 골칫거리였다. 특히나 그것들의 발현 양상은 복잡하기 이를 데 없었다. 벅과 액설이 어려움을 돌파해 온 역사에서 종종 간과되는 세부 사항에서도 이 점을 잘 알 수 있다. 사실 1991년 벅과 액설은 그들이 발견한 다중 유전자 집단이 후각 수용체를 발현한다는 사실을 증명하지 못했다. 「후각 수용체를 암호화할 수도 있는 새로운 다중 유전자 집단: 냄새 인식을 위한 분자적 근거」라는 논문 제목이 단순히 겸양을 드러낸 것만은 아니었다. 의도적으로 '~할 수도 있는(may)'이라는 표현을 사용한 것인지도 모른다. 벅과 액설이 발견한 유전자가 후각 계열이어야 한다는 점은 분명해 보였지만 확정적이지는 않았다. 이 유전자 집단의 정체를 확인하는 표준 방법은 이종異種 발현을 통해, 그들이 다른 종에서도 발현되는지 확인하는 일이다(이 경우 이종 발현은, 효모처럼 후각 수용체를 발현하지 않는 세포에 이들 유전자를 주입하여 수용체를 발현하도록 한 다음, 다양한 냄새 분자에 세포가 반응하는지 알아보는 것이다).

말은 간단하지만 결코 쉬운 작업이 아니었다. 후각 수용체 유전자를 후각 신경세포가 아닌 다른 세포에 쉽사리 이식할 수 없었기 때문이다. 이 일이 성사되는 데 거의 십 년이 걸렸다. 1998년 스튜어트 파이어스타인과 대학원생이었던 하이칭 자오는 마침내 후각 수용체 유전자 발현 문제를 풀 실마리를 찾았다.[23] 파이어스타인은 자오의 유레카 순간을 이렇게 회상한다. "어느 날 그가 제 사무실로 달려와 이렇게 말했습니다. '알았어요. 어디에 후각 수용체 유전자를 발현해야 하는지. 바로 후각 신경세포예요!'" 파이어스타인은 이 생각이 문제가 있다는 점을 곧바로 지적했다. "그것이 내내 문제였잖아. 후각 감각 신경세포가 후각 수용체 유전자를 발현하는 유일한 세포라는 것." 생쥐의 상피에는 약 1,000개의 후각 유전자가 있다. 그런데 특정 냄새에만 반응하는 수용체를 발현하는 유전자를 어떻게 꼭 집어 말할 수 있을 것인가? 다시 말해, 어떤 수용체 X가 다른 냄새가 아니라 Y라는 냄새에 반응하는지 도무지 알 수 없을 것 같았다.

　얼마 후 자오와 파이어스타인은 그 문제를 해결했다. 후각 감각 신경세포만이 냄새 수용체를 발현한다면 그 신경세포를 사용하되, 결합 범위를 결정하기 위해 한 가지 수용체 유전자의 발현을 증폭시키기로 결정한 것이다. 이를 위해 그들은 바이러스를 사용했다. 쥐의 상피세포에 수용체 유전자를 가진 바이러스를 감염시켰다. 이러한 감염으로 단백질량이 약 1퍼센트에서 30퍼센트까지 증가하면서, 상피에서 특정 수용체가 과발현되었다. 결과적으로 어떤 리간드가 이 수용체(오늘날 쥐 I7 후각 수용체로 알려져 있음)를 흥분시키든 그것만 선별적으로 증폭된 반응이 일어날 것이기에, 리간드의 결합 범위를 결정할 수 있었다.[24] 이 실험은 원칙을 증명한 훌륭한 사례가 되었다. 1,000개가 넘는 유전자에 수십만 개가 넘는 리간드를 적용하는 일은 힘들고 시간도 오래 걸렸다.

수용체 유전자를 발현하는 일은 여전히 쉽지 않다. 한때 벅의 박사 후 연구원이었던 듀크 대학의 마쓰나미 히로아키 교수는 2011년에 냄새 수용체의 이종 발현 실험에 성공했다.[25] 마쓰나미는 냄새 수용체의 리간드를 밝히는 작업, 즉 수용체가 반응하는 냄새 물질이 어떤 것인지 알아내는 일에 치중했다. 한편 2014년 모넬화학감각센터에 있는 조엘 메인랜드는 마쓰나미가 썼던 방법을 활용해서 최초로 인간 후각 수용체*를 발현시켰다.[26] 냄새 해독에 대한 기대는 여전히 낮지만, 방법이 전혀 없는 것도 아니었다.

머지않아 새로운 사실이 알려졌다. 비강 상피에서의 수용체 암호화는 망막에서의 중심-주변 세포와 같은 개념에서 출발할 수 없다는 것이었다. 게다가 망막 지도와 유사한 냄새 지도가 있을지도 확실치 않았다. 따라서 후각 연구에 시각 모델을 적용할 수 없었다. 처음에 벅과 케리 레슬러는 유전자 발현 양상에 따라 거칠게나마 상피 조직이 몇 가지 영역으로 나뉘는 것을 발견했다.[27] 1993년 일이었다. 하지만 시각에서의 중심-주변 세포와 달리, 이러한 분할로는 명확히 구분되는 수용체 패턴을 구축할 수 없었다.

아마 냄새 지도는 나중 단계에서 형성되는 건지도 모를 일이었다. 그럴싸한 곳은 후각 경로에서 상피 다음 단계인 후각 망울이었다. 오래전에 카할은 이런 말을 했다. "후각계에서 각 기관의 구조·위치·연결을 시각계나 청각계와 조심스레 비교해 보면, **후각 망울은 시각에서**

---

* 사이토(Saito H)가 제1저자로 참여한 2004년 《셀》 논문을 보면 인간 여아에서 분리한 암세포를 포유동물 후각 수용체를 발현하는 수단으로 사용했다는 언급이 나온다(《셀》, 119, 679, 2004).
사이토, 메인랜드 모두 마쓰나미 실험실 연구원이다.

의 망막(망막 전체가 아니라 망막 내부의 얼기형층, 신경절 세포층 그리고 '시신경 섬유층')과 유사하고, 청각에서 '배쪽 측면 달팽이핵'과 '등쪽 기둥핵'에 해당한다고 볼 수 있다."[28]

카할의 말을 이해하기 위해 먼저 눈을 살펴보자(118쪽 그림 참조). 후각 경로와 달리 시각 정보는 겉질에 도달하기 전, 수많은 신경연접부 synapse와 다양한 유형의 세포들 사이에 있는 여러 층의 신경세포들을 거친다. 다시 말해, 각기 다른 기능을 하는 세 층의 감각 신경세포들을 만나는데, 두 가지 유형의 수용체세포와 네 종류의 망막 신경세포-양극세포, 신경절세포, 수평세포 그리고 아마크린세포-가 그것이다. 망막 뒤쪽의 첫 번째 층에 위치한 수용체세포는 막대세포와 원뿔세포, 두 가지로 크게 나뉜다. 막대세포는 모두 같은 색소를 지니고 있으며, 약하고 희미한 빛에 반응하는 날씬한 모습이다. 이들은 야간 시력을 책임진다. 이에 비해 원뿔세포는 눈에 띄게 두꺼우며 강렬한 빛에 공명하고, 색채를 구분하는 세 종류의 색소를 보유한다. 첫 번째 층의 수용체세포 다음에는 두 번째 층의 양극세포와 수평세포가 대기하고 있다. 몇 개의 수용체세포로부터 얻은 정보는 크라켄*처럼 생긴 수평세포에 모인 다음 양극세포로 전달되지만, 망막세포에서 양극세포로 바로 정보가 입력되기도 한다. 세 번째 층의 둥그런 망막 신경절세포는 시신경섬유를 통해 망막 밖으로 정보를 내보내기 전에 양극세포로부터 계속해서 정보를 수집한다. 수평세포와 마찬가지로 양극세포와 신경절세포 사이의 정보를 부분적으로 매개하는 아마크린 세포층도 있다. 이렇게 여러 단계를 거쳐 수용장의 해상도가 올라가고, 중심-주변을 형성하는 시각의

* 북유럽 신화에 등장하는
 거대한 바다 괴물이다.

신호 전달이 체계적으로 유지된다. 시각계에서 다양한 종들로 구성된 세포의 숲을 걷다 보면, 두 신경연접부로 이루어진 후각계의 단순함에 조금은 감사한 마음이 들기도 한다.

　후각 망울의 해부학적 구조는 시각계와 닮았다. 망막처럼 후각 망울에도 각기 다른 층에 분포하는 몇 종류의 세포가 있다(119쪽 그림 참조). 상피에서 나오는 후각 감각 신경은 망울의 바깥층에 있는 공 모양의 신경 구조물, 이른바 토리층으로 모여든다. 토리층은 두 종류의 세포에 의해 자극되는데, 승모세포(주교들이 쓰는 모자인 승모와 생김새가 비슷해서 승모세포라는 이름이 붙었다)와 그보다 작은 세포인 타래세포가 그것이다(자극된다 innervated는 말은 이들 세포가 후각 겉질에 신호를 더 강하게 투사하는 신경 다발을 제공한다는 뜻으로, 토리는 후각 경로에서 처음으로 마주치는 신경연접부이다). 망막의 수용체와 비슷하게 이들 토리는 서로 수평으로 연결되어 있어, 이웃 세포끼리 측면 억제가 가능하다. 다시 말해, 이웃 세포가 흥분하지 못하게 제어할 수 있다. 이러한 관점에서 후각 망울의 구성은 해부학적으로나 기능적으로 망막의 그것과 다를 바 없어 보였다. 처음에 이런 생각은 잘 들어맞는 것 같았다. 로버트 바사와 액설은 망울 안에서 공간적으로 구분되는 자극 활성을 지도화할 수 있다는 연구 결과를 발표했다.[29]

　망울 지도는 최소한 한 사람에게만은 그다지 놀랄 만한 소식이 아니었다. 고든 셰퍼드는 후각 수용체가 발견되기 전에도 후각 망울을 지도화할 수 있다는 생각을 옹호했었기 때문이다. "후각 망울에 측면 억제 기능이 있고, 운동 신경에서 보았던 것과 비슷한 전기 생리학적 특

시각계 - 망막의 구조

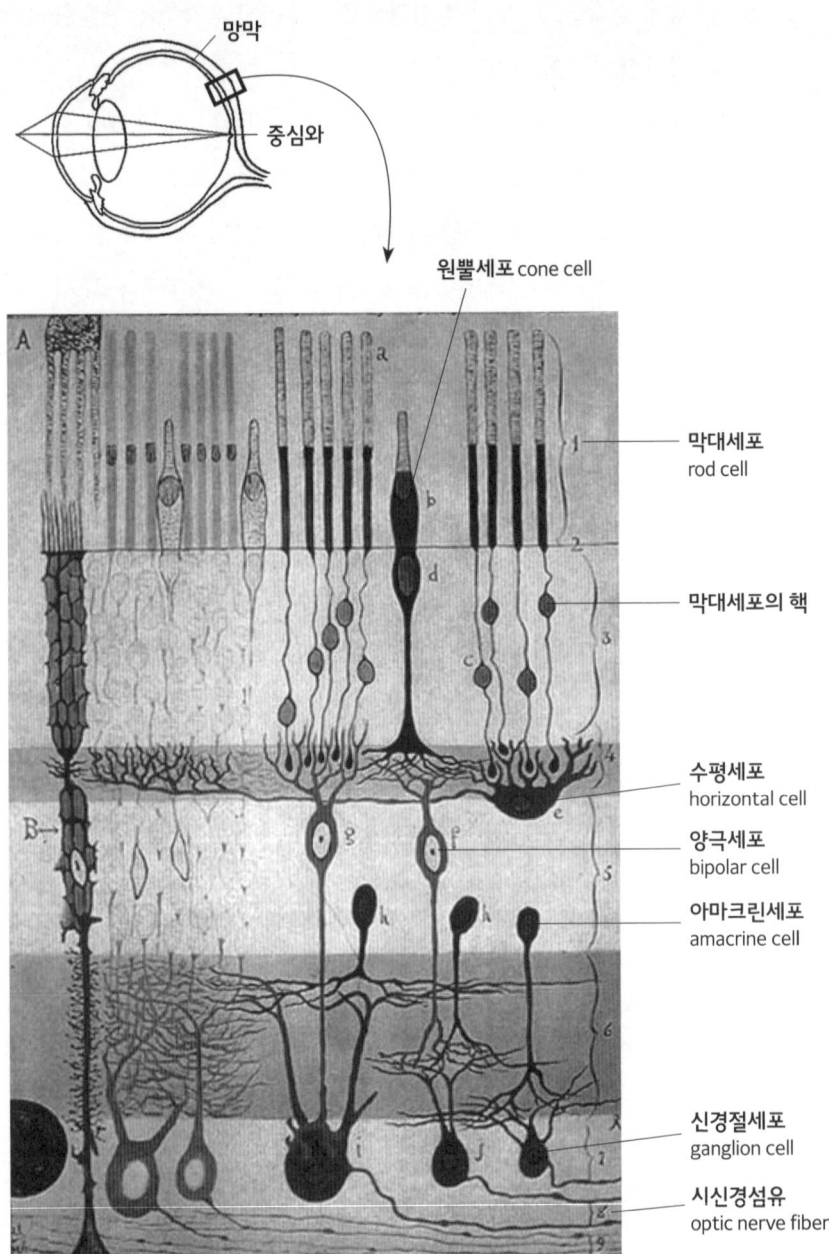

카할이 그린 포유류의 망막 구조
출처: "Structure of the Mammalian Retina" c.1900 By Santiago Ramón y Cajal

후각계 - 후각 망울의 구조

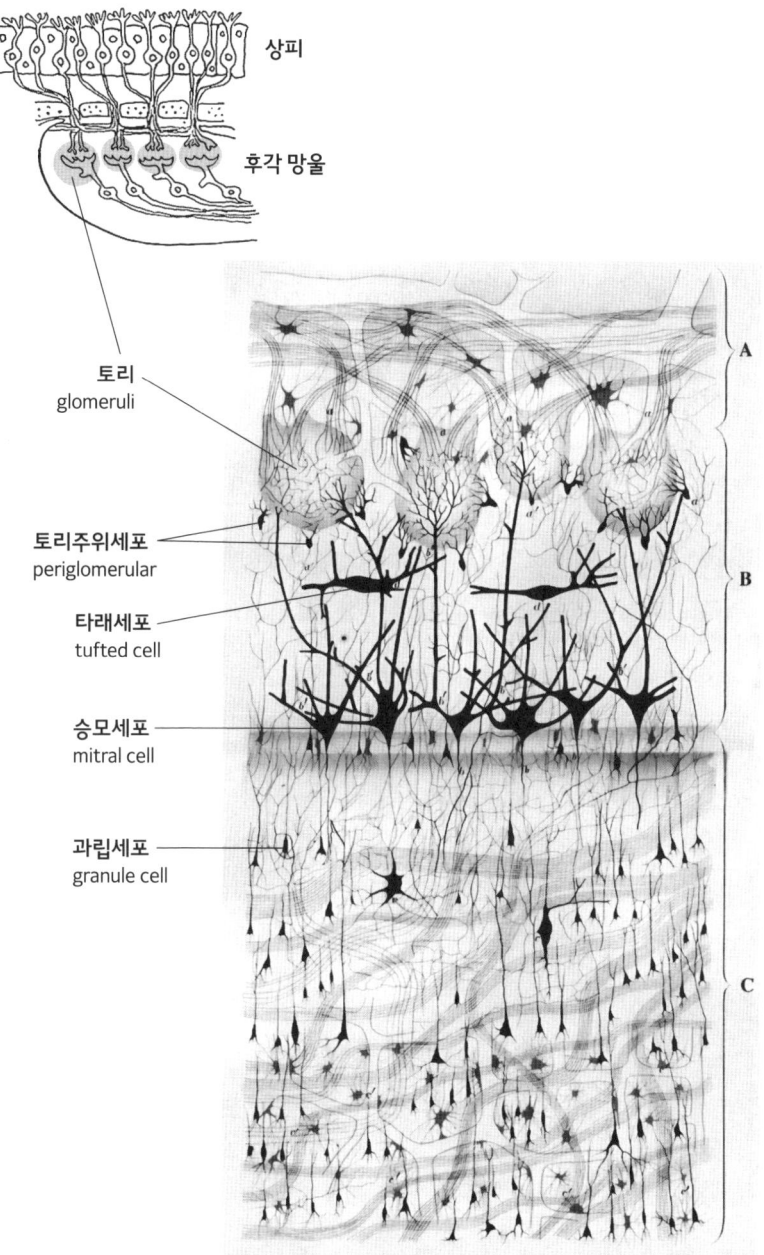

카할이 그린 개의 후각 망울 구조
출처: 골지, 「후각 망울의 구조」 법의학 실험 저널, 1, 405-425, 1875
(레기오-에밀리아: 스테파노 칼데리니 출판, 1985 별쇄본)

성을 띠는 것을 보고 저는 확신했습니다. 냄새를 지각하는 후각계도 체성감각계, 시각계, 운동신경계 등 핵심적인 주류에서 벗어나지 않는다고 말이죠. 시각에 적용되는 것은 후각에도 적용되어야 했습니다." 셰퍼드는 "망막에서 시작하여 시상을 거쳐 시각 겉질에 이르는 시각 경로와 비교했을 때, 이들 구조의 후각계 등가물이 모두 망울에 모여 있는 것 같았습니다."라고 말했다.[30]

당시에는 분자생물학자와 생리학자들이 반드시 같은 학회에 참여한다거나 비슷한 계통의 논문을 읽는 일은 드물었다. 벅과 액설의 유전자 발견은 폭넓은 관심을 받았지만 그것이 셰퍼드의 후각계, 특히 후각 망울의 이론과 실험으로 즉시 이어지지는 않았다. 1장에서 살펴보았듯이 1990년대와 그 이전에도 고도의 전문성을 가진 학제 간 공동 연구가 아예 없지는 않았겠지만, 후각 생물학에 종사하는 과학자들 사이에 응집력 있는 공동체는 없었다. 심지어 오늘날에도 후각 연구 분야는 여전히 주류와 일정 거리를 유지하고 있다.

셰퍼드는 1940년대와 1950년대에 케임브리지에서 영국 생리학자 에드거 에이드리언 경이 한 일에 영감을 받아,[31] 1970년대에 후각 망울에서 국지적인 활성화 패턴을 발견했다. 1932년 노벨 생리학상을 받은 에이드리언은 미세 탐침 기록계로 망울 신경이 어떻게 반응하는지 연구했다. 반응은 냄새 분자에 따라 선택적이었다. "아세톤 분자는 주로 망울의 앞부분을 흥분시키지만, 아세톤 분자에 민감한 영역에 있는 특정 수용체 집단으로부터 오는 자극도 생성하는 것으로 보인다." 에이드리언은 이러한 영역 구분 패턴이 자극의 강도와 같은 추가 요인에 따라 변한다는 사실을 알았지만, 여전히 후각 자극에 따른 활성의 국지성을 의심하지 않았다. 에이드리언은 "이러한 기록을 계속해서 살피면 전기 생리학자도 특별한 냄새를 확인할 수 있을 것이다." 하고 말했다. 하지만 한편으로는 "우리의 뇌가 냄새를 다른 자극과 동일한 기준으로 식별한다는 결론을 내리기는 아직 이르다."라며 신중한 입장을 취했다.

셰퍼드는 에이드리언의 연구를 알고 있었다. "1962년 옥스퍼드에서 박사 학위를 마쳤을 때 에이드리언을 방문했어요. 후각 망울에 있는 승모세포 활동의 공간적 패턴에 따라 우리가 냄새를 다르게 지각한다는 그의 생각과 제 연구 결과가 어떻게 연관될 수 있는지 얘기해 보고 싶었습니다. 공간 패턴의 기초가 되는 원리는 뭘까요? 우리가 나눈 대화 내용은 기억나지 않지만 그의 마지막 조언은 기억납니다. '토리를 살펴보게.'라고 했었죠."[32]

셰퍼드는 카할과 에이드리언이 밟지 않은 길로 들어섰다. 그는 미국의 생화학자인 루이스 소콜로프 Louis Sokoloff, 1921~2015가 새로 개발한 광학영상기법을 손에 쥐고 있었다. 2DG(2-deoxyglucose, 2-디옥시포도당)라는 다소 혀를 말아야 하는 이름의 물질을 이용하는 이 기법은, 자가방사법 autoradiographic 영상으로 세포를 관찰함으로써 깨어서 활동하는 뇌의 국지적 물질대사 활성을 측정할 수 있었다. 1975년 셰퍼드와 박사 후 연구원인 존 카우는 이 방법의 선구자인 프랭크 샤프와 함께, 후각 망울 내에서 냄새 자극을 받아 활성을 띠는 국지적 패턴을 뚜렷하게 보여 주는 영상을 처음으로 발표했다.[33] 망울 내에 있는 토리에서 냄새 지도를 작성할 수 있다는 의미였다. 농도가 다른 냄새 물질에서도 그런 작업이 가능해 보였다. 곧이어 다른 여러 실험실에서도 덩달아 후각 지도를 그리기 시작했고, 토리의 모듈들은 망막의 수용장에 해당하는 기능적 지위를 확보했다(7장).

　　이 망울 지도를 어떻게 해석해야 할까? 구체적으로 말하면, 후각 망울은 어떻게 상피의 무작위적 활동을 질서 정연하고 체계적인 지도로 변화시켰을까? 이 퍼즐에 대한 해답은 1996년 신경유전학자 페터르 몸바르츠가 액설과 함께 일하면서 서서히 밝혀졌다.[34] 몸바르츠 등은 후각계의 놀라운 유전적 기교를 발견했다. 모든 후각 감각 신경세포들이 (대부분) 각기 하나의 수용체 유전자만을, 그리고 그에 따라 한 종의 수용체 단백질만을 발현한다는 사실을 떠올려 보자. 따라서, 실험적으로 감각 신경세포들은 개별 수용체의 기능을 연구하기 위한 잠재적 대체물이 될 수 있다. 특정 감각 신경세포를 자극하는 리간드를 알면, 그 리간드를 인식하는 수용체도 알 수 있는 것이다. 유전자 표식을 사용하면 수용체가 신경을 통해 교류하는 망울 내 위치를 추적할 수 있다. 몸바르츠가 바로 이런 실험을 수행했다. 그는 같은 수용체 유전자를 발현하는 신경세포들이 모두 하나의 토리로 수렴되고, 따라서 수용체 신호가 공간적으로 분리된 덩어리들로 나타난다는 사실을 발견했다. 감각 신경세포들이 이렇게 수렴된다는 것은, 냄새 분자가 특정한 수용체를 활성화했을 때 그 신호가 망울 내에서 뚜렷하게 구분되는 한 지점으로 표현된다는 뜻이다. 사향 분자는 감귤류나 과즙 냄새와는 다른 활성 패턴을 보인다. 각각의 냄새는 지문처럼 독특한 패턴을 만들어 냈다.[35]

　　후각에서의 수용장 탐사는, 이제 상피에서 망울로 이동했다. 수용체를 발견하고 15년이 지나서야 비로소 후각계 신경과학은 수용체와 뇌 사이의 연결성에 주목하기 시작한 것이다.

후각 연구, 어디로 가는가?

2000년대 중반에는 다른 감각 기관들과 유사하게 후각계도 마치 지도에 의해 운영되는 것처럼 보였다. 또한, 과학자들은 망울에서 활성화된 패턴의 공간 분포가 후각 겉질에서 그대로 보존되리라 기대했다. 추후로 10년 동안 변할 것은 없어 보였다. 그 조각들은 마침내 제자리를 찾아갈 것이었다. 하지만 어떤 정보가 냄새 지도에 암호화되어 있는지는 덜 직관적이었다.

망울의 지형에서 후각의 질서를 찾아볼 수 없었다. 실제로 무엇이 일치하고, 무엇이 지도화되었을까? 이들 신경 지도와 관련된 냄새의 특징은 무엇일까? 신경 지도의 내용은 근본적으로 환경의 특성을 반영한 입력에 따라 결정되는 듯 보였다. 시각의 경우 뇌가 어떻게 신경 공간을 사용하여 환경의 공간적 특징을 암호화하는지 상상하는 일은 직관적일 수 있다. 그러나 이 책의 나머지 부분에서 점차 드러나겠지만, 냄새에 관해서는 그런 직관이 통용되지 않는다.

컴퓨터 신경과학자와 일반 실험실의 신경과학자에서 분자생물학자까지, 신경 유전학자와 감각 심리학자에서 풍미를 연구하는 화학자에 이르기까지, 거의 모든 사람이 오늘날에도 후각은 비밀의 성을 굳건히 닫아걸고 있다는 데 동의한다.

신경과학자인 메인랜드는 이 분야에 진출하게 된 이유에 대해 이렇게 말했다. "우리는 기초를 모릅니다. 수용체가 어떻게 작동하는지도 몰라요. 강한 냄새가 어떻게 암호화되어 있는지도 알지 못합니다. 시각계에서는 이 모든 사실이 다 알려져 있어요. 일차색을 섞으면 어떤 색이 나올지 예측할 수 있거든요. 후각에서는 그런 예측이 불가능합니다. 답변을 기다리는 크고 중요한 질문들이 훨씬 많았기 때문에, 후각계는 공부하기에는 안성맞춤인 분야로 보였어요."

스톡홀름 대학의 인지과학자인 요나스 올로프손은 실험도 중요하지만 후각계를 설명할 이론이 절실하다고 말했다. "후각의 역할에 대한 철학적 심리학적 이해는, 생물학을 진화된 생물학적 반응으로 해석하는 데도 매우 중요해질 거예요. 후각은 국지적 환경의 함수지요. 맥락과 상황에 대한 이해가 없다면, 제가 보기에 어떤 종류의 생물학적 활동이 왜 진화했는지 수긍할 수 없을 겁니다."

"현재 우리에게 데이터가 부족할까요, 아니면 이론이 부족할까요?" 애리조나 주립대학의 신경정보학 연구원인 릭 게르킨은 "기계 학습 관점에서 볼 때, 기계 학습 모델은 할 수 있는 한 데이터에서 모든 것을 짜낼 것이기 때문에 분명 데이터가 모자랄 겁니다. 데이터의 양은 많을수록 좋죠. 하지만 이론적인 관점에서 보면, 그것은 여전히 이론적으로 부족해요. '현재 모델'로는 후각이 어떻게 작동하는지 설명하지 못합니다. 그래서 누군가가 수용체나 신경과 관련된 이론, 또는 그것이 무엇이든 우아한 이론을 들고 나와서 '후각은 이렇게 작동하는 거야.' 하고 말할 수 있을지도 모릅니다. 그들이 동원하는 데이터가 모두 똑같더라도 말이죠."

MIT의 생물물리학자인 안드레아스 메르신은 고개를 가로저었다. "많은 문제를 해결하기 위해 많은 데이터가 필요하다는 이 모든 생각, '그럴 일은 절대 없겠지만, 만약 내가 리간드가 밝혀진 후각 수용체 정보가 많다면, 아니면 유전자와 수용체 단백질의 일차 구조에 대해 충분히 알고 있다면, 나는 분명 어떤 결론에 다다를 수 있을 거야.' 하는 생각은 틀렸습니다. 현 단계 과학에서 우리가 데이터의 양에 제한을 받는 경우는 결코 없었어요. 데이터가 우리 발목을 잡는 경우가 없지는 않겠지만 후각과 약물의 발견, 그리고 제가 하는 모든 일에서 데이터를 이용하느냐 못 하느냐가 문제가 된 적은 한 번도 없었습니다."

올로프손은 "우리는 후각의 역할과 축삭의 유형을 어떻게 해석해야 하는지, 더 나은 이론을 확립할 필요가 있습니다. 왜 후각계는 그렇게 조직화되었을까요? 다양한 이론적 질문을 던질 때입니다. 물론 실험적 질문도 필요하겠지만." 하고 지적했다.

후각 연구 분야는 이제 이런 질문에 답을 내놓을 때가 되었다. 지금 우리에게 필요한 것은 우리가 가진 데이터에 대해 숙고하는 일일 것이다. 메르신도 이에 동의한다. "후각에서는 '그렇지 않아. 우리는 모든 것이 어떻게 돌아가는지 정확히 알고 있잖아!' 같은 커다란 확신 없이도, 관심사에 관해 얼마든지 얘기할 수 있습니다. 하지만 솔직히 말하면 앞으로 어떻게 될지 모릅니다. 우리가 하는 일은 신화 같습니다. 소리 높여 주장할 수도 있고 논문을 쓸 수도 있지요. 하지만 제가 여기서 소리 높여 주장하면, 사람들은 참고할 교재가 많아서 잘 안다고 생각할 거예요. 정확히 표현할 수 없는 탓에 후각을 두고 비교적 자유롭게 이런저런 애기가 오갈 수 있는 겁니다. 하지만 후각계라고 다른 감각계와 무엇이 다를까요? 후각계는 신경생물학의 모델이자 신경물리학의 모델로서, 창발적 특성을 이해할 수 있는 길입니다. 또한 진화생물학을 이해하는 수단이기도 하죠. 구조와 기능의 관계에 대한 잘못된 인식을 바로 잡는 계기가 될 수도 있고요. 또한, 그것은 현상학이기도 합니다."

보스홀은 본질적으로 학제 간 연구가 이 분야에 도전과 기회를 동시에 제기한다고 말하며, 상투적인 틀을 벗어날 필요가 있다고 강조했다. "그리고 사실 저는 환원주의자랍니다!"라며 그녀는 웃었다. "가장 단순한 조각으로 줄이려는 환원주의자로 훈련을 받았기 때문에 오히려 이러한 '단순화'를 피할 수 있는 적임자라고 할 수 있죠. 하지만 아마도 중요한 모든 것들이 곧 밝혀지겠지요?"

뭔가 빠뜨린 것은 없을까? 테리 애크리에게 그것은 지각perception이라는 주제다. "지각을 기술하는 언어 문제가 해결되기 전에는 후각의 문제를 해결할 수 없다고 봐야죠. 이렇게 말할 수 있어야 합니다. 냄새가 난다는 건 무엇을 의미하는가? 이때의 냄새는 '그것은 같은 냄새'라고 할 때의 냄새와 다른 것인가? 우리는 그것을 우리 언어로 명확하게 구분하지 못합니다."

오늘날 후각 신경과학의 경향은 본질상 철학적 질문으로 향하고 있다. 애초에 신경 공간을 측정하고 지도화하려 했던 까닭은 무엇인가? 과연 냄새란 **무엇일까?**

3장

코를 사유하다

"우리가 지금 당장 바닷물 냄새를 맡을 수 있다면, 우리는 세계를 더 생생하게 느낄 수 있을 것이다."

— 제이 고트프리트

냄새의 정체를 밝히고자 여섯 명이 후각을 연구하면, 답이 여섯 가지가 나온다. 아니 더 나올 수도 있다. 연구자가 화학자라면, 분자의 냄새를 결정하는 미세한 세부 구조에 대해 이야기할 것이다.[1] 저기 수산기hydroxyl group가 보이세요? 생물학자는 고개를 저으며, 냄새는 화학적 구조로는 설명할 수 없는 유기체의 신호 기능을 한다고 강조한다.[2] 냄새는 행동을 이끄는 역할을 한다. 신경과학자는 이러한 행동 기능이 뇌에서 발화하는 신경의 활동으로 귀결된다고 말하며 고개를 끄덕일 것이다.[3] 이쯤 되면 인지심리학자가 끼어들어, 엄격한 행동주의나 신경학적 관점만으로는 인지라는 문화적 지평에서 냄새가 관여하는 정신적 작용을 이해하기에 불충분하다고 말할지도 모른다.[4] 냄새 경험에서 기억과 언어, 그리고 학습이 어떤 역할을 하는지 생각해 보자! 철학자는 냄새가 사과나 장미 같은 세상의 사물들에 대한 정신적 이미지를 전달하는 것처럼 보이지만, 그러한 경험은 종종 의식을 무의식적인 지각과 구분하는 미묘한 경계를 이룬다고 훈수를 둘 수도 있다.[5] 냄새는 덧없고 일시적인 것으로, 의식적인 지각을 순식간에 통과해 지나간다. 그렇다면 우리가 지각하는 것이 진짜라는 사실을 어떻게 확신할 수 있을까? 조향사는 왜 아무도 냄새의 뚜렷한 미적 경험과 쾌락적 매력에 대해 얘기하지 않는지 의아해하며 몸을 뒤로 기댈지도 모른다.[6] 마침내 당신이 나서서, 향기로 사람들을 유혹한 이야기를 들려줄 수도 있으리라. 아마도 이러한 견해들이 다 옳을 것이다. 그 누구도 냄새의 본질을 완전히 포착한 사람은 없다. 이렇게 여러 가지 관점이 뒤섞인 까닭에, 냄새의 물질적 기반과 그것이 지각의 특성과 어떻게 연결되어 있는지에 대한 논의를 체계적으로 펼치기 어렵다.

냄새의 본질은 하나의 과학적 견해에 국한되지 않는다. 냄새 경험에 관한 지각 내용이 다소 이중적이기 때문일 것이다. 냄새 감각은 지속해서 내적으로도, 외적으로도 향하는 과정이다.

틀림없이 우리는 **어떤 것의 냄새**를 지각한다. 물체에서는 냄새가 난다. 대부분의 물체는 그것만의 독특한 냄새가 있다. 할머니의 부엌이나 할아버지의 방을 떠올려 보자. 전 세계에 걸쳐 다양한 음식의 풍미와 향신료, 향긋한 꽃과 식물의 다양한 냄새, 심지어 사람과 그들의 특정 신체 부위에서 나는 독특한 냄새를 떠올려 보자. 이러한 예는 끝이 없을 것이다. 무수히 많은 향수의 기이한 냄새는 말할 것도 없다. 후각은 사람과 장소 그리고 물질세계의 정보를 슬쩍슬쩍 흘린다. 후각은 사물의 보이지 않는 핵심 요소를 머금은 중요한 신호를 제공한다.

냄새는 세상의 사물들에 관한 것만은 아니다. 대개 냄새 경험은 냄새를 맡는 사람과도 깊은 관련이 있다. 냄새 감각은 개인적 평가에 종속되는 것처럼 보인다. 우리는 몇몇 의사 결정 요인에 따라 냄새를 평가한다. 내가 그것을 좋아하는가? 기분이 유쾌한가? 너무 진한가 아니면 강렬한가? 저 냄새는 뭐지? 블랙베리인가? 아니면, 체리인가? 먹을 수 있을까? 또는, 특정 향기가 더 매력적이고 미적으로 충일한가? 피부에 발라 볼까? 냄새 지각과 관련된 이 수많은 결정 요소들은 우리가 경험하는 냄새의 질에 영향을 끼친다.

냄새 지각은 행동과 관련한 가치 평가와 밀접한 관련이 있으며, 지각자로서 우리의 상태를 오롯이 반영한다. 그러므로 지각 판단에는 생리적, 정신적 요소가 포함된다. 생각해 보자. 배고프거나 배부르거나, 지루하거나 뭔가에 몰두해 있거나, 기쁨에 넘치거나 격분하거나, 임신 상태거나 숙취 상태라면 같은 냄새도 다르게 느껴지지 않던가. 가끔 우리는 음식 냄새를 맡은 연후에야 얼마나 배가 고팠는지 알게 된다! 인간의 코는 세상뿐만 아니라 우리 자신에 대한 정보도 실어 나른다.

후각은 외수용성이면서 동시에 내수용성이다.* 이 말은 후각이 외부 현상에 대한 감각과 관찰자의 내면에 대한 감각을 모두 지닌다는 뜻이다. 철학자들은 후각의 외수용적 역할을 '의도적'이라고 부르는데, 냄새가 세상의 사물들에 관한 것이라는 뜻이다. 음식 냄새를 맡고 우리는 그것이 먹을 만한지, 요리의 질은 어떤지 판단할 수 있다. 동시에 후각은 이러한 정보에 할당된 상대적 가치에 대한 내적 반영이기도 하다. 음식 냄새는 가령 하루에만 세 번째 라면을 먹을 정도로 절실한지 아닌지 알려 준다. 뉴욕 시립대학의 신경과학자이자 철학자인 안드레아스 켈러는 고개를 끄덕였다. "우리는 상황에 따라 같은 냄새에 매우 다르게 반응할 수 있지요. 촉감도 그렇고요. 하지만 시각은 그렇지 않습니다."(일부 시각 과학자들은 켈러와 의견이 다를 수도 있다. 어떤 경우 우리는 우리가 보고 싶은 것만 보지 않던가?)

---

* 눈, 귀, 혀, 코, 피부 등을 통해 외부 환경에서 오는 자극을 감지하면 외수용성(exteroceptive), 내장이나 근육을 비롯해서 신체 내부의 여러 상태 변화에 따른 자극을 감지하면 내수용성(interoceptive)이다. 자극과 감각을 설명하는 정신물리학 용어.

다른 감각과 달리, 후각 경험은 우리의 생리나 심리 상태에 따라 환경의 물질적 변화를 다르게 관찰할 수 있다. 이 말은 꽤 의미심장하다. 우리 코는 환경의 극히 미묘한 화학적 변화를 감지할 수 있는 동시에, 두 가지 서로 다른 경험 사이의 역동적인 상호작용을 포함하여 우리의 육화된 자아embodied self 상태를 중계 방송한다.

마음의 일부로서 후각은 깊은 철학적 질문을 제기한다. 하지만 철학은 이러한 질문에 직관적으로 완전한 답을 내놓지 못했기 때문에, 그런 질문은 그간의 철학적 관점에 대해 바람직한 도전을 불러일으켰다. 그것은 감각을 보편적으로 이해하기 위한 이론을 정립할 기회이기도 했다. 코로 세상을 '본다'는 건 무엇을 의미할까? 물질적인 측면에서 코는 우리에게 어떤 접근을 허락할까? 우리는 어떤 종류의 활동을 통해 냄새를 지각하는 것일까? 이 문제에 접근하는 데는 두 가지 방법이 있다. 인지cognition에서 출발하거나 또는 행동behavior에서 출발하거나. 사실, 이 두 가지는 따로 분리할 수 있는 것이 아니다. 하지만 명확성을 기하기 위해 후각과 관련한 마음을 먼저 살펴보고, 4장에서 행동의 역할에 대해 이야기하려 한다. 냄새의 정신적 생활에는 '내 안의 눈'*을 만나는 것 이상의 뭔가가 있다.

냄새를 느끼는 두 가지 방법

냄새 감각기관은 몇 개일까? 이를 두고 "정말 이상한 질문이군." 하고 생각할지도 모르겠다. "당연히 한 가지지." 우리는 한 개의 코로, 한 가지 방식을 써서 냄새를 경험한다. 하지만 생물학자나 주방 요리사

---

* 내면 관찰(introspection, 內省法)을 의미한다. 내면 관찰은 밝기나 소리 등의 자극을 피험자가 어떻게 주관적으로 느끼는지를 분석하는 정신물리학 용어로 실험심리학의 방법이기도 하다. 독일 심리학자 빌헬름 분트는 구성 원소를 통해 분자 구조를 파악하는 화학 사조에 영감을 받아, 인간 내면의 기본요소를 분석하여 마음의 구조를 이해하려는 실험심리학을 창시했다.

는 우리에게 최소한 두 개의 냄새 감각기관이 있다고 말할 것이다.

인류 문화의 중심에 요리가 있다. 새로운 맛을 찾는 일은 세계화의 원동력이었다. 향신료 무역은 현대 세계의 사회경제적 지형을 형성했다.[7] 20세기 들어, 식품 생산이 산업화의 길을 걷고 인공적인 맛이 발견되면서 식생활은 급격히 변했다.[8] 혀의 즐거움은 피카소보다 더 인간을 유혹한다.

자신의 내면을 들여다보는 자기 관찰적인 '내 안의 눈'은 먹는 행위에 관해 완전히 다른 생각을 보여 준다. 대부분의 사람들은 입으로 맛을 보며 음식의 맛이 입에서 결정된다고 생각한다. 하지만 잘못된 생각이다. 아니, 최소한 전적으로 입에 의존하는 것은 아니다. 우리는 코로 먹는다. 이는 일견 잘못된 생각처럼 보인다. '입안에서 맛을 **느끼는** 것 아냐?'라고 생각할 것이다. 그러나 '맛을 느끼는 일'은 미뢰만의 문제가 아니다. 코가 꽉 막혔을 때를 떠올려 보자. 모든 것이 싱겁고 밋밋했을 것이다. 더구나 우리가 경험하는 모든 맛의 종류에 비해 맛 수용체 유형은 상대적으로 적다. 혀의 미각 수용체는 신맛, 단맛, 쓴맛, 감칠맛, 짠맛, 그리고 최근 연구에 따르면 지방 맛을 감지할 수 있다.[9] 그것은 맛의 풍부함을 고려할 때 상당히 제한적이다. 딸기 맛 수용체는 우리 혀 어디에 있을까? 민트 맛, 체리 맛, 초콜릿 맛, 그을린 맛 그리고 마늘 맛의 수용체는 어디 있나? 그런 것은 없다. 이것들은 모두 코를 지나 뇌에서 만들어지는 맛이다.[10] 이에 따라 국제표준기구는 '맛'이 미각 및 삼차신경** 자극은 물론, '향미'라고 일컬어지는 날숨 냄새***를 포함한다고 선언했다.[11]

** 형태가 세 개의 가지 모양인 안면 신경. 얼굴 감각근과 씹는 근육을 움직인다.

*** retronasal smelling. 침을 삼킬 때 입속의 공기가 코로 올라오면서 느껴지는 냄새. 『늑대는 어떻게 개가 되었나?』를 쓴 강석기가 들숨 냄새, 날숨 냄새라는 용어를 사용했다. 『꿀꺽 한 입의 과학』의 역자인 최가영은 비전방후각, 비후방후각이란 표현을 썼다.

플로리다 대학의 미각 연구를 주도하고 있는 린다 바토슉은 음식 맛의 세기를 알아차리는 데도 코가 중요하다고 설명했다. "마취로 고실 신경을 무력화시킬 수 있어요. 그렇게 한 뒤에 초콜릿이나 케첩처럼 마트에서 흔히 살 수 있는 것들로 실험해 보면, 고실끈 신경*(미뢰에서 시작하는 안면 신경 가지) 기능이 제 역할을 못해서 식품들의 풍미가 50퍼센트까지 떨어질 수 있지요. 맛의 강도가 반으로 주는 거예요. 이것이 맞다면 뇌에서 진행되는 맛과 날숨 냄새 간의 상호작용은 분명히 일어나는, 가장 중요한 현상들 중 하나일 겁니다."

어떻게 코로 맛을 볼까? 인간에겐 냄새 물질을 탐색하는 두 가지 경로가 있다. **들숨 냄새** 경로는 우리가 냄새를 맡고 숨을 들이쉴 때 사용하는 통로이다. 흔히 우리가 냄새를 언급할 때 생각하는 그 통로다. 다음으로, 휘발성 분자가 목의 뒷부분에서 비강 상피를 지나는 **날숨 냄새** 경로가 있다. 그림 3-1을 보자. 여기 보이는 것은 입과 코를 연결하는 개구부 인두pharynx이다. 이 열린 공간은 입안에서 씹는 동안 방출되는 음식물 분자들이 목구멍 뒤쪽으로 갈 수 있게 한다. 삼켜서 입 깊은 곳에 도달한 맛 분자들은 폐에서 나오는 따뜻한 공기에 섞여 올라와서 비강의 상피를 만난다. 삼키는 행위는 폐와 코의 상피를 연결하는 공기 펌프와 같은 작용을 한다. 스스로 그 메커니즘을 시험해 보자! 콧구멍 앞에 손가락을 대고 침을 삼키면, 손가락 피부로 코에서 흘러나오는 부드러운 흐름을 느낄 수 있을 것이다. 바로 폐에서 나오는 공기다.

날숨 경로는 대부분의 동물, 심지어 뛰어난 후각을 지닌 동물들과도 구별되는 인간의 특징이다. 생쥐는 날숨 경로를 쓰지 않는다. 개

---

* 『노인 의학』의 저자 로니 체르노프는 고실끈 신경(chorda tympani)이 손상되면 차와 커피의 맛을 구분하지 못한다고 한다. 빵에서 굽지 않은 밀가루 맛을, 초콜릿에서 느끼한 맛을 느낀다고 한다. 커피와 차의 냄새가 제각각이기 때문에 고실끈 신경의 손상이 어떤 식이든 맛과 냄새의 상호작용을 방해하는 것 같다는 게 로니의 추론이다.

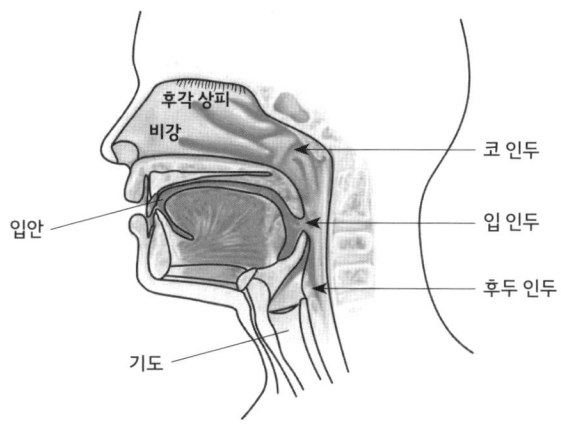

그림 3-1 날숨 냄새의 해부학 도면
인두는 입과 비강을 연결한다. 기도에서 나온 따뜻한 공기가 인두를 지나 음식 냄새 물질을 비강의 상피로 밀어 올린다. 후각 상피에서 냄새 물질은 감각 신경세포의 섬모에 있는 후각 수용체와 상호작용한다.
출처: © Sémhur / Wikimedia Commons / CC-BY-SA-3.0

도 마찬가지다. 이 동물들은 킁킁거리며 냄새를 맡는 일에 뛰어나다. 하지만 그들은 훌륭한 음식을 맛보는 일이 무엇인지 절대 알 수 없을 것이다. 그들의 세상을 커피에 대한 우리의 경험과 비교해 보자. 아침에 침대 밖으로 우리를 유인하는 멋진 들숨 냄새. 하지만 그 경험의 끝은 실망스러운 맛이다. 아주 쓴맛이 난다(날숨 냄새가 항상 들숨 냄새와 일치하지는 않는다. 왜 그런지는 곧 알게 될 것이다). 우리는 어떻게 대부분의 동물들은 경험하지 못하는 향미를 느낄 수 있을까? 다른 동물들과 비교하여 인간이 날숨 냄새를 맡을 수 있는 까닭은 사라진 뼈 덕분이다.

진화 과정에서 인간과 일부 영장류들은 코에 있던 가로형 판 모양의 뼈가 사라져서, 이른바 일차 코와 이차 코 사이에 형태학적 분화가 일어났다.[12] 이 뼈는 개를 비롯한 '후각이 잘 발달된' 동물들의 후각과 호흡계를 구분한다. 이 뼈가 사라진 뒤, 인간의 후각은 더 이상 호흡계와 분리되지 않고 코인두 공간이 새롭게 형성되었다. 가로 판 모양의 뼈가 사라지자 입은 제 2의 코가 되었다. 개와 생쥐는 한 개의 코로 킁킁거리며 냄새를 맡지만, 우리는 코가 두 개라고 말할 수 있다.

날숨 경로인 두 번째 코 덕에 음식의 맛은 더욱 오묘해졌다. 냄새 고약한 치즈도 맛있게 먹는다. 지독한 악취에도 불구하고 사람들이 왜 프랑스산 치즈를 즐겨 먹는지 궁금한 적이 있는가? 향은 훌륭한데 왜 커피 맛은 실망스러울까? 들숨 경로로 경험하는 냄새와 날숨 경로를 통해 경험하는 냄새는 질적으로 크게 다를 수 있다. 그 차이는 부분적으로 생리학에서 온다. 공기 흐름뿐만 아니라 폐에서 나오는 따스한 공기의 온도가 다양하기 때문이다. 공기 흐름에 따라 어떤 분자가 얼마나 빠른 속도로 상피에 먼저 도달하는지가 결정되고, 각각의 경우에 수용체가 인지하는 순간적인 활성 패턴이 다르다(5장과 8장). 따라서 어떤 생리적 경로를 통해서 접근했느냐에 따라, 같은 냄새 물질이라도 상당히 다른 질적 경험을 이끌어 낼 수 있다. 이는 냄새 감각을 만들어 내는 후각 기관이 아니고는 설명할 수 없는 매력적인 현상이다. 들숨 냄새와 날숨 냄새를 통해 느끼는 치즈의 맛은 다르다. 두 가지 지각이 함께해야 치즈의 정확한 감각적 표현이 가능해진다.

들숨 경로와 날숨 경로를 통해 전달되는 냄새가 주는 즐거움도

서로 다르다. 고약한 치즈는 냄새를 맡을 때보다 먹을 때 더욱 즐겁다. 반면 커피 향은 들숨 냄새가 날숨으로 느끼는 맛보다 더 낫다. 이러한 다양성은 암묵적인 보상 경험과 연결되기도 한다. 커피의 경우, 무척이나 끌리는 들숨 경로의 커피 향과 맛이 일치하지 않기 때문에 커피 맛에 실망하기 쉽다. 치즈는 종종 과거의 기억 때문에 더 맛있게 느껴진다. 들숨 냄새로는 경험하기 어렵지만 날숨 경로를 통해 감지한 즐거운 기억이 사람들을 사로잡기 때문이다. 심리학자 다나 스몰과 다른 이들의 최근 연구에 따르면, 들숨 경로와 날숨 경로로 처리한 냄새 물질에 대해 사람들은 각기 다른 신경 반응을 보인다고 한다.[13]

우리는 왜 코가 아니라 입안에 맛이 있다고 느낄까? 코에서도 맛이 형성된다는 걸 알아도, 입속이라는 현상학적 위치 때문에 이른바 구강 참조*라는 현상은 바뀌지 않는다.[14] 아무리 노력을 해도 맛의 구강 참조에 인지적으로 개입한다거나 그 방향을 바꿀 수 없다. 모든 일이 입에서 벌어지기 때문이다. 통합 감각으로 우리가 지각하는 것은 자발적인 행동이 진행되는 곳에 붙박여 있다. 테리 애크리는 이렇게 말했다. "우리 입에서 **뭔가가 벌어집니다**. 와인을 연구할 때 우리는 그 사실을 알 수 있어요. 입으로 느끼는 감각, 질감, 성분들 사이의 상호작용과 단맛, 신맛을…. 입안에서 진행되는 이 모든 과정에서 행복을 느끼는 것 아니겠어요?"

게다가 음식에 독성 물질이 있거나 음식이 썩었다면 빠른 반응이 필수적이다. "뱉어야 할 뭔가가 있다면 의당 그래야 한다는 점에서, 생물학적 의미를 띤다고 봐야죠." 펜실베이니아 대학 신경과학자 제이

---

*oral referral. 후각 자극을 구강의 미각 자극으로 오해하는 일을 의미한다(찰스 스펜스, 윤신영 옮김, 『왜 맛있을까』 참조).

고트프리트는 웃으며 이렇게 말했다. "맛이 코에 있다고 생각하면 코로 흡입하고 싶은 유혹을 받을지도 몰라요."

날숨 냄새는 폐에서 나오는 따뜻한 공기 때문에 들숨 경로와는 생리학적 결정 요인이 다르다. 생리학은 감각 지각을 뒷받침하는 가장 기본적인 것 이상의 기여를 한다. 바로, 냄새 지각이 실제로 무엇인지를 설명하는 것이다. 생리학적 세부 사항에 세심한 주의를 기울이면, 경험적 자료를 통해 지각을 이해하는 것보다 더 나은 이해에 도달할 수 있다. 그것은 냄새와 후각에 대한 근본적인 이론을 세우는 일이다. 현상학적 경험이 실제 냄새 물질과 일치하지 않을 수도(아니, 분명 일치하지 않는다!) 있다는 것을 알게 되면서, 감각에 대해 인지적 접근을 심화하는 새로운 철학적 사고가 필요해졌다.

바토슉은 지각에서의 가관측성可觀側性과 내면 관찰적 접근은 우리의 행동 경험과 관련이 있다고 지적했다. '맛보다'는 맛을 지각하는 자발적인 행동이고, '냄새 맡다'는 코로 들이마시는 들숨 냄새와 관련된 행동 동사이다. 하지만, 자발적인 행동이 수반되지 않기 때문에 향미를 느끼는 날숨 냄새와 관련한 행동 동사는 없다. 향미는 독립적인 행동이 아니라 맛을 보는 의식적인 행동과 함께 **진행되는 경험**이기에, 맛보는 일과 경험적으로 연결되어 있다. 따라서 향미의 지각에서 마음을 살피는 내면 관찰은 심지어 우리가 실제로 경험한 것조차도 오도하게 만들 수 있다.

그럼에도 불구하고, 향미의 경험 그 자체는 의도적인 것이다. 그것은 우리에게 세상의 사물들에 대해 중요한 뭔가를 말해 준다. 런던 대학의 철학자 배리 C. 스미스는 이렇게 말했다. "한 가지는 명확히 구별해야 합니다. 향미를 지각할 수 있게 하는 뭔가가 있다면, 그 지각은 바로 그 뭔가에 대한 지각입니다. 우리는 우리의 지각 상태가 정확하거나 부정확하다고, 또는 당신이 올바르게 지각하고 있거나 틀리게 지각하고 있다고 말하고 싶어 합니다. 그러나 우리가 향미가 있다고 말할 수 있는 대상이 없다면, 향미라고 묘사할 만한 어떤 것을 지니고 있느냐와 무관하게, 향미 그 자체 말고는 지각의 정확도나 옳고 그름에 대해 그 어떤 것도 말할 수 없겠죠? 그것은 무언가를 표상할 어떠한 힘도 없는 상태일 겁니다. 단지 뇌가 향미의 경험을 창조할 때만 존재하는 상태인 것이죠. 그것은 오히려 가려움이나 통증과 비슷하지 않을까요?"

이런 관점에서 보면 철학자들은 냄새 감각(날숨 냄새든 들숨 냄새든)에 뭔가를 표상하는 힘이 있다고 생각하는 것 같다. 지각을 표상하는 일은 어떤 식이든 세계의 외적 특성과 관련된 정신적 이미지를 표현하는 것이며, 어떤 성공적인 형태 혹은 정확한 조건이 있어야 함을 암시한다. 그러나 후각에서 성공 조건을 정의하기는 쉽지 않다. 무엇이 특정한 냄새 지각을 냄새 물질의 정확한 표상으로 만들까? 냄새 경험은 대개 관찰자에 따라 달라진다. 냄새 반응에 일관성이 결여되어 있다면, 냄새는 어떻게 실체를 나타내는 표상으로 작용할 수 있을까? 이 질문에 답하기 위해서는 냄새의 개인별 편차가 어디서 비롯되는지 알아야 한다.

의식 속의 냄새

후각과 인지의 관련성은 지각이 명제적 내용을 갖는 의식적인 현상이라는 철학적 편견에 가로막혀 오랫동안 무시되었다. 이러한 편견 때문에 냄새 분석과 매우 관련성이 높은 비개념적이고 무의식적인, 여러 기본적인 지각 능력들이 관심에서 배제되었다.

우리는 대개 '개념적 내용'의 형태로 의식적인 지각을 분석해 왔다. 우리가 세계에 대해 가지는 명제적 믿음은 감각이 만들어 낸 개념적 내용을 표현한다. 여기에는 내용의 상세함이 수반된다. 예를 들어 "이 두 양말은 색이 다르다." 또는 "바그너의 〈방황하는 네덜란드인 서곡〉은 조성 파괴의 초기 사례이다."라고 말할 때, 각자 신념의 정교함에서는 그 수준이 다를 수 있지만 내용의 명제적 성격은 비슷하다. 명제에서 지각의 내용은 물리적 실체의 특징과 연결되는 정확성을 갖추어야 한다. "이 두 양말은 색이 다르다."라는 말은 전자기파 스펙트럼 연산을 거쳐 색을 감각적으로 표현했을 때, 두 양말이 실제로 다른 색을 가지고 있을 때 참이다.

하지만 냄새에 대해 이런 식으로 말하기란, 다음과 같은 세 가지 이유로 결코 간단하지 않다. 첫째, 감지한 냄새를 세상에 존재하는 물질의 '정확한 표상'으로 만드는 일은 전혀 직관적이지 않다. 우리는 커피 냄새가 어떤지 잘 안다. 하지만 커피 향에서 고약한 똥 냄새가 나는 분자인 인돌indole의 존재를 지각하지는 못한다. 인돌은 방향성 커피 혼합물의 대표적인 냄새 성분이다. 우리의 지각 체계가 인돌을 감지하지 못하는 것은 부정확한 경험이 아닐까? 커피 향에서 인돌을 감지하지 못하는 일이 커피 향에 대한 정상적인 정신적 표상이라고 주장하기 전에 특정한 냄새를 아주 잘 맡는, 후각이 민감해진 임산부에게 물어보라. 그녀는 커피에서 똥 냄새를 맡을지도 모른다. 누구의 지각이 '옳을까?' 이때 이러한 질문은 잘못된 것으로 보인다.

표상의 정확성만이 문제는 아니다. 우리가 냄새를 맡았을 때 의식적으로 무엇을 인지하는지도 불분명하다. 냄새의 개념적 내용이 무엇인지는 말할 것도 없다. 냄새의 근원 물질을 보지 않고 냄새를 맡으면 그것이 무엇인지 전혀 모를 때도 있다. 냄새 나는 물건을 보느냐 그렇지 않느냐에 따라 어떤 냄새인지 판단이 달라질 수도 있다. 하지만 우리가 냄새 감각의 개념적 정체를 전혀 모를 때조차 우리는 여전히 뭔가 독특한 냄새를 맡는다. 이제 질문은 이것이다. 냄새에 대한 정신적 표상은 과연 무엇에 관한 것인가?

마지막으로 우리는 냄새 물질에 의해 야기되지만 냄새로 인식되지 않는 감각, 즉 음식 냄새의 '기억'과 만날 수도 있다.

사람들은 후각이 정신생활과 의사결정에 미치는 영향을 과소평가한다. 대부분의 사람들은 어떤 감각을 포기할 것인가를 물으면 망설임 없이 후각을 택하곤 한다. 현대문명은 시각과 청각에 맞춰 가공된 정보에 크게 의존하기 때문에 언뜻 이 말은 합리적으로 들린다. 그러나 전반적으로 코를 무시하는 일은 걱정스러울 정도이며, 간혹 잘못된 길로 들어서기도 한다. 2011년 실시한 설문조사에서 광고 기업인 맥켄월드 그룹은 젊은이들에게 컴퓨터나 휴대전화와 같은 기계 장치를 포기하겠는지 아니면 후각을 잃는 것을 선택하겠는지 물었다. 16~22세 응답자 절반 이상이 코를 포기한다는 데 표를 던졌다.[15] 지금이라면 그 비율이 더 높아졌을 것이다. 잠깐만 생각을 해 보아도 상당수의 젊은이들은 기술적 장치로 언제든 대체 가능한 것을 포기하는 대신, 영구적으로 자신을 무력화시키는 쪽을 선택한 것이다.

우리는 왜 후각을 과소평가할까? 우리는 좀처럼 냄새를 의식적으로 알아차리지 못한다. 바로 여기에 주의할 점이 있다. 냄새를 항상 의식하지 않는다 해도, 의식하지 않는다는 사실이 곧 후각이 의식적 경험에 필수적이지 않다는 뜻은 아니다. 우리의 마음은 냄새를 일부러 추적하고 보살피지 않을지도 모른다. 하지만 그렇다고 해도 후각이 의식의 전체적인 경험을 조정하는 일을 못하는 건 아니다. 스미스는 깊이 공감하며 말했다. "냄새 신호를 처리하는 과정은 우리에게 변조된 경험을 지속적으로 제공하죠. 냄새는 **의식에 대한 일종의 배경** 역할을 하는 겁니다. 변화와 사건을 기록하고 우리의 감정, 기억, 음식 탐색, 사람, 장소, 물건에 대한 호불호를 결정하는 데 냄새가 중요한 영향을 끼치죠."

후각이 언제나 '공의 붉은 색' 또는 '높은 음'처럼 철학자들이 명백한 마음 상태라고 흔히 말하는, '의식적 자각'의 일부인 것은 아니다. 하지만 뚜렷한 후각적 경험이 아니더라도, 냄새는 세계를 의식적으로 경험하는 데 자주 소환된다. 어떤 장소의 분위기가 끈적거리거나 신선하거나 또는 몽롱할 때, 우리는 그런 느낌을 후각으로 잡아 둘 수는 없을 것이다. 후각은 단지 불분명한 소리와 구름 낀 하늘을 포함하는 광경에 대한 우리의 보편적이고 통합 감각적인 지각의 한 부분일 뿐이다. 고트프리트는 덧붙였다. "후각을 잃는 일은 곧 시간과 공간에 대한 일종의 제약이라고 말한 철학자가 있었지요. 만약 우리가 지금 당장 바닷물 냄새를 맡을 수 있다면, 우리는 세계를 더 생생하게 느낄 수 있을 겁니다. 바다 냄새 때문에 시간과 공간 안에 붙들려 있는 기분이 한결 더할 거예요. 그건 정말 사물을 구성하는 웅변적인 방식인 셈이죠."

오늘 마주친 다섯 가지 냄새를 의식적으로 떠올려 보자. 다섯은 고사하고 세 종류라도 냄새를 제대로 기억한다고 솔직하게 말할 수 있는가? 그 순서는? 아침 식사로 커피나 토스트 냄새를 처음 맡았나? 아마 우리는 오늘 아침에 코가 아니라, 눈으로 본 것들을 기억하려 애쓸 것이다. 무척 강렬하지 않는 한 우리는 후각이 마주친 것들을 거의 기억하지 못한다. 향수 전문가나 다른 냄새 전문가는 명확한 후각 인식이 그들의 일상적인 인지 환경의 일부이기 때문에 기억할 수 있다. 하지만 후각이 마주치는 것에 거의 신경을 쓰지 않는 평범한 사람은 마지막으로 맡았던 냄새를 떠올리기도 어렵다. 여기서 말하고자 하는 것은 생물학적 제약이 아니라, 감각이 전해 오는 세상에 대해 우리가 어떻게 일일이 대응하는지에 관한 사항이다.

기억 형성의 비교 조건을 따져 보자. 이 조건은 시각과 후각 모두에 해당된다. 켈러는 이렇게 주장했다. "그것은 기억의 문제입니다. 시각 분야에서 여러 번 증명된 것이지요. 만약 우리가 화면을 보는데 화면이 바뀌면 이렇게 말합니다. '음, 바뀌었군.' 하지만 화면을 보는 중에 화면을 가리면 우리가 본 전체 풍경을 기억할 수 없기 때문에 무엇이 변했는지 알아차리기 힘듭니다." 그래도 냄새와는 달리 우리는 항상 시각과 관련하여 의식적으로 무언가를 알고 있다. 하지만 후각은 그렇지 않다. 냄새는 의식적이거나 무의식적인 지각 처리 사이의 경계 부근에 머무는 것 같다.

3장. 코를 사유하다

무의식적인 지각이 어떻게 의식적인 경험을 형상화하는 것일까? 환경에서 유래하는 많은 후각 자극은 결코 임곗값*(혹은 검출 역치)을 넘지 못하며 따라서 감지되지 않는다. 그러나 (우리가 의식적으로 지각하지 못하는) 준임계치 수준의 냄새 자극은 임곗값을 넘는 화합물의 의식적 지각에 영향을 끼친다. 어렵기는 하지만, 준임계치 자극이 지각의 인식에 미치는 영향은 측정이 가능하다. 이는 무척 매혹적인 현상이라고 할 수 있다. 준임계치 자극의 힘은 특성이나 강도가 다른 후각 자극들 사이에만 국한하여 작용하는 것이 아니라, 서로 다른 감각 간 상호작용에도 영향을 미치기 때문이다. 녹음실에 있는 제어 장치의 스위치와 같은 감각계를 상상해 보자. 한 가지 감각을 증대시키면 전체적인 지각 복합체가 영향을 받는다. 그래서 다른 감각을 약화시키거나 강도를 올릴 필요가 생긴다.[16] 후각은 우리의 정신을 녹음하는 스튜디오에서 핵심적인 스위치이다.

"우리는 준임계치의 분자가 초임계치 분자에 영향을 미칠 수 있다는 많은 실험적인 증거를 가지고 있어요."라고 애크리는 강조했다. "어떻게 그런 일이 벌어지는지도 알고 있습니다. 준임곗값 수준의 모든 각성제가 다른 각성제의 초임계 한계에 대한 반응을 변화시킨다는 믿을 만한 증거는 넘치고 넘치지요." 이러한 발견은 준임계치의 자극이 의식적 지각에 영향을 끼친다는, 시각 및 청각계에서의 연구 결과와 궤를 같이한다.[17]

"그래서 의식이 무엇이냐에 대한 통합적인 질문이 문제의 핵심이 되는 겁니다. 피험자의 행동을 관찰하고 우리가 그들의 의식적인 경

---

* 피험자의 50퍼센트가 냄새의 존재를 식별하기 시작하는 냄새 물질의 농도. '문턱값'이라고도 한다(1999년 미과학원회보, 96호, 1522쪽 참조).

험에 대해 물어볼 수 있기 때문이지요." 애크리의 말은 계속되었다. "어떤 의미에서 우리는 그들의 무의식적인 경험에 대해 질문하기가 어려울 수도 있습니다. 임곗값을 넘는 혼합물 속의 다양한 화학물질들이 수용체 전부를 활성화시켰다고 가정하면 그야말로 엄청날 겁니다. 의식 수준에 도달하지 못하도록 많은 일들이 벌어지겠죠? 아니면 특별한 어떤 것만이 의식 수준에 올라가도록 영향을 미칠 수도 있을 겁니다."

이러한 사실들은 냄새 경험을 심층적으로 연구하는 데 방해가 된다. 그럼에도 불구하고 후각에 관한 실험적 연구는 냄새 경험의 변화를 물리적 원인과 연관시킬 수 있는 단계에 이르렀다(마침내!). 그 예가 바로 수용체 유전학이다. 특정 자극이 어느 정도의 농도에서 임계치에 도달하는지는 수용체의 발현과 민감도에 따라 달라진다. 그런데 사람마다 코에서 나타나는 수용체의 발현 패턴이 다르다. 게다가 냄새 물질에 대한 민감성도 제각각이다. 따라서 너른 범위의 수용체와 조합적인 방식으로 상호작용하는 냄새 물질을, 각기 독특한 수용체를 가진 사람들이 서로 다르게 지각한다는 사실은 너무 당연해 보인다. 이 가설은 실험을 통해 검증해 볼 수 있다.

최근 두 연구(켈러, 보스홀, 마쓰나미, 메인랜드가 저자로 참여했다)에서 후각의 유전적 변이가 냄새 지각의 개인차를 반영한다는 사실을 확인했다.[18] 유전학은 냄새와 밀접한 관련이 있다. 게다가 인간 유전체에 후각 유전자가 무척 많기 때문에 돌연변이도 흔히 발견된다. 때로 이런 돌연변이가 냄새 경험에서 눈에 띄는 차이를 불러온다. 예를 들면, 어떤 사람들은 고수를 정말 싫어한다. 그들은 고수의 알데히드 성분을 과일이나 채소가 아닌 비눗물과 자극성 있는 세제로 지각한다. 후각 수용체 유전자 'OR6A2' 주변에서 벌어진 유전적 변화 때문이다.[19]

그러한 예는 전통적으로 철학의 관심사였던 감각질感覺質, qualia (파랑색이라는 나의 정신적 표상은 남의 그것과 같은가 질문하는)이 후각에 촉수를 뻗은 것처럼 보인다. 우리 둘 다 그것을 '장미'라고 부를지도 모르지만, 우리의 수용체 목록이 다양하다면 주어진 장미에 대한 당신과 나의 질적 경험은 서로 다를 것이다(감각질이 어떻게 달라지는지, 또 그것이 정신적으로 무엇을 의미하는지는 별개의 문제이고 평가하기도 어렵다. 부분적으로는 그 누구도 감각질이 무엇인지 잘 모른다는 사실 때문이다. 또는 감각질이라는 뭔가가 존재한다는 사실 자체에도 동의하지 않기 때문이다).[20]

지각은 생물학만으로 구성되지 않는다. 거기에는 심리학도 참여한다. 맥락과 학습된 행동의 영향이 이 지점에서 반드시 필요하다. 예컨대 감각의 수행능력을 평가하는 비교문명 연구에 따르면, 냄새의 친숙함이 그것의 임곗값에 영향을 미친다고 한다. 가령 마른땅에 비가 내릴 때 나는 흙냄새처럼, 익숙한 냄새일수록 그것을 감지하는 임곗값은 낮아진다.[21] 후각은 개인차가 크다. 게다가 그런 차이는 무작위적이지 않고, 이를 설명하는 원인과 작동 원리도 알려져 있다. 과학자들이 치열하게 연구한 덕택이다.

후각은 우리에게 '주어진 신화'를 넘어설 것을 촉구한다. 냄새는 즉각적인 사색, 또는 인지 구조에 통합되기 위한 형태로 마음에 각인되지는 않는다. 그와 반대로 냄새는 내적 정신생활의 일부로서 숨어 있으며, 뚜렷하지 않은 냄새의 존재를 알아차리기 위해서는 상당한 노력과

의식적 성찰이 필요할 때도 있다. 어떤 냄새는 우리의 후각이 주목한 후에야 지각할 수 있다. 또한, 직접적인 주의 집중으로 후각이 경험하는 내용을 분석할 때도 세심함이 필요하다(9장).

고든 셰퍼드는 동료 감각 과학자인 에이버리 길버트와 나눴던 얘기를 기억했다. "나는 우리가 냄새를 잘 맡지 못하는 게 아니라는 사실을 알려야 한다고 생각했습니다. 「인간의 냄새 감각」이라는 제목의 소논문도 썼는데, 부제가 '우리가 생각하는 것보다 더 나을까?'[22] 였어요. 그런데 에이버리는 이메일로 이렇게 말하더군요. 아니, 제목이 잘못되었어요. '인간의 냄새 감각: 우리가 생각하기 **때문에** 더 나을까?' 이렇게 바꿔야 합니다."

냄새를 맡는다고 할 때, 우리는 대체 무엇을 알아채는 건지 궁금하지 않을 수 없다. 마음-뇌는 코에서 얻은 정보로 무엇을 하는가? 그 정보는 무엇을 위한 것인가? 눈에 보이지 않는 신비한 냄새의 자취를 추적하기 위해서는 먼저, 글자 그대로 냄새를 심중心中에 두어야 한다. 의식 속에 드러나 보이는 것은 그 신비함의 파편뿐이기 때문이다. 의식적 경험으로 편입되는 냄새 감각 모두가 개념적인 대상 또는 명백한 후각의 객체가 되지는 않는다. 물론 그렇다고 냄새가 의식적 인식에 덜 중요한 건 아니다. 냄새 지각은 의식적 경험에서 감각의 배경이 되며 전체적인 풍경을 인지적으로 표상하는 데 적극적으로 기여하기 때문이다. 그럼에도 불구하고 냄새 자체를 의식적으로 인식하는 일에 대해서는 재고해 볼 필요가 있다.

인지 객체로서의 냄새

의식적인 후각 경험에는 일관성도, 조리 있는 묘사도 없다. "지각의 측면에서 냄새는 참 애매모호합니다. 시각의 경우, 우리는 물체를 보고 따라가고 지각할 수 있습니다. 반면, 냄새는 몰래 들어옵니다. 어느 순간 거기에 있지요. 추적할 수는 있습니다. 그렇지만 전형적으로 냄새를 느끼는 방식은 '아, 무슨 냄새가 나!' 하는 식입니다. 그것은 벌써 거기에 있답니다. 한참 동안 그 냄새를 맡고 있었지만, 어느 순간 갑자기 의식하기도 하지요." 퀘벡 아 트루아리비에르 대학의 임상 과학자인 요하네스 프라스넬리의 말이다. 자발적으로 형성된 의식의 겉모습에서 냄새는 우리의 시야 밖에 있다. 후각이(시각과는 달리) 의식적인 정신생활의 중심에 있지 않아서 후각의 대상을 개념화하기가 더 어려운 걸까?

두 가지 냄새가 있을 때, 냄새의 이름을 짓는 것보다 두 냄새가 같은지 판단하는 일이 훨씬 쉽다. 우리는 가끔 이 냄새가 뭐지? 하면서 궁금해한다. 냄새 이미지만으로 냄새 물질의 구성을 떠올리기는 쉽지 않다. 하지만 냄새의 근원이 보이지 않거나 그것이 무엇인지 몰라도 냄새를 알아차릴 수는 있다. 후각에서의 지각 내용은 시각의 영향을 받긴 하지만, 눈에 보이는 정보에만 얽매이지는 않는다.

같은 냄새라도 냄새만 날 때와 냄새의 근원이 눈에 보일 때는 상당히 다른 이미지를 연상할 수 있다. 일찍이 1916년부터 한스 헤닝은 냄새의 의미에 내재하는 문맥성을 발견했다(1장). 헤닝은 시각 단서가 냄새 구분에 어떤 영향을 미치는지 실험했다. 이를 통해 그는 근본적으로 차별화된 방법론을 체득할 수 있었다. 헤닝은 그 물체가 무엇인지 모른 채 눈을 감고 냄새만 맡아서 얻은 '진정한 냄새(Gegebenheitsgeruch)'와, 물체의 다른 정보(예컨대, 색깔 같은)가 부여하는 연상 보강에 의해 왜곡되기 쉬운 '사물 냄새(Gegenstandsgeruch)'를 구별했다.

와이즈만과학연구소의 신경과학자인 놈 소벨은 간단한 실험으로 회의론자들에게 이러한 구분을 증명해 보이곤 한다.[23] 부엌에 가기만 하면 된다. 그리고 눈을 가린 채 냉장고 문을 열고 냄새를 맡아 보자. 친구에게 아무거나 재료를 골라 달라고 부탁한 뒤 냄새를 맡고, 재료의 이름을 말해 보라. 그것을 맞히기는 정말 어렵다. 자신이 눈으로 보고 직접 구입해서 냉장고에 넣어 둔 것들인데도 그렇다. 그것은 단순히 특정한 냄새와 냄새의 특질에 익숙하고 아니고의 문제가 아니다. 이러한 경험은 냄새 지각과 냄새 이름이라는 두 종류의 처리 과정이 분리되어 진행됨을 의미한다. **뭔가**의 냄새를 맡고, 어떤 냄새와 다르다는 것은 말할 수 있다. 하지만 그 냄새에 이름을 부여하는 일은 너무 까다롭다.

따라서 원인 물체(냄새 물질)는 냄새의 근원과 그 정신적 이미지의 의미 체계를 매개하는 단순한 중재자가 아니다. 이러한 사실은 실용적으로도 참고할 만하다. 드레스덴 기술대학의 토마스 훔멜은 "냄새 식별 키트로 임상 실험을 할 때 이 점이 문제가 될 수 있다는 사실을 알아야 합니다." 하고 말했다. "이 테스트에서는 당신에게 냄새를 제공합니다. 당신은 킁킁거리며 냄새를 맡지만 그게 무엇인지는 잘 모릅니다. 파인애플처럼 익숙한 냄새일지라도 말이지요. 냄새뿐만 아니라 냄새의 목록을 주는 이유가 바로 그 때문입니다. 목록에는 타르, 풀, 가죽 그리고 파인애플이 있습니다. 그리고 나서 냄새를 주면 당신은 쉽게 파인애플이라고 맞힐 겁니다." 홈멜의 말이다.

　　냄새와 언어의 까다로운 관계는 종종 회자되며, 그것은 후각의 인지적 기초에 대한 철학적 그리고 대중적 무관심을 조장해 왔다. 냄새를 이름 짓기 힘들다는 이유로, 사람들은 후각이 인지적 기반을 가진다는 점을 노골적으로 부정하면서 야수 같은 본능적 감각으로만 후각을 이해할 수 있다고 말한다. 어떤 것이든 언어는 인간의 마음을 관찰할 수 있게, 즉 시청각적으로 표상하기 때문이다. 언어의 의미 체계는 인식 및 의지와 의도의 거울이자 매개체이다. 언어가 포착할 수 없는 것은 범접하기도 알아차리기도 힘들다. 하지만 냄새를 묘사하기 어렵다는 통념이 진실인지는 세심히 살펴볼 필요가 있다.

　　일반적으로 우리는 후각 감각을 표현하는 적절한 어휘가 부족하다고 생각한다. 하지만 그것은 사실과 다르다. 색과 비교해 보자. 우리는 무지개의 기본 색깔에 이름을 붙일 수 있다. 하지만 색 전문가가 아니라면 들어 본 적이 없을지도 모르는 색도 많다. 미카도Mikado(진한 노랑), 글라우커스glaucous(푸른빛이 도는 회색), 제너두Xanadu(회색빛이 도는 녹색)가 그렇다. 냄새도 마찬가지여서 보편적인 범주(가령 꽃, 과일, 나무)에 포함되는 일반적인 이름이 있는가 하면, 사용하려면 훈련이 필요한 구체적인 어휘(블루베리 또는 일랑일랑*)도 있다. 문제는 단순히 언어를 갖는 것이 아니라 그것을 잘 활용하는 일이다. 우리가 이름 지을 수 있는 모든 맛들(날숨 냄새)을 생각해 보자!

　　특별한 훈련이 없다면 우리는 냄새의 독특한 성질을 정의하는 데 어려움을 겪는다. 하지만 냄새와 마찬가지로 얼굴과 같은 몇몇 복잡

---

*꽃 중의 꽃이라는 별칭이 있는 일랑일랑(Ylang-ylang)은 필리핀과 인도네시아 원산 식물로 바나나와 바닐라 향이 나며 향기에 최음 효과가 있다고 알려져 있다.

한 시각적 대상도 똑같이 묘사하기가 어렵다. 셰퍼드는 이렇게 말했다. "냄새 또는 맛을 지각하는 데 어떤 용어를 사용하는 일은 쉽지 않아요. 그것이 불규칙하기 때문이죠. 그것은 바로 우리가 보는 시각 패턴에 대한 문제이기도 합니다. 얼굴과 비교한 것도 그래서예요.[24] 누군가에게 그 사람이 잘 모르는 어떤 사람의 얼굴을 정확하게 설명할 어휘가 우리에게는 없습니다. 왜냐하면 불규칙하니까요. 우리는 그것이 수직이라거나 수평 또는 뭐라고도 말할 수가 없습니다. 그냥, 음, 눈은 두 개고 코와 입이 있어. 하지만 천 가지 다른 얼굴들 중 누군가를 식별할 수 있는 방식으로 설명할 수 있을까요? 그것은 거의 불가능합니다. 냄새도 마찬가지랍니다." 이렇듯 냄새 표현의 어려움은 단지 적절한 어휘가 있고 없고의 문제가 아니다.

  냄새 인식이 시각의 대상 인식과 다른 점은 감각에 적절한 이름, 즉 고유한 식별자를 연결시키려는 노력과 관련된다. 후각 감각에 대한 묘사는 사람마다 제각각이다. 르 모인 대학의 심리학자인 테레사 화이트는 그런 점들을 지적했다. "사실 사람들은 고유한 식별자를 잘 만들지 못한답니다. 냄새에 이름을 붙이지는 못하지만, 야생 감초에 있는 두세 가지 냄새 물질은 말할 수 있을 거예요. 그런 일은 흔합니다. 아마도 냄새를 감지하기 위해 많은 수용체가 필요하다는 점도 한 가지 이유겠지요. 그중에는 훨씬 더 활동적인 수용체도 있을 거고요. 일부 수용체는 여러 종류의 냄새를 감지하기도 합니다. 이런 수용체들 때문에 우리가 맡고 있는 냄새가 정확히 무엇인지 혼동하게 되고, 그래서 그 냄새에 딱 맞는 이름을 붙이기도 어렵지요. 만약 오렌지라는 표식을 붙인 과일이 있다고 해 보죠. 비록 그것이 귤이라고 해도, 거기서 우리는 오렌지 냄새를 맡을 겁니다. 레몬 같은 것이 있대도 여전히 오렌지 냄새를 맡을 수 있습니다. 반면 다른 감각계에서는 여러 유형의 자극에 대해 어떤 이름을 부여할지 우리는 상당히 잘 아는 편이에요. 냄새는 도드라지기보다 균질하게 퍼져 있습니다. 게다가 종류가 무척 광범위하죠. 그것과 관련된 수용체들 숫자만큼이나 많을 겁니다. 언어로 표현하기 힘든 것도 그런 이유 때문이에요." 수용체로부터 도달한 냄새 암호를 결정하기 힘들기 때문에 냄새 지각은 모호한 것이라고 볼 수 있다(6-9장).

사람들은 자신이 맡는 냄새에 고유하면서도 일반적으로 사용할 수 있는 어휘 식별자를 부여하는 일을 잘 못한다. 이는 내재적이고 생물학적인 특징일까, 아니면 냄새를 인식하는 과정에서 무시되는 다소 문화적인 요인일까? 처음에 이 현상은 진화 과정에서의 맞교환*처럼 보였다. 그럴듯한 한 가지 과학적 설명에서는, 대뇌 겉질에서 후각과 언어의 암호 정보를 처리하는 부위가 겹친다는 점에 주목했다. 이는 언어를 처리하는 능력이 발달함에 따라 인간의 후각 성능이 떨어졌다는 의미를 함축하고 있다. 냄새에 단어를 부여하는 데서 겪는 일반적인 어려움은 이 맞교환 가설을 뒷받침하는 증거로 간주된다. 냄새 이름 짓기에 부족한 언어 능력은 생물학적 인간의 보편적 상태를 의미하는지도 모른다. 화이트는 "타일러 로리그라면 뇌가 특정한 냄새를 언어에 연결시키는 데 한계에 부딪혔다고 말할 거예요."[25] 라고 덧붙였다. 하지만 이 설명을 뒷받침하는 증거는 아직 부족하다.

인류학 연구에 따르면 냄새 언어가 제한된 범주에 머무는 것은

---

* 언어 능력을 고양하는 대신 반대급부로 냄새 파악 능력이 떨어졌다는 의미로 쓰였다.

생물학적 사실이 아니라, 문화 또는 행동적 무관심에 근거를 두고 있다. 인지과학자 아시파 마지드(라트바우트 대학을 거쳐 현재는 요크 대학에 있는)가 강조하듯, 후각 관습이 더 풍부한 몇몇 사회는 냄새와 관련된 심오한 어휘를 사용한다. 그녀는 주로 동남아시아 공동체 언어를 조사했다. 태국 토착민인 '자하이족Jahai'에게는 냄새가 최고의 사회적 중요성을 갖는다고 마지드는 설명했다.[26] "불 하나에 종류가 다른 두 가지 고기를 요리하면 안 됩니다. 자하이족 사람들은 고기의 냄새가 섞이지 않도록 멀리 떨어진 곳에 두 개의 불을 피우지요. 하늘에 있는 천둥 신이 섞인 냄새를 맡으면 노하기 때문입니다. 금기를 깨는 일이기도 하죠. 어떤 냄새는 그들을 아프게 하지만, 그것을 중화시키기 위해 다른 냄새를 사용할 수 있다고 믿습니다. 남매가 너무 가까이 앉는 것도 안 됩니다. 냄새가 섞이는 것도 일종의 근친상간이기 때문입니다."

언어와 행동의 비교 문화 연구는 새로운 통찰력을 제공했으며, 지각과 인지를 연결하는 조건을 향한 더 폭넓은 관심을 이끌어 냈다. 인지 원칙에 관심이 컸던 마지드는 점차 언어가 갖는 문화적 차이로도 연구의 지평을 넓혀 갔다. "저는 마음이 어떻게 작용하는지 궁금했습니다. 다양한 문화권에서 사용하는 언어를 분석하기 시작했죠. 문화권에 따라 무엇이 다르고 무엇이 같은지, 그리고 그 결과가 인간 집단 사이의 공통점과 고유한 차이를 설명할 수 있는지 살펴보았습니다. 어떤 언어가 냄새를 잘 표현하는지 그렇지 않은지도 비교했죠. 특별히 냄새 묘사가 빼어난 언어도 발견할 수 있었답니다. 왜 그런지 그 이유도 생각해 보았습니다. 어디에서 어려움이 비롯되는지도 알게 되었죠. 어떤 언어가 진화해 나갔는지, 그런 언어가 지각 체계와 어떤 관련이 있는지도 짐작할 수 있었습니다."

자하이족 말고도, 그녀는 2014년에 대학원생인 에웰리나 우눅과 함께 태국 '마니크족maniq'의 냄새 어휘를 연구한 걸출한 논문을 발표했다.[27] 마니크족의 냄새 언어에는 (마늘이나 장미처럼) 눈에 보이는 대상에서 파생된 용어도 있었지만, 냄새 감각을 추상적으로 분류하기도 했다. 이러한 분류는 원천 사물과 연관된 것이 아니라, 포괄적 언어로 다른 종류의 대상을 아우르는 특질과 관련이 있었다. 인지 법칙이 문화에 의해 매개될 수 있을까? 다시 말해 지각 대상이 개념적 대상으로 변하는 양상이 문화에 따라 달라질까?

이러한 결과를 해석하고 일반화하는 데는 의견이 갈린다. 요나스 올로프손은 이렇게 말했다. "이 문제를 보는 시각은 여러 가지입니다. 문화적으로 매개된 냄새 언어를 배우는 일이, 언어의 보편적 한계라는 개념과 모순된다고 말하는 것은 기본적으로 잘못된 이해라고 생각해요." 그는 덧붙였다. "심지어 우리도 그렇게 말하진 않았지만, 냄새를 말로 표현하는 인간의 능력이 시원치 않은 걸 보면 어느 정도는 인간이 할 수 있는 일에 생물학적 한계가 있지 않나 싶습니다.[28] 냄새의 이름을 짓는 일은 눈에 보이는 대상에 이름을 붙이는 일보다 어렵습니다. 다른 생물학적 제약과 마찬가지로 이러한 한계도 우리 생활 전반에 걸쳐 확인할 수 있지요." 그래서 냄새 언어가 모호하고 가변적인 것은 인지적 한계가 아니라, 테레사 화이트가 말한 것처럼 수용체 수준에서 냄새가 암호화되는 방식에 따른 결과일지도 모른다.

게다가 사람들이 냄새 언어를 사용하는 방법에도 의미 있는 차이가 있다고 올로프손은 덧붙였다. "물론 우리 문화권에도 냄새 전문가가 있습니다. 그들은 냄새 묘사에 뛰어나지요. 냄새 언어에 보편적인 한계는 없지만 제약은 있을 수 있습니다. 이런 종류의 언어 지식은 습득하기 어렵지요. 저는 이것을 두 가지 분리된 문제로 봐야 한다고 봅니다. 학습과 일종의 생물학적 한계지요."

후각과 관련한 언어 능력 학습을 이해하고자 할 때 우리는 냄새 어휘가 다양하다는 점을 고려해야 한다. 냄새와 풍미 재료가 워낙 광범위하기 때문에, 심지어 전문가들이 사용하는 어휘도 불가피하게 분야별로 다르다. 예를 들어 와인 소믈리에가 사용하는 향 어휘들은 맥주나 커피 전문가들의 언어와는 다르다. 가장 차이가 심한 종류는 '쓴맛'이다(엄밀히 말하면 쓴맛은 맛이지만, 요점을 설명하기에 좋은 예이다). 질이 떨어지는 와인은 쓴맛이 난다. 하지만 맥주와 커피에서 쓴맛은 다양한 스타일과 상표를 상징하는 독특한 질적 특성이다. 이들 분야에서는 쓴맛이 체계적으로 분류되어 있으며, 커피와 맥주 전문가들은 쓴맛을 각기 다르게 분류하고 구분한다. 와인 소믈리에들은 그런 작업을 하지 않는다. 그들은 이 범주 안에서 지각을 구분하도록 훈련받지 않았기 때문에 쓴맛의 미묘한 차이를 전혀 분간하지 못한다. 동일한 분야라 해도, 이런 분야별 어휘는 실무자들 간에 뚜렷한 차이가 난다. 나파밸리Napa Valley에 있는 콜긴 셀러스*의 전문 와인 제조가 앨리슨 타우지엣도 그렇다고 말했다. "우리는 언제나 와인을 묘사하는 언어를 사용합니다. 우리들만의 대화를 익힌 셈이지요. 하지만 만약 제가 다른 포도밭으로 걸어 들어간

---

* Colgin Cellars. 캘리포니아 나파밸리 지역에 있는 일명 '컬트 와인' 생산자 중 하나. 컬트 와인은 마니아층을 거느린 고가의 와인으로, 수집과 투자의 대상이 되기도 한다.

다면 뭐랄까…, 당신들은 도대체 무슨 소릴 하는 겁니까? 그러겠지요?" 냄새 언어는 관습화된 규칙에 강하게 좌우된다. 마지드는 이렇게 결론 지었다. "만약 우리가 관습화된 언어를 사용한다면, 그것은 그 지역 사회 사람들이 모두 공유하는 어떤 것이겠지요."

언어 사용이 지각과 인식을 어떻게 연결하는지 분명하지 않고, 그 반대도 마찬가지다. 경험을 표현하는 묘사가 어렵다는 이유로 오랫동안 후각을 인지적으로 투박한 감각이라 외면했던 지적 태도 때문에, 우리는 다음과 같은 세 가지 잘못된 추론에 이르게 되었다. 첫째, 지각을 분석하기 위해서는 내면 관찰이 꼭 필요하지만, 냄새는 그렇지 않다. 둘째, 의식적인 경험은 지각의 구조를 설명한다(하지만, 이러한 경험을 형성하는 무의식적인 영향은 무시함). 그리고 마지막으로, 언어는 경험을 반영한다(언어화가 인식과 문화—의식적 지각 내용을 분석하기 위한 '별도의 도구'를 제공하지 않는—의 산물이라는 점을 무시함). 인지 대상으로서 냄새를 이해하기 위해서는 이 세 가지 가설이 모두 수정되어야 한다.

마음을 살피는 '내 안의 눈'으로 보고, (참 거짓이 분명한) 명제 형식으로 표현하는 일만으로 냄새 지각을 충분히 설명할 수는 없다. 의미론에 집중하는 것은 기만적이다. 의미론적 표식은 냄새의 원인을 명확하게 표상하지 않는다. 이러한 사실은 철학을 넘어, 실험 디자인에도 영향을 끼친다. 보스홀은 이렇게 지적했다. "저는 이 분야가 말에서 벗어나야 한다고 봅니다. 대상에 의미론적 서술자를 사용하는 것을 중단해야 해요." 지각 내용을 어휘로 대체하는 작업은 의미론의 문맥성 그리고 역사와 문화의 문맥성을 간과하고 있다. 보스홀은 1985년에 앤드루

드라브니엑스가 쓴 『냄새 특성 프로필 아틀라스』[29]를 언급했다. 이 책은 지금도 후각 정신물리학에서 교과서처럼 읽히는 책이다. "그 책에 있는 146개의 설명자들… 지금으로부터 50년 후에, 그 말의 절반은 사람들이 이해할 수 없을 것입니다. 왜냐하면 그것들은 매우 전문적인 데다, 제품과 재료에 문화적 배경이 있기 때문이죠. 마치 우리가 1500년대의 요리책을 읽는 느낌이 들 겁니다. 재료가 무엇인지 무슨 음식을 요리하는지도 모르지요. 과거에서 누군가 타임머신을 타고 오지 않는 한 절대로 그 요리가 무엇인지 어떤 맛인지 짐작조차 못할 겁니다."

그렇다고 해서 언어 표현이 우리에게 냄새의 인지 처리에 관해 그 어떤 것도 알려 주지 않는다는 것은 아니다. 다만 냄새 경험의 심리적 토대가 그 내용을 창조하고 있다는 사실을 언어 표현으로부터 유추할 수 없다는 말이다. "정신물리학의 미래는 의미론에 있는 것이 아니라, 분자가 얼마나 비슷한지 그리고 그것을 구별할 수 있는지를 사람들이 어떻게 판단하는지 살펴보는 데 있다고 생각합니다." 보스홀은 이렇게 결론을 내렸다.

언어는 내적 경험을 서로 이야기할 때 인지적 길잡이로서 유용하다. 하지만 냄새를 분류하는 과정이 냄새의 이름을 짓는 일과 같지는 않다. 길버트는 고개를 가로저었다. "언어의 특성이 어떻게든 분자 구조에 암호화되어 있다고 보는 것은 철학적으로 잘못된 거죠." 고트프리트는 이렇게 말했다. "인간들은 끊임없이 이름을 짓겠지요. 대상과 언어 그리고 실체를 둘러싸고 벌어지는 매력적인 철학 전통입니다. 마그리트*가 그랬잖아요. 이건 파이프가 아니라고!"[30]

---

* 르네 마그리트Rene Magritte(1898~1967). 벨기에 출신의 초현실주의 화가. 〈이미지의 배반〉이라는 작품에는 파이프가 그려져 있고, 그 아래 '이것은 파이프가 아니다.'라고 적혀 있다. 대상을 재현했을 뿐 대상 자체는 아니라는 의미이다.

그렇다면 지각의 정의에 기초해서 냄새 경험의 대상에 방점을 찍는 물질주의적 관점이 대안일까? 결국 냄새 지각은 우리 밖에 있는 어떤 보이지 않은 분자 정보 세계에 대한 반응이다. 하지만 지각 내용을 그것의 물질적 기원과 일치시키는 작업은 위험 부담이 크다.

냄새 지각의 대상

의도적인 냄새 지각의 대상이 무엇인지는 직관적으로 알아차리기 쉽지 않다. 시각은 전형적인 감각으로 주로 대상 인식의 관점에서 틀이 짜인다. 시각 대상은 모양과 색을 가지고 있기 때문에, 우리는 대상에 대한 정신적 표상이 이러한 특징과 어떤 관련이 있는지 확인할 수 있다. 청각의 경우에는 시간적 거리를 두고 대상과 관련된 사건을 듣는다. 촉각에서는 외부 물체와의 즉각적인 상호작용을 감지한다. 이들 감각의 접점에는 일반적으로 물체성과 관련된 특징, 즉 물질의 존재와 위치 및 경계 또는 불연속성이 놓여 있다.

냄새도 어떤 물질적 대상과 교류를 할까? 그런 것이 있다면, 그것은 뭘까? 노스캐롤라이나 대학교 채플힐에 있는 철학자 윌리엄 리칸에 따르면, 냄새 지각의 잠재적 대상에는 세 가지 선택지가 있다.[31] 첫째는 난로 위에서 끓고 있는 굴라시*와 같이 휘발성이 있는 거시적 대상이다. 둘째는 휘발성 물질 그 자체로, 그 자체가 인과적 특성을 가진 냄새 물질을 말한다. 셋째는 굴라시 냄새나 장미 냄새 같은 정신적 이미지다. 이 세 단계 분석 사이의 연결은 비선형적이지만, 전체를 고려해야 한다 (9장).

* 우리의 육개장과 비슷한 헝가리 수프. 쇠고기, 양파, 고추, 파프리카가 들어 있어서 매콤하다.

냄새의 물리적 기반은 냄새 지각의 다양한 특성을 설명한다. 시각계의 광자에 비해 분자는 상대적으로 느리게 이동한다. 냄새의 거시적 대상이 사라지고 없어도, 일부 휘발성 냄새는 남는다. 방이나 벽지에 남은 담배 연기와 향수의 강한 흔적, 또는 저녁 식사 후 음식 냄새도 제법 오래간다. 따라서 코는 눈앞에 존재하는 냄새의 근원 물질에 얽매이지 않고, 마음에 감각 신호를 보낼 수 있다. 게다가 이 감각은 다양한 대상에서 비롯될 수 있다. 냄새 고약한 에푸아스 치즈를 생각해 보라(냄새가 너무 고약해 프랑스 파리에서는 대중교통 반입이 금지되었다). 다른 원인이 그런 냄새 경험을 유발할 수도 있다. 치즈가 앞에 없을 때조차도 그렇다. 사악한 향수업자가 손님들에게 충격을 주거나 구애를 단념시키기 위해서 합성 혼합물을 만들지도 모른다.

분자에서 바로 지각을 유추한다거나, 반대로 정신적 이미지에서 물질 대상을 추론하는 일은 잘못되었다. 물체(냄새를 풍기는 물체)는 냄새의 근원 물질과 정신적 이미지로 이루어진 의미체계 사이의 단순한 중재자가 아니다. 그런 생각은 어떻게 마음이 분자들로부터 냄새를 만드는지, 어떤 냄새 이미지가 존재하는지를 설명해 주지 않는다. 나아가 그것은 지각의 원인으로서 자극의 역할을 제대로 표현하지 못한다. 냄새 물질의 미세 구조를 바탕으로 냄새 지각의 내용을 설명하기도 어렵기는 마찬가지다.

시각과 비교하는 작업이 도움이 될 것이다. 색을 본다는 건 곧 파장을 연산하는 일이다. 그런 식이라면, 냄새는 자극의 화학적 성분을 감각적으로 표현해야 한다. 색을 전자기 스펙트럼과 연결시키는 광학 물리학자처럼, 분석 화학자가 나서서 분자 구조에 따라 냄새 물질의 기능 단위를, 가령 벤젠 고리와 이중 결합을 냄새의 특성과 연결하는 작업이 설득력 있을 것이다. 네바다 대학의 철학자 벤 영은 '분자구조 이론'이라는 가설을 정립했다.[32]

합성 화합물을 설계하는 일은 냄새 지각의 내용을 분석하는 모델을 제공할 수는 있겠지만, 냄새를 이해하는 데 별 도움이 되지는 않을 것이다. 냄새의 질과 자극 물질의 화학 사이의 관계는 대단히 복잡하다. 자극 물질의 화학을 통해 냄새를 설명하려면 분자 정보를 암호화하는 후각계 모델이 필요하다. 이런 원칙은 시각이나 다른 감각에도 모두 적용될 수 있다.

감각계를 이론적 관점에서 바라보면, 후각계의 자극 암호화는 몇 가지 측면에서 시각계의 암호화와는 크게 다르다.[33] 시각계는 색을 볼 때 파장을 균일한 범위로 잘라서 인지하는 수용체세포를 거친 뒤, 어떤 색인지 연산을 마친다. 물리적 특성이 지각의 특질로 곧장 연결되는 것이다. 하지만, 시각과 달리 후각에서는 구조가 냄새와 선형적으로 대응하지 않는다. 같은 냄새가 난다고 해서 냄새 물질 사이에 화학적 동질성을 엿볼 수 있는 것도 아니다. 구조적으로 상당히 다른 냄새 물질이 비슷한 냄새를 내기도 한다. 그 반대도 마찬가지여서, 구조가 비슷한 물질이 영 딴판인 냄새를 풍기기도 한다. 이는 개별적인 자극이 아니라 전체 후각계의 암호화 원리와 관련이 있다. 자극은 지각의 원인이고, 지각 이미지는 그 내용이다. 문제는 두 가지 요인이 어떻게 연결되는가 하는 점이다.

시각계도 우리에게 많은 것을 가르쳐 준다. 시각계가 어떻게 작용하는지에 대한 모델이 없었다면 색을 파장으로 이해하지 못했을 것이다. 분홍색을 떠올려 보자. 분홍색과 관련된 전자기 스펙트럼이 없기 때문에 우리는 분홍색을 물리적 대상의 특질로 경험하지 못한다. '분홍색'이라는 지각은 뇌의 구성물이다. 구체적으로 말하면 분홍색은 물리적 불가능성의 감각적 표현이다. 역설적으로 들리지만 분홍색을 볼 때 우리는 '틈gap'이라는 자극을 감지한다. 이 틈은 우리 뇌가 '백색광에서 녹색광을 뺀' 감각 계산을 의미한다. '분홍색'은 대응하는 자극 없이, 우리의 마음이 '색채 조절coloring in'을 한 정신적 결과다. 따라서 분홍색은 세계의 물리적 특성에 대한 신경 연산이지 직접적 표상은 아닌 것이다. 다시 말하면, 분홍색은 물리적인 특성이 아니라 연산의 결과이다. 지각 내용의 물리적 근거는 암호 체계라는 관점에서 분석해야 한다.

소벨이 발견한 백색 냄새*의 사례는 냄새도 지각 연산이 가능하다는 사실을 알려 준다.[34] 백색 냄새는 화학 특성이 겹치지 않는 서른 개 이상의 분자를 혼합할 때 생성되는 정체불명의 냄새를 뜻한다. 백색 냄새의 놀라운 점은 그것의 질적 특성이다. 백색 냄새는, 가령 사과 같은 일반적인 그 어떤 냄새 대상과도 공통점이 없다. 자연에서는 결코 경험할 수 없는 냄새다. 생각할 수 있는 대상 자체가 없기 때문에 그게 무슨 냄새인지 묻는 것은 아무런 의미가 없다.

더욱이 백색 냄새는 특징적인 어떠한 미세구조도 갖지 않는다. 부분 구조가 중복되지 않는 서른 개의 그 어떤 분자 혼합물이라도 백색 냄새가 난다. 백색 냄새는 특정한 분자나 부분 구조의 특징에서 비롯된

---

* 냄새 분자를 30개 이상 섞으면 그 성분이 각기 다르더라도 비슷한 냄새가 나는데, 이를 백색 냄새(olfactory white)라고 한다. 소벨은 최대 43가지 분자로 구성된 혼합물 191개를 만들어 실험했다.

것이 아니다. 물리적 자극 정보가 과도하게 몰려들 때, 뇌는 비로소 백색 냄새를 만들어 낸다. 시각계가 만들어 내는 흰색과 마찬가지로 뇌는 무엇을 어찌해야 할지 모를 때 백색 냄새를 만든다. 시각의 경우, 모든 가시광선에서 오는 정보가 한데 모이고, 뇌가 감당할 수 없게 정보가 과부하되면 하얀색이 생긴다.

백색 냄새와 시각적인 흰색은 암호 체계에 의해 만들어지는 연산적 특성이다.

실험적으로 백색 냄새를 연구하는 일은 어렵다. 혼합물은 동일한 강도를 가진 냄새 물질을 포함해야 한다. 그러나 물질마다 휘발성이 제각각이어서 금방 냄새의 강도가 변하고, 따라서 백색 냄새의 질이 달라진다. 크리스천 마고가 이를 자세히 설명했다. "물질은 증발합니다. 닫힌계가 아니라면 물질은 결코 평형상태에 있지 않아요. 현실에서는 바람이 불면서 분자가 새 나가기 때문에 평형상태가 깨지는 것이지요." 증발 속도는 결정적인 요인이다. "증발 속도는 증기압 그리고 기화의 엔트로피와 관련이 있습니다. 물론 다른 요인들도 고려해야 합니다. 증발 속도는 얼마나 빨리 평형에 도달하는지를 결정하는 요인이지요."

마고는 앞에 놓인 맥주를 가리키며 화학이 일상의 세계를 어떻게 조절하는지 보여 주었다. "알코올은 물에 붙들려 있습니다. 알코올은 액체 상태와 기체 상태 사이에서 평형을 이루고자 노력합니다. 약간의 물이 알코올을 돕기도 하겠지요. 하지만 그것은 닫힌계가 아닙니다. 바람이 조금 분다거나 제가 유리잔을 약간 기울이면 알코올이 쉽게 날아가죠. 그래서 증발 과정인 '흐름'은, 액체나 기체 상태에 존재하는 물질과 그들의 상호작용에 따라 달라집니다. 만약 파라핀 안에 알코올이 들어 있다면, 그 둘 사이의 상호작용은 무시할 수 있을 만큼 적습니다. 알코올이 쉽게 날아간다는 뜻이지요. 혼합물 속에 든 냄새 물질도 똑같이 행동합니다. 서로 강하게 붙들고 있는 화합물이 있는 반면, 서로 밀쳐 대는 것들도 있기 마련입니다. 만약 기름기를 먹으면, 기름기가 알코올을 밀쳐 내서 좋습니다. 알코올이 금방 날아가서 소수성 용질인 기름기만 남게 되지요."라며 그는 웃었다.

코네티컷 대학의 화학자인 토머스 헤틴저는 세기가 동일한 여러 종류의 혼합물을 만들었다. "세기를 일치시키는 일은 원래 매우 어려운 작업입니다!" 모든 구성 요소가 동일한 강도로 섞인 혼합물은 실험적 인공물일 뿐 자연적이지 않다. 헤틴저는 덧붙여 말했다. "서른 개의 각기 다른 물질이 같은 세기로 섞이는 일은 자연에서는 절대 일어나지 않습니다. 동일한 세기를 갖는 서른 개의 물질을 찾기는 불가능에 가깝지요. 다른 것보다 강도가 더 큰 물질이 없지 말란 법이 없어요. 냄새나 혼합물에는 우세한 한 종의 화학물질이 있게 마련입니다." 후각 정신물리학에서는 이러한 사항을 반드시 고려해야 한다. 원칙의 증거로 삼기 위해서도, 백색 냄새를 이용해 보다 심도 있는 연구를 하기 위해서도 그렇다. 길버트는 개별 성분 간 증기 압력의 차이가 지각 결과(백색 냄새)에 그닥 영향을 끼치지 않는다는 사실은, 곧 백색 냄새 현상이 강력하다*는 증거라고 지적했다. 마고는 결론지었다. "개념적으로 백색 냄새 실험은 퍽 훌륭했습니다."

색상 지각은 물론이고 후각 지각의 내용도, 신경 신호인 물질적

---

*백색 냄새를 만드는 성분들을 모두 똑같은 세기로 섞는 것이 거의 불가능한데도, 그런 차이에 별 상관없이 동일한 백색 냄새가 난다는 뜻이다. 따라서 냄새가 개별 분자들의 특성이 아닌 연산의 결과임을 암시하는 보기로서 백색 냄새의 효과가 강력하다는 표현이다.

특성을 해독하고 연산하는 감각계에 의해 결정된다. 따라서, 후각계의 암호화 원칙이 시각계와 다르다는 사실은 중요하다(6-8장). 이러한 암호화 원칙이 지각 범주화 과정을 결정짓기 때문이다(9장). 게다가, 후각에서 선형적인 자극-반응 모델을 적용하기 어렵다는 사실은 또 다른 어려움을 야기한다.

냄새와 관련된 화학은 엄청나게 복잡하다. 후각에서 냄새 물질의 암호는 다층적이다. 약 5,000개의 분자들이 매개변수로서 수용체와 결합하면서 인과적 행동을 결정한다. 빛의 파장이 가시적인 색의 스펙트럼을 정의하는 단순한 시각계와 비교해 보면, 그 복잡성을 짐작할 수 있다. 후각계가 어떻게 냄새 자극에 따라 다르게 암호화되는지는 다음 장에서 알아볼 것이다. 지금은 자극에 따라 지각 연산이 다르다는 점만 간략히 살펴보자.

사물의 냄새

20세기 내내 화학자들은 분자 구조로부터 냄새를 예측할 수 있기를 바랐다. 그러나 그들을 움직인 직접적인 동력은 냄새에 대한 지각이 아니라, 합성 향료를 상업적으로 생산하는 일이었다. 길버트는 "그런 부류의 화학자들이 많이 있었다고 해야겠죠?"라고 말했다. "그리고 그들 중 일부는 산업계에 있었습니다. 그들은 새로운 분자를 만들고, 상업적으로 재현할 수 있는지 시험했습니다. 그들은 알고 싶어 했어요. 수산기는 더 매운 냄새를 만들까? 뭔가 화학적 암호가 있을까? 냄새는 이 안에 있으니까, 그간 헛수고를 한 셈입니다." 하면서, 그는 자신의 뇌를 가리켰다. "냄새는 어떤 분자 구조에도 암호화되어 있지 않습니다."

향fragrance 화학은, 생물학을 도외시한 채 구조와 냄새의 관계를 계속해서 연구했다. 이 전략에는 나름대로 실용적인 이유가 있었다. 보스홀은 이렇게 말했다. "환상적인 향수에 들어갈 재료들을 만들 필요가 컸지만, 상대적으로 기초 과학에 대한 관심은 적었어요. 그들은 사업을 하고 돈을 벌어야 했습니다. 그래서 향수 재료를 만들어야 했어요. '생물학적 세부 사항'에 관심을 기울일 시간이 없었지요."

하지만 화학은 지각 공간과 일치하지 않는다. 스미스는 "향으로 지각될 어떤 종류의 완벽한 구조를 갖는 화합물을 만들 수 있으리라는 생각은 화학자들의 환상에 불과한" 것이라고 말했다. "그런 일은 벌어지지 않았습니다. 끼워 맞추기식으로 뭔가 하긴 했지만 그게 다였죠. 분자와 수용자 사이의 매개체로서 냄새 또는 냄새 지각의 본성에 대한 깊은 통찰력을 제공하지는 못했다고 봐야 합니다."

구조-냄새 모델들 사이의 유사성은 무엇일까? 마고는 이렇게 말했다. "두 분자를 비슷하게, 혹은 서로 다르게 만드는 것이 무엇인지 곰곰이 생각해 보면 그것을 바라보는 몇 가지 잣대가 있음을 알 수 있습니다. 하지만 두 개의 분자가 서로 비슷하다거나 다르다고 말할 절대적인 법칙 같은 것은 없습니다. 종이 위에서는 비슷하게 보일지라도, 공간적인 구조가 다를 수 있기 때문이죠. 거울상mirror-imaged 분자인 이른바 광학이성질체enantiomer는 처음엔 아주 비슷해 보였지만, 결국 크게 다르다는 사실이 밝혀졌습니다."

후각에서의 구조-냄새 관계는 정말 규칙성이라곤 찾아볼 수 없

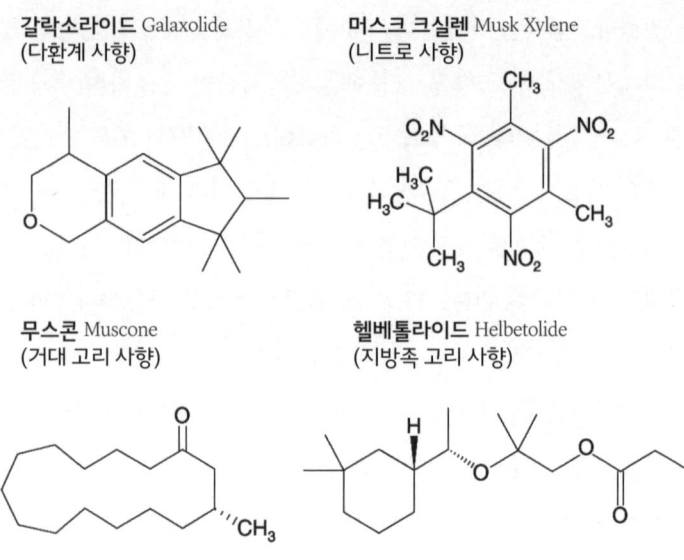

그림 3-2 구조적으로 다양한 사향 분자
출처: A. S. 바위치

다.[35] 등입체성* 분자처럼 거의 동일한 입체 구조를 가지고 있지만 실질적으로 다른 냄새를 풍기는 물질은 상당히 많다. 반대로, 구조는 다르지만 거의 같은 냄새를 내는 물질도 존재한다. 대표적인 예가 향수에서 두드러진 냄새를 내는 사향이다. 그림 3-2에서 보듯 사향 물질은 매우 다양한데, 다환계 사향인 갈락소라이드, 거대 고리 사향인 무스콘, 방향족 니트로 화합물인 머스크 크실렌 그리고 지방족 고리 사향인 헬베톨라이드 등이 있다. 코는 그들 모두가 사향 냄새를 낸다는 사실을 어떻게 알 수 있을까?

* isosteric. 원소의 수가 같고 전자 배치도 비슷해서 전체적으로 형태 혹은 입체 구조가 비슷하다. 간단한 예로 이산화탄소(CO_2)와 이산화질소(NO_2)를 들 수 있다.

단일 분자로 구성된 물질이라고 해서 냄새가 항상 같은 것도 아니다. 몇 가지 주목할 만한 예에서 보듯, 농도가 변하면 냄새가 달라지는 경우도 흔히 관찰된다. 에틸아민($CH_3CH_2NH_2$)을 예로 들면, 농축된 에탈아민은 '암모니아' 냄새가 나지만 희석되면 '물고기' 냄새가 난다. 마찬가지로, 고농도 디페닐메탄((C_6H_5)$_2CH_2$)은 '오렌지' 냄새가 나지만 농도가 낮은 경우 '제라늄' 냄새가 난다.[36]

켈러는 이러한 사례들이 논문 출판과 관련한 편향성을 반영한다고 주장했다. "냄새의 99.5퍼센트는 지각되는 냄새의 종류가 전혀 변하지 않습니다. 제가 그런 사실을 인용할 수 있을까요? 아뇨. 그 누구도 실제로 그런 실험을 할 만큼 단순하고 멍청하지 않기 때문에 그런 논문은 없을 거예요. 하지만 어쩌다 농도에 따라 다른 냄새가 나는 물질을 발견하면, 과학자들은 실험을 거쳐 논문으로 출판하게 될 겁니다. 그러니 그런 사실이 자주 인용되겠지요? 그 반대되는 부정적인 결과는 출판도 인용도 되지 않습니다. 냄새를 가지고 일하는 모든 사람들은 99퍼센트 이상의 경우에서 냄새가 변하지 않는다는 걸 알고 있습니다. 반면, 냄새를 다루지는 않지만 관련 논문을 읽은 사람들은 농도에 따라 극적으로 냄새가 변한다고 생각하겠지요. 하지만 그것은 극히 예외적인 사건이랍니다."

농도에 따른 냄새 변화가 예외적이라는 반박이 무색하게, 실제 그런 경우가 드물지 않게 존재한다. 애크리는, 항원에 (항체와 결합하는) 항원 결정기가 두 개 있는 것처럼, 하나의 냄새 분자 안에 두 가지 서로 다른 냄새-활성 자리(발향단)가 존재하는 까닭에 물질의 농도에 따라 냄새가 달라진다고 설명했다. 예를 들어, 2-메틸 이소보르네올($C_{11}H_{20}O$) 은 낮은 농도에서는 흙냄새, 높은 농도에서는 장뇌* 냄새가 난다. 특정 각도에서 이소보르네올의 구조를 보면 장뇌($C_{11}H_{20}O$)처럼 보인다. 다른 각도에서는 그것이 지오스민($C_{11}H_{20}O$)처럼 보인다. 이 물질은 장뇌보다 천 배 낮은 냄새 임곗값을 갖는다. 만약 이들 분자의 임곗값이 같다면 차이를 감지할 수 없을 것이다. 따라서, 냄새 지각의 안정성과 가변성에 대한 설명은 고립된 자극이 아니라, 결합 거동과 같은 감각계의 작동 방식을 통해 접근해야 한다.

냄새 화학의 수수께끼는 혼합물을 지각할 때 더욱 복잡해진다. 통제된 실험실에서와는 달리 일상에서 우리가 단일한 물질만을 냄새 맡는 경우는 거의 없다. 일상에서 우리가 경험하는 거의 모든 냄새는 혼합물이다. 이들은 수십 개, 때로는 수백 개의 분자로 이루어져 있다. 커피 향에는 약 655개, 차에는 467개의 휘발성 성분이 들어 있다. 딸기에는 약 360개, 토마토에는 400개의 방향족 화합물이 존재한다. 심지어 냄새가 약한 쌀에서도 100가지 화합물이 발견된다. 감자에는 140가지가 있다.[37]

혼합물은 단분자 물질과 다르게 작용한다. 그들은 단순 더하기 식으로 행동하지 않는다. 냄새의 질은 혼합물을 이루는 부분 분자들의 합이 아니다. 마고는 "이는 같은 조건에 있는 혼합물에서 작용하는 방식이, 혼합물을 구성하는 개별 물질의 방식과 다를 수 있음을 의미합니다. 분자들이 어떻게 호흡하는지에 대한 직관을 개발해야 하는 것이죠." 하고 덧붙였다. 조향사들이 이미 확인했듯이, 각기 다른 화학 용액

---

* camphor. 녹나무를 증류하여 얻은 방향성 유기화합물로 곰팡이 냄새와 비슷한 냄새가 난다.

에서 냄새의 성질은 때론 예측할 수 없을 정도로 변화한다.

게다가, 자극 구성을 결정하는 환경 조건들도 있다. 코는 불안정한 상황에 직면하기 마련이다. 자연에서 바람을 타고 도달하는 냄새의 화학적 구성은 자주 바뀐다. 정원에 가면 우리는 꽃의 리듬에 따라 매일 혹은 매년 서로 다른 냄새를 맡을 수 있다. 아침 장미는 저녁 장미와 분자 구성이 상당히 다르다.

그럼에도 불구하고 우리는 그 냄새를 장미 향으로 받아들인다. 랜들 리드는 이렇게 말했다. "넓은 범위에 걸친 농도 차이에도 냄새 지각을 구별하는 우리의 능력은 변함이 없습니다. 장미 향을 맡는다고 생각해 보세요. 우리는 3미터 떨어진 곳에 있어도 장미 향을 느낍니다. 코에서 3센티미터 떨어진 곳에서도 장미 향을 맡지요. 우리가 포착한 냄새가 장미 향이라고 지각할 수 있는 그런 화합물의 농도는, 심지어 순수한 한 가지 화합물인 경우에도 냄새 물질에 따라 극적으로 다를 수 있습니다." 리드는 신경이 냄새를 표상한다는 것의 함의를 설명했다. "문제는 후각 망울의 활성화 유형이 농도에 따라 완전히 다르다는 점입니다. 한데 우리 코는 어찌 그걸 다 걸러 내고 통합하여 '장미'라고 부를 수 있었을까요? 후각 지각의 균일성은 도대체 어떻게 얻어지는 걸까요?"

생물학은 화학적 구조-냄새 규칙이라는 몽상에 직격타를 가했다. 돼지에서 처음으로 발견된 포유류 페로몬인 안드로스테논 androstenone을 생각해 보자. 이 물질은 냄새 암호에서 생물학이 어떤 역할을 하는지 설명하는 훌륭한 예이다. 마고는 수용체의 민감도에 따라 안드로스테논의 질이 어떻게 달라지는지에 주목했다. "코의 민감도가 높은 사람들은 퀴퀴한 오줌 냄새가 난다며, 역겨운 반응을 일으킵니다. 감도가 평균 수준인 경우에는 나무나 건초, 심지어 꽃 냄새가 난다고까지 표현했습니다. 감도가 매우 낮은 사람들은 희미하거나 아니면 아예 냄새가 안 난다고 말했지요. 게리 보샴Gary Beauchamp이 이 문제를 파고들었습니다." 보샴은 또한 나이에 따라 안드로스테논에 대한 민감도가 변할 수 있음을 알아냈다.[38]

민감도 변화의 한 가지 원인은 유전적인 것이다. 마고는 "7D4[*]가 안드로스테논과 안드로스타디에논androstadienone의 선택적 수용체"라는 사실을 발견한 켈러와 H. 쾅 H. Zhuang, 보스홀 그리고 마쓰나미의 2007년 논문을 인용했다. 불행히도 그들은 이 결과를 다른 구조 유사체 물질로 확장하지 않았다. 논문에 따르면, 이 수용체는 몇 가지 유전적 변형체가 있다. 하지만 그중에서도 세 개의 돌연변이를 갖는 두 변이군이 가장 핵심적이다. 만약 어떤 사람이 세 돌연변이의 동형접합자homo-zygous[**]라면 안드로스테논의 냄새를 맡을 수 없다. 돌연변이가 없는 수용체 동형접합자라야 냄새를 맡을 수 있다. 하지만 이런 발견은 이야기의 일부일 뿐이다. "그 냄새를 맡지 못하는 사람에게 안드로스테논 민감성을 유도할 수도 있습니다. 결국 그들은 나무 냄새가 난다고 할 겁니다. 오랜 시간이 지나면 극도로 민감해져서 '아휴, 지린내가.' 그렇게 될 수도 있습니다." 마고는 "아직 답보다는 질문이 더 많은 게 사실이죠."라고 말했다.

코는 매우 불규칙한 자극을 처리할 뿐 아니라, 사람에 따라 동일한 자극을 다른 '냄새'로 받아들이기도 한다. 놀랍지 않은가? 그렇다면

---

[*] 후각 수용체의 하나.

[**] 부와 모로부터 물려받은 유전인자가 같아서, 염색체 위에 존재하는 유전자 두 개가 동일한 대립 인자로 되어 있는 접합자. 여기서는 부모 둘 다로부터, 7D4 유전자에 각각 세 군데 돌연변이가 있는 유전자를 물려받은 경우를 말한다.

후각계는 어떻게 안정적으로 냄새를 지각하는 것일까 하는 문제가 불거진다. 행동 연구자들은 심지어 자극이 사라진 경우에도 냄새 지각이 매우 일관적이라고 말한다.

    뉴욕 대학의 신경과학자인 도널드 윌슨은, 이러한 냄새 균일성이 학습된 패턴 인식에 기반을 두고 있다는 사실을 실험적으로 밝혀냈다.[39] 냄새 혼합물을 인식하도록 생쥐를 훈련시키고 나서, 혼합물 중 한 가지 구성 성분을 제거해도 자극에 대한 생쥐의 행동은 변하지 않았다. 그러나 혼합물에 한 가지 단일 물질을 더하자 행동이 달라졌다. "열 가지 성분을 가진 혼합물을 가지고 생쥐에서 생체 인식 실험을 했습니다. 우리는 구성 요소를 제거하거나 '오염물'이라고 불렀던 구성 요소를 한 가지 추가했습니다. 열두 가지 정도의 혼합물을 가지고 조사했는데, 모두 오염물을 추가하는 경우에만 문제가 발견되었습니다. 그게 무엇이든 동물들은 알고 있었죠. 냄새 성분에 무언가가 더해졌다는 사실을 빠르게 배웠습니다. 하지만 그와 반대로 뭔가가 사라진 것은 알아차리지 못했어요." 추가 연구를 통해 과학자들은 후각에서 패턴 인식 가설을 거듭 확인했다.[40]

    그러한 복잡한 자극-반응 상호작용의 예는 냄새가 무엇인지를 알려 준다. 냄새 지각은 유기체가 물리적인 정보를 해석하는 일이다. 이러한 해석을 거쳐 지각의 내용이 생성된다. 우리는 자극을 암호화하고 인식 패턴을 결정하는 생물학적 메커니즘으로 그런 해석 과정을 설명할 수 있다. 여기서 말하는 인식에는 물리적 자극뿐만 아니라 학습된 행동도 포함된다.

자극의 표현으로서 냄새 대상을 언급하는 일은 기만적이다. 왜냐하면, 냄새 물질에서 왜 그런 냄새가 나는지를 결정하는 생물학적이고 인지적인 근본 과정들을 은폐하기 때문이다. 생물학과 심리학은 물질 정보를 포함한 물리적 정보가 어떻게 냄새 범주로 조직화되는지를 결정하는 요인이다. 암호를 인식하는 과정은 블랙박스*일 수 없다. 길버트는 이것의 위험성을 다시금 강조했다. "냄새의 질적 특성이 분자 구조에 어떻게든 암호화되어 있기를 기대하는 것과 동일한 오류입니다. 여전히 우리는 수용자를 배제한 채, 냄새가 외부에 존재하는 물리적 관계 안에 암호화되기를 기대하고 있습니다." 자극 물질의 화학만으로는 지각 범주로서의 냄새 대상을 정의할 수 없다.

냄새는 마음의 구성 요소

후각은, 철학자들이 마음의 문제를 논할 때 구분하는 관습적인 내면과 외면 어디에도 편히 머물지 못한다. 이번 장에서는 물리적 자극 공간에 대한 고려만으로는 냄새의 지각 내용을 설명할 수 없다는 점을 밝혔다. 냄새의 지각 경험은 냄새 화학으로 치환할 수 없다. 물질적 자극뿐만 아니라, 물질적 특성을 추출하고 조합하고 통합하는 생물학적 조건이 여전히 중요하기 때문이다. 스미스는 간단히 정리했다. "그렇지 않으면 매개 수단과 표상하고자 하는 내용을 혼동하지 않을까요?"

냄새는 마음의 구성 요소다. 그리고 마음은 정신의 한 장면을 분석하는 것이라기보다는 동적인 처리 과정이라는 측면에서 더 잘 이해된다. 이러한 맥락에서 냄새는 의식이건 무의식이건, 다양한 지각 활동

---

* 중간 과정의 복잡성을 고려하지 않고 입력과 출력 값에만 초점을 맞추는 사고를 일컫는다.

에서 복합적인 의미를 전달한다.

냄새는 인지 대상이 되기도 한다. 예컨대, 냄새의 지각 내용을 의미 대상과 연관시킬 때 그렇다. 우리는 냄새를 개념화하면서 경험을 떠올리거나 경험과 소통할 수 있으며, 다른 상황의 지각 경험과 직접 비교할 수 있다. 후각 감각을 통해 냄새를 항상 분명하게 인식하지 않는다 해도, 인지 대상으로서 냄새는 의식적인 경험과 통합 감각적 지각 이미지로 나타날 수 있다. 뚜렷한 개념적 내용을 갖는 그런 인상이 없을 때조차, 후각 감각을 인식하면 우리는 주목할 대상을 형상화한다.

후각 지각의 다층성을 생각하면, 감각 처리에 대한 이해 없이 후각 지각의 내용을 설명하기가 어렵다는 것을 알 수 있다. 정신적 맥락 없이 따로 냄새를 분리해서 말하는 것은 오해를 불러일으킨다. 냄새에 의미를 부여하는 일은 그 지각에 참여하는 과정과 관련된다. 이 과정은 후각 감각을 경험의 대상으로 정의한다. 냄새 지각은 생리적·인지적으로 연속적인 활동이라는 측면에서, 물리적 정보를 해석하는 일이다. 그래서 동일한 자극이라도 다양한 해석을 낳을 수 있고 다른 냄새 이미지로 가공될 수 있다.

설퍼롤(C_6H_9NOS)을 예로 들어 보자. 향수계의 거장인 크리스토프 로다미엘은 2017년 4월 '인간의 냄새 감각'이라는 주제로 열린 컬럼비아 대학 대중 강연에서 설퍼롤을 사용했다.[41] 로다미엘은 설퍼롤 용액을 적신 띠를 청중들에게 나누어 주고 냄새를 맡게 했다. 반응은 다양했다. 이 냄새가 어떤 것인지, 불확실성이 강연장을 가득 메웠다. 그것은 유기물질 느낌이었고, 땀 냄새도 약간 났으며, 어떤 면에서는 달콤하고 기름진 느낌도 들었다. 불쾌하지도 않았지만 그렇다고 유쾌하지도 않았다. 이게 뭘까요? 로다미엘은 관중들에게 따뜻한 우유 사진을 보여 주었다. 따뜻한 우유였어! 웅성거리는 소리가 청중들을 스치고 지나갔다. 로다미엘이 이미지를 햄 사진으로 바꾸자, 청중들은 금세 햄 냄새를 맡았다. 똑같은 화학물질에 똑같은 냄새가 나는 띠인데, 단순히 이미지를 바꿈으로써 사람들의 지각이 달라졌다. 로다미엘은 그림을 앞뒤로 바꾸었고, 눈에 보이는 이미지에 따라 설퍼롤에 대한 청중들의 냄새 경험은 달라졌다. 햄에서 우유로(햄은 사라졌다!), 그리고 다시 햄으로. 켈러는 이렇게 표현했다. "그렇습니다. 이미지를 바꿔 보세요, 그럼 냄새가 달라질 테니!"

"저 역시도 그렇게 느껴요!" 로다미엘은 웃었다. "냄새를 외웠습니다. 보여 줄 사진 순서를 알고 있었죠. 그런데도 저는 사진을 보고 햄이 보이자 햄 냄새를 맡았습니다. 통제가 안 되었어요." 그는 잠시 말을 멈추었다. "뇌는 무척 빨리 배웁니다. 대중들은 훈련을 받지도 않았으며 설퍼롤 분자의 냄새를 맡아 본 적도 없다는 걸 아실 겁니다. 사실 따뜻한 우유는 흔한 냄새가 아니잖아요? 사람들은 우유를 알지요. 하지만 냄새는 우리가 알고 있는 것과 사뭇 다릅니다. 냄새는 학습해야 하고, 그래야 비로소 그 냄새를 맡게 됩니다."

혼합물도 마찬가지다. 로다미엘은 비슷한 효과를 갖는 또 다른 냄새 물질을 만들었다. "그때 쓴 이미지 중 하나는 매우 어두운 색의 나무 들보와 빨간 벨벳이 있는 도서관이었어요. 여기서는 뭔가 매운 냄새와 벨벳의 질감, 이 모든 것을 냄새 맡을 수 있었습니다. 다음으로 서가 사진을 보여 주었지요. 책꽂이의 나무는 매우 매끈하고, 연한 베이지색에, 밝은 음영이 깃들어 있었어요. 그러자 갑자기 사람들은 매운 냄새를 '볼 수' 없게 되었습니다. 말도 안 되죠. 오래된 책의 낡은 종이 냄새가 갑자기 났다니 말입니다." 이런 사례는 더 있다. 로다미엘은 숲에 있는 사슴 사진을 보여 주기 전에 청중들에게 숲과 과일 냄새를 맡게 했다. 그러자 청중들은 사슴을 보지 못했다. "사람들은 이렇게 말하죠. 어, 왜 바로 눈앞에 있는 동물이 눈에 띄지 않았지? 그리고 갑자기 전에는 보이지 않았던 사슴을 보게 됩니다."

냄새 이미지는 그것이 참여하는 과정에 따라 구체화된다. 지각 표상 이론에서 이 말은 무슨 의미일까? 무엇이 냄새 이미지를 그 근원 물질의 정확한 표상으로 만들까? 그 해답은 냄새의 이미지를 만들어 내는 생리적·심리적 메커니즘과 연결되어 있다. 물리적 자극에서 지각 스키마*로 정보를 정확하게 분류하고 있는지 여부는 그러한 처리 과정에 달려 있다.

설퍼롤이 풍기는 냄새는 모호하다. 그것은 몇 가지 다른 의미로 귀속될 수 있다. 설퍼롤 같은 자극에 대한 지각 해석은 중복된 개념의 의미 대상으로 치환된다. 여기서는 따뜻한 우유와 햄이 그것이다. 따라서 표상의 '정확함'은 자극뿐만 아니라 그것을 해석하는 조건에 따라 달라질 수 있다.

지각 표상의 정확성이 지정된 보편적 지각 개념과 연결되어 있다는 생각은 철학적으로 심각한 오류를 초래할 수 있다. 로다미엘이 제시한 장미꽃 그림을 보고 장미 냄새를 맡았다고 치자. 그렇다면 여러분

---

* 심리학 및 인지과학에서 스키마(schema)는 정보 범주와 그 관계를 구성하는 사고 또는 행동 패턴을 설명한다. 경험에 의해 생성된 유기체의 지식 또는 반응체계로서, 환경의 변화에 적응하고 대처하는 역할을 맡는다. 스키마가 있어서, 음식의 맛이나 포만감 등 과거 경험과 그 반응의 결과를 예측할 수 있기에 우리는 거의 무의식적으로 행동할 수 있다.

의 지각은 잘못 인도되었을지도 모른다. 물론 우리의 후각 수용체 유전자 근처에 갑작스런 돌연변이가 있지 않다면(고수의 예에서처럼), 그런 일은 생기지 않아야 한다. 냄새는 자극의 화학적 특징에 따라 다층적 해석이 가능하지만 무작위로 해석할 수는 없다. 냄새 지각은 개인의 수용체 목록에 바탕을 두고 있다. 만약 로다미엘이 햄 사진을 보여 주었는데 우유 냄새를 맡았다면 왜일까? 답은 우리가 검사하는 과정에 따라, 즉 의미의 일치(후각 단서에 대한 시각 후각 감각의 통합)를 바탕으로 표상의 정확성을 테스트하는가, 아니면 연상(동일한 후각 단서와 관련된 이전의 대체 경험과 결부된 잠재적 이미지)을 기반으로 하는가에 따라 달라진다.

    냄새 지각은 단순히 물질적 특성에서 오는 감각의 추상화가 아니라, 여러 가지 평가(정신적, 생물학적)를 통한 적극적인 해석이다. 여기서 풀어야 할 숙제는 후각 처리를 모델링하는 알맞은 평가 척도를 밝혀내는 일이다. 이러한 평가는 냄새의 행동적 가치(4장)뿐만 아니라 생물학적 암호 및 자극에서 오는 정보를 연산하는 다양한 단계와 관련된다(5장~8장). 후각의 정신적 내용을 자극 물질의 화학을 통해 수정하는 방식으로는 심리 활동에 따른 역동적인 냄새 경험을 도저히 설명할 수 없다. 대니얼 데닛Daniel Dennett은 이렇게 표현했다. "사과나무의 최종 산물은 사과가 아니라는 사실을 잊어버리는 것과 같아요. 사과나무는 단순히 사과가 달리는 나무 그 이상이죠."[42]

4장

냄새, 기억, 행동

"향수는 기억의 가장 강렬한 형태이다."

― 장 폴 게를랭

냄새는 우리가 대상을 선택하고 다르게 반응할 수 있게 한다. 냄새는 환경 속 대상에 대한 우리의 태도에 영향을 끼치고, 대상과의 상호작용을 변화시킨다. 냄새 감각은 의사결정의 도구다. 문자 그대로 냄새는 우리를 움직이게 한다. 냄새는 우리를 끌어들이거나 밀어내고, 행동하게 하는가 하면 행동을 멈추게 한다. 우리는 베이컨 냄새에 이끌려 고개를 돌리고, 똥 냄새에 코를 움켜쥔다. 라벤더 향은 우리를 차분하게 만들고 민트는 활력을 준다. 철학자 배리 C. 스미스는 후각을 이론화할 때 행동과 지각 사이의 연관성이 중요하다고 말했다. "아마 이렇게도 볼 수 있겠네요. 우리가 지난 10년 또는 15년 동안, 아니 테오도어 폰타네*까지 거슬러 올라가 배운 것이 있습니다. 지각 이론이 주문呪文처럼 환경으로부터 정보를 수동적으로 받아들이는, 한 방향의 지각이 아니라는 점을 깨달은 것이지요. 지각과 행동이 연결되어 있는 예는 어디서든 볼 수 있습니다. 냄새라고 그러지 않을 이유가 없지요."

향수 산업 종사자들은 향의 호소력을 잘 알고 있다. 샴푸나 크림, 비누나 세제처럼 우리 몸이나 집에 쓸 제품들을 살 때 우리는 냄새가 좋은 것을 고른다. 특별한 상황에(데이트 같은?) 어울리는 향이 나는 물건을 고르기도 한다. 쇼핑몰에서 사람들이 어떤 상품을 고를 때 가장 먼저 하

---

* Theodor Fontane(1819-1898), 독일 사실주의 소설가이자 시인. 1992년에 출판된 『문학 속의 향기 The Smell of Books』에서 한스 린디스바허(Hans J. Rindisbacher)는 폰타네의 『에피 브리스트Effi Briest』(1895년 작, 여성의 시각에서 바라본 결혼 제도를 다룬 소설)를 인용하며 작품 속에 묘사된 냄새를 분석했다.

는 행동은, 사기 전에 뚜껑을 열고 냄새를 맡는 일이다. 샴푸는 냄새에 상관없이 비듬을 없애는 데 효과적일 수 있지만, 업계는 거기에 다섯 가지 이상의 다른 향료를 첨가해야 인기가 높아진다는 것을 잘 알고 있다. 사람들은 단지 냄새가 좋다는 이유만으로 물건을 산다.

현대사회는 향 제품들로 넘쳐난다. 모든 기업이 향을 디자인하고 파는 일에 혈안이 되어 있다. 미국에서만 연간 280억 달러 이상의 향 제품이 생산되고 있으며, 고급 향수에서 향이 나는 쓰레기봉투에 이르기까지 제품도 다양하다.[1] "믿기 힘든 숫자죠?" 마스터 조향사인 해리 프리몬트는 말했다. "섬유 유연제 시장은 12억 달러, 향을 강화시켜 주는 향료 시장은 이미 5억 달러에 이릅니다. 생각할수록 놀라워요."

후각이 인간의 행동에 미치는 영향은 향수나 다른 상품을 살 때 그렇듯 현실적 의미를 띤다. 코는 항상 우리를 둘러싼 환경의 가치를 판단한다. 우리는 뭔가를 결정할 때도 코를 적극적으로 사용한다. 그런데도 많은 사람들은 냄새가 그들의 마음에 미치는 영향을 과소평가한다. 냄새에 근거한 모든 결정이 의식적으로 이루어지거나 개념적 이미지를 불러오지는 않는다. 하지만 냄새는 의식의 선두에 서지 않고도 행동을 지시할 수 있다.

예를 들면, 코가 화학적 정보를 채집하는 동안 연장된 도구로 손을 일상적으로 사용한다는 사실을 알고 있는가? 사람들을 잠시 관찰해보자. 그들이 얼마나 자주 얼굴에 손을 가져가며 냄새를 맡는지 알면 깜짝 놀랄 것이다. 놈 소벨은 이 무의식적인 습관을 눈여겨보았다. 그의 연구팀은 연구 목적을 모르는 실험 참가자들이 상대 실험자와 악수를 한 후 어떻게 손의 냄새를 맡았는지를 기록했다.[2] (혼자 있을 때 사람들은 약 22퍼센트의 시간을, 최소한 하나의 손을 코 근처에 둔 채 킁킁거리며 냄새 맡는 데 쓴다는 사실도 발견했다). "여러분들이 그런 행동을 하고 있다는 사실을 알아차린 적이 있습니까?" 답을 재촉하듯 스튜어트 파이어스타인이 물었다. "네. 물론이지요." 도널드 윌슨이 인정했다. 파이어스타인은 "정말 우습죠. 심지어 저는 그중 절반은 입술을 핥고 있어요. 정말이지…." 하고 말하며 웃음을 터트렸다.

코는 우리가 의식하지 못하는 많은 신호를 처리한다. 그렇다고 해서 이러한 신호가 의식적 경험의 문턱에 도달할 수 없다는 뜻은 아니다. 단지 의식적으로 지각하는 특징에 집중하는 동안, 비개념적 내용을 포함하는 기본적인 지각 행동을 포착하는 데 실패할 뿐이다. 우리는 그런 사실을 감안해 지각을 이해해야 한다. "오렌지 냄새를 맡았어." 혹은 "이건 장미 향이야."와 같은 명제적인 진술로 지각 이론을 제한한다면, 우리는 후각이 무엇을 하는지 전혀 이해할 수 없을 것이다. 지각 분석에서 무의식과 비개념적 과정을 배제하는 일은 의식적 경험을 일으키는, 바로 그 조건과 요소로부터 인위적으로 지각 이론을 끊어 내는 일이다.

냄새 감각은 구체적인 표상이나 개념적인 대상으로 귀결되지 않는, 우리 주위 환경에 대한 어떤 정보를 전달한다. 후각의 지각 인식은 학습된 연상 작용에 따라 작동한다. 이러한 연상은 다양한 감정이나 정서적인 느낌을 소환한다. 경영자들은 그 사실을 재빨리 깨닫고 이를 자본화했다. 예컨대 많은 호텔 체인점들은 향수 전문가를 고용하여 집 냄새, 즉 감성을 자극하는 유쾌한 냄새를 만들었고 고객들은 거기서 편안

함을 느낀다.

　　켄터키 대학의 철학자인 클레어 배티는 냄새를 "자유로운 떠오름(floating)" 혹은 "대상 없는"[3] 현상학적 감각이나 느낌으로 생각했다. 냄새는 그 원인에 대한 표상, 정확성을 요구하지 않는 의식의 표시, 또는 의식적 경험을 가공한 형태라고 그녀는 주장했다. 이런 관점은 일견 옳은 듯하다. 하지만 뭔가 앞뒤가 맞지 않는다. 의심할 여지 없이, 냄새는 어떤 것이 어떻게 보이는지 그리고 그것이 어떤 경험으로 느껴지는지를 전달하는 강한 질적 실마리를 제공한다. 후각은 늘 자유롭게 떠오르는 느낌 이상을 마음에 전달한다. 후각 경험은 우리에게 구체적인 물질적 경험을 선사한다. 그러한 경험은 우리가 뚜렷한 환경 신호에 대응하여 직접 행동하도록 유도하고, 때로는 그 근원 물질을 식별할 수 있게 한다. 고인의 가족들이 마지막으로 챙기는 물건 중 하나는 냄새를 간직한 망자亡者의 옷이다.

　　정서와 관련된 정보들은 우리가 주위에 있는 것에 반응하여 의도적으로 움직이고 행동하게 만든다. 자극을 평가할 때는 지각된 물질이 무엇이고 우리가 그것들을 어떻게 분류하는가가 중요하다. 제이 고트프리트는 이렇게 말했다. "우리는 사물의 가치를 판단합니다. 여러 감각계는 단순히 대상을 식별하는 것보다 더 큰 기능을 해요. 무언가를 식별하는 일이 중요하지 않다는 것은 아닙니다. 다만 궁극적으로 환경에서 오는 이런 감각 자극은 사람의 행동을 바꾸지요. '어디서'의 문제는 '무엇이'라는 질문을 포함시킬 때만 합리적으로 대응할 수 있습니다. 다시 말하면, 우리는 냄새를 쫓아다니면서 방황만 하진 않는다는 거예요. 피해야 하는 것인지 아니면 다가가야 하는 것인지를 결정하는 것은 바로 후각적 의미소입니다. 대상을 향해 나아가려면 우리가 찾고 있는 '무엇'에 대한 내적인 표상을 유지할 수 있어야 해요. '어디로' 어떻게 접근해야 하는지, 혹은 피해야 하는지 답이 그 안에 있습니다."

정서는 유기체의 의도적 상태에 기여한다.[4] 또한 정서는 외부에 있는 무언가의 가치를 전달한다. 그것은 그저 대상 없는 느낌이 아닌, 세상의 어떤 것을 향하고 있다. 정서는 어떤 것에 대한 판단을 수반한다. 이 가치 판단의 척도는 수용자에게 달려 있다. 수용자의 체질과 경험, 정신 그리고 생리적 조건(임신, 피곤함, 숙취 혹은 배고픔)에 따라 달라지기 때문이다. 정서는 관계적이다.

관계는 자의적인 것이 아니다. 후각에서 정서는 여러 단계의 생리적, 심리학적 과정을 통합하는 데서 출발한다. 그것은 맥락과 경험뿐만 아니라 개인적이고 문화적인 발달에 의해서도 정의된다. 후각은 다양한 방식으로 세계와의 상호작용을 중재한다. 다만 정서의 본질이 무엇이고 정서가 무슨 일을 하는지가 전혀 직관적이지 않을 뿐이다. 냄새 평가는 자극의 세부적인 물리적 특성에 종속되기보다, 지각하고 행동하는 유기체에서 일어나는 다양한 과정에 비추어 선택된 요소들을 해석하는 일이다. 후각은 어떤 행동을 유도하고 어떤 사실을 알릴 수 있을까? 이러한 질문은 인간 후각의 핵심으로 우리를 이끈다. 냄새가 불러오는 행동 반응은 맥락에 맞게 학습된 것이다. 그렇게 획득된 연상은 기억을 불러일으키는 강력한 단서가 될 수 있으며, 때로는 감정의 꼬리표가 동반되기도 한다. 이제 후각 기억에 대해 살펴보자.

냄새의 기억: 프루스트가 말하지 않은 것들

대중의 상상력 안에서 냄새는 쉽사리 기억과 제휴한다. 역사를 통틀어 냄새는 개인의 기억과 감정에 영향을 미치는 것으로 알려져 왔다. 프랑스 철학자 장 자크 루소1712-1778는 (인용된 적은 없지만) "냄새는 기억과 욕망의 감각"이라고 선언했다고 한다. 루소는 더 나아가 "냄새는 상상력과 밀접하게 연관된 감각"[5] 이라는 것을 알았다. 같은 맥락에서, 훗날 미국의 의사이자 시인인 올리버 웬들 홈스Oliver Wendell Holmes, 1809-1894는 "기억, 상상, 오래된 감상 그리고 연상은 다른 감각보다 후각을 통해 더 쉽게 떠오른다."[6] 는 점에 주목했다. 이런 생각은 조향사인 장 폴 게를랭의 미학 속에 남아 있다. 그는 "향수는 기억의 가장 강렬한 형태"[7] 라고 말했다.

냄새와 기억의 미묘한 연관성과 관련하여 가장 먼저 떠오르는 것은 프랑스 소설가 마르셀 프루스트의 유명한 에피소드이다. 『잃어버린 시간을 찾아서』에서 프루스트는 인간의 냄새 감각에 대한 대중의 정서와 사실상 동의어가 된 자전적 사건을 떠올렸다. 프루스트는 마들렌(작은 프렌치 케이크)을 찻잔 속 홍차에 적시는 행위가 어린 시절의 기억을 어떻게 되살리는지 생생하게 묘사했다.

그리고 이내, 흘려보낸 음울한 하루와 서글픈 다음 날에 짓눌린 채, 나는 마들렌 부스러기 하나가 잠겨 풀어진 차 한 술을 기계적으로 나의 입술로 가져갔다. 그런데, 마들렌 부스러기가 섞인 차 한 모금이 나의 입천장에 닿는 순간, 내가 소스라치면서 나의 내면에서 일어나고 있는 기이한 현상에 잔뜩 주의를 기울이게 되었다. 감미로운 희열이 나를 엄습하였고 나를 고립시켰으나, 그 원인의 관념조차 어른거리지 않았다. 그리고 다음 순간 그 희열이, 마치 사랑의 작용처럼 나를 귀한 진수로 가득 채우면서, 생의 영고성쇠가 나와 무관하고, 나의 생에 닥칠 온갖 재앙이 무해하고, 생의 덧없음이 환상처럼 보이게 해 주었다. 아니 그 진수가 내 속에 있었던 것이 아니라, 그것이 곧 나였다. 그 순간 나는, 내가 보잘것없고 우발적 산물이며 필멸의 존재라고 느끼기를 멈추었다. 그 강력한 희열이 어디로부터 올 수 있었을까?[8]*

프루스트는 막연하지만 매혹적인 느낌을 떠올렸다. 처음에는 이 느낌이 어떤 구체적인 이미지와도 연결되지 않았다. 그래서 그는 자신이 경험한 심리적 근원을 계속 탐구하면서 내면의 감각을 현재의 진원지에서 분리시켰다.

나는 그 희열이 차와 과자의 맛에 연관되어 있으되 그것들을 까마득히 능가하며, 그것들과 같은 본질일 수 없음을 막연히 감지하였다. 그 희열은 어디에서 오는 것일까? 그것이 무엇을 의미할까? 그것을 어디에서 포착하여 인지한단 말인가? 두 번째 모금을 마셔 보나 첫 번째 모금에서 느낀 것 이상의 것은 전혀 없고, 세 번째 모금을 마셔 보지만 그것이 나에게 가져다주는 것은 두 번째 모금만도 못하다. 그 동작을 멈추어야 할 때이다. 음료의 효능이 감소되는 듯

---

* 이형식의 번역을 따랐다(마르셀 프루스트,
이형식 옮김, 『잃어버린 시절을 찾아서1』,
펭귄클래식코리아, 2015).

하다. 내가 찾는 진실이 음료 속에 있지 않고 내 속에 있음은 분명하다.

냄새는 의식을 압도하고 인간의 상상력을 풍부하게 채색하는 환기 능력이 있다. 간혹 냄새는 거의 초자연적인 힘으로 우리를 과거로 이끈다. 심리학자들은 이와 같은 현상을 '프루스트 효과'[9]라고 불렀다. 길버트는 프루스트의 인기에 푹 빠진 것처럼 보이지는 않는다. 긴 산문으로 유명한 프루스트는 그의 기억들을 소환하는 지적인 여행을 기록했다. 길버트는 자신의 책 『코가 아는 것은 무엇인가』에서 이를 주목했다. "차를 머금은 마들렌을 앞에 두고 기억을 떠올리려 애쓰는 프루스트의 분투는, 대부분의 사람들이 냄새를 통해 기억을 떠올리는 방식과는 분명 다르다. 우리들 대부분은 그런 기억들을 쉽게 떠올리기 때문이다. 이것은 관능적인 향기의 음유시인이라는 프루스트의 명성과는 잘 맞지 않는다." 그는 덧붙였다. "마들렌 에피소드에서 또 하나 눈길을 끄는 것은, 거기에 감각 묘사가 전혀 없다는 사실이다. '냄새의 관능적 쾌락'에 대해 네 쪽에 걸쳐 서술하는 동안, 프루스트는 냄새나 맛에 대한 형용사는 단 한 개도 사용하지 않았다. 마들렌이나 차 맛에 대한 묘사도 찾아볼 수 없다."[10]

프루스트의 퍼즐은 정확히 그것이다. 마들렌 에피소드는 그 경험의 실제 특성에 대한 통찰력을 제공하지 않는다. 프루스트의 기억에서 무엇이 후각 부분을 정의하는지에 대한 답은 없다. 마들렌의 경험은 후각 내용에 관한 것이 아니다. 심지어 냄새에 관한 것도 아니라고 말할 수 있다. 마들렌 향은 기억을 심리적으로 재구성하기 위한 자리를 마련한다. 그 기억은 반드시 외부 세계의 구체적인 대상을 나타내지는 않지만, 수용자의 정신 상태를 표현한다. 프루스트의 경험은 그가 먹고 있는 마들렌에 관한 것이 아니라 그가 이전에 마들렌을 먹었던 상황에 대한 기억이다.

여기서 냄새는 기억 속 경험과 연결된 모든 종류의 표상에 대한 통로 역할을 한다. 후각 경험은 어떤 것에 대한 것이긴 하지만, 주어졌거나 현존하는 자극에 관한 것이 아니다. 후각 경험은 냄새가 행동을 이끄는 데 중요한 단서다. 뇌는 어떻게 냄새 기억을 만들어 과거의 시간이나 사물들을 소환할까? 후각의 기억은 다른 감각 기억보다 더 표현력이 풍부할까? 브라운 대학의 심리학자인 레이첼 헤르츠는 그렇다고 생각한다. "다른 감각에 비해 냄새는 기억을 불러내는 힘이 큽니다. 그 시점, 그 장소로 되돌아가는 것이지요. 할아버지와 함께 영화관에 영화를 보러 갔던 때를 기억한다고 해 보죠. 팝콘 냄새가 그 기억을 촉발시키는 단서가 될 수 있을 겁니다. 그 단서가 시각적 방아쇠이거나 언어, 촉각 또는 다른 종류의 감각이라고 해도 고스란히 기억을 되돌릴 수는 있겠지요. 하지만 냄새는 할아버지에게 느꼈던 것을 더욱 확장합니다. 기억과 연결된 감정이 후각 단서 덕분에 훨씬 더 강화되지요."

테레사 화이트는 자전적 기억 속의 강렬한 감정 반응이 후각에만 국한된 것이 아니라고 덧붙였다. "음악도 커다란 역할을 합니다. 우리에게 중요했던 삶의 한 지점에서 들었던 노래였지만 오랫동안 듣지 못한 노래 한 소절을 지금 들으면, 거기에는 풍부한 감정이 깃들어 있습니다. 음악을 따라 기억은 나를 그곳으로 데리고 갑니다. 냄새도 그렇죠." 그녀는 토를 달았다. "늘 그렇지는 않아요, 맞아요. 어떤 냄새들은 자주 접하면서 의미를 갖게 됩니다. 일회적 사건에 비할 바 아니죠."

냄새 기억은 우리를 물리적으로 거의 다른 장소나 시간으로 즉각 데려간다는 느낌을 준다는 점에서 매력적이다. 냄새는 즉각적이고 물리적인 현장감을 불러일으킨다. "이러한 사실과 관련해서는 철학자나 과학자들이 할 일이 있겠지요? 어떤 장소나 사람을 냄새와 함께 기억하면 너무나 생생하고 현실적입니다. 왜 그럴까요?" 크리스토프 로다미엘이 말했다. "그 분자들이 코 안에 있기 때문에 당신이 거기에 있는 것과 같아요. 그래서 당신의 뇌는 당신이 거기에 있다고 생각하지요. 같은 분자들이잖아요. 우리들이 '바로 거기'라고 보고 느낄 다른 분자들이 더 있겠죠? 그런 분자들은 그 장소, 정확히 바로 그 장소로 우리를 인도합니다."

물질적 존재의 이 암묵적인 차원은 다른 감각과 냄새를 구별하는 것 같다. 계속해서 로다미엘은 말했다. "어떤 노래를 기억할 때 내가 베를린에 있는 어떤 클럽에 있다고 느낄 수 있을까요? 그렇지 않습니다. 만약 당신이 교회에서 자랐다면 거기에서 나오는 노래를 듣고 교회 안에 당신이 서 있는 것을 볼 수 있나요? 아닐 거예요. 하지만 만약 내가 유향 냄새를 맡으면 수도원 안에 있는 내 자신을 볼 수 있을 겁니다. 만약 내가 어떤 교회의 냄새를 맡으면 교회 안에서의 내 자신을 느끼겠죠." 냄새 기억은 구체화된 현장감이다. 화이트는, 우리를 둘러싸고 있는 냄새들이 매우 많은 데 비해서 그런 환기성 냄새 기억은 드물다고 강조했다(익숙한 냄새를 맡을 때마다 끊임없이 과거를 소환한다면, 결국 끝없는 후각 마못의 날*에 갇히게 될 것이다!).

1960~70년대에 진행된 일련의 연구, 특히 트뤼그 엥엔1926~2009의 연구는 냄새 기억이 독특하며 다른 감각과는 다르다는 가설의 입지를 굳혔다.[11] 지배적인 가설은 냄새 기억력이 삶 속에서 친밀한 관계를 형성한다는 것이었다. 일단 고정되면, 냄새에 대한 기억은 변하지 않는다고 엥엔은 주장했다. 이 아이디어는 프루스트의 마들렌을 지적으로 견인했다. 비록 비평가들은 '마르셀 프루스트 신드롬'의 사례라고 꼬집었지만.

길버트는 광범위한 파급력을 지녔던 엥엔의 가설이 흥망성쇠하던 역사를 기억했다. "그는 브라운 대학에 있었어요. 1960년대 초에 그는 냄새 기억의 불변성을 입증하는 실험을 했습니다. 그 실험은 프루스트가 옳다는 걸 보여 주었죠." 그러나 엥엔의 연구는 시간의 시련을 견디지 못했다. 길버트는 말을 이었다. "문제는 너무 쉽게 풀렸습니다. 아마도 10년이 지났을 때, 우리는 더 이상 그것을 믿지 않게 되었답니다. 냄새 기억, 그것은 쇠퇴했어요. 시간과 함께 몰락의 길을 걸었죠. 아류도 있었어요. 하지만 엥엔은 위대했습니다."

일찍부터 엥엔은 감각에 기억 기능이 있음을 깨달았다. 시각, 청각, 후각, 모두에서 몇 가지 요인이 특히 중요했는데, 자극을 지닌 대상에 얼마나 친숙한가, 나이는 얼마인가, 기억 보조 장치가 있는가 하는 것 등이 그것이다.

예일 대학을 거쳐 캘리포니아 샌디에이고 주립대학에 재직했던

---

* 1993년에 만들어진 해롤드 래미스 감독의 영화 제목. 국내에는 〈사랑의 블랙홀〉이라는 제목으로 소개되었다. 미국에서 마못의 날(성촉절)은 2월 2일로 마못이 겨울잠에서 깨어난다는, 우리의 경칩 같은 날이다. 영화에서 주인공은 자고 일어나면 매일 다시 마못의 날로 돌아간다. 같은 날이 계속 반복된다는 의미로 쓰였다.

빌 카인Bill Cain은 냄새 기억에 관한 또 한 명의 뛰어난 선구자였다. 카인은 익숙하고 환경적으로도 관련이 있는 냄새 기억이라고 해서 불변하는 건 아니지만, 보존율은 더 높다는 연구 결과를 발표했다.[12] 이들 냄새 기억의 보존율은 다른 감각 자극 기억의 보존율보다 뚜렷하게 높았다. 그러나 신경 기반을 포함한 냄새 기억의 정확한 작동 원리는 밝혀지지 않았다.

기억은 획일적인 현상이 아니다. 다층적인 인지와 신경 메커니즘이 관련되기 때문이다. 냄새 기억은 둘로 나뉜다. 하나는 **냄새 자체의 기억**이고 다른 하나는 **냄새와 관련된 기억**이다.[13]

냄새를 냄새로 소환하는, 냄새에 대한 명시적 기억은 인간의 당연한 능력이 아니다. 훈련을 받지 않은 대부분의 사람들은 냄새를 기억하는 데 젬병이다. 익숙한 냄새를 맡아도 그것이 드러내는 표식을 떠올리지 못한다(3장). 우리에게는 적절한 이름을 떠올리기 어려운 익숙한 냄새들이 참 많다. 1977년 엥엔은 여기에 '코끝 현상'이라는 이름을 붙였다.[14] 이 개념은, 익숙한 맛이지만 그에 맞는 낱말이나 이름을 떠올리기 힘든 '혀끝 현상(혹은 설단 현상)'과 관련이 있다(하지만 이들에 비견할 '눈끝 현상'은 없다).

한시적이고 짧은 냄새 인식과 냄새 학습이 자동적으로 장기 기억이나 회상으로 이어지는 것은 아니다. 냄새를 냄새로서 오래 기억하려면 노력과 훈련이 필요하다. 인간의 행동에서 단기 냄새 기억과 장기 냄새 기억의 기능은 서로 다르다. 단기 후각 인식은 자극 사이의 질적 차이를 감지하는 것으로, 미미한 차이라도 구분해야 할 상황이 생겼을 때 발휘된다. 화이트는 "짧은 시간에 우리가 냄새를 처리해야 할 가장 중요한 일이 있다면, 그것은 두 가지 냄새가 같은지 혹은 다른지 구분하는 것"이라고 분명히 밝혔다. "그건 아주 단기간의 냄새 기억입니다. 중요한 냄새 기억이죠. 우리가 어떤 것들을 똑같이 만들고 있는지, 혹은 방금 냄새를 맡은 대상과 지금의 것이 같은 종류인지 알아내려고 한다면, 냄새가 아주 유용한 수단이 될 겁니다."

냄새와 관련된 기억은 어떨까? 인간 행동의 체계적인 기억 수단으로서 후각 단서의 기능은 그리 효과적이지 않다. 확실히 우리는 정보에 접근하기 위해 시각 기호를 이용하는 것만큼 냄새를 사용하지는 않는다. 화이트는 웃으며 덧붙였다. "솔직히 식료품점에서 무엇을 살 것인지 기억하기 위해 우유나 달걀 냄새를 맡진 않겠죠? 기억에서 냄새가 중요한 의미를 가질 때는 바로 무엇을 어떻게 기억해야 하는지, 기억해야 할 것과 기억해야 하는 방법이 있을 때입니다. 냄새야말로 기억을 떠올리는 최고의 감각이라고 말할 때, 사람들은 기억의 삽화적인 성격을 강조하고 있다고 생각합니다. 실제 경험했던 과거의 현장으로 되돌아간 그런 느낌 말입니다." 냄새에 대한 일화 기억*은 냄새와 유기체의 기억 사이에서 개별적으로 학습된 연상이 불거지면서 형성된다.

자극이 곧바로 그러한 불거짐, 혹은 돌출을 결정짓지는 않는다. 어떤 우발적인 사건에 의해 냄새가 냄새 자체의 특질을 넘어 뭔가를 의미한다는 사실을 알게 되었을 때, 비로소 냄새는 쉽게 기억된다. 헤르츠는 이렇게 결론지었다. "진화적으로 볼 때, 무엇이 먹이이고 무엇이 포식자인지 등과 같은, 절체절명의 의미를 띤 신호가 하나의 고정된 반응

---

* episodic memory. 개인의 경험에 관한 기억. 에피소드 기억 혹은 사건 기억이라고도 하며 수학 공식 외우기 같은 '의미 기억'과 구분된다.

으로 직결된다는 것은 이치에 맞지 않습니다. 그럴 때 후각은 무척 중요하죠. 반복되는 경험에 기초하여 배우는 대신, 매우 빨리 배워야 할 때 그리고 단 한 번의 경험으로 익혀야 할 때는 첫 경험이 정말 중요합니다." 그런데 그 첫 경험은 고정불변의 것이 아니다. 냄새 처리의 내부 조건(수용자의 생리학)과 외부 환경(환경의 특징)은 자주 변한다. 냄새 경험과 그러한 경험의 내용을 평가하는 과정은 재학습과 재암호화를 허용한다. 어떤 냄새 기억은 특정한 효과와 초기 노출에 따라서 다른 냄새 기억보다 오래 지속된다. 냄새와 기억 사이의 연관성을 궁극적으로 특징짓는 것은 고유한 맥락적 암호화이다.

  냄새 기억은 경험의 주관적 회상, 그 이상이다. 기억 반응은 보편적인 지각적·인지적 과정에 바탕을 두고 있으며, 이는 개인별 연구가 가능하다. 물론 냄새 기억의 세부적인 효과는 일반화되지 않을 수 있지만, 행동 원칙은 일반화될 수 있다. 할머니의 부엌에서 나는 오래된 냄새 혹은 연인의 향수 … 이러한 것들은 사회적인 동물로서 인간의 행동을 좌우하는 중요하고 익숙한 냄새로서, 가변적인 물질적 요소들과 결부되어 학습된 연상이다. 그것들이 어린 시절 추억에 대한 감각적 매개물 역할을 한다는 것을 알기 위해 할아버지의 방이나 프루스트의 마들렌에서 나는 특별한 냄새를 굳이 경험할 필요는 없다. 그러므로 이제 인간의 후각 연구는 외부 신호를 분류하고 냄새에 따른 행동의 의미를 포착함으로써, 그 원리를 이해하는 데 집중해야 할 것이다.

변화하는 경험 대상으로서의 냄새

우리의 감성은 빽빽하게 채워져 있지 않다. 그것은 자극 구조에 의해 자동적으로 촉발되는, 미리 정해진 반응이 아니다. 카다베린* 냄새와 같이 눈에 띄게 특수한 경우를 제외하면(여기에도 편차가 있다), 쾌락 측면에서 사람들은 대부분의 냄새를 다소 모호하게 평가한다. 모호하다는 말은 동일한 자극이라도 마주침의 형태에 따라 다른 선호도를 가질 수 있다는 뜻이다. 흥미롭지만 아직 해결되지 않은 질문은, 후각계가 쾌락이라는 면에서 더 유연한 냄새(가령, 지방 냄새)와 보다 '변치 않는' 냄새(고약한 카다베린 냄새처럼 비교적 일관된 평을 받는)를 다르게 처리할 수 있는가 하는 점이다. 특히 냄새의 쾌락 평가에 영향을 끼치는 맥락의 효과는 반응이 거의 없거나 중간 정도의 반응을 이끌어 내는 냄새에만 적용되는 것이 아니라, 흥분과 혐오 같은 강한 생리적 반응과 결부된 냄새에도 적용된다. 불쾌하거나 심지어 혐오스럽기까지 한, 지하철에서 마주친 승객의 겨드랑이 체취를 생각해 보자. 하지만 로맨틱한 만남에서는 그와 똑같은 냄새가 자극적이고 긍정적인 효과를 부여하기도 한다.

쾌락성hedonicity은 자극 구조에 새겨져 있는 것이 아니다. 쾌락 반응은 감각계를 통해 들어온 정보의 맥락을 가공한 결과이다. 헤르츠는 "학습이 필요하다는 점에서, '역겨움'은 냄새와 매우 유사합니다."라고 말했다. "우리가 역겹다고 지각하는 것 또한 문맥화되어 있고, 배워야 하며, 완전히 다른 여러 요인들에 의존합니다. 그것은 곧 우리가 자극에 부여하는 의미인 것이죠. 자극 자체는 기본적으로 불가지론적입니다. 우리가 의미를 부여하는 방식에 따라, 자극은 좋을 수도 나쁠 수

---

* cadaverine. 단백질이 부패할 때 생기는 물질. 사체(cadaver) 썩는 냄새라고 생각하면 된다.

도 있어요. 역겨움과 냄새, 모두 그런 방식으로 작용합니다."

그렇다면 맥락을 정의하는 것은 무엇일까? 주요한 요소는 문화다. 사람들은 냄새에 특정한 의미를 부여하는 것을 일상적으로 배운다. 학습은 냄새의 효과를 결정하며, 따라서 냄새는 문화적 맥락에 따라 달라질 수 있다. 예컨대, 레몬은 중부 유럽에서 세정 제품에 광범위하게 사용되기 때문에 신선하다고 여겨진다. 이 지역 소비자들은 레몬과 청결이라는 두 개념을 서로 연결시킨다. 줄줄 흐르는 땀과 많은 모기들이 윙윙대는 여름 더위 속에서 레몬이 자라는 나라에서는, 레몬 향기가 항상 청결이나 신선함을 의미하지는 않는다. 한편, 청소 제품에 광범위하게 사용되면서 레몬은 향수 재료로서의 입지를 상실했다. 레몬이 들어간 향수는 팔리지 않을지도 모른다. 최근에 청소한 화장실을 떠올리게 하는 냄새를 피부에 바르고 싶을까?

냄새와 문화의 연관성은 때와 장소에 따라 달라진다. 따라서 보편적인 호소력을 지닌 향수를 디자인하는 일은 거의 불가능하다. 프리몬트는 확신에 차서 말했다. "세계인이 보편적으로 수용하는 향수를 만드는 일은 무척 어렵습니다. 아주 다층적인 향기를 가져야 하겠지요." 향수는 시대에 따라 스타일이 극적으로 바뀌었다.[15] 19세기와 20세기 초의 여성 향수는 강한 동물성 사향 향료를 썼다. 오늘날 비좁고 붐비는 대중교통과 깨끗한 대도시의 생활 방식에서 이런 향수는 사람들의 눈살을 찌푸리게 만든다. 많은 고전적인 향수들은 다소 불쾌한 냄새를 포함하고 있다고 헤르츠는 말했다.

샤넬 No.5는 '꽃향기'의 범주에 속하며 알데히드, 재스민, 장미, 일랑일랑, 붓꽃, 용연향, 광곽 향*으로 구성됩니다. 강한 사향과 똥 냄새를 풍기는 사향고양이 사타구니 샘 분비물도 포함되지요. 히말라야 사향고양이와 사향노루, 비버의 항문 분비물(해리향海狸香)과 향유고래의 토사물(용연향龍涎香)은 역사적으로 향수 고정제로 사용되었습니다. 동물보호단체의 압력에 직면했던 샤넬사는 1998년 이후로 천연 사향을 합성 대용품으로 교체할 거라고 선언했지요. 가장 인기 있는 향수 대부분은 인돌과 같은 합성 똥 냄새 분자들입니다. 캘빈클라인이 상업화한 이터니티Eternity(1988)는 역사상 가장 인돌 향취가 짙은 향수 중 하나로 알려져 있습니다. 1950년대의 보수적인 취향 그리고 자신의 체취를 숨기려는 현대적인 강박과 더불어, 분변과 체취 냄새를 풍기는 향수가 다시 인기를 끈다는 사실은 흥미로운 사회적 현상이죠. 하지만 이런 관능적이고 동물적인 물질이 존재한다는 사실을 알고 있는 사람은 그리 많지 않아요."[16]

냄새의 문화적 다양성을 엿볼 수 있는 또 다른 사례는 짙은 향을 지닌 침향沈香이다. 침향은 동물성으로, 사향 냄새를 풍긴다. 향수의 고급스러운 성분인 침향은 흔히 '액체 금'으로 불린다. 그것은 특정 곰팡이의 세례를 듬뿍 받는 동남아시아의 침향나무에서 얻는다. 침향이 주는 즐거움과 호소력에 대한 의견은 극명하게 둘로 나뉜다. 중동에서 특별히 인기가 높지만, 유럽과 북아메리카 사람들은 침향을 거슬린다고 생각한다. 혹은 윈터그린**의 냄새를 생각해 보라. 만약 1960년대와

---

* 파촐리(patchouli)잎을 증류한 향유에서 나무 냄새와 흙냄새가 어우러진 자연스러운 냄새가 난다.

** wintergreen. 아스피린 전구체인 살리실산이 들어 있는 상록초(Gaultheria procumbens). 파스 냄새가 난다.

1970년대에 자란 미국인이라면 이 냄새를 껌이나 사탕과 연관시키면서 기분 좋게 생각할 것이다. 반면, 영국인은 그 냄새를 진통제 연고에 사용했기 때문에 싫어할 수도 있다.

    문화 다음으로 냄새의 쾌락 평가에 영향을 미치는 요소는 생물학이다. 단기, 장기 발생 모두 자극에 대한 유기체의 반응이 어떻게 조건화되는지 결정한다. 토마스 훔멜은 태어나기 전부터 후각 학습이 시작된다고 말했다. "우리가 무엇을 좋아하는지 혹은 싫어하는지는, 가령 자궁에 있을 때 어떤 냄새에 노출되었는가에 따라 달라질 수 있습니다. 아기가 특정한 냄새와 조우하는 사건은 엄마의 자궁에서 시작되죠. 선호도가 갈리는 겁니다. 프랑스 연구진들이 재미있는 실험을 했습니다. 브누아 샬과 동료들은 산모들이 임신 마지막 2주 동안 먹은 것을 아이들이 좋아한다는, 가령 아니스 향*이 든 음식을 먹었다면 실제로 태어난 아이가 아니스 향을 좋아한다는 사실을 밝혀냈어요.17 반면에 아니스에 노출되지 않은 산모가 출산한 아이는 그렇지 않았습니다."

    후각 학습은 유기체가 살아 있는 동안 내내 계속된다. 생물학과 인지 학습의 메커니즘은 이런 맥락에서 뒤얽혀 있다. 화이트는 덧붙였다. "후각에서 학습의 역할은 지대합니다. 우리가 접한 대부분의 냄새가 학습된 정보라는 사실을 뒷받침하는 증거는 넘칩니다. 저는 냄새 분류에 대해선 그렇지 않지만, 확실히 즐거움 면에서는 그렇다고 생각합니다. 어른과는 달리 어린 아이들은 냄새와 상호작용하는 방식이 크게 다르잖아요?"

    길버트는 "사람의 냄새 지각이 갖는 커다란 특징은 냄새에 대한

---

* 요리에 쓰는 팔각회향(스타 아니스)과 유사하나 그보다는 향이 약하다. 고대 그리스 시대부터 약용, 향료, 조미료로 쓰였다.

심리적 선호도를 바꿀 수 있다는 것"이라고 말했다. 칵테일 올리브를 생각해 보자. "그것을 단번에 좋아하는 사람은 아무도 없습니다. 특히 아이들은 아주 싫어하죠. 하지만 마티니를 좋아하게 되면 상황은 달라집니다. '오, 칵테일 올리브랑 잘 어울리는군.' 하고요." 물론 그와 반대되는 일도 벌어진다. 길버트는 말을 이었다. "어떤 냄새를 싫어하게 될 수도 있습니다. 냄새에서 혐오를 습득하는 일은 흔하죠. 지각이 쉽게 바뀔 수도 있습니다. 달리 말하면, 냄새 지각은 유연합니다. 우리는 그것을 재암호화할 수 있어요. 고차원의 인지 과정입니다." 홈멜이 대답했다. "그런 일은 매일 벌어집니다. 우리도 매일 변하죠. 그리고 잠재적으로 우리가 좋아하는 것도 달라집니다." 유연성은 후각이 기능을 수행하는 데 매우 중요한 특성으로, 끊임없이 변화하는 화학적 환경과 그때그때 상황에 대처해야 하는 우리의 신체 상태에 맞게 알맞은 선택을 할 수 있도록 돕는다.

냄새는 또한 다른 대상에 대한 심리적 선호도를 바꾸는 데 사용될 수 있다. 린다 바토슉은 이렇게 설명했다. "평가조건 형성evaluative conditioning이라는 말을 들어 본 적이 있나요? 이것은 심리학의 한 분야인데, 심리적으로 끌리는 항목에서 중립적인 항목으로, 또는 중립적인 항목에서 끌리는 항목으로 정서가 바뀌는 규칙을 다루지요. 주로 후각에 적용할 수 있지만 어떤 분야라도 상관없습니다. 좋은 냄새가 나는 것을 중립적인 물건 앞에 놓아 두면 중립적인 물건이 '씻겨져' 끌리는 냄새를 내게 됩니다."

바토슉은 후각의 감성이 동기부여는 물론, 어떻게 동기부여를 학습할 수 있는가와도 깊은 관련이 있다고 생각한다. "한때 사람들은 동기부여를 배울 수 없는 것으로 취급했습니다. 하지만 그것은 학습된 것입니다. 후각이 아주 좋은 예입니다. 맛도 그렇고요. 우리는 좋고 나쁘고를 조건화할 수 있습니다. 학문의 역사에서 많은 사람들은 감각이 저급하다고 생각했지요. 그래서 그들의 이론에 감각을 위한 자리 따위는 마련하지도 않았어요. 하지만 역사는 흥미롭게 흘러갔습니다. 감성이 동기부여와 관련 있다는 생각이 이 분야에서 무시되었다고 말씀드렸지요? 하지만 가만 보고 있으면 '평가조건 형성'이 있고, 우리의 영웅 폴 로진이 있습니다." 펜실베이니아 대학의 로진은 경멸, 분노, 혐오와 같은 반응이 냄새의 평가조건 형성에 어떤 영향을 끼치는지 연구하는 과정에서 중추적 역할을 했다.[18] 바토슉은 후각 연구에서 심리적 선호도를 이해하는 방식에 변화가 찾아왔다고 힘주어 말했다. "우리는 스스로에게 묻기 시작했답니다. 감성을 얻을 수 있는 규칙은 무엇일까?"

냄새의 쾌락 판단에 영향을 미치는 또 다른 요인은 냄새의 세기다. 농도에 따라 동일한 자극 물질이 쾌락을 가감시킬 수 있다. 농도가 높을 때는 매우 불쾌하지만 농도가 낮을 때는 기분이 좋아질 수 있다는 뜻이다. 같은 물질, 같은 농도라도 노출 시간이 길어지면 기분 좋은 것에서 불쾌한 것으로 변할 수도 있다. 감성을 고려하지 않은 채 쾌락의 분자적 특성을 예측하려는 시도는 어설플 수밖에 없다. 쾌감은 분자의 행렬로 환원되지 않는다. 감성은 화학 현상이 아니라 생물학적 현상이며, 생물학은 그런 식으로 작용하지 않는다.

후각계의 생물학(5~8장)은 냄새 정보에 강력한 반응을 촉진하도록 설계되었다. 그러나 환경이 다르면 동일한 화학물질에 대해 다른 해석을 제공하는 사례에서 알 수 있듯이, 냄새 정보는 고도로 문맥화된 단서이다. 또한 그 정보는 수용자의 생리적 상태에 따라, 그에 맞게 자극을 측정하고 의미 있는 반응을 하도록 언제든 달라질 수 있다. 감성적 본성에 기초하고 있는 후각은 음식, 사람, 독소 등등의 것 중에 무엇을 가까이 받아들이고 무엇을 피해야 할지와 같은, 정보가 필요한 선택을 용이하게 한다. 유기체가 처한 상황에 따라 냄새의 민감도를 바꿀 수 있게 진화한 사건은 생존에 매우 중요했다. 아주 높은 농도의 냄새에 노출되면 우리가 마주치는 거의 모든 냄새가 언제라도 우리를 죽일 수 있다고 맥스웰 모젤은 말했다. "우리가 냄새 맡는 대부분의 것들을 만약 우리가 마신다면* 죽을 수도 있습니다. 독성이 크거든요."

감각된 냄새의 가치와 쾌락의 전이는 변덕스러운 주관적 느낌에 따라서가 아니라, 감각계가 한 땀 한 땀 공들인 결과로 만들어지는 반응이다. 그러한 전이는 생리적이고 심리적인 우리의 내면 상태에 따라 재단된 외부 정보의 인과적 반응이다. 그러므로 지각 분석에서 우리가 강조해야 할 것은 상황 의존적이고 예측할 수 없는 표현이 아니라, 일반화된 행동에 근거를 제공하는 근본적인 메커니즘이다.

후각 신호의 인식론적 기능

후각은 고유의 문맥성 때문에 인식 능력이 있다. 코가 공기 속에 있는 보이지 않는 분자의 실체를 어떻게 판단하는지 이해하려면, 우리가 분자에 의미를 부여하는 법을 배우는 과정을 포함하여 이론적 관점

---

* 냄새 물질이 액체가 될 정도라면 엄청난 양이라고 볼 수 있다.

으로 후각계를 살펴보아야 한다.

의학은 인간 행동에서 후각의 인식론적 기능을 잘 보여 주는 학문 분야다. 후각 단서는 오랜 역사를 가지며, 의료 실무에서 중요한 역할을 이어 오고 있다. 의학은 냄새 사업이다. 질병은 부패와 감염의 연기를 배출한다. 따라서 정제된 알약이 등장하기 전까지, 이러저러한 방향제를 이용하는 치료법이 동원되었다. 특히 식물의 치료 효과는 냄새의 치유력과 연결되어 있었다(1장에 등장한 린네를 기억하자).

수세기 전에 유행했던 독기毒氣 이론처럼, 과거의 질병 개념은 냄새를 감염 매개체로 보았다. 특이한 냄새는 특정한 질병을 동반한다고 생각했다. 비록 틀리긴 했지만 독기 이론은 질병의 확산을 막기 위한, 냄새와 관련된 몇 가지 사회 정책을 시행하는 결과를 낳기도 했다. 이러한 생각에 사로잡힌 18세기와 19세기 사람들에게, 도시의 공기를 정화하는 일은 매우 중요한 관심사였다.[19] 한 예로, 뉴욕의 센트럴 파크는 공장에서 배출되는 해로운 매연을 막는 도시의 허파라는 개념을 담아 설계되었다.[20]

체취는 여전히 사람의 건강 상태를 나타내는 다양한 징후를 제공한다.[21] 어떤 냄새는 대사 및 피부 장애를 가리키며, 효소 결핍이나 감염을 암시하기도 한다. 진단에 쓰일 수 있는 모든 냄새가 다 고약한 것은 아니다. '메이플 시럽 소변병'은 유아들의 소변에서 나는, 달큰한 메이플 시럽 같은 독특한 냄새를 따서 명명되었다. 단기간에 치료하지 않으면 이 질병은 돌이킬 수 없는 신경 손상, 발작, 혼수상태 그리고 마침내 죽음을 초래한다. 또 다른 유전병인 트리메틸아민뇨증*은 '생선 냄

---

* 소변이나 땀에서
악취가 나는 유전병.

새 증후군'이라고도 하는데, 생선 썩는 듯한 체취를 풍긴다. 이러한 사례들은 냄새가 어떻게 인간의 행동에서 특정한 인식적 기능을 수행하는지 보여 준다. 후각 단서는 어떤 사람의 상태를 진단할 믿을 만한 수단이 되기도 한다. 정확한 진단은 문자 그대로 삶과 죽음의 경계를 가를 수 있다.

실용성을 넘어, 냄새는 기초 연구에서도 중요한 역할을 한다. 특히 암이나 신경질환(알츠하이머나 파킨슨병)에서 그렇다. 피부암과 그 밖에 다른 암종癌腫을 다루는 최근 연구는 체취의 화학적 구성 변화에 초점을 맞추고 있다. 체취 프로필의 변화를 측정함으로써 숨겨진 인간의 질병을 찾아낼 수 있을까? 의학 탐지견은 우리에게 많은 것을 알려 준다. 이 개들은 암세포가 포함된 조직 샘플을 골라내거나 사람의 날숨에서 폐암을 검출하도록 훈련받는다. 오랫동안 엉터리 치료라고 비웃음을 샀던 몇 가지 획기적인 냄새 치유법이 그 의미를 되찾기도 했다.[22]

개의 코는 성능이 뛰어나다. 하지만 인간 역시 질병 특유의 냄새 단서를 찾아낼 수 있다. 영국인 간호사 조이 밀른이 그랬다. 그녀의 남편은 파킨슨병으로 사망했는데, 나중에 그녀는 환자의 땀에 젖은 셔츠 냄새를 맡아서 파킨슨병 환자를 가려낼 수 있다는 사실을 알게 되었다.

그녀의 컨설턴트이자 마취과 의사였던 남편이 진단을 받기 10년쯤 전에, 조이는 그에게서 특이한 사향 냄새가 난다는 것을 알았다. "그가 34세인가 35세쯤 되었을 때 우리 사이는 좀 껄끄러웠습니다. 제가 매일 그랬거든요. 왜 샤워를 안 했어? 이는 제대로 닦은 거야?

뭔가 처음 맡아 보는 냄새였는데 거슬렸어요. 하지만 그게 뭔지는 몰랐습니다. 저는 계속 그에게 잔소리를 했고, 그는 머리끝까지 화가 났습니다. 결국 제가 입을 다물었죠." 은퇴한 간호사는 영국에 있는 파킨슨병 환자를 지원하는 단체에서 독특한 냄새를 가진 사람들을 여럿 만난 후에야, 그 냄새를 질병과 연관시킬 수 있었다. 그녀는 학회장에서 만난 과학자들에게 그 사실을 말했다. 에든버러 대학의 틸로 쿠나스 박사는 후속 실험을 통해 그녀의 능력을 입증했다.23

과학자들은 냄새에 아주 민감한 인물인 밀튼과 협력하여 그녀가 맡았던 냄새 화합물을 찾아내고, 체취에 근거한 파킨슨병 진단 테스트를 개발했다.24 훈련과 선택적 집중을 통해 코는 강력하고 매우 정확한 측정 도구로 바뀔 수 있다.

생물학적 코가 무엇을 하는지 알면 인공지능 개발에 도움이 될 것이다. 학제 간 시각을 두루 겸비한 MIT 생물물리학자인 안드레아스 메르신은 암을 진단할 바이오 전자 코의 모델로 의학 탐지견을 사용한다. 클레어 게스트의 책 『데이지의 선물』*25을 읽고, 메르신은 이 생각을 시험하기 위해서 영국의 '의학 탐지견' 조직과 함께 공동 연구를 시작했다. 한 가지는 분명했다. 바이오 전자 코의 기초가 무엇인지 다시 생각해야 성공에 이를 수 있다는 점이었다. 기계들에게 가르치고자 하는 임무가 유기체에서 어떤 식으로 진화했는지 알아야 하고, 그 방식과 가깝게 전자 코가 설계되어야 한다는 뜻이다. 그런 연구는 거꾸로 인간의 후

---

* 냄새만으로 주인 클레어의 유방암을
알아챘다는 개, 데이지의 사연을 담은
자서전이다. 2016년에 출간되었다.

각 생물학을 이해하는 데 도움을 줄 수 있다.

후각 기능은 그 자체로 진단 도구이다.[26] 알츠하이머, 파킨슨병, 루이소체 치매와 같은 퇴행성 신경 질환의 시작을 의미하는 증상 중 하나는 냄새 인식 능력이 떨어지는 것이다. 홈멜은 다음과 같이 말했다. "첫 번째 작업은 1970년대에 이루어졌고, 1980년대에는 도티 박사가 맹활약을 펼쳤지요. 연구자들은 퇴행성 신경 질환이 있는 환자들 대부분이 냄새 감각 손상을 겪는다는 사실을 밝혀냈습니다." 1984년 최초의 임상 냄새 테스트 방법인 펜실베이니아 대학 냄새동정키트(UP-SIT)[27]를 창안한 리처드 도티는 이렇게 설명한다. "파킨슨병 같은 경우 전형적인 운동 실조 증상이 시작되기 몇 해 전부터 이미 냄새 감각이 떨어지기 시작합니다. 우리는 이러한 질병이 진행되는 초기부터 후각계가 영향을 받는다고 생각하죠. 실제로 환경에서 유래한 어떤 요소들은 후각계를 거쳐 뇌로 들어갑니다. 그것들이 후각 망울 안에서 알츠하이머와 파킨슨병의 증상 일부를 매개할 가능성이 있다는 말이죠."

도티에 이어 홈멜도 후각 손상의 임상 효과 및 후각 손상과 인지 기능 저하 사이의 관계를 연구했다.[28] 1997년 홈멜은 또 다른 테스트 키트인 스니핀 스틱스Sniffin' Sticks 개발에 참여했다.[29] UPSIT와 달리, 스니핀 스틱스를 이용하면 냄새 검출 역치, 다른 냄새 구별, 같은 냄새 확인, 이렇게 세 가지 종류의 후각 기능을 측정할 수 있다.[30]

홈멜은 말했다. "알츠하이머병에서와 마찬가지로 파킨슨병에서도 후각 기능 저하가 나타납니다. 겉으로는 다 똑같아 보이죠. 하지만 그 증상은 파킨슨병 환자와 알츠하이머병 환자들, 그리고 헌팅턴병과 또 다른 신경학적 장애에서 제각기 다릅니다. 냄새 기능 검사를 하면 그 사람의 후각 기능이 떨어지는지, 혹은 아예 없는지, 아니면 정상인지 알 수 있어요. 그것만으로 어떤 질병인지 알 수는 없지만, 냄새 기능 검사는 임상적으로 매우 효과적일 수 있습니다! 예를 들어, 파킨슨병 징후가 있는 어떤 환자가 우리에게 왔다고 해 보죠. 그런데 이 환자의 후각 기능이 정상이라면, 우리는 진단을 다시 해 보라고 권합니다. 왜냐하면 이 사람은 파킨슨병이 아니라, 다른 형태의 신경 장애가 있을 가능성이 있기 때문이죠."

도티와 홈멜은 후각 기능이 임상 진단에서 중요한 역할을 한다는 사실을 증명하기 위해 분주하다. 도티는 덧붙였다. "여전히 해결해야 할 문제들이 산적해 있습니다. 일부 집단의 사람들은 관심을 기울이지만, 여전히 주류 의학계는 신경학에서 냄새 검사를 해야 한다는 생각을 하지 않습니다."

코는 우리가 세상과 우리 자신에 대해 많은 것을 배울 수 있는 썩 훌륭한 도구다. 후각은 진실 기능을 가지고 있다. 적절히 훈련을 마쳤을 때, 그리고 그것이 행동적으로 중요할 때, 후각은 세상의 실제 특징을 감지하기 위한 우리의 인식론적 접근을 허락한다. 어떤 식이든 코는 인간의 삶을 형성하는 모든 것 즉, 위험, 음식, 쾌락 그리고 섹스에서 중요한 역할을 한다.

사랑, 땀, 눈물

이제 냄새가 분명 중요한 주제인 섹스에 대해 이야기해 보자. 우리는 더욱 더 로맨틱한 인연을 발견했기 때문에 서로 구애한다는 믿음에 탄복하곤 한다. 하지만 일반적으로 그것은 육체적 매력의 문제다. 그 매력의 일부는 후각적이다. 많은 동물들이 냄새로 파트너를 고른다. 인간도 그럴까?

길버트는 생쥐와 사람을 비교하면서 그 사실을 확인하고자 했다. 필라델피아의 모넬화학감각센터에서 박사 후 연구원으로 일하는 동안, 그리고 야마자키 쿠니오Yamazaki Kunio와 함께 일하던 시기를 거치면서 길버트는 뭔가 특이한 점을 알아차렸다. 생쥐는 유전적으로 동일하지만 주조직 적합성 복합체(MHC)*만 다른 두 변종의 차이를 냄새로 구분한다. 그리고 서로 반대의 형질을 가진 변종과 짝 짓기를 선호한다. "저는 그 현상에 깊이 끌렸고, 오래 생각했습니다. 생쥐가 그러는 것처럼 우리 인간도 저 냄새의 차이를 알 수 있을까요?" 길버트는 회상했다. "사람을 대상으로 한 첫 번째 실험이 진행되었습니다. 작은 상자에 생쥐를 넣고 사람들에게 냄새를 맡아 보라고 했습니다. 구분할 수 있는지 알아본 것이지요. 말도 안 되는 실험이었어요."라며 그는 웃었다. "또, 저는 생쥐의 오줌과 똥도 수거해 사람들에게 냄새를 맡게 했는데, 놀라운 일이 벌어졌답니다. 한 무리의 사람들이 두 종류의 생쥐를 구분했어요. 오직 한 개의 유전자가 다른 생쥐를 오줌이나 똥 냄새, 혹은 체취로 구분하다니요! 제 논문 중 지금까지 가장 많이 인용된 것이랍니다.[31] 멋진 실험 아닌가요? 생쥐가 하는 일을 우리도 할 수 있었습니다. 후각적으로."

인간도 같은 일을 할 수 있다. 우리는 연애를 하는 동안 냄새를

---

* Major Histocompatibility Complex. 예컨대, 면역계 대식세포가 세균과 같은 병원체를 잡아먹은 뒤 병원체의 단백질을 깃발처럼 세포막에 꽂아 놓은 것을 말한다. 그러면 면역계 세포들은 그것을 내가 아닌 '남'으로 인식하고 활발한 면역 반응을 개시한다(김홍표, 『먹고 사는 것의 생물학』 284쪽에서 MHC와 후각 기능에 대한 설명을 참조할 것).

맡는다. 여성은 인간 백혈구 항원(HLA)*의 유형이 다른 잠재적 파트너의 땀 냄새를 선호한다는 실험 결과가 있다.[32] 또한, 그러한 선호도는 피실험자의 호르몬에 따라 변한다. 피임약을 복용한 여성들은 HLA 유형이 유사한 파트너를 선호했다. 피임약을 일상적으로 복용하면 연인에 대한 성적 호소력을 잃을 수도 있다는 말이다.

사회생활에는 섹스보다 더 많은 것이 있다. 냄새는 다른 형태로 인간의 상호작용에 참여한다. "저는 오히려 사회적 냄새에 흥미를 느꼈어요." 훔멜은 말했다. "냄새를 통해 우리가 어떻게 소통하는지 보는 것이죠. 몇 가지 흥미로운 예가 있습니다. 가령 냄새를 통해 공포를 느낀다거나 질병이 임박했음을 인식하고. 또 여성의 눈물에 남성 성욕을 변화시키는 물질이 들어 있다는 것들이죠."[33] 모유 수유를 하는 동안, 아이가 엄마의 냄새를 좋아하도록 학습할 수 있다는 사실도 그런 예다.[34]

하지만 여전히 조심해야 할 것들이 있다. 자칫 거짓된 상관관계에 빠질 수 있기 때문이다. 아마 후각 단서가 여성의 월경 동기화**에 영향을 미친다는 얘기를 들어 본 적이 있을 것이다. 하지만 그 가설은 틀렸거나, 틀리지 않다 해도 그것을 입증할 충분한 증거가 없다.[35] 훔멜 박사는 이런 연구의 어려움을 지적했다. "적절히 통제된 실험이 필요합니다. 실험하는 게 결코 쉽지가 않아요. 많은 피험자가 필요하고, 예, 어렵습니다." 인간의 행동은 복잡하고 역동적으로 변한다. 결과를 좌우하는 요소들이 엄청나게 많다. 그런 요소가 끼치는 영향력을 우리가 다 아는 것도 아니다. 따라서 뭔가 결정적인 연구 결과를 얻기가 쉽지 않다. 심리학과 사회과학 연구에서 재현성에 대한 최근의 논의는 이런 사실을

---

* Human Leucocyte Antigen. 생쥐의 MHC에 해당하며 사람의 주조직 적합성 복합체(MHC)를 형성한다.

** 기숙사 룸메이트처럼, 같은 공간에서 생활하는 여성들의 월경 주기가 같아지는 현상.

부각시켰다. 그렇다고 연구를 중단할 수는 없는 노릇이다.

냄새가 어느 정도의 범위에 걸쳐 인간의 상호작용에 영향을 끼칠 수 있는지는 지금까지도 알려져 있지 않다. 흥미롭지만 아직 미답인 연구 주제는 여전히 많다(이 지점이 소벨의 마음이 출항한 곳이다. 소벨 연구팀은 현재 '냄새 기반 사회 네트워크'에 대해 폭넓게 연구하고 있다. '비슷한 냄새 감각을 가진 사람들끼리 좋은 관계를 형성하는지' 알아보는 일도 그중 하나다).[36] 확실한 것은 냄새가 인간의 삶에 필수적인 사회적 단서를 전달한다는 사실이다.

페로몬의 간략한 역사

페로몬 같은 섹시한 냄새 이야기는 사람들에게 광범위한 관심을 불러일으킨다. 페로몬은 신화일까, 마케팅 도구일까, 아니면 실재일까? 길버트는 경고한다. "인간의 경험에 맞게 확장된 페로몬 개념은, 이제 더 이상 작동하지 않는 것 같습니다. 인간이 냄새를 통해 동족을 인식하고 감정적 교류를 한다는 사실을 믿어야 할까요? 그래요. 배우자 선택, MHC, HLA 같은 화학적 신호 전달은 언제든 있었던 일이었어요. 하지만 페로몬이라는 개념은, 저는 이제 그 용어조차 사용하지 않습니다."

길버트는 비슷한 운명을 가진 과학적인 개념을 떠올렸다. "본능 instinct을 기억하세요? 다윈 이후 이 용어가 약방의 감초처럼 도처에서 사용되던 때가 있었습니다. 모든 사람들이 본능으로 모든 것을 설명했어요. 모성 행동은 본능이다, 자기보존 본능이 있다, 재떨이가 가득 찼을 때 그것을 비우는 것도 본능이다. 말도 안 되죠. 이제 아무도 더 이상 그 말을 사용하지 않게 되었어요. 설명의 효력이 사라졌습니다. 페로몬에서도 그런 일이 벌어진 것 같아요."

페로몬은 냄새의 한 부류다. 페로몬은 종에 따라 특화된 행동을 유발하거나 같은 종 안에서 생리적 반응을 이끌어 내는 분자 신호를 말한다. 척추동물에서 페로몬은 후각 상피와는 다른, 화학수용성 보습코 기관(VNO)*이라는 그들만의 독자적인 수용 경로가 있다고 생각하던 때가 있었다. 보조 후각계는 편도체 및 시상하부와 밀접하게 연결된 보습코 기관에서 오는 신호를 처리한다. 옥스퍼드 대학의 동물학자 트리스트럼 와이엇은 이렇게 설명했다. "상황이 그렇게 단순하지는 않습니다. 예, 우리는 두 번째 코인 보습코 기관에 대해 잘 알고 있어요. 대부분의 전통적인 신경과학자들은 보습코 기관과 주요 후각 망울 및 주요 후각계가 편도체에서 모두 합쳐진다는 것을 알고 있습니다. 수용체 수준인 말초에는 두 개의 각기 다른 기관이 있지만, 뇌의 더 높은 곳에서는 모든 입력이 하나로 합쳐지지요."

보조 후각계와 주요 후각계가 합쳐진다는 결론에 대해서는 논란이 있다. 와이엇은 계속해서 말했다. "1990년대 후반의 분자 생물학자들, 특히 하버드의 캐서린 둘락Catherine Dulac은 생쥐의 모든 페로몬은 보습코 기관에 의해 검출되며, 보습코 기관이 검출하는 것은 페로몬이어야 한다고 주장했습니다. 1990년대 후반에서 2000년대 초반에 걸쳐 출간된 많은 논문들이 페로몬을 보습코 기관과 합체시켰어요. 하지만 2006년에 캐서린 둘락과 린다 벅 연구소는 두 후각계의 신호가 편도체와 뇌의 각기 다른 부분에서 통합되고 하향식top-down으로 상호작용한

---

* VomeroNasal Organ. 라틴어로 vomer는 쟁기날(보습) 모양을 뜻한다. 서비골 기관이라고도 한다. 인간도 이런 비슷한 해부학적 구조물을 갖지만, 뇌와 연결하는 신경세포가 없다고 한다.

다는 연구 결과를 독립적으로 발표했습니다.[37] 한편, 일부 포유류는 보습코 기관이 아니라 주요 후각 상피에서 페로몬을 감지한다는 사실도 밝혀졌습니다."

페로몬이 무엇인지에 대한 의견도 분분했다. 용어의 기원을 살펴보는 일도 때로 도움이 된다. 와이엇은 이렇게 설명한다. "1880년대 뉴욕에서 첫 세대 곤충학자가, 수컷 나방이 암컷 나방에게 날아가는 현상을 관찰했어요. 그리고 그런 행동을 유발하는 강력한 분자들을 식별하고 합성할 수만 있다면 해충 조절에 사용할 수 있으리라 생각했지요." 페로몬이라는 낱말은 더 뒤에 등장했다. 1959년 두 생물학자인 페터 칼손과 마르틴 뤼셔가 만든 말이다.[38] 화학자인 아돌프 부테난트Adolf Butenandt는 처음으로 페로몬의 화학 구조를 밝혀냈다. 누에나방 암컷의 성 페로몬을 발견한 것이다. 와이엇이 페로몬 개념 50주년을 맞아 《네이처》에 짧은 논문을 기고한 뒤,[39] '그 단어가 만들어졌을 때 독일의 한 연구실에서 박사 과정을 밟았던 그리스 교수로부터'라고 적힌 편지를 받았다. 그리스 원어민인 그는 페로몬의 스펠링이 'pheroRmon'이어야 한다고 항변했다. "하지만 발음상의 이유로 R은 폐기되었지요." 그렇게 페로몬이라는 낱말이 등장했다. 그리스어로는 틀렸을지 모르지만, '페로몬'은 역시나 신호 역할을 하는 '호르몬'과 발음도 비슷하다. 그러나 페로몬에는 '한 유기체 내부'가 아니라, '유기체 사이에'라는 단서가 붙는다고 와이엇은 지적했다. 이 새로운 낱말은 즉시 외분비 호르몬ectohormone**이라는 이전의 단어를 대체했다.

페로몬은 언제 포유류 연구에 편입된 것일까? "저는 칼손과 뤼

** 이 용어를 제목에 사용한 논문은 1959년에 발표된 딱 두 편뿐이다.

셔부터라고 생각합니다. 그들이 신조어인 페로몬이라고 생각되는 물질을 무척추동물뿐만 아니라 척추동물에서 발견하고, 《네이처》에 논문을 발표했기 때문이지요."

포유류 페로몬에 대한 생각은 빠르게 바뀌었다. "1970년대 후반에서 몇 년이 더 지나지 않아, 사람들은 포유류에서 페로몬을 발견하는 일이 무척 어려울 것이라고 생각하기 시작했습니다. 전혀 찾을 수 없다고 본 사람들도 있었어요. 곤충과 달리 포유류는 이런 종류의 본능적이고 타고난 행동을 하지 않을 것이라고 보았기 때문인데, 그렇다면 페로몬 연구는 무의미해집니다. 그들은 예술가 집단처럼 일종의 선언문을 발표했습니다. 포유류에는 페로몬이 없다고 말이죠.[40] 페로몬은 곤충에게만 적용되는 개념이라고요. 그들은 역사를 다시 쓴 셈입니다."

하지만 "1980년대에는 포유류에도 페로몬이 **있다**고 말하는 사람들이 있었어요"라고, 와이엇은 덧붙였다. "밀로스 노보트니라는 화학자가 생쥐의 페로몬에 관한 일련의 논문을 발표했습니다.[41] 2003년 프랑스 디종의 브누아 샬은 새끼들이 젖을 빨도록 재촉하는 토끼의 페로몬을 발견했어요.[42] 그 이후로 많은, 크고 작은 분자 페로몬이 생쥐와 다른 포유류에서 발견되었습니다. 하버드의 스티븐 리벌스가 발견한 것을 예로 들 수 있지요.[43] 그중 작은 분자 상당수는 후각 상피에서 검출되지만 단백질 호르몬, 가령 생쥐의 페로몬인 다신darcin은 보습코 기관에서 검출됩니다."

"포유류가 발산하는 개별적인 냄새로부터 페로몬이라는 용어를 분리할 필요가 있었어요." 와이엇은 해결책을 제시했다.[44] "저는 **고유 혼**

합물 signature mixtures 개념을 적용했습니다. 페로몬은 모든 수컷에서 동일합니다. 지배적인 수컷의 경우 더 많은 양을 만들어 낼 수는 있지만요. 하지만 각각의 수컷은 그들만의 독자적인 냄새가 있어요. 그들은 각기 고유 혼합물을 가지며, 다른 생쥐들은 그것을 학습하고 인식하게 되죠. 과학자들이 페로몬을 식별하고자 한다면, 모든 수컷에서 동일한 분자를 찾으면 됩니다." 페로몬은 고유 혼합물과 다르다. "다른 개념이에요. 동물들은 고유 혼합물로 서로를 구분하고 친척인지 아닌지 인식합니다. 파트너를 알아채거나 낯선 개체를 구분하는 일, 모든 것이 이 차이에 바탕을 두고 있죠. 그래서 연구자는 모든 개체들이 발산하는 냄새 분자의 차이점을 찾습니다. 그렇지만 페로몬은 모두에게 중복되는 목록인 셈이지요."

페로몬 연구는 후각계 연구와 공통점이 있다. 유기체 반응을 연구할 때 두 체계 모두 행동 유연성과 분자 복잡성을 보이기 때문에 이 둘 사이의 명확한 개념적 구분이 쉽지 않다. 화학적 감각 신호로서 페로몬은 분자 구조 면에서 냄새와 다르지 않다. 차이점은 유기체나 종(진화의 기원과 역사를 공유하는 유기체 집합으로서)이 자극에 어떻게 반응하느냐에 달려 있다.

플로리다 대학 스티브 멍거 교수는 '두 가지 범주로 나뉜 냄새'를 생각할 수 있다고 결론지었다. "한 범주는 특정 생물학적 의미가 종 안에서, 또는 종과 종 사이에 진화하여 수신자에게 선천적인 반응을 유도하거나 촉진하는 화합물들—페로몬, 카이로몬, 알로몬* 등—을 포함합니다. 다른 하나는 동물이 다른 감각 자극이나 맥락과의 연관성을 익혀

---

* 카이로몬(kairomone)은 물질을 만든 생명체보다 그것과 접촉한 생명체에게 더 도움이 되는 물질이다. 가령 벌의 생식을 돕는 식물의 이차대사산물이 여기에 속한다. 이와 반대로 접촉한 생명체를 쫓거나 독성을 주는 물질은 알로몬(allomone)이라고 부른다. 카이로몬과 알로몬은 다른 종 사이의 상호작용을 매개하지만 페로몬은 같은 종 집단에서 작용하는 물질이다.

야 할, 환경 패턴의 일부인 화합물들입니다. 후자의 경우 그 의미를 학습해야 합니다. 가끔은 한 종류의 화합물이 두 범주 모두에 속할 수도 있습니다."

분자가 페로몬으로 처리되는지 아니면 '일반적인' 냄새로 처리되는지를 결정하는 것은 화학이 아니라 생물학이다. 어떤 특징이 특정 반응을 이끌어 낼 가능성이 더 높은지는, 어떤 연결 시스템이 선택되고 어떻게 작동하느냐에 달려 있다. 따라서 이제 서로 다른 층위에서 행동을 측정하고 분석하고 비교하는, 시스템 차원의 이론적인 접근 방식이 필요하다.

5장

공기를 타고, 코에서 뇌로

"후각은 공간적인 단서를 얻기 위해

훨씬 더 많은 시간적 통합을 필요로 한다."

— 톰 핑거

냄새 지각은 공간에서의 행동을 촉진한다. 그런데 냄새가 어느 방향에서 비롯되었는지 잘 모른다면, 연기나 베이컨 향과 같이 행동에 중요한 영향을 끼치는 신호를 감지하는 일이 왜 필요할까? 후각 단서의 기원은 눈에 보이지 않거나 즉각적으로 드러나지 않을 수 있다. 그럼에도 불구하고, 공간에서 방향을 알려 주고 길찾기를 돕는 냄새의 기능은 훼손되지 않는다.

"냄새는 거리 감각이에요." 제이 고트프리트가 말했다. 냄새 분자 포획 같은 공간적 상호작용을 통해 행동을 이끄는 냄새의 기능을 떠올려 보면, 거기에는 냄새를 연산 처리하는 중요한 원칙이 드러난다. "거리 감각이라는, 바로 그 이유 때문에 냄새는 예측 감각이기도 합니다." 여기서 예측은 우리의 뇌가 이전의 경험에 기초하여 자극의 규칙성을 예상한다는 뜻으로, 적시에 방향성 행동을 하고 그에 따라 운동 반응을 조절하는 것을 말한다. "먼 곳에서 냄새를 맡은 것이라면, 그리고 그것이 냄새 수용자에게 중요한 것이라면, 단순히 흥미로운 냄새에 경탄만 할 것이 아니라 냄새에 접근해서 그 냄새가 나는 곳으로 어떻게 찾아갈 것인가가 중요합니다." 고트프리트가 말을 이었다. "음식이든 짝이든 집이든, 뭐든 말이죠. 아니면 뭔가 혐오스러운 것일 수도 있겠죠.

맹수든 불이든 무엇이든지요. 생명체에게 필요한 것이라면 더 가까이 가게 하고, 그 반대라면 멀리 떨어지게 하는 일이 냄새의 가장 중요한 기능 아닐까요?"

냄새는 감정적·정서적으로 우리를 움직이도록 부추긴다. 하지만 우리는 어떻게 물리적으로 그 근원 물질을 향해 나아갈 수 있을까? 냄새를 통한 공간 지향성은 직관적이지 않다. 공간에서 행동을 지시하는 능력에도 불구하고, 냄새 감각은 시각이 하는 방식으로 공간적 내용을 드러내지 못한다. 시각은 크기와 모양 및 방향성을 동원하여 떨어져 있는 대상의 공간 특성을 전달한다.[1] 시각 대상은 정해진 범위가 있어서 위치를 지정할 수 있고, 움직임이나 방향을 드러낼 수 있다. 또한 시각 대상은 다소 분명한 경계가 있다는 점-시각 대상은 으레 뚜렷한 시작과 끝이 있다-에서도 냄새와 차이가 있다.

그렇다면 냄새의 공간적 성질은 무엇일까? 냄새의 방위에 대해 말하는 것은 이상하게 들린다. 시각 대상은 마주칠 수 있지만, 냄새와 대면하는 일이 어떻게 가능할지 상상하기는 쉽지 않다. 시각 경험에 공통되는 공간적 서술을 빌려 냄새 혹은 향기에 적용하기도 어렵다. 와인을 음미할 때 우리는 블랙베리 향이 담배 향의 왼편이나 오른편에 놓여 있다고 묘사하지 않는다. 이러한 공간적 차원성이 없기 때문에 복잡한 혼합물이 가진 다층적 냄새의 흐릿한 경계는 문제가 되지 않는다. 후각 전문가들은 개별 냄새를 감지하는 탁월한 능력을 선보인다. 그들이 와인이나 향수 혹은 위스키와 같은, 향을 가진 물질을 묘사하면서 '다른 향 아래'라는 표현을 썼다면 그것은 현상학적으로 그림과 배경이 분리되었음을 은유적으로 나타내는 것이다(그림과 배경의 분리를 통해 수용자는 잡음이 많은 배경 속에서 특정 정보를 선택할 수 있다).

코는 눈과 같은 방식으로 지각 대상의 공간적 특성을 전달하지는 않는다. 하지만 코는 우리가 지각 대상과 관련하여 공간적으로 행동하게 만든다. 시각이나 청각과 비교하면, 후각의 능력이 인과성에 기초하고 있다는 점을 분명히 알 수 있다. 전반적으로 감각은, 17세기 철학자 존 로크1632~1704가 일차성질과 이차성질로 나누었던 단순관념*에 속한다.[2] 일차성질은 정신에 의존하지 않으며 주로 부피, 모양, 윤곽, 움직임과 정지를 포함하는 물체의 공간적 특성을 일컫는다. 이차성질은 정신에 의존한다. 따라서 이차성질은 대상의 속성이 아니라 그것을 수용하는 마음의 창조물이라 할 수 있다.

소리는 이차성질이다. 소리는 전적으로 수용자와 그들의 감각기관에 의존한다. 가령 초음파 주파수는 우리의 청각 시스템에 맞춰져 있지 않기 때문에 인간은 감지할 수 없다. 하지만 박쥐들은 초음파를 이용하여 반향정위反響定位, echolocate하며, 인간이 감지할 수 없는 것을 들을 수 있다. 1974년에 철학자 토머스 네이글이 제기한 "박쥐처럼 된다는 것은 어떤 의미일까?"[3] 하는 질문에 답하는 것은 불가능하다. 적절한 수용계가 없다면 물리적 자극이 더 이상 이차성질로 전환될 수 없기 때문이다. 색상과 냄새 그리고 맛에도 똑같은 철학적 토론을 전개할 수 있다. 상상해 보자. 갯가재는 열 다섯 가지의 색 수용체를 가지고 있다. 갯가재가 무엇을 보든 그것은 인간이 보는 세계와는 판이하게 다르다.

이차성질로서 색은 그 자체로 공간적이지는 않다. 본질적으로

---

* 로크는 인간의 마음 혹은 정신은 본디 '백지상태(Tabula rasa)'이지만 외적 경험인 '감각'과 내적 경험인 '반성(Reflection)'을 통해 관념으로 채워지며, 인식이 그 과정을 주재한다고 보았다.
로크는 외부 사물 감각으로 생기는 관념을 단순 관념, 내적 반성과 관련한 관념을 복합 관념으로 구분했는데, 단순 관념 또한 객관성을 띠는 일차성질과 보다 주관적인 이차성질로 나누었다.

색에는 공간적인 것이 없다. 대상 혹은 풍경을 시각적으로 표상하는 동안 통합된 특징으로 색이 인식될 때, 비로소 시각 지각 안에 공간이 들어온다. 그때서야 색은 공간적 특질을 드러낸다. 화가들은 색상이 눈에 보이는 대상과의 거리, 심지어 그 질감이나 모양을 지각할 때도 중요한 역할을 한다는 사실을 잘 알고 있다. 메트로폴리탄 미술관의 갤러리를 거닐다 보면 시각계의 원리에 대해서, 때론 철학 논문보다 더 깊은 통찰력을 얻을 수 있다. 『시각과 예술, 보는 일의 생물학』에서 신경과학자 마거릿 리빙스턴이 묘사한 것을 보자.[4] 시각 대상은 각기 다른 종류의 개별 특성들을 처리하여 통합한 결과물이다. 시각은 두 가지 특성 처리 경로에 기반을 두고 있는데, 색 암호화와 모서리 감지가 그것이다. 모서리 감지는 공간 차원에 중요한 암호를 제공한다. 하지만 최근 연구자들은 시각 대상 형성에서 두 가지 처리 경로를 엄밀히 구분하는 데 의문을 제기하고 있다. 예컨대, 색 암호화가 색상을 처리할 뿐만 아니라 모서리 같은 공간적 특징도 분석한다는 것이다. 신경생리학적 연구는 양쪽 경로가 심지어 말초에서까지도 상당히 중첩된다는 사실을 밝혀냈다. 시각에 대한 이해도 우리가 생각하는 것만큼 그리 명료하지는 않다.[5]

후각 역시 한 가지 이상의 차원을 포함한다. 앞서 3, 4장에서 자세히 살펴본 '냄새의 질quality'(장미 향, 똥 냄새 등)과 '쾌락성hedonicity'(유쾌함이나 불쾌함)에 더하여 '세기intensity'도 있다. 신경이 어떻게 세기를 처리하는지는 지금까지도 알려진 게 거의 없다.[6] 농도 차이에 바탕을 둔 냄새의 세기는 냄새의 질이 암호화되는 원칙과 시공간적으로 다르게 펼쳐진다. 하지만 세기는 후각에서 공간적 행동을 유도한다.

조엘 메인랜드는 후각의 중요한 특징 중 하나로 세기를 강조하면서, 연구의 어려움과 현재 학계의 무관심을 질타했다. "세기 연구의 문제는, 동물에게 냄새의 세기를 보고받는 일이 어렵다는 것이었습니다. 생쥐가 냄새의 질적 변화나 다른 상관관계가 아니라, 세기에 반응하는지를 확인하는 게 어렵다는 뜻이지요. 예브게니 시로틴은 냄새의 세기를 측정하는 정말 멋진 실험을 수행했습니다. 그는 실험을 통해서 세기를 어떻게 측정하는지, 이런 완만한 변화를 포착하는 방법을 보여 주었어요.[7] 기분 좋은 것에서 불쾌한 것으로 확 바꾸는 게 아니라, 냄새 물질의 농도 기울기를 천천히 변화시키면서 쥐들이 어떻게 반응하는지를 관찰했지요. 그는 자신이 말한 다음과 같은 것을 실험했습니다. 여기 특정한 세기의 냄새 물질이 있습니다. 다음에는 냄새 물질의 농도를 좀 더 높여서 줘 볼까요? 하지만 저는 당신이 이전에 낮은 농도였을 때와 동일한 세기로 지각하도록 실험적으로 조절할 수 있습니다. 물질적 자극은 다르지만 당신은 같은 세기로 지각하는 것이지요. 이때 지각된 세기와 신경은 무슨 관계가 있을까요?"

메인랜드는 어려운 점이 무엇인지 설명했다. "수용자가 농도 a인 냄새 물질 A와 농도 b인 냄새 물질 B를 동일한 세기로 지각한다고 해 보죠. 전혀 다른 수용체 집단을 활성화시키는 완전히 다른 두 가지 자극을 주었을 때, 동물은 어떻게 그 냄새의 세기를 해독할까요? 어떤 지각 정보가 전달되고 그것이 어떤 행동으로 이어지는지 그리고 어떻게 계가 그런 일을 실행하는지에 대한 기본적인 원리를 알기 전에, 이런 실험을 하는 일은 쉽지 않습니다." 세기에 관한 암호를 해석하는 일은 어렵다. 그 답을 얻으면 우리는 냄새를 단서로 동물이 어떻게 환경을 탐색하는지 좀 더 잘 알 수 있을 것이다.

자극 공간

　냄새 지각은 어떻게 운동계와 연결될까? 물리적 자극의 층위에서 보면 냄새는 공간적인 물체다. 분자는 유정형의 물질이며 공간에서 일정한 자리를 차지하고 있다. 냄새는 휘발성이 강한 화학물질로, 환경 속에서 자기가 점유하고 있는 자리의 위치를 바꾸어 가며 이리저리 움직인다. 원칙적으로 후각 자극은 유기체에게 '내 왼쪽에서 냄새가 나는 것 같은데!' 같은 수용자와 관련한 방향성뿐만 아니라, '이 베이컨 냄새는 어디서 나지?'와 같은 환경 속에서의 위치도 가늠할 수 있게 한다. 거리를 감각하기 위해 시각과 청각 그리고 후각은 하나로 결합된다. 그 덕분에 유기체들은 공간 속에서 방향을 정하고 대상을 향해 움직일 수 있다.

　원위遠位 감각들*도 물론 서로 다르다. 그 다름은 인간과 동물이 후각을 이용해 뭔가를 찾도록 촉진하는, 자극 자체에 내재하는 특징이 아니다. 그것은 감각계가 어떻게 자극을 감지하느냐에 관한 것이다. 다시 말해, 규칙성을 감지하여 그것을 어떻게 감각 신호로 표현하느냐 하는 것이다. 후각 자극은 예측 가능성 측면에서 시각이나 청각과 다르다. 휘발성이 강한 냄새는 불규칙하게 분포하고, 환경 속에서 끊임없이 움직인다. 시각에서 광자의 표면 반사와는 달리, 대기 중 냄새 물질의 움직임은 예측하거나 통제하기 어렵다. 고트프리트는 바로 이런 사실 때문에 감각 계통의 구성이 달라진다고 기술했다. 예측 가능한 자극으로

---

* 원위 감각(distal senses)은 외부의 정보를 수용하는 기능적 감각으로, 우리가 흔히 알고 있는 후각, 시각, 청각, 미각, 촉각이 여기에 속한다. 반면 자궁에 있을 때부터 일찍감치 발달하며 몸에 대한 정보를 제공하는 감각은 본태적 감각, 혹은 근위 감각이라고 부른다. 예컨대 접촉, 균형, 혹은 근골격 및 관절을 통해 느끼는 무게, 저항, 근육수축, 이완, 허기, 통증 등이다.

서 "망막의 활성화는 항상 일차 시각 겉질의 동일한 지점으로 연결되는 지도 시스템으로 시각을 규정하지만, 바람의 흐름에 의존하는 냄새의 위치는 잘못 판단할 수도 있습니다." 공간 지각은 자극이 어떻게 감각계와 연결되느냐에 달려 있다.

후각 자극을 통해서 후각 상피나 신경계가 환경 속 냄새 물질의 위치를 파악할 때, 그것은 규칙적이지도 않을뿐더러 예측 가능한 공간적 상관성도 떨어진다. 『의식의 수수께끼를 풀다』에서 철학자 대니얼 데닛은 후각이 인간의 시각보다 공간 분해능이 낮은 이유를 이렇게 강조했다.

우리는 포름알데히드 분자의 실낱같은 자취가 남은 방에서 그 존재를 감지할 수 있을지도 모른다. 그렇다고 해도 우리는 그 흔적이나 냄새를 풍기는 개별 분자가 떠다니는 지역을 알아차리지는 못한다. 우리는 그저 온 방 혹은 적어도 그 방 한쪽 구석에 포름알데히드 냄새가 있다고 느낄 뿐이다. 왜 그럴까? 우리 콧속을 거의 무작위로 떠돌아다니다 상피에 있는 특정 지점에 도착하는 냄새 분자는, 홍채의 작은 구멍을 통해 일직선으로 들어와 외부 세계나 대상에 대한 기하학적 지도를 싣고 오는 광자와는 달리, 그들이 어디에서 왔는지에 대한 정보가 현저히 부족하기 때문이다. 만약 우리의 시각 해상도가 후각의 해상도처럼 형편없다면, 한 마리 새가 하늘을 날았을 뿐인데도 우리는 머리 위로 한 무리 새떼가 날았다고 느낄지도 모른다.[8]

바로 이 지점에서 후각은 시각이나 청각과는 다른 종류의 원위 감각으로 구분된다. 시각이나 청각 자극과는 달리, 냄새 물질로는 위치 혹은 움직임과 관련된 공간에서의 정확한 물리적 궤적을 예측할 수 없다. 이는 후각계와 자극이 왜 그런 식으로 상호작용하는지, 또는 후각계가 냄새 자극을 가장 잘 다루기 위해 어떻게 진화했는지를 추론하는 출발점이 된다. 냄새를 풍기는 다양한 화합물이 매 밀리초msec(1,000분의 1초)마다 무작위로 위치를 바꾸면서 공기 중에 떼 지어 몰려 있을 때, 후각은 어떤 수단을 강구할 수 있었을까? 공간에서 개별 냄새 물질의 정확한 위치를 연산하는 일은 쉽사리 뇌의 능력(또는 필요성)을 넘어선다. 예를 들어, 파인애플 냄새 혼합물의 암호를 푸는 과정에서 알릴 헥사노테이트($C_9H_{16}O_2$) 화합물이 다른 성분, 예컨대 에틸말톨($C_7H_8O_3$) 분자의 '앞'에 있는지 '오른쪽에' 떠 있는지는 전혀 중요하지 않다.

후각계가 감각을 처리할 때 중요한 것은 분자가 물리적 공간에서 (복잡한 기류의 결과로) 어떻게 분포하느냐가 아니다. 냄새 분자들이 상피와 어떻게 상호작용하느냐가 중요하다. 이때 냄새 성분들은 공간적이 아니라, 시간적인 상호작용에 의해 구분된다. 냄새를 공간적으로 추적하려면 분자 구름의 출처와 냄새 근원 물질로부터 얼마나 멀리 떨어져 있는지를 충분히 합리적으로 추정할 수 있어야 한다. 곤충 후각 연구자들은 후각을 통한 길찾기가 냄새 물질의 시간적 격차를 처리하는 과정에 따라 구축되는 것 같다고 제안했다. 이 분야에서 뛰어난 연구자로는 존 힐데브란트John Hildebrandt, 링 T. 카데, 마이클 디킨슨이 있다.[9]

후각 지각에서의 공간적 차원은 자극에 내재하는 게 아니라 수용 감각계가 형성하는 정보다. 후각은 상피와 직접 상호작용하는 분자의 접촉 감각이다. 후각 단서는 적절한 행동을 취하도록 신호를 보낼 뿐 아니라, 연기처럼 눈에 잘 보이지 않는 대상을 드러내는 역할도 한다. 사실 냄새란 사물의 표면에서 분출되는 휘발성 물질이 빚어내는 어떤 특성이다. 이러한 냄새의 물질적 기원은 공간에 위치할 수 있다. 하지만 난기류로 인해 농도의 기울기가 연속적이지 않기 때문에 냄새의 공간적 예측이 어렵다. 마시모 베르가솔라를 위시한 연구진들은, 후각 단서의 정보 축은 지그재그로 움직이며 무작위적이고 서로 연결되지 않은 냄새 물질과의 만남으로 이루어진다고 보았다.[10]

냄새는 분명 외수용성exteroceptive의 외부 지향적 특성을 드러낸다. 냄새는 어떤 것을 향하거나 멀어지도록 행동을 유도한다. 유기체의 행동을 이끌어 내는 외부 표적의 신호로 이해한다면, 후각은 공간적인 감각이다. 그러나 후각의 공간 차원은 자극이 아니라 감각계를 통해 더 정확히 이해할 수 있다.

체화된 공간

후각의 핵심은 코를 킁킁거리는 것이다. 킁킁거리는 일은 단조로운 행동도, 자동적인 행동도 아니다. 킁킁거리는 속도와 세기 그리고 패턴의 변화는 어떻게, 그리고 심지어 어떤 분자가 비강 상피에 도달하여 점액과 상호작용하는지를 결정한다. 맥스웰 모젤은 코 안에서 순환하는 역동적인 공기 흐름과 유체 흐름의 복잡성을 강조했다. "우리는 수용체 특이성이 있음을 잘 압니다. 하지만 그것이, 냄새 분자들이 수용체 영역으로 어떻게 이동하는지를 말해 주지는 않습니다." 분자의 수, 부피, 시간, "이들의 조합에 따라 각각을 설명할 수 있어야 합니다. 분자의 수를 시간으로 나누면 농도가 되죠. 부피를 시간으로 나누면 흐름의 속도가 됩니다. 이 변수들 중 어느 것이 더 중요한지 유기체 반응으로 판단하기는 매우 어렵습니다. 세 가지 기본 변수는 모두 어떻게 결합하느냐에 따라 각기 다른 역할을 하거든요."

킁킁거림은 어떤 정보가 언제 뇌에 도달하는지에 영향을 미친다. 킁킁거릴 때 코로 들어오는 공기의 부피, 킁킁거리는 시간, 속도, 세기, 모두 휘발성 분자가 비강의 상피와 상호작용하는 방법을 조정하여 냄새 지각을 변화시키는, 측정 가능한 변수다. 더 세게 킁킁거려야 농도가 낮은 냄새 물질의 검출 역치에 도달할 수 있다.[11] 심지어 자극이 없는 상태에서도 코를 킁킁거리면 냄새 지각에 버금가는 무언가를 만들어 낼 수 있다는 암시적인 증거도 있다.[12] 킁킁거리는 행위는 냄새 물질을 상피로 운반하는 기계적인 수단, 그 이상이다. 그것은 지각 내용을 만드는 형성적 요소이다.

인간 및 포유류의 후각계는 일정한 간격을 두고 양쪽 콧구멍의 호흡 속도가 달라지는, 무의식적 메커니즘인 비주기鼻週期*를 통해 후각적 길찾기를 하도록 진화했다. 에이버리 길버트는 "비강 상피 부위가 부풀어 올라 기도의 경로 형태가 뒤틀리면서 공기 속도가 달라지는 것"이라고 설명했다. 비록 우리가 그 사실을 잘 인식하지 못한다 해도, 우리의 두 콧구멍은 다른 속도로 숨을 쉰다! 코의 한쪽은 늘 조금씩 막혀 있다. 그래서 한쪽 콧구멍은 다른 쪽 콧구멍보다 공기를 받아들이는 속

---

* 양쪽 콧구멍 점막의 수축과 팽창이 교대로 발생하는 현상을 비주기(鼻週期)라고 한다. 이에 따라 2~6시간 간격으로 각 콧구멍을 통한 호흡의 세기가 달라진다. 이러한 현상은 코의 피로를 풀기 위해 진화한 것으로, 시상하부가 관여한다. 인지하기 어렵지만 1년 365일 8,760시간 내내 숨을 쉬는 일은 여간 에너지 집약적인 작업이 아니다.

도가 조금 느리다. 이런 일은 번갈아 일어나기 때문에 영구적인 상태는 아니다. 일반적인 통념에 따르면 비주기는 2시간 30분 정도다.[13] 그러나 그 리듬이 정확하게 유지되는 것은 아니어서 통계적인 증거는 다소 빈약한 편이다. 두 연구에서 길버트는 "콧구멍은 번갈아 통로를 크게 열지만 불규칙"하다면서, 그 주기의 규칙성이 떨어진다는 점을 강조했다.

리듬이 있든 없든, 공기 흐름을 변화시킴으로써 코는 무척 다양한 냄새를 감지할 수 있다. 무게와 크기에 따라 어떤 냄새 물질은 다른 것들보다 비강 상피의 수용체와 더 빠르게 상호작용한다. 냄새 물질들은 결합 속도에서도 차이가 있다. 양쪽 콧구멍에서 두 가지 다른 속도의 공기를 냄새 맡게 되면서 코가 감지하는 자극망은 더욱 넓어졌다. 그 결과 코는 냄새의 근원 물질을 보다 더 쉽게 구분할 수 있게 되었다.

개를 보면 이 일이 어떻게 작동하는지 짐작할 수 있다. 개들은 냄새를 맡으며 흔적을 쫓아간다. 그러나 직선 행로로 길을 따라가지는 않는다. 개들은 맴돌면서 냄새의 주변을 킁킁거리며 방향을 찾아 나선다. 그들은 인간만큼이나 좁은 범위의 냄새 공간을 '본다.' 하지만 개들은 냄새 공간의 가장자리를 쫓아 움직이면서 냄새의 흔적을 발견하고, 그것을 따라간다. 똑같은 원리가 나방이나 물고기, 인간을 포함한 모든 동물들에게 적용된다. 콜로라도 대학의 신경생물학자 톰 핑거Tom Finger는 이렇게 설명한다. "냄새 공간의 가장자리가 얼마나 강렬한지에 따라 동물들은 거리를 예측할 수 있습니다. 근원 물질에서 직접 냄새가 나오기 때문에 주변은 냄새가 뚜렷한 편이지요. 거기서는 일정한 농도로 냄새가 풍깁니다. 근원 물질에서 멀어질수록 가장자리가 넓게 퍼져 나가기 때문에 냄새가 흐릿해져요. 동물은 냄새 가장자리의 세기에 따라 거리를 판단합니다. 제가 보기에 그 방식은 사람들이 일반적으로 인식하지 못하는, 냄새 지각의 또 다른 차원입니다. '냄새 근원 물질 안'에서 '밖으로' 전이되는 냄새의 강렬함은 진원지로부터의 거리를 유추하는 매우 유익한 정보인 셈이지요."

이것은 인간이 코로 길찾기를 하는 방법이기도 하다. 길버트는 버클리 대학의 심리학자 루시아 제이컵스가 수행한 2015년 연구를 언급했다.[14] "그녀는 눈을 가리고 이어폰을 낀 피험자들을 방에 집합시켰습니다. 그리고 한곳에 냄새 물질을 두고는 그것을 빙빙 돌렸어요. 피험자들은 냄새의 진원지를 찾아야 했지요. 그들은 해냈습니다!"

일반적인 믿음과 달리 냄새를 추적하는 인간의 능력은 개의 그것보다 크게 떨어지지 않을지도 모른다. 이러한 생각은 2007년 놈 소벨과 연구원인 제스 포터가 개들의 냄새 추적처럼, 냄새를 추적하는 인간의 능력을 모델화한 연구 결과에 근거를 두고 있다.[15] 그들은 서른 두 명의 굶주린 버클리 대학생들에게 초콜릿 향기가 나는 길을 따라가도록 했다. 다른 단서가 아닌 냄새로만 길을 찾도록 하기 위해 연구자들은, 눈가리개와 장갑, 무릎 가리개를 이용해 피험자들의 다른 감각 입력 수단을 모두 빼앗았다. 연구원들은 냄새를 추적하는 학생들의 능력과 개가 킁킁거리며 꿩의 흔적을 쫓는 행동을 비교했다. 개와 같이, 학생들은 트랙을 빙빙 돌면서 길을 따라 냄새를 추적하는 행동을 보였다. 훈련을 시키자, 학생들은 이 일을 더 빨리 더 잘하게 되었다!

하지만 인간의 코가 개의 코와 능력이 비슷하다는 주장은 아직

시기상조일 수 있다. 뉴욕 바너드 대학에서 개를 연구하는 인지과학자인 알렉산드라 호로비츠[16]가 끼어들었다. "하루 종일 후각을 생각하는 후각 전문 과학자를 탐색 구조견과 비교해 볼까요?" 잠시 웃던 그녀는 좀 더 진지하게 얘기를 이어 갔다. "저는 행동에 관심이 있습니다. 사람들은 코로 무엇을 하는가? 개들은 어떨까? 개들과 달리 인간은 들숨 후각을 자주 사용하지 않습니다. 훈련받은, 능력이 뛰어난 개들을 보면… 그 개들은 보다 나은 후각계를 갖도록 훈련받는 것이 아닙니다. 다만 우리 인간이 필요로 하는 특정 냄새를 맡도록 동기부여가 된 것뿐이에요. 지시한 것을 발견했을 때만 개들은 우리에게 뭔가 표시를 하지요. 비교 대상이 완전히 다른 겁니다."

그녀는 소벨의 연구로부터 너무 성급한 결론을 내리지 말라고 경고했다. "버클리 연구에는 몇 가지 흥미로운 특징이 있습니다. 하나는 그들이 뿌린 냄새 물질의 궤적이 땅속에 계속 존재했다는 점입니다. 초콜릿 향기를 뿌린 끈을 풀 속에 내려놓았어요. 보통의 코라면 어렵지 않게 감지할 수 있는 냄새였죠. 그리고 그들은 끈, 즉 냄새의 근원 물질을 그곳에 놔두었습니다. 냄새는 잔디밭에 있었습니다. 이는 근원 물질에서 **분출되어 나오는** 냄새를 찾는 탐지견의 상황과는 분명 다르지요. 공기 중에 확실히 뭔가가 있긴 합니다. 분자가 배출되니까요. 그렇지 않다면 개는 아무것도 감지할 수 없겠지요. 하지만 개들의 경우에는 냄새를 내는 물질이 멀어졌습니다. 그게 핵심입니다. 잔디에서 초콜릿 냄새가 나는 끈을 놔두는 대신 그것을 **없앴다고** 해 보죠. 그리고 나서 학생들에게 출처 그 자체가 아니라, 출처가 남긴 냄새 흔적을 찾아보라고 요구했어야 하지 않을까요?"

호로비츠는 또한 개와 인간의 반응에서 나타난 시간 격차에 대해서도 언급했다. "여러 피험자가 그 길을 따라 내려왔어요. 하지만 걸린 시간은 믿을 수 없을 정도로 길었습니다. 몇 분이 걸렸어요. 제가 알기에 14분이 걸린 피험자도 있었습니다. 어쩌면 피험자들이 모든 끈을 포기하지 않고 다 지나갔을지도 모릅니다." 그녀는 말을 이었다. "참가자들의 능력이 점차 개선되었다는 사실은 무척 흥미로웠습니다. 인간에게 코를 훈련할 수 있는 잠재력이 있다는 걸 보여 주었으니까요. 조향사들이 그 증거입니다. 후각도 훈련이 가능하다는 사실을 알 수 있죠. 그렇다곤 해도 개의 후각계는 인간보다 훨씬 낫습니다. 개들의 자연스러운 행동은 우리 인간과는 다르죠. 개와 사람 사이에 분명히 구분되는 것이 있지 않겠어요?"

우리가 개만큼 잘하든 아니면 개에 비해 조금 떨어지든, 그건 중요치 않다. 요점은 냄새를 감지하고 정확히 추적할 수 있는 행동 능력이 인간에게도 있다는 사실이다. 차이가 있다면, 개와 달리 인간은 냄새 추적과 관련된 행동을 거의 하지 않는다는 점이다. 인간이 네 발로 땅 위를 기어다니는 일은 거의 없다. 그러나 대부분의 냄새는 거기서 시작된다. 냄새의 대부분은 사물의 표면에 가까이 붙어 있기 때문이다.

킁킁거리며 냄새를 맡는 행동에 필수적으로 따르는 것은 움직임이다. 그것은 냄새의 근원 물질과 수용자 사이에 놓인 거리를 능동적으로 탐색하는 일이다.[17] 이는 뇌가 다른 원위 감각을 처리하는 방법과 다르고, 따라서 훈련되지 않은 뇌는 멀리 떨어져 있는 냄새 근원 물질의 공간적 차원을 연산하지 못한다(청각 신호에 시간적 지연이 있다면, 후각은 시공간에서 일상적으로 움직이는 자극에 의존한다). 후각에서 뇌가 냄새 물질과의 거리를 파악하는 방법은, 자극에 코를 가까이 하고 냄새 물질의 농도 변화에 따라 수용자를 움직이게 하는 것이다. 이는 냄새 물질의 화학 농도 분포를 해석하는 작업이다.

이러한 상호작용을 연산할 때는 시간 차원이 포함된다. 핑거는 덧붙였다. "대상에 도달하려면 흔적을 따라가야 합니다. 시각이나 미각은 그 대상이 어디 있는지를 즉시 알 수 있죠. 반면에 후각은 공간적인 단서를 얻기 위해서 훨씬 더 많은, 시간적 통합을 필요로 하는 것 같아요." 그러자 아이나 푸스가 대답했다. "시간이 지나야 자극을 인식할 수 있다는 점에서, 후각은 청각과 유사하다고 볼 수 있어요."

그런 감각 운동 활동을 강조하는 지각 이론은 이른바 생태학적 지각 이론, 행화주의*, 체화 이론에서 주목받았다. 이 이론들은 1960년대와 1970년대에 심리학자 제임스 J. 깁슨1904~1979이 주도했으며,[18] 1990년대에는 생물학자 프란시스코 바렐라와 움베르토 마투라나가 뒤를 이었다.[19] 오늘날 이 이론들은 철학적 논쟁에서 다양한 면모를 보여준다.[20] 지적 차이는 차치하고라도, 이들 이론의 지지자들은 지각 분석에서 지각과 신체 그리고 환경을 암묵적으로 분리하는 일의 위험성을 경고한다. 유기체의 몸이 어떻게 만들어지고 어떤 종류의 행동을 할 수 있는지에 따라, 지각 내용이 근본적으로 구조화된다는 것이다. 따라서 감각 입력과 운동 출력은 서로 짝을 이루어 분석되어야 한다(이런 짝 지음의 정의에 대해서는 상당한 이견이 있지만). 지각자의 몸은 유기체가 외부

---

* 행화주의(行化主義, enactivism)는 인식 대상이 객관적으로 존재하는 것이 아니라 인식 주체의 '행위를 통해' 특정한 방식으로 변화된 세계라고 보는 관점이다(이기홍, 《철학탐구》 48. 91~129, 2017 참고).

를 탐색하며 환경과 상호작용하기 위해 지각 내용을 현실화하도록 진화했다. 감각의 주요 소임은 다름 아닌, 유기체가 의사결정을 할 때 신뢰할 수 있는 지침을 확보하는 일이다. 생물학적 요인은 처음 접한 외부 정보를 지각 내용으로 현실화하는 방식에 매우 상이한 영향을 끼친다.

행동은 정보가 어떻게 뇌에 도달하고 거기서 어떻게 처리되는지를 근본적으로 결정한다. 뇌는 물론 신체의 일부분이다. 뇌의 중심 기능 중 하나는 신체 신호를 조정하고 통합하는 일이다. 코를 킁킁거리는 행동은 뇌 활동의 진동 리듬을 조정하기 때문에, 행동이 중앙 처리 장치에 어떤 영향을 미치는지를 보여 주는 생생한 사례이다. 신경 진동은 신경 신호의 막전위 변화로 인해 발생하며 뇌파검사(EEG)*로 측정할 수 있다. 이러한 진동은 신경 집단의 활동을 나타내고, 이들의 변동은 더 높은 흥분 상태와 더 낮은 흥분 상태 사이를 오가는 상황을 반영한다. 이때 어떤 단계인지에 따라 입력 정보가 달라질 수 있다. 예컨대, 더 높은 흥분 상태에서는 특정한 종류의 입력을 우선적으로 감지하는 반면, 낮은 흥분 상태에서는 같은 종류의 입력이 억제되기도 한다.[21]

킁킁거림은 뇌 영역에서 진동 리듬이 어떻게 연동되는가에 영향을 미친다.[22] 도널드 윌슨은 이렇게 설명했다. "숨을 쉴 때마다 후각계에서 재설정된 진동이 있다는 것을 우리는 압니다." 여기서 '재설정' 혹은 '동조同調'란 신경 활성의 시간적 조정을 일컫는다. 호흡을 통해 두 신경 집단이 동시에 활성화되는 것이다. "호흡에 따라 재설정된 진동이지요." 그는 고트프리트와 박사 후 연구원인 크리스티나 젤라노의 최근 연구를 언급했다.[23]

* 대뇌 겉질 신경세포에서 기원하는 전류는 많은 신경세포의 동시 활성화를 통한 전기의 흐름으로 나타난다. EEG(ElectroEncephaloGraphy)는 두피에 붙인 전극을 통해 기록하는 검사로 뇌의 자발적인 전기 활동을 파악할 수 있다(세브란스병원 홈페이지 참조).

숨을 쉴 때는 호흡과 관련된 인간의 모든 부위가 동조합니다. 그리 강한 신호는 아니지만, 거기서 뭔가 끄집어낼 만큼은 됩니다. 우리는 후각계가 해마와 편도체 그리고 다른 종류의 기억을 담당하는 뇌 부위와 긴밀하게 결부되어 있음을 잘 압니다. 호흡 기관의 동조화는 이들의 연결을 돕습니다. 제가 숨을 쉬면서 실제로 공기를 들이마시고 코를 킁킁거리는 행동을 할 때, 저는 이들 뇌 부위를 서로 연결시키고 있는 겁니다. 그러면서 냄새를 맡지요. 저는 단지 해마와 편도체를 동시에 켰을 뿐이지만, 그들 모두가 나서서 냄새의 폭넓은 문맥을 형성하는 것입니다.

전기 생리학적 세포 기록을 통해 킁킁거림과 반응 상태 사이의 역동적 연결을 통찰한 후속 실험도 진행되었다. 여기에서는 능동적으로 킁킁거리는 일과 후각 학습 사이의 긍정적인 연관성이 강조되었다.[24] 하지만 코를 킁킁거리는 일이 어떻게 냄새의 세기를 결정하는지에 대해선 아직 잘 모른다.[25] 실제로, 진동의 동조화는 코의 운동 작용이 뇌의 정보 처리를 결정하는 데에 중요한 요소이다.

진동은 지각 내용에 어떻게 영향을 미칠 수 있을까? 진동 리듬은 '지각 주기perceptual cycling'를 통해 입력 신호를 구분하는, 신경 선별 행위의 한 형태다. 1976년 인지심리학자인 울릭 나이서 1928-2012가 이 용어를 만들었다. 나이서는 지각이 뇌의 주기적인 과정이라고 설명하면서, 포획 행동에서 검색 유형에 따라 입력 정보가 여과될 수 있다는 가설을 제안했다.[26] 진동 리듬의 반복적인 변화는 감각 입력을 주기적으로 선별함을 의미한다. 이에 따라 입력된 감각과 짝 짓는 특정 뇌 영역의 반응성도 달라진다. 그런가 하면, 몇몇 신경 집단은 주어진 어떤 시간에라도 활발하게 경쟁한다. 그래서 뇌는 선별적으로 입력을 받아들이는 자체 메커니즘에 의해 일차 가공된다.

  뇌는 균질한 구조가 아니라 여러 모듈형 군집이 조화를 이루고 있다. 따라서 어떤 의미로 뇌의 내부에서는 끊임없이 경쟁이 벌어지고 있다. 주의를 끌기 위한 문턱값을 넘기 위해 개별 신경 집단은 치열하게 경쟁한다. 하지만 뇌가 주의를 집중하는 데 들이는 자원은 한정되어 있다. 지각 주기는 감각을 처리하는 동안 유사한 신호가 과잉 유입되는 상황을 피하기 위한, 능동적 선택 메커니즘인 셈이다. 각기 다른 행동 요인-가령 코를 킁킁거리는 것과 같은-은 지각 주기에서 진동 리듬을 변화시킨다.

  지각과 운동 작용 사이의 이러한 짝 지음은 지각의 내용 형성-어떤 것이 처리되고 무엇이 의식에 도달하는지-을 근본적으로 뒷받침한다. 이러한 능동적 감각 개념이 최근에 등장한 것은 아니다. 의사 헤르만 폰 헬름홀츠는 이미 19세기에 '관념운동 이론ideomotor theory'에서 이와 비슷한 개념을 제시했다.[27] 다만, 지각 형성에 이 짝지음이 분명한 효과를 갖는지에 대한 연구는 근대에 들어와서야 진행되었다.

  후각이 공간 행동을 촉진하는데도 냄새 이미지가 시각 대상처럼 별도의 공간적 특성을 가지지 못하는 까닭은 무엇일까? 이러한 질문과 함께 우리는 이제 시각 이론을 넘어서는 통합적 지각 이론을 정의해야 할 핵심 단계에 도달했다. 경계나 불연속성을 포함하여 지각 대상의 특성과 차원은 연산적 특성이다. 이러한 특성은 신경 위상학의 산물이다. 다시 말하면 신경 신호로 전달되는 정보가 어떻게 통합되고 구성되는가에 따른 결과이다. 그러나 후각은 시각이나 청각과 같은 위상적 방식으로 냄새를 연산하지는 않는다.

신경 공간

후각에서 신경 지도와 그것의 의미가 무엇인지는 상대적으로 잘 알려지지 않았다. 감각 실체로서 냄새는 여러 차원에 걸쳐 있다. 냄새는 어떤 냄새인지 냄새의 질을 전달하고, 다양한 세기로 나타나며, 종종 즐겁거나 불쾌한 것으로 다가온다. 이러한 지각적 차원, 즉 냄새의 질·세기·쾌락성은 대부분의 감각 수행 연구에서 따로따로 측정된다.[28] 더욱이 이들은 신경구조에 따로따로 지도화된다고 간주되었다.[29] 하지만, 후각에서 중요한 점은 후각 자극의 공간적 지형이 신경을 표현한 공간 지형에 일대일로 지도화되지 않는다는 사실이다(7, 8장 참조). 따라서 적용하기도 어려운 시각계에서 파생된 지도 개념 대신, 자체적인 연산 구조 측면에서 후각 모델을 수립하는 일이 필수적이다. 결국 시각과 후각은 형상의 암호를 푸는 연산 과정에서 상당한 차이를 보인다.[30]

공간의 암호화는 이러한 맥락에서 중요하다. 시각 대상의 공간적 특성(모서리, 형태, 방향 및 움직임)은 능동적 처리 – 눈동자의 빠른 움직임이나 킁킁거림과 같은 – 의 직접적 결과가 아니라, 시각계 연산 구조의 결과물이다. 확실히 유기체의 운동은 모든 원위 감각의 공간적 형상 처리에 도움을 준다. 때때로 우리는 어떤 대상과의 거리나 모양 또는 크기를 이해하고 평가하기 위해 약간 움직일 필요가 있다. 그러나 그러한 움직임이 지각 대상의 공간적 특성을 생성하고 구현하는 기본 틀은 아니다. 시각계에서의 공간 암호는 빛의 대비에 민감한 망막 세포(중심-주변 세포)로부터 일차 시각 겉질 세포에 도달한 신호를 위상적으로 투영한(그리고 단순한 세포에서 보다 복잡한 세포로 계층적으로 통합한) 결과로 여겨졌다. 이런 설정은 대상 인식의 시점 불변* 특성을 설명한다.

시각에서 형체 암호를 해독하는 일은 모서리 검출에 따른 시점 불변 특징에 기초한다. 이른바 T-접합은 대상의 경계를 정의하고, Y-접합은 표면이 마주하는 영역을 결정한다.³¹ 시각계는 이러한 접합을 이용하여 원근법으로 규칙성을 연산한다. 병렬 구조를 재구축하는 과정이 바로 그러한 예이다. 사실 이런 연산을 하다 보면 일상적으로 착시 현상이 생긴다. 에임즈 방Ames room이 좋은 예다. 엿보는 구멍으로 들여다보면 방이 정육면체처럼 보이는 시공간적인 착시가 생긴다. 하지만 그 방의 진짜 형태는 찌그러진 육면체다. 방의 한쪽 귀퉁이는 관찰자로부터 더 멀지만 그렇게 느껴지지 않는다. 따라서 먼 구석에 서 있는 사람은 체구가 같아도, 관찰자와 더 가까이 있는 사람과 비교하면 난쟁이처럼 보인다. 공간성을 뒷받침하는 연산 구조는, 시각 대상을 인식하는 작업이 안정된 요소에 의해 이루어진다는 생각을 더욱 강화시켰다. 뚜렷한 기하학적 형태(예컨대 비더만의 '지온Geon 이론')³² 에 주형을 일치시키는 것도 그런 노력 중 하나이다. 신경 세포들이 다양한 추상적 형태를 암호화하는 과정과 앞쪽아래 측두 겉질에서 삼차원 공간의 신경 암호화에 관한 최근 발견들은 이런 생각을 뒷받침한다.³³

---

* 시야각에 관계없이 물체를 인식하는 것을 말한다. 인지심리학자 비더만(Biederman)은 요소에 의한 재인(RBC: Recognition-By-Components) 이론에서 경계선, 곡선, 대칭 등과 같은 기본 요소(여기에 지온Geon이라는 이름을 붙였다)를 바탕으로 한 물체 인식 과정을 설명했는데, 이때 변하지 않는 모서리 특성 때문에 시점 불변(viewpoint-invariant)이 생긴다고 말했다.

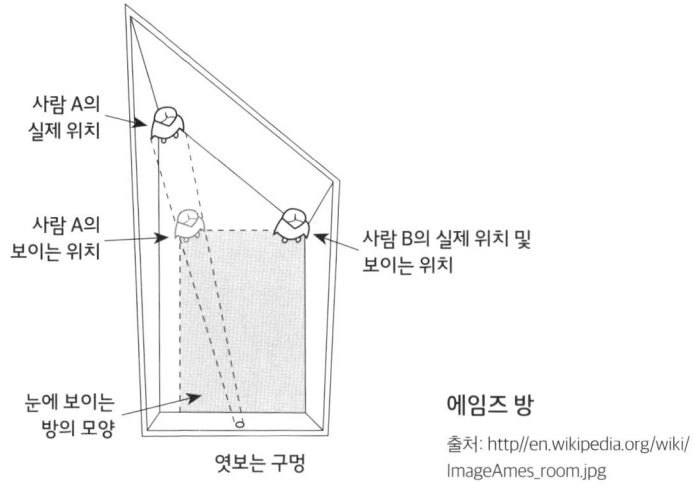

에임즈 방
출처: http//en.wikipedia.org/wiki/
ImageAmes_room.jpg

　시각과 달리 후각은 자극의 공간적 특징과 관련한 연산을 하지 않는다. 핑거는 설명했다. "시각은 위상 감각입니다. 우리는 삼차원 세계를 이차원 평면에 그린 뒤, 그로부터 다시 삼차원 세계를 연산하지요. 후각은 완전히 다릅니다. 후각은 우리에게 그다지 훌륭한 공간적 단서를 제공하지는 않습니다. 몇 가지 공간적 단서가 있긴 하지만요. 어쨌든, 후각 경험과 관련된 연산은 시각에서 얻을 수 있는 것과 매우 다릅니다. 그래서 저는 중추 처리 측면에서 시각과 후각은 가장 멀리 떨어져 있는 감각이 아닌가 생각합니다." 그는 덧붙였다. "신경 메커니즘에는 공통점이 있을 수 있지만, 뇌가 정보를 어떻게 다루어야 하는지에 관해서는 시각과 후각이 판이하다고 생각합니다."

　'공간적 대상'과 '공간적 표상' 사이에는 큰 차이가 있다. 신경 표상에서 결정적으로 중요한 점은, 환경과 원위 자극의 공간적 관계에 관한 것이 아니라 감각계에 의해 창조된 위상이다. 공간성은 시각과 곧바로 연결되기 때문에 이 두 개념은 쉽게 합쳐진다. 하지만 그 둘은 같지 않다. 왜 그런지 청각계를 좀 더 들여다보자.

청각은 공간 감각이기도 하다. 현상학적 관점에서 우리는 왼쪽이나 오른쪽 혹은 특정 거리에서 들려 오는 소리를 경험한다(큰 소리가 날 때 굳이 고개를 돌려 어디에서 소리가 났는지 확인할 필요가 없다. 쿵 하는 소리와 함께 우리는 본능적으로 그곳을 바라본다. 생각할 필요조차 없다). 이때의 소리 경험은 청각 겉질이 처리한 자극의 위상 표현과 관련된 공간성은 아니다. 소리는 가청 주파수(인간의 경우 약 20~2만 Hz)를 지닌 압력 파동에 의해 전달된다. 신경 공간에 위상적으로 표상된 소리는 청각계가 자극을 다루는 방법을 보여 준다. 그것은 자극의 특성을 구성 요소로 분리한 다음 별개의 신경 신호로 재조직하는 방법이다. 따라서 신경 공간에서 소리의 위상은 물리적 공간의 일부로서 청각 자극을 표상하지 않는다.

청각계는 섬세한 걸작이다. 압력파는 외이도를 지나 고막에 도달한다. 세 개의 연속적인 작은 뼈 — 망치뼈, 모루뼈, 등자뼈 — 는 고막에서부터 달팽이관의 일부인 작은 막으로 진동을 증폭시킨다(17쪽 그림 참조). 내이 달팽이관에서 청각 신경은 청각 겉질에 감각 신호를 전달한다. 달팽이관의 구조는 복잡하다. 여러 주파수에 맞춰 조정된 주변의 유모 세포를 통해 소리 진동을 받는 기저막을 비롯해서 다양한 구성 요소들이 달팽이관에 들어 있다. 이런 달팽이관에서 바로 소리의 위상이 만들어진다(그림 5-1, 위).

피아노와 유사한 기저막을 상상해 보라. 각기 다른 막 부위는 우

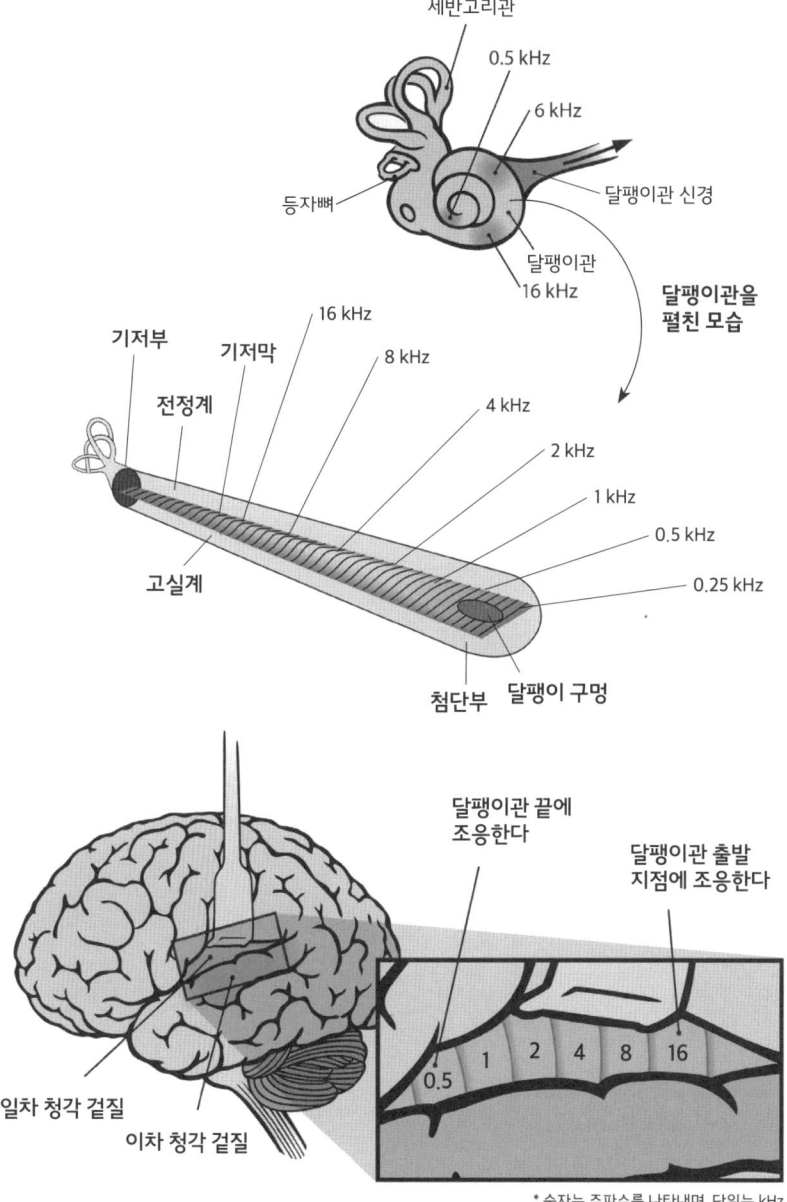

그림 5-1 달팽이관의 구조와 청각 겉질 주파수 지도

그림에서 기저막 공간 조직화를 볼 수 있다. 소리 입력은 높거나 낮은 주파수로 분리된다. 이러한 지도 배열은 일차 청각 겉질로 투사되고 보존된다.

출처: 위_ⓒ Kern A, Heid C, Steeb W-H, Stoop N, Stoop R/ CC BY 2.5
　　　아래_ⓒ Chittka L. and Brockmann A./ Wikimedia Commons CC BY-SA 2.5

리의 귀에 부딪히는 소리 주파수에 공명한다(그림 5-1, 아래). 차이코프스키를 듣든 에어로스미스Aerosmith를 듣든 얼마나 복잡한 것이든, 우리의 기저막은 섬모 길이가 각기 다른 유모세포가 감지하는 이러한 주파수를 배열한다. 기저막에서 발생한 소리의 선형 표상은 청각 신경을 지나 일차 청각 겉질에서도 유지된다. 따라서 뇌를 들여다보면서 일차 청각 겉질의 특정 영역이 활성화된 것을 확인한다면, 우리가 듣고 있는 소리가 고주파인지 저주파인지 그 음색을 알 수 있다. 이러한 공간 분할은 환경의 물리적 자극을 나타내는 것이 아니라, 신경 공간에 배열된 신호의 표상이다.

수용자 환경에서 음원의 위치를 지정하는 일은, 청각 스펙트럼의 위상 암호가 아니라 여러 가지 수단을 통해 달성된다. 청각계는 많은 단서를 사용한다. 스펙트럼 차이(위에서 설명한 신경 위상이 나타내는) 말고도, 공간적 위치는 청각 자극이 양쪽 귀에 도달하는 시간 차이 및 자극의 세기를 연산한 결과에 따라 정해진다. 이처럼 청각계는 자극의 공간 차원을 암호화하고 연산하는 방법에서 시각과 차이가 난다. 물리적 공간과 신경 공간 사이의 의미 있는 차이를 알려 주는 마지막 사례는 통증 지각이다. 통증 지각은 원위 감각이 아니다. 통증은 떨어져 있는 물체, 혹은 공간에서 물체의 위치와는 아무런 표상적인 관계가 없다. 무릎을 다쳤을 때 느끼는 통증은 그것을 야기한 책상 모서리를 표상하지 않는다. 통증은 신경 공간(활성 혹은 비활성 상태인 우리 뇌의 부위)에서의 국지적 활동을 통해, 우리 육체가 경험하는 현상적 공간(통증은 팔꿈치 안에 있다)에서 인식된다. 그러니까, 체화된 감각이자 신경 감각으로서 통증은 공간적이다. 컬럼비아 대학의 철학자 크리스 피코크는 이렇게 썼다. "각 통증의 경험적 위치는 실제로 공간적 관계를 나타낸다. 확실히 한 통증이 다른 통증보다 팔꿈치에 더 가깝다고 느낄 수 있다." 그러나 이런 정도의 공간성은 환경 속 물체나 물체의 공간 속성과는 아무런 상관관계를 보이지 않는다. "이 점을 인정하는 것은 통증 자체를 비표상적인 상태로 간주하는 것과 다를 바 없다."[34]

지각의 공간성(원위 감각의 공간 표상은 물론, 체화된 것까지 포함한)은 연산적 특성이다. 지각된 이미지의 속성과 그것의 신경 표상을 연결하려면 어떤 특성이 암호화되는지, 그리고 이러한 특성들이 어떻게 전체적인 지각 이미지를 완성하는 데 기여하는지 결정할 모델이 필요하다. 연산 공간은 관찰자와 관련된 자극의 행동에 따라 좌우된다. 연산 공간의 구조는 자극의 예측 가능성, 그리고 유기체가 적절한 행동을 취하도록 촉진하기 위해 감각계가 어떻게 진화했는지에 달려 있다.

"후각 자극에는 본질적으로 공간적인 것이 없습니다." 스튜어트 파이어스타인은 말했다. 상피는 후각 자극의 공간적 특징을 분산시킨다. "왜 후각 신경조직에 공간적인 뭔가가 있어야 하죠? 이런 개념들은 주로 시각계나 청각계에서 작동하는 경향이 있는데, 지나치게 단순화시키는 거라고 봐야죠." 린다 벅은 분산된 자극에 대한 파이어스타인의 평가에 동의했다. "냄새는 그렇지 않아요. 냄새는 퍼져 있는 자극이죠."

냄새 지각의 공간성은 우리 몸에 체화되어 있다. 후각에서는 냄새의 세기를 암호화함으로써 공간에서의 행동을 결정할 수 있다. 하지만 시각에서처럼 공간 구조를 암호화하지는 못한다. 대신 외부 공간의 비후각적 연산에 기초하여 방향성 있는 행동을 할 수 있다. 핑거는 이렇게 결론지었다. "그러니까 후각에도 약간의 공간적 정보가 있는 겁니다. 다만 고도로 지도화되어 있지 않달 뿐이죠. 저는 그것이 삼차원 세계를 내부적으로 표상하는 일과 비슷하다고 생각합니다. 우리의 내적 표상 공간에 몇 가지 정보를 지도화하는 것일 뿐이지요."

그러므로 지각 내용이 후각의 신경 표상과 어떻게 관련되는지 이해하려면, 이 모든 것에 어떤 종류의 활동이 개입되는지를 알아야 한다. 냄새를 느끼는 것은 감각계가 수행하는 활동이다. 그것은 후각계의 첫 관문인 수용체 암호로 우리를 이끈다.

6장

분자를 넘어 지각으로

"분자와 지각을 잇는 가설의 난점은, 그것이 화학에서 정신물리학까지 가야 한다는 데 있습니다."

— 스튜어트 파이어스타인

우리를 둘러싼 공기에는 수많은 종류의 화학물질이 존재한다. 이들은 질적으로 다양한 냄새를 풍기고, 의미 있는 행동을 이끌어 내며, 분자 구조도 놀랍도록 다채롭다. 이들이 코에 등록을 마치고 나면, 그 모든 정보를 이용해 무엇을 할지는 뇌에 달려 있다. 하지만 뇌에서는 무슨 일이 벌어지는 것일까? 색상이나 소리와 달리, 화학 자극의 구조와 냄새의 질 사이의 관계는 명확하지 않다. 구조 자체로는 냄새를 제대로 설명할 수 없다. 우리 코는 어떻게 시스-3-헥세놀cis-3-hexenol에서 방금 자른 잔디의 냄새를 맡으면서, 동일한 화합물의 에스테르ester 형태에서는 과일 향기를 느끼는 것일까?* 우리 뇌는 어떻게 화합물의 지각적 해석을 올바르게 결정할까?

  이러한 질문에 답하려면, 감각계가 정보를 얻기 위해 자극을 훑어볼 때 어떤 일을 하는지 알아야 한다. 우리가 생각하는 지각의 개념은 뇌가 효율적인 외삽extrapolation 과정을 수행하고, 이를 통해 감각계가 관찰 가능한 사물의 본질에 도달하는 것이다. 외삽을 통해 지각한다는 것은 감각계가 외부 세계의 물리적 특성이 지닌 패턴을 탐색할 때, 우연적이고 가변적인 정보를 여과하는 방식으로 작동하는 것을 의미한다. 이런 맥락에서 신경 표상은 눈앞에 있는 정보를 구분하기 위해, 뇌가 이

---

* 이해를 돕기 위해 에탄올의 인체 내 대사 과정을 보면, 에탄올(R-OH)은 알데히드(R-CHO)를 거쳐 아세트산(RCOOH)으로 산화된다. 헥세놀은 에탄올 같은 알코올 계열이고 아세트산 구조는 대표적인 에스테르 계열 화합물이다. 이처럼 둘은 유사한 화합물이지만 냄새는 판이하다.

전에 마주치고 학습했던 패턴을 '다시 보여 주는re-present'(재현) 행위이다. 그렇게 보면 정보의 통로인 감각 지각 기능은 정보를 거르고 모으는 깔때기로서, 부산하고 요란한 환경의 특성을 선별하는 능력이자 그 안에 든 의미 있는 정보를 성공적으로 추출하는 과정이다. 하지만 무엇이 의미 있는 정보일까? 감각계는 그것을 어떻게 재현(혹은 표상)할까?

여기서 후각계의 어려움이 시작된다. 명확한 것은 아무것도 없다. 데이터가 부족하다고 말하려는 것은 아니다. 오히려 그 반대다. 우리는 후각 자극에 대해 충분히 알고 있다. 예리한 화학자들은 냄새 물질의 화학적 구조를 밝혀냈다. 피르메니히나 지보단과 같은 거대 향수 기업에서는 새로운 향수나 향료를 개발하는 데 도움이 될 방대한 분자 자료를 갖고 있다. 탄소 원자 한 개가 더해지거나 크기가 1옹스트롬* 차이 나는 분자들은 서로 얼마나 다를까? 방향족 벤젠 고리에 수산기가 더해지면 어떨까? 이렇게 자세한 정보가 갖는 가치가 매우 크기 때문에, 독점 연구 데이터는 엄격하게 관리되고 있으며 접근이 쉽지 않다.

잃어버린 고리

우리는 후각계가 물리적 특성을 어떻게 구분하는지, 또는 뇌가 냄새에서 어떻게 의미소를 뽑아내는지 자세히 알지 못한다. 하지만 지난 삼십여 년 동안 발견된 후각 연구의 생물학적 성과들을 보면(2장) 놀랍기 그지없다. 물론 가끔은 후각에 대해 우리가 아는 게 뭐가 있느냐는 볼멘 목소리도 들린다(단순 명쾌하지 못한 이 책의 문장도 일정 정도 그런 감정의 희생양이라고 믿고 싶다). 하지만 곰곰이 생각해 보면, 오늘날 우리

---

* 길이 단위로 10^{-10}미터 또는 0.1나노미터를 나타낸다.
참고로, 원자들의 크기가 대략 1~2옹스트롬, 물 분자의
평균 크기는 2.5옹스트롬 정도이다.

는 냄새 감각에 대해 상당히 많이 알고 있다. 단지 우리가 알고 있는 사실에 대한 이해가 얼마나 부족한지 깨닫게 되었을 뿐이다. 우리는 후각의 주요 구성 요소도 알고 있다. 게다가 우리가 이해할 수 있는 것보다 훨씬 더 풍부한 데이터가 있을지도 모르는 일이다. 따라서 우리는 화학의 월계관 아래에서 자극의 분자적 특성을 마음껏 연구할 수 있다. 또한 우리는 정보가 어떻게 처리되는지, 그 경로의 구조를 안다. 거기에는 많은 수용체들, 망울과 겉질에 투사되는 신호들이 포함된다. 모든 잡동사니들이 거기에 있다. 다만 후각 연쇄 사슬의 원리만은 아직도 논쟁 중이다. 무엇이 빠졌을까?

빠진 것은 바로, 지각 과정을 뒷받침하면서 감각 정보를 여러 차원에서 통합하는 연결 원리다. 이런저런 형태의 자극은 우리 감각계가 정보를 추출하는 원천이다. 그런데 후각 자극이 어떻게 자신의 메시지를 전달하는지가 불확실하다. 일반적으로 떠올릴 수 있는 자극의 위상(화학적 위상!)은 그 답을 끝까지 추적하는 데 방해가 되기도 한다. 냄새의 화학은 그지없이 복잡하고, 냄새의 물리적 자극은 포괄적으로 분류되지도 않는다. 이제야 알게 된 거지만, 이는 겉으로 보이는 냄새의 주관적 성질 때문이 아니라 후각 자극의 분자적 복잡성 때문에 벌어지는 일이다.

예일 대학의 신경과학자 찰리 그리어가 이 문제의 뿌리를 환기시켰다. "가장 어려운 것 중 하나는 '후각계의 화학'을 이해하지 못하고 있다는 점입니다. 우리는 아직도 냄새와 연관된 리간드가 무엇이고, 그것이 어떻게 후각 수용체와 상호작용하는지 잘 몰라요. 바로 이것이 체성감각계의 생리학과 뚜렷하게 다른 점입니다. 뜨거움, 차가움 혹은 압력을 느끼는 수용체에 대해서는 매우 자세히 알고 있거든요. 시각계도, 청각계도 마찬가지죠. 제가 보기에 여러 가지 면에서 이들 감각계는 후각계와 비교했을 때 상대적으로 단순하기 짝이 없습니다."

입력 자극이 모호하다는 점부터 얘기해 보자. 시각을 다룰 때 우리는 이미 두 가지 다른 사물에 대해 언급했다. 하나는 (예컨대, 화면에 투사된 선처럼) 멀리서 감지되는 원위 물체이고, 다른 하나는 광자가 우리 망막을 치는 것과 같은 인과적 자극이다. 이 둘은 명백히 다른 종류의 대상이다. 광자는 선이나 모서리가 없다. 모양도 길이도 없다. 우리가 보는 물체에 일상적으로 부여하는 어떤 특성도 광자에는 없다. 대신 광자는 우리의 시각계가 먼 거리 물체를 '측정할 때' 표면에서 반사될 뿐이다. 인과적 자극이 시각계와 공간적으로 상호작용하기 때문에 우리는 멀리 있는 물체를 볼 수 있다(5장). 또한, 표면 반사를 통해 시각계가 추출한 정보로부터 거리나 크기 같은 공간적 차원이 결정되기 때문에, 우리는 시각 대상을 입체적으로 지각한다.

그렇다면 후각계와 상호작용할 때 자극은 어떻게 행동할까? 우리는 냄새를 풍기는 물질만을 따로 고려하면서 답을 구하지 않는다. 심지어 시각계를 연구할 때조차 이런 접근법을 쓰지 않는다. 스튜어트 파이어스타인이 강조했듯이 "대부분의 경우 우리는 광자의 물리학에는 신경 쓰지 않죠. 광자는 입자물리학자들의 전유물입니다. 파동일까? 아니면 입자일까? 시각 연구자들은 이런 생각을 좀처럼 하지 않습니다. 그저 광학에 관심이 있을 뿐이죠. 그게 다입니다. 자극을 '나르기' 위해 광학 테이블을 놓을 뿐입니다."

화학이 후각 연구에 주된 관심사가 된 까닭은 역사적인 편의성 때문이다. 20세기에 냄새를 실험적으로 연구하는 데는 화학이 가장 나은 선택지였다. 어쨌든 그 패러다임은 살아남았다.

"이 분야에는 '분자에서 지각으로'라는 구호가 있어요." 파이어스타인이 말했다. 지난 수십 년 동안, 화학적 입력과 정신적 출력이 어떤 식이든 서로 연결되어 있을 것이라는 생각이 사람들의 뇌리에 깔려 있었다. 오늘날에도 후각 정보가 자극의 화학적 구조에 새겨져 있다는 생각은 여전하다. 다만 수용체를 포함해서 생물학적 기관이 갖는 분자적 상세함이 이야기의 나머지 부분을 채우고 있다. 수용체가 어떻게 그들의 입력을 뇌로 집어넣는지 추적함으로써, 우리는 이 배선 체계의 선형 모델을 다소나마 꾸릴 수 있게 되었다(그것은 시각계에서의 모서리 탐지에 비견될 수 있다). 그렇지만 이 모델은 화학자가 정립한 냄새 화학에 수용체가 반응하는 경우에만 제한적으로 유효하다. 상황이 그렇게 녹록하지는 않다.

수용체 생물학은 자신만의 규칙이 있다. "분자와 지각을 잇는 가설의 난점은, 그것이 화학에서 정신물리학까지 가야 한다는 데 있습니다."라고 파이어스타인은 지적했다. "이제 우리에게 남은 것은 무엇일까요? 바로 생물학입니다!" 후각 수용체가 발견된 지 25년, 그리고 자극 화학 100년이 지난 지금, 우리는 이렇게 물어야 한다. 이 체계는 어떻게 작동하는가? "이제 생물학을 제자리에 되돌려 놓아야 합니다." 파이어스타인은 단서를 달았다. "그러나 우리가 생물학을 되살려도, 그것은 **잘 들어맞지 않아요.** 화학구조의 그럴싸한 서사 구조는 정신물리학적 지각과 아귀가 잘 맞지 않습니다. 거기 다른 요소들이 함께 추가되어야만 합니다."

이전 장에서 우리는 우리가 느끼는 냄새가 외부 물체에서 오는 원거리 자극이 아니라 감각계가 창조한 위상이라는 점을 밝혔다. 이 장에서는 자극의 화학과 그것의 신경 표상 사이에 커다란 간극이 존재한다는 점을 살펴볼 것이다. 이제 우리는 생물학이 어떻게 화학을 읽는지 보게 될 것이다.

일상적인 비유

후각 생물학에 대한 과학적 관심은 화학에서 시작되었다. "오랫동안 후각이 밟아 온 길이었죠."라고 파이어스타인은 회고했다. "후각은 화학적 감각으로 불렸습니다. 우리가 냄새를 맡는 분자들은 대부분 유기화합물이었지요." 그는 어깨를 으쓱해 보였다. "알다시피 유기화학이라고 불리는 통합된 분야가 있습니다. 자연스럽게 우리는 유기화학자들이 선두에 있으리라 기대합니다. 그들은 분자의 이름을 짓고 추출하고 합성합니다. 화학의 연극 무대를 꾸미는 것이지요. 유기화학자들이 화합물을 분류하고 조직하는 것은 지극히 당연합니다. 그들은 늘상 그 일을 하니까요. 단지 유기화학을 이용할 뿐인 우리 신경과학자들은 그들과 다르죠."

신경과학은 처음부터 시작할 필요가 없었다. 생물학자가 그 분야에 들어갔을 때 냄새 화학은 이미 거기에 있었다. "신경과학적 연구가 최종 답이라고 믿을 필요는 없어요." 고든 셰퍼드가 말했다. "하지만 말할 것도 없이 생물학은 후각을 보다 깊이 이해하기 위한 수단입니다. 생물학은 입력을 표상하는 방법의 목록이거든요. 제 생각에, 상황을 단순화시킨다면, (뇌의) 다른 부위를 자극할 감각의 입력물이 지금 어디에 있는지 알아내는 일이 가장 급선무입니다. 대부분 감각 연구가 그렇게 진행되죠. 시각 전문가들이 뇌 안에서 시각을 전담할 장소를 물색하듯 말이죠."

수용체의 숫자만으로도 상황은 복잡해졌다. 리처드 액설은 이렇게 지적했다. "여기에 1,000개의 각기 다른 세포가 있다고 생각해 봅시다. 한 종류의 냄새 물질이 100개의 수용체를 활성화하면 가능한 조합은 관측 가능한 우주를 구성하는 원자의 수보다 커집니다! 정말 큰 숫자지요. 우리 존재 전체가 인식할 수 있는 것보다 큰 경우의 수가 생깁니다." 이런 뜻밖의 난점 때문에 불가피하게 냄새 암호에 대한 접근 방식이 달라졌다.

"이제 생물학도 뭔가 할 수 있게 되었죠." 파이어스타인은 강조했다. "처음에는 생물학 요모조모를 시험해 보면서, 화학이나 정신물리학을 바탕으로 이미 생각했던 것에 수용체를 맞추어 보는 일이었습니다. 거기에 생물학이 잘 끼어들 거라 생각했죠. 그런데 사정은 호락호락하지 않았습니다. 하지만 그런 방식은 합리적이기도 했고, 출발점으로도 나쁘지는 않았어요."

지금도 여전히 자극은 후각 이론의 핵심으로 살아 있다. 수용체 생물학이 합세한 현대 후각 연구는 구조-냄새 규칙을 유지할 수 있을까? 과거와 비교하면 질적으로 급격한 변화가 드러나기도 한다.

지난 몇 년 동안 빅 데이터를 이용해 구조-냄새 규칙을 해결하려는 연구 결과가 줄지어 논문으로 발표되었다.[1] 컴퓨터 모델을 써서 후각 자극을 다룬 연구들이었다. 과학자들은 인공지능을 이용하여 화학과 정신물리학 사이의 명확한 상관성을 확립하고자 했다. 후각 공동체에 새로운 세대가 등장한 것이었다.

오래 묵은 문제를 해결하기 위해 새로운 수단을 도입해 보는 건 자연스러운 일이다. 안드레아스 켈러는 "의당 그렇게 했어야 합니다."라고 말했다. 공동연구자인 파블로 메이어도 그 말에 동의한다. "우리가 마땅히 해야 하는 일이 몇 가지 있죠. 하지 말아야 할 이유가 없거든요." 조엘 메인랜드는 기계 학습machine learning과 같은 수단이 세대 간 이동을 촉발시키고, 설명에서 예측으로 학문 전통을 탈바꿈시켰다고 생각한다. 기계 학습은 아직 "후각 분야가 흡수하지 못한 새로운 종류의 기술입니다."

보다 정교한 데 더 많은 데이터를 효과적으로 다루는 컴퓨터 접근 방식은 코의 암호를 풀기 위한 지름길로 보였다. 신경정보학 시각에서 릭 게르킨은 이렇게 말했다. "우리는 이런저런 소소한 질문에 대답할 수 있습니다. 그러나 '후각 지각의 공간 차원은 무엇인가?' 또는 '몇 가지 냄새가 있을까?' 같은 문제에 답하기 위해서는 커다란 데이터 모음이 필요합니다. 데이터를 모으는 데는 시간도 돈도 많이 소요되죠. 하지만 대부분의 후각 실험실이나 후각 정신물리학 실험실은 너무 작아서 그런 질문에 답하기가 결코 쉽지 않았어요."

컴퓨터를 적용하는 새로운 연구의 가장 큰 걸림돌은 역시 데이터다. 보스홀은 "후각에서 대부분의 이론 작업은 삼십 년 된 구닥다리 데이터 모음에 바탕을 두고 있어요. 왜 아무도 업데이트를 하지 않았을까요?"라며 개탄했다. 여기서 구닥다리 데이터 모음이란 '냄새 특성 프로필 아틀라스'다(3장). "드라브니엑스의 목록*은 1980년대 초반만 해도 미국 북동부 베이비 붐 세대들에게는 위대한 목록이었죠." 보스홀은 말을 이어 갔다. "하지만 그 목록에 등장하는 조사 대상 피험자들의 자료 대부분이 누락되었어요. 게다가 어떤 것은 역사적으로 특정 시기, 특정 집단의 사람들에게만 적용되는 문화적 편향이 심해요. 자료 가치가 크게 손상되었다고 봐야죠."

드라브니엑스의 '아틀라스'가 지닌 또 다른 문제는 그의 정신물리학 연구가 방법론적으로 부실했다는 점이다. 드라브니엑스는 그 목록을 자신이 임의로 선택했다. 그런 목록을 대상으로 '냄새별 공간'을 지도화하려던 전산 연구는 인간 정신물리학과 관련된 실질적 실험이라고 보기 힘들었다. 따지고 보면, 드라브니엑스 개인의 '냄새별 공간'을 지도화한 것이다. 컴퓨터가 완성한 구조-냄새 규칙은 예전과 같은 문제를 안고 있었다. 후각계 생물학은 여전히 오리무중이었다. 그러나 진짜 정신물리학 데이터가 존재한다면 상황은 달라질 것이다.

2017년 《사이언스》 논문에서 안드레아스 켈러, 레슬리 보스홀 그리고 파블로 메이어가 실제로 그 일을 했다.[2] 몇 가지 면에서 이 연구는 특기할 만하다. 첫째, 연구자들은 2016년에 켈러와 보스홀이 발표한 인간의 후각 반응에 관한 폭넓고 새로운 정신물리학 데이터를 사용할

---

* 157쪽 『냄새 특성 프로필 아틀라스』 참조.

수 있었다.[3] 둘째, 게다가 방대한 데이터였다. 후각을 주제로 수집된 인간 데이터의 가치는 무궁무진하다. 켈러와 보스홀은 49명의 피험자를 대상으로 476개가 넘는 분자를 시험했다(19개의 의미 서술자를 사용했을 뿐 아니라, 냄새의 세기와 그에 따른 쾌락성도 판정했다). 켈러와 보스홀은 이례적으로 대규모의 시험자를 모집하고 다양한 범위의 냄새를 시험했다(후각 연구에 대한 지원금이 그리 넉넉하지 않음에도 불구하고). "예, 무척이나 지루한 작업이었어요." 켈러는 웃으며 말했다. "사람들에게 분자를 주고 무슨 냄새가 나는지 물어요. 이보다 재미없는 실험은 별로 없을 겁니다. 순전히 기술적인 절차였지요. 하지만 필요한 일이었습니다. 그래서 사람들은 사과를 베어 물었고, 냄새를 맡았습니다."

셋째, 공동연구자들은 자료를 확보하고 논문을 쓰기 위해 크라우드소싱crowdsourcing이라는 현대적 방식의 과학적 공조를 활용했다. 2017년 《사이언스》 논문은 2016년에 얻은 정신물리학 데이터를 기계 학습시켜 구조-냄새 규칙을 얻은 결과였다. 이 연구는 다음과 같은 순서로 계획되었다. 먼저, DREAM 기획(사람들을 실험에 참석시키기 위해 과학자들이 온라인 개방 크라우드소싱을 하는 형태)의 한 부분으로서 피험자들에게 연락을 취하는 일로 시작했다. 이런 시도는 직접적이고 도전적이었다. 피험자들은 두 종류의 데이터 묶음을 알아맞히기 위한 알고리즘을 찾아내야 했는데, 하나는 화학적 특성 리스트였고 다른 하나는 2016년에 얻은 정신물리학 연구 결과였다. 최종 평가에 앞서, 시험을 마친 피험자들이 알고리즘을 수정할 기회를 갖도록 화학 데이터가 포함된 정보 일부를 나중에 제공하기도 했다. 켈러는 웃음 지었다. "IBM이 했던 방식입니다. 저는 데이터를 모으고 둘로 나눈 다음, 반을 사람들에게 돌려주었어요. 그리고 이렇게 말했습니다. 이 분자는 이런 냄새가 납니다. 그럼 다른 분자는 무슨 냄새가 날지 예상해 보세요." 연구자들의 알고리즘이 아니라, 가장 예측을 잘해서 승리한 알고리즘 결과가 논문으로 출판되었다. 승자는 컴퓨터 생물정보학자인 위안팡 관Yuanfang Guan이었다. 그는 알고리즘 조정 기법을 활용하여, 주제에 관계없이 상당히 많은 시험에서 앞섰다. 릭 게르킨도 승자였다. 2017년 켈러의 논문은 후각에 관한 빅 데이터 중 가장 성공적인 결과물이었으며, 나중에 이런 종류의 연구 제안서의 표준이 되기에 충분했다.

하지만 알고리즘은 여전히 설명을 제공하진 않는다. 「냄새 분자의 화학적 특성에 따른 인간의 후각 지각 예측」이라는 제목의 이 논문은 데이터를 채굴하고, 분자의 구조적 특성과 관련한 지금까지의 가설들을 확인하는 매우 강력한 지침을 마련해 주었다. 그러나 상관계수*는 0.3으로 그리 높은 편은 아니었다.**

과학 저술가 에드 용은 이 논문에 깊은 관심을 보였는데, 아마도 빅 데이터가 눈에 띄었을 것이다.⁴ 일부 후각 전문가들은 이 논문에 조심스런 비평을 내놓기도 했다. 예를 들어 에이버리 길버트는 이 연구 자체에 대해서라기보다, 후각 연구 분야에서 컴퓨터를 이용한 계산적 접근이 보편적으로 적용되는 것에 대해 우려를 나타냈다. 그는 심리학 이론의 부재를 언급하기도 했다. 구두 서술자verbal descriptors는 지각을 범주화하는 방식을 평가하는 임의의 척도일 수 있는 것이다. 길버트의 의견은 이 분야가 아직도 단일대오를 형성하지 못했음을 보여 준다. 냄새

---

* 두 변수 사이에 선형 또는 비선형적 관계를 분석하는 수단으로, 상관계수가 0.3 미만이면 약한 선형관계, 0.3~0.7은 뚜렷한 상관성, 그 이상이면 강한 상관관계가 있다고 본다. 예컨대, 흡연과 폐암의 상관계수는 0.72였다(출처: 연합뉴스 2015년 4월 23일 기사).

** 구조를 보고 냄새를 예측하는 일이 생물학적으로 어렵다는 뜻이다.

의 의미에 관한 컴퓨터 신경과학자의 모델링은 인지심리학과는 상당히 거리가 있다.

후각 공간에 대해서는 여전히 모르고 있다고, 길버트는 강조했다. "어떤 분자가 백단향이나 감귤의 향기를 내는 분자인지 예측하려면 아마도 새로운 서술자 목록을 사용해서, 새로운 49명의 감각 전문가 위원들이, 476개의 분자 모두를 다시 테스트해야 할 거예요. 그런 다음 새로운 데이터를 가지고 컴퓨터 모델을 다시 가동시켜야겠지요."[5] 논문 저자 중 한 명인 보스홀은 왜 19개의 서술자까지 문제가 되느냐고 반문했다. "논문에서 우리가 19개의 서술자를 사용한 까닭은, 단지 우리가 사용했던 분자에 적용되는 다른 127개의 작업 서술자 대부분이 많이 쓰이지 않는 낱말들이었기 때문입니다. 물론 다른 연구자라면 다른 서술자를 쓸 수도 있었겠죠." 길버트는 여전히 문제가 있다고 지적했다. "남은 문제는 후각 서술자 목록으로 활용된 낱말들이 각기 다른 수준의 인지 범주에 속한다는 것입니다." 켈러와 메이어는 그들의 2017년 논문을, 주제를 넘어서서 너무 넓은 관점에서 평가하지 말았으면 좋겠다고 응답했다. 자신들의 연구는 후각을 가공하는 이론적인 측면을 계통적으로 바라보려던 것이 아니라, 단지 냄새 분자에 컴퓨터라는 수단을 적용하는 일의 의미를 살펴보는 작업이었다는 것이다. 그 목표에 맞게 그들은 그들의 일을 했을 뿐이었다.

냄새 모델에서 흔히 추구하는 구조-냄새 규칙이 이론 없는 도구는 아니다. 문제는 직접 실험을 수행하는 신경과학 실험실의 관점에서 볼 때 불거진다. 생물학은 알고리즘에 바탕을 둔 데이터가 아니다. 생물학적 조직화는 '설명되어야 하는' 것인 반면, 알고리즘은 '설명을 돕는' 것이기 때문이다.

파이어스타인은 이 새로운 도구가, 설명이 아니라 발견을 통한 문제 해결에 도움이 된다고 내다봤다. "거기에는 매우 귀중한 정보가 숨어 있어요. 저는 기계 학습이 매우 중요한 선도 기술이 될 거라고 봐요." 그는 덧붙였다. "그것은 마치 최종 결과인 것처럼 발표되지만 사실 그렇지는 않습니다. 거기에는 만들어진 사실들도 끼어들죠. 그래서 사실이 아닌데 사실처럼 보이는 것도 있습니다." 기계 학습을 통해 구조-냄새 규칙의 돌파구를 마련할 수 있다는 점을 배제하는 것은 부적절하겠지만, 아직은 성과가 없다. 왜 그런지 이해하는 것이 중요하다.

최근 연산 모델에서는 자극 화학과 인간의 지각을 연결하는 주제의 대용, 대리물로 생물학을 다루는 경우가 흔하다. 메인랜드는 그것이 가능하다고 말한다. "만일 하나의 수용체를 아주 상세히 연구해서 그 수용체가 하나의 냄새에 어떻게 반응하는지 규명하고 싶다면, 이런 접근은 매우 훌륭합니다. 그러나 그렇게 하려면 어려움이 큽니다. 대신 그러한 모델을 써서, DREAM 기획에서 한 것처럼 분자들을 선택하고 분자의 어떤 특성이 지각에 조응하는지 배울 수도 있겠죠? 이론적으로, 데이터만 충분하다면 스튜어트 파이어스타인의 말처럼 우리는 뭔가를 발견하게 될 겁니다. 설령 당신이 다른 종류의 냄새 분자들을 이용한다 할지라도 결국 당신은 찾으려 했던 모든 것을 찾게 되겠죠." 메인랜드는 잠시 호흡을 가다듬었다. "궁극적으로 수용체가 무슨 일을 하는지 알고 싶으시죠? 당연하겠죠. 그런데 수용체를 직접 보지 않고도 그것을 이해할 수 있을까요? 물론 그럴 수 있습니다. 수용체가 무슨 일을 하는지 알지 못해도, 우리는 분자 구조를 지각과 짝 지을 수 있어요. 현재 모델로도 가능한 일입니다. 그것도 아주 잘하는 편이에요. 잡음이 없지는 않지만 잘 작동합니다. 길을 점프해서 가는데, 사이에 있는 모든 개별 단계들을 다 알 필요는 없잖아요. 수용체는 블랙박스니까요."

고개를 끄덕이며 켈러는 이렇게 말했다. "저는 그것이 일종의 삼단논법이라고 생각합니다. 분자와 자극, 활성화된 수용체 패턴 그리고 지각으로 이루어진 삼단논법이지요. 분자의 물리 화학적 특성으로부터 어떤 수용체가 활성화될지 예측할 수 있고, 어떤 수용체가 활성화되는지로부터 어떤 냄새를 지각할지 예측할 수 있습니다. 중개인을 잘라내고 수용체 대신 블랙박스로 옮겨 가면 되는 것이지요."

게르킨은 좀 더 나아갔다. "우리는 벌써 이들 수용체를 압니다. 몇 개의 수용체가 있는지도 알아요. 대개는 그 일부가 어떻게 조율되고 후각 망울에서 그들이 어떻게 상호작용을 하는지도 상당히 자세히 알고 있습니다. 하지만 여기서 저는 그것 모두를 버려야 한다고 주장합니다. 그것을 전혀 알지 못해도 후각 수용 이론을 확립할 수 있습니다. 제 가설은, 정신물리학을 이용하여 중요한 지각 공간을 정확히 예측할 측정 수단을 가질 수 있다는 것입니다. 그 공간의 모양은 어떤지, 거기에서 여러 자극들이 어떻게 섞이는지 그림을 그릴 수 있을 겁니다." 이런 낙관적 시각은 다소 때가 이른지도 모르겠다. 하지만 그것은 잘못된 생각일까?

깜깜이 블랙박스 수용체는 실패로 돌아갈 것이다. 가장 강력한 수단일지라도 이론적재성* 문제, 즉 전제의 선택과 평가 기준에 따른 결과로부터 자유롭지 못하기 때문이다. 다른 예를 들어 보자. 유전이 어떻게 이루어지는지 추론하기 위해 순전히 형태적인 기준을 적용한다고 치자. 그러면 여기서 파생되는 모델은 인과관계가 아니라 상관관계에 바탕을 두게 될 것이다. 고전 화학에서 얻어진 것이든 빅 데이터에 기반을 둔 것이든, 구조-냄새 규칙은 선택과 통합의 인과적 토대인 후각계 생물학을 벗어난다. 어떤 기법이든 구조-냄새 규칙을 모델링하는 일은 실제의 원리가 아니라 가설로 이어질 것이다. 어찌되었든 구조-냄새 규칙이 곧 자극의 처리 과정과 지각에 관한 원리는 아니기 때문이다.

이 차이점을 명확히 구분하는 일은 매우 중요하다. 자극 화학은 종종 냄새 암호화와 동일한 것으로 규정되곤 한다. DREAM 기획을 두고 쓴 에드 용의 발빠른 기사, 「과학자들, 분자 구조에서 냄새를 맡다 Scientists Stink at Reverse-Engineering Smells」**가 좋은 예다. 이 기사를 자세히 읽어 보면 한 가지 개념이 누락된 것을 발견할 수 있다. 바로 수용체다. 후각계를 모델링하는 과제를 소개하는 이 인기 있는 기사에는 화학 자극과 상호작용하는 수용체에 관한 얘기가 빠져 있다. 수용체는 분자의 어떤 특성이 선택될지를 결정한다. 따라서 후각계가 분자의 특성을 어떻게 정보를 지닌 신경 패턴으로 변환하는지 이해하고자 한다면 수용체가 핵심이다. 앞서 예로 들었던 유전에 다시 비유하자면, 유전의 단위를 결정하는 대물림의 메커니즘을 탐구하지 않고 단순히 형태적인 묘사만으로 해법을 내놓은 격이다.

메인랜드는 중요한 문제를 제기했다. "생물학을 포함하는 것이

---

* 이론적재성(theory-ladenness)이란 동일한 대상을 관찰하더라도 관찰자의 이론적 배경이 다르면 그것을 다르게 해석할 수 있다는 뜻이다. 과학철학 용어.

** '인공지능 덕분에 과학자들은 분자 구조로부터 냄새를 예측할 수 있었다'는 부제를 달았다(www.theatlantic.com/science/archive/2016/11/how-to-reverse-engineer-smells/507608/).

중요해지는 유일한 경우는, 우리가 사용하고 있는 것에 없는 뭔가*를 생물학에서 끄집어낼 때입니다." 생물학 지식이 냄새의 암호화와 관련한 새로운 모델을 세우는 데 꼭 필요하다는 충분한 근거가 있을까?

물론이다.

블랙박스, 생물학

모든 것은 수용체로부터 시작된다. 냄새 암호화에서 수용체의 중요성은 아무리 강조해도 지나치지 않다. 2장에서 우리는 후각 수용체가 후각 상피 신경세포의 섬모에 자리 잡은 G-단백질 결합 수용체임을 이야기했다. 후각 상피에서 세포는 무작위로 분포한다(상피에서 유전자가 강하게 발현되는 구역이 있긴 하지만).[6] 이러한 세포들은 수용체가 분해되고 다시 생겨남에 따라 끊임없이 변한다. 후각계에 있는 감각 세포들은 지속적으로 교체되는 것이다(후각 상피는 우리 몸에서 유일하게 신경세포가 바깥 세계에 노출되어 있는 곳이다. 따라서 감염되기 쉽다. 우리 몸의 상피가 끊임없이 스스로를 새롭게 재생하지 않는다면, 감기를 두세 번만 앓아도 아무 냄새를 맡지 못할 것이다).

그리어는 후각의 특별함을 이렇게 이야기한다. "후각은 그런 성질을 지닌 유일한 중추신경계일 겁니다. 생각해 보세요. 일정한 주기로 감각 신경세포 집단이 죽고, 새로운 감각 신경세포로 대체됩니다. 이들은 후각 망울의 정확한 부위에 축삭을 보내고 다른 곳에서 온 축삭과 만납니다." 이렇게 후각계가 끊임없이 재연결된다는 사실은, 후각계가 불규칙적이고 예상할 수 없는 자극과 어떻게 상호작용하는지를 보여 준

*수용체 생물학 등을 일컫는다.

다. 냄새를 훑어보는 코의 경계면은 계속해서 재구축된다. 후각의 놀라운 특성은 그뿐만이 아니다.

후각계의 연결 장치로서 후각 수용체는 입력 자극을 적극적으로 구조화한다. 그렇기 때문에 냄새의 신경 표상에 대한 후속 이론은 시각 또는 청각의 입력 모델과 비슷하게(5장), 수용체에 관한 지식과 수용체의 결합 유형에 대한 정보로부터 시작해야 한다. 하지만 모든 감각 세포는 선택적인 반면, 후각 수용체는 몇 가지 면에서 다른 감각계와 다른 특성을 선보인다.

첫째, 자극-수용체 행동 유도성**이 있다. 이는 계가 물리적 자극의 특성에 더해 뭔가를 한다는 뜻이다. 색상 감각은 저차원low-dimensional 자극인 전자기 파장을 다룬다. 색 수용체인 원뿔세포는 가시광선 영역의 특정한 파장을 인지한다. 이 수용체는 각각의 파장을 서로 더하거나 빼는 방식으로 작동하는데, 결과적으로 자극-감각의 질 사이의 관계는 선형적이다.

$a = n$

'붉은 빛'은 약 390~700 나노미터의 파장을 갖는다.

이 모델에 따라 우리는 혼합된 색의 특성을 정의할 수 있다.

$x - y = z$

'흰빛'에서 '초록빛'을 빼면 '분홍'이다.***

특정 자극을 받으면 후각 수용체는 통합적인 방식으로 행동한

** 행동 유도성(affordance)은 자연스럽게 행동을 유도하는 사물의 속성을 말한다. 인지심리학에서는 서로 다른 개념을 연결하는 것이란 뜻으로 쓰인다.

*** 흰빛이 프리즘을 통과하면 파장에 따라 무지개색으로 분산된다. 거기서 단파장의 파랑, 초록을 빼면 노랑, 빨강이 합쳐진 분홍이 남으리라고 감각적으로 이해할 수 있다.

다. 이 단계에서 시각이나 청각과의 유사성이 사라진다. 냄새의 물리적 특성은 시각의 입력과는 다른 것이어서 파장처럼 더하거나 뺄 수 없다. 후각 자극은 분자의 구성이 다층적이다. 후각의 자극-수용체 공간은 시각이나 청각처럼 단순히 산술적 조합으로 정해지지 않는다.

알데히드,* 특히 알데히드 탄소 사슬은 이 말의 의미를 확인할 아주 훌륭한 예이다. 탄소 사슬의 길이에 따라 여러 종류의 알데히드 사슬이 존재하는데(이들은 향수로 흔히 쓰이는 아주 유명한 화합물이다. 사실 샤넬5 향수는 거의 전적으로 다양한 종류의 알데히드 화합물로 구성된 최초의 상품이다) 길이에 따라 냄새도 각기 다르다. 탄소가 8개인 알데히드는 지방질 냄새, 10개면 귤 향기, 그보다 탄소의 수가 더 많은 알데히드는 꽃향기가 난다. 하지만 색상이나 파장과는 달리, 단순히 탄소의 숫자를 더하는 것만으로는 냄새의 질을 짐작할 수 없다. 또한, 알데히드에 대한 화학적 설명을 다른 계열의 사슬 화합물 냄새에 전혀 적용할 수 없다. 예컨대, 탄소의 숫자가 서로 다른 알코올 화합물들을 보면 탄소 4개인 부탄올은 병원 냄새, 탄소 6개인 헥산올은 풀 냄새, 탄소 8개인 옥탄올은 방향족 냄새가 난다.

냄새의 암호는 다음과 같은 자극-반응 모델로는 예측이 불가능하다. '탄소 8개인 사슬 화합물 + 다른 탄소 = 체리 향'의 관계가 성립하지 않는다. 후각은 그런 식으로 작동하지 않는다. 시각이나 청각과 같은 저차원 자극과 고차원의 후각 사이에 근본적인 차이가 있다면 이처럼 숫자를 더하는 방식으로는 냄새의 비밀에 접근하지 못한다는 점이다.

그리어는 후각 수용체의 비밀을 청각계와 대비시켰다. "고주파

---

* 알데히드기인 '-CHO'를 가지는 탄소 화합물의 통칭으로, 화학식은 'RCHO'로 나타낸다. 예컨대, 계피 향을 내는 신나믹 알데히드(C_8H_7CHO)는 탄소 9개짜리 알데히드다.

수와 저주파수의 음에 대해 기저막이 연속적으로 반응하기 때문에 청각계도 산술적인 걸 넘어 조합적 암호로 설명할 필요가 있지 않느냐고 주장할지도 모르겠습니다. 화음을 들을 때 우리는 기저막의 다른 부위를 자극하게 되고, 그것을 통해 음악을 인식합니다. 하지만 저는 후각계 안에 청각의 기저막 같은 그런 지정된 종착지가 있다고는 보지 않습니다." 후각 자극을 암호화하는 과정에는 범위가 정해져 있으면서도 연속적인 하나의 기준이 없다. "청각에는 뇌 지도에 기입할 수 있는 연속적인 음조가 있습니다."라고 파이어스타인은 덧붙였다. "그러나 후각에서는 이런 종류의 연속성을 찾아볼 수 없습니다. 알데히드와 케톤** 사이에 연속적인 것은 전혀 없어요. 어떤 화학 집단에서도 그런 것은 발견되지 않았습니다."

어떤 모델이든 냄새 지각 공간에 자극의 지도를 그리고자 한다면, 냄새 암호가 선형적이거나 누적되는 암호가 아니라는 사실을 전제해야 한다. 후각 수용체는 어떤 연속성인 순서나 크기 순서 없이, 수천 가지의 분자 매개 변수를 다룬다. 따라서 시각의 파장이나 청각의 주파수 같은, '감각의 마디'에 물질적인 냄새를 새기는 균일한 방법도 없다. 후각 수용체는 약 5,000가지의 분자 매개 변수를 감지하는데, 거기에는 입체화학적 구조, 분자량, 소수성, 작용기, 극성, 염기성 등등이 포함된다. 후각이 고차원 자극 영역이라는 말이다.

후각 수용체는 신호로 해석될 냄새 물질의 화학적 특성 범위를 결정한다. 그렇지만 시각의 원뿔세포와 달리, 후각 수용체는 자극을 균일하고 규칙적인 덩어리로 나누지 않는다. 탄소 사슬이나 화합물의 극

** 전술했듯이 알데히드는 작용기가 RCHO이다. 반면 케톤은 RCOR로 둘 사이에 어떤 연속성이나 규칙성이 보이지 않는다.

성 표면 같은, 한 종류의 화학적 특성과 수용체 집단이 짝을 이루는 것도 아니다. 대신, 후각 수용체가 자극의 서로 다른 특성들을 선택한다. 게다가 선택하는 특성(특성들의 조합에 가까운)의 범위도 변한다. 예를 들어, 고리 구조의 극성 표면에 반응하는 수용체가 있다고 치자. 그런데 고리 구조의 극성 표면 영역이라고 다 반응하는 것이 아니라, 그중에서도 특정한 크기를 갖는 고리 구조에만 반응한다. 이제 이런 조합을 수백 번 혹은 수천 번 곱한다. 그래도 자극 공간인 수용체는 화학적 특성을 구분해 낸다. 하지만, 이러한 특성들은 수용체에 일대일 맞춤식으로 일관되게 적용되지는 않는다. 이렇게 뒤섞인 모자이크식 암호화 과정은 간혹 역설적으로 구조-냄새 규칙에 들어맞는 데이터로 나타나기도 한다. 그러나 고작 이 정도 데이터만으로는 구조-냄새 규칙의 예측성을 좀처럼 담보할 수 없다.

원뿔세포에서 수용하는 파장 범위가 색상을 규정한다면, 후각 수용체의 수용 행동을 통해 냄새를 정의할 수 있지 않을까? 신경생물학자들은 수용체 패턴에 냄새 지각의 형태가 구현된다고 생각한다.[7] 하지만 수용체의 패턴이 과연 전통적인 냄새 화학과 일치할까 하는 질문은 여전히 남아 있다. 수용체 행동 연구가 자극-반응 모델의 전제를 뒤엎을 수 있을까?

답은 '그렇다'이다. 2016년과 2018년, 파이어스타인 연구실에서 나온 두 건의 연구는 믿을 수 없을 정도의 단순한 가설을 시험한 것이었다. '수용체는 자극을 화학자들과 다르게 분류할 수 있을까?'[8] 화학자들은 화합물의 구조와 기능에 따라 냄새 물질을 분류한다. 파이어스타인 연구진은 그렇게 하는 대신, 수용체의 반응을 측정했다. 이는 약물학에서 의약화학이라고 알려진 접근 방식이다. 지금까지 아무도 고려하지 않았달 뿐이지 사실 실험의 배경은 단순했다. "지타의 아이디어였어요." 파이어스타인은 박사 후 연구원으로 있었던 지타 피터린Zita Peterlin에게 공을 돌렸다. "제가 보기에 그녀는 아무도 보지 않는 방식으로 화학 구조를 보았어요. 〈뷰티풀 마인드〉*라는 영화처럼 말이지요. 그녀는 이들 분자의 유형을 다른 사람들과 다르게 볼 수 있었답니다."

피터린이 피르메니히로 떠난 뒤 피터린의 프로젝트를 이어받아 연구를 계속한 에르완 포이벳은 이렇게 정리했다. "유기화학은 주로 이런 것들을 중시하지요. 분자의 기능 단위는 무엇인가? 그것의 크기는? 길이는? 이중 결합은 몇 개인가? 극성인가, 비극성인가? 분자마다 각기 다른 특성들 전부 다요. 그건 화학자들이 분자를 분류하는 방식이기도 합니다. 그렇지만 이 모든 것이 후각계와 같은 생물학 체계에 동일하게 적용되지는 않을 겁니다. 수용체는 우리가 고려하는 물질이 산성인지 휘발성인지 전혀 신경 쓰지 않을지도 모릅니다. 알데히드와 알코올 분자가 있다고 해 보죠. 화학적으로 이들 두 종류의 분자는 크게 다르지만, 후각계는 둘 다 이중 결합에 산소를 갖고 있다고 판단할지도 모릅니다. 아마 수용체는 그런 방식으로 작동할 수도 있을 것 같아요. 수소를 가지고 있든, 아니면 탄소 수가 더 많든 수용체는 그 사실을 중요하게 여기지 않을 수 있어요."

파이어스타인 연구진들은 생쥐의 상피에 다양한 분자를 뿌려 댔다. 그들은 수용체 행동에서 자극 선호도가 유기화학의 자극 물질 분류

---

* 2001년 제작된 론 하워드 감독, 러셀 크로 주연 영화. 2002년 같은 제목으로 국내 개봉되었다. 수학자로, 노벨 경제학상을 수상한 실존 인물 존 내시의 삶을 그렸다. 그는 수학의 눈으로 세상을 봤다.

6장. 분자를 넘어 지각으로

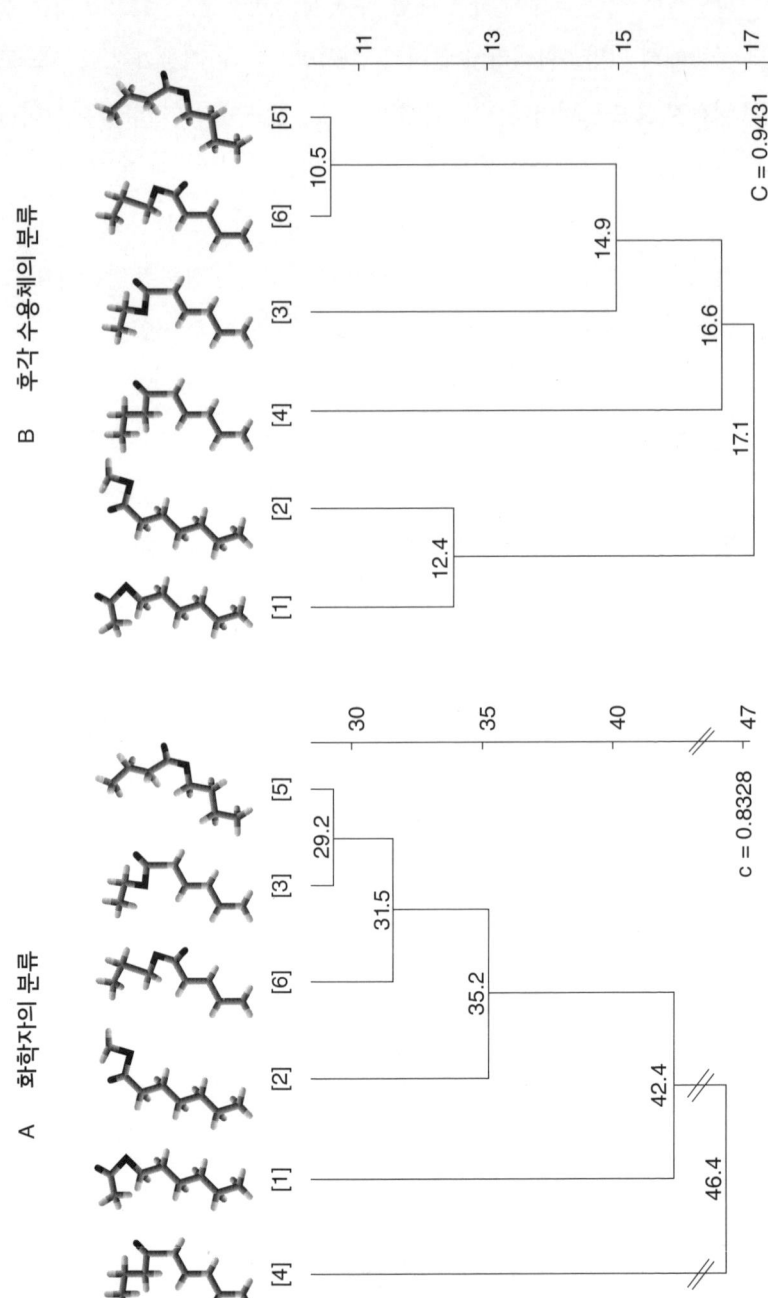

와 잘 들어맞는지 확인하고자 수용체의 반응을 기록하고 분석했다. 답은 '아니요'였다. 후각 수용체는 화학 전문가들이 정리한 자극 화합물질의 분류 체계와 따로 놀았다. 이것이 의미하는 바는 수용체가 자신만의 규칙에 따라 작동한다는 것이다. 수용체 생물학을 상세히 알지 못하면, 구조-냄새 규칙과 많은 데이터들은 억지 맞춤 상태로 남겨질 것이다.

그림 6-1에서 우리는 화학자와 수용체가 각기 향의 화학적 유사성을 어떻게 분류하는지, 그 차이점을 볼 수 있다. 유기화학 원칙에 따르면 3번과 5번 화합물이 가장 비슷하고, 다음으로는 6, 2, 1번 그리고 4번순이다(그림 6-1, A). 하지만 수용체는 5번과 6번 화합물을 가장 비슷하다고 인지한다. 1과 2번 화합물은 서로 비슷하지만, 5와 6번 화합물과는 확연히 다르다. 3, 4번 화합물은 1, 2번 화합물보다 5, 6번 화합물에 근접한다. "우리 코는 화학적으로 보았을 때 매우 상이한 분자들을 비슷하다고 보고 선택하는 셈이지요." 포이벳은 설명했다. "우리는 벤젠이나 이형방향성 고리 화합물을 보고, 그들 사이에 어떤 연관성이 있는지 찾으려고 노력합니다. 신경세포는 화학자가 구분하는 방식과 매우 다르게 분자들을 분류하지요."

위에서 말한 것보다 실제 실험은 훨씬 정교하게 이루어진다. 포이벳은 미소 지었다. "우리는 배양 접시 안에 후각 신경세포를 키우고 있어요. 그리고 냄새 화합물을 하나씩 시험합니다. 냄새 화합물에 반응하는 신경세포가 있을 때마다 칼슘 감지기인 GCaMP(자극을 받은 세

그림 6-1 에스테르 화합물의 계통 군집 분석

냄새 물질의 유사성 비교. 케톤 화합물의 화학적 유사성에 분석 화학 점수를 매긴 것이 왼쪽 계통수다. 오른쪽 계통수는 후각 수용체가 결정한 화학적 유사도에 점수를 매긴 것이다. 화학 구조의 유사성 분류와 후각 수용체의 분류는 현격히 다르다(본문 참조).

출처: 포이벳 등 「의약화학을 응용한 냄새 물질의 기능적 분류」 어드밴스트 사이언스 4, 그림 3 (2018), CC-BY-NC

포 안에서 칼슘의 활성에 민감한 형광 단백질)를 추적하지요. 오직 한 분자에만 반응하는 세포들도 있습니다. 두 분자에 반응하는 세포도 있고, 모든 분자에 반응하는 세포도 물론 있지요. 다양하게 잘 섞여 있는 셈입니다. 거기서 우리는 어떤 패턴을 보았어요. 그것들은 모두 케톤이었지만 (2016년 연구. 2018년 연구에는 에스테르를 추가했다) 고리에 있는 탄소의 숫자, 극성 그리고 더 흥미롭게도 고리 극성 표면의 면적이 달랐습니다." 극성 표면의 면적이란 질소, 산소, 수소와 같은 극성 원자들로 구성된 표면의 전체 면적을 말한다.

후각 수용체는 분석 화학의 요구 사항을 그리 개의치 않는 것으로 드러났다. "케톤이라는 것은 유기화학의 분류 방식이지요." 포이벳은 말했다. "가장 우선적인 분류 기준은 고리의 크기입니다. 다음은 고리의 구성 원소이고요. 질소 혹은 산소나 황 원소를 가졌는가, 오원환이냐 육원환이냐도 중요합니다." 하지만 후각 수용체는 선호도가 다르다. "후각계의 분류 기준은 매우 다릅니다. 크기는 전혀 문제가 되지 않아요. 고리를 구성하는 원소도 마찬가지입니다. 실제로 문제가 되는 것은 극성 표면 영역이었어요. 그곳은 바로 삼차원 고리 분자에서 전하를 띠는 곳입니다. 신경세포가 냄새 물질을 리간드로 받아들이느냐 아니냐를 결정하는 곳이 바로 거기랍니다."

쉽게 말하자면, 포이벳과 파이어스타인은 두 가지 특기할 만한 발견을 했다. 첫째, 화학자와 수용체는 화학적 동등성을 결정하는 특성의 우선순위 혹은 위계가 서로 달랐다. 고전적인 냄새 화학에서 강조하는 몇 가지 특성을 수용체는 거들떠보지도 않았다. 화학자와 수용체는 냄새 화합물이 구조적으로 비슷하다는 데 대해 각기 다른 생각을 하고 있다. 둘째, 수용체는 구조-냄새 규칙이나 빅 데이터의 레이더가 전혀 예측하지 못한 방식으로 화학적 특성에 반응했다.

포이벳은 고개를 끄덕였다. "만약 극성 표면의 면적이 가장 좁은 분자와 그보다 더 넓은 분자를 모두 감지하는 수용체가 있다면, 그 수용체는 극성 표면의 면적이 둘 사이인 모든 분자들을 감지합니다. 적어도 고리 화합물에서는 그래요. 이것이 바로 우리가 발견한 패턴입니다. 크기 자체는 문제가 아니었습니다. 큰 고리냐 작은 고리냐는 중요하지 않았다는 말입니다. 정말 흥미롭기 그지없었죠! 왜냐하면, 유기화학만으로는 이러한 사실을 전혀 예측할 수 없었을 테니까요."

화학적 동등성 관점에서 생물학이 의미를 가지려면 화학자의 이상을 포기해야 한다. 냄새 지각 이론에 도달하기 위해 우리가 치러야 하는 사고의 변화다. 암호문을 해독할 때와 마찬가지로 냄새 암호를 해제하려면 맞는 열쇠가 필요하다. 의미를 갖기 위해 몇 문장이 필요하든 상관없이, '참깨'라는 한 단어로 모든 것을 설명할 때도 있는 것이다. 신호가 암호화하고 있는 자극의 특성을 파악하기 위해, 우리는 신경 신호가 표상하는 바를 이해해야 한다. 이렇게 비유해 보자. 물리학자들이 '중력'이라는 용어를 정의할 때 뉴턴의 틀을 따르는지 혹은 아인슈타인 이후의 법칙을 따르는지는 중요하다. 두 이론 모두 중력을 장field으로 묘사한다. 하지만 뉴턴은 중력을 절대적인 시간과 공간에 바탕을 둔 힘으로 정의한 반면, 아인슈타인은 시공간의 휘어짐으로 중력을 정의했다. 이제 우리가 후각에서 화학적 동등성 모델을 세우고자 한다면, 이와 비슷한 사고의 전환을 고려해야 할 것이다.

결국, 수용체-자극 상호작용과 관련한 두 가지 원칙이 후각 이론의 중심에 있어야 한다. 첫째는 다차원적 자극이 제공하는 조합론이고, 둘째는 수용체 행동에 입각한 화학적 동등성이다. 이 두 가지 특징은 냄새 생물학이 왜 지각과 자극 화학을 연결하는 블랙박스가 아닌지를 강조해서 보여 준다. 하지만 후각 수용체의 놀랄 만한 특성은 그것 말고도 더 있다. 하나는 후각 수용체가 궁극적으로 냄새의 신경 표상을 빚어낸다는 사실이다.

눈을 가린 호문쿨루스*

뇌는 수용체가 본 것을 드러낸다. 뇌는 외부 냄새 물질의 형태를 '보는' 것이 아니라, 다만 상피에서 온 신호를 다룰 뿐이다. 정보의 단위인 신호 조각들은 지각을 형성하는 과정에서 암호 기능을 담당한다. 따라서 정보의 단위는 원위 자극의 화학적 특성에 따른 공간 배치가 아니라 후각 수용체의 상호작용 패턴과 메커니즘에 따라 결정된다.

뇌에 도달하는 신호를 형상화하는 데는 두 가지 근본적인 작동 원리가 있다. 바로 **암호 조합**과 **억제**다. 암호를 조합할 때는 물리적 자극 정보를 몇 개의 독립적인 신호로 분할한다. 억제는 자극의 일부가 다른 자극의 활성을 막는다는 의미이다. 따라서 혼합물의 수용체 패턴은 활성 신호 성분의 단순한 더하기가 아니다. 이러한 체계를 종합하면 화학적 지도(외부 자극의 화학적 특성과 결부된 공간 배열이 신경에 드러나는)가 설 자리는 줄어든다.

---

* 호문쿨루스(homunculus)는 신경과학에서 대뇌 겉질과 신체 각 부위 사이의 연관성을 표현한 것으로 생물학적 지도에 해당하는 개념이다. 따라서 눈을 가린 호문쿨루스는 후각 암호를 지도화하기 어렵다는 의미로 해석된다.

신호 전달과 신경 표상에서 암호를 조합한 결과는 두 가지 특징으로 나타난다. 첫째, 상호 절삭crosscutting과 중첩에 의해 신호 결정이 불분명해진다. 여러 냄새 화합물이 한 개의 수용체와 결합하기도 하고, 하나의 냄새 물질이 여러 수용체와 결합하기도 하기 때문이다.[9] 더구나 각기 다른 분자 특성을 가진 물질이 수용체 하나를 활성화하기도 한다. 따라서 수용체가 무엇을 표현하든, 그것은 특정한 성질이나 미세구조를 암시하지 않는다. 둘째, 수용체의 결합 선호도가 고르지 않기 때문에 신호가 더 모호해질 수 있다. 화합물의 여러 정보에 대한 암호를 받는 수용체들이 있을 뿐만 아니라, 수용체가 암호들을 조합할 때 암호마다 조절 범위도 다르다. 각각의 수용체는 일정한 범위의 특정한 성질에 반응한다. 어떤 수용체는 수용의 폭이 넓어서 다양한 화학적 특성과 냄새 화합물에 조응한다. 반면 어떤 수용체는 특이성이 커서 적은 수의 매개 변수에만 반응한다. 이러한 수용체의 행동을 이해해야 우리는 비로소 수용체가 신호하는 정보의 종류와 범위를 이해할 수 있을 것이다.

수용체 수준에서 입력 신호는 완전히 뒤섞인다. 예를 들면 R1 형태의 수용체는 냄새 화합물의 특정한 기능 단위를 감지하는 반면, 다른 종류의 수용체인 R2는 일정한 길이의 사슬 구조만 감지한다(탄소 원자가 4~6개인 사슬만 감지). 바로 이 지점에서, 판처럼 늘어선 후각 수용체들을 가로질러 후각 자극의 정보 내용이 수많은 단위와 조각들로 나뉜다. 이런 모든 활동이 하나의 수용체 공간 평면에서 함께 섞이는 것이다.

암호 조합은 혼합물 암호화에 매우 중요한 의미를 갖는다. 조합되어 보다 자연에 가까운 상태가 된 상이한 냄새들이, 그들이 자극하는 수용체에서 중첩될 수 있기 때문이다. 이러한 사실은 혼합물 지각에서 매우 중요하다. 파이어스타인은 이렇게 설명했다. "혼합물에 조직을 노출시키면 세포 다발 전체가 활성화됩니다. 이제 각각의 냄새 화합물을 따로 떼어 놓고 어떤 세포가 활성화되는지 확인하죠. 물론 개별적인 화합물에 활성화된 세포들을 하나하나 다 더하면 그것은 혼합물 전체로 실험했을 때 확인한 세포 수보다 더 많겠지요." 파이어스타인은 단분자 자극의 한계를 지적하기도 한다. "우리는 보통 개별 분자에 대해 실험합니다. 세포 배양기나 조직으로부터 세포를 분리하고, 냄새 화합물을 투여하여 어떤 세포가 활성화되는지 판별하죠. 다른 냄새 화합물을 투여하면 다른 현상이 나타날 겁니다. 그러나 이러한 실험은 결코 자연스럽지 않습니다. 일상에서 우리가 맡는 냄새는 수백 가지 화합물이 섞인 혼합물이기 때문입니다."

냄새 암호화의 일반 이론은 반드시 혼합물 지각 원칙에 입각하여 설계되어야 한다. 먼저, 수용체 수준에서 자극 정보는 더 이상 개별 냄새 화합물(따로 격리된 외부 물체처럼)과 관련지어서는 안 된다. 상피에서의 세포 활성은 공간적인 분포를 보인다. 활성 패턴은 무작위적이며 중첩되어 있다. 다양한 특성이 한데 섞인 장場으로 후각 공간을 설정하면, 하나의 자극(냄새화합물 O1) 정보가 그와 함께 촉발된 다른 냄새 화합물(O2와 O3) 활성과 위상적으로 구분되지 않는다. 원위 자극의 위상은 결국 한 평면에서 뒤섞이고, 후각 신호의 해석은 자극의 외적 구성이 아니라 감각계의 메커니즘에 종속된다.

결과적으로, 뇌는 조합된 수용체 활성 패턴 때문에 혼합물에서

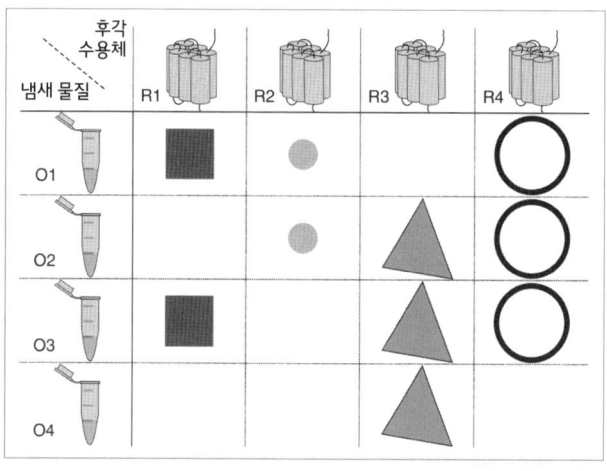

그림 6-2

수용체 판에서 냄새 물질과 암호 조합의 가상적인 예. 냄새 물질 O1과 O2를 포함하는 혼합물은 수용체(R)에서 암호화될 때 O1과 O3로 구성된 혼합물과 겹친다. 마찬가지로 냄새 물질 O2와 O3를 포함하는 혼합물은 O1과 O4가 들어 있는 혼합물과 중첩됨을 알 수 있다.

출처: A. S. 바위치

낱개의 냄새 화합물을 구별할 수 없다. 가상적인 예를 하나 들어 보자. 수용체 활성 패턴 R1-R2-R3-R4가 있다고 상상해 보자. 원리상 이런 패턴은 조합적 중첩의 결과로 다른 분자 집단에 의해서도 만들어질 수 있다. 그림 6-2는 그것이 어떻게 드러나는지 보여 준다. 혼합물을 인식할 때 수용체가 개별 구성 성분을 혼동하지 않고 구별해 내는 일은 불가능하다.

여기서 흥미로운 질문이 제기된다. 뇌는 어떻게 자신이 마주하는 사물의 종류를 알아내는 것일까? 『플랫랜드』[10] 이야기에 등장하는 이슈 몇 가지를 비교하면서 이 말의 의미를 생각해 보자. 플랫랜드는 꾸며 낸 세계로 이차원의 공간에 이차원의 존재들이 살아간다. 어느 날 플랫랜드 거주자들은 이차원 공간을 통과하는 삼차원의 물체를 보게 된다. 삼차원 존재와의 만남은 평면에서 이차원 패턴으로 이루어진다. 플랫랜드 주민이 관찰하는 수용체 유형처럼 우리도 수용체 판과 우리 뇌를 평면이라고 생각해 보자. 이제 공처럼 둥근 물체가 플랫랜드를 통과한다고 상상하자. 그것은 작은 점에서 시작하지만 크기가 커지면서 원으로 변한다. 그러다 다시 작은 점이 되고 궁극적으로 사라진다. 이번에는 다른 물체, 예컨대 팽이가 통과하는 패턴을 상상해 보자. 팽이도 똑같이 점으로 시작한다! 평면만을 보고 플랫랜드의 이차원 패턴에서 공인지 팽이인지 구별하는 것은 불가능하다. 다른 종류의 냄새 화합물에 의해 활성화되고 그에 따라 수용체가 냄새 목표물을 형상화하는 후각에도 비슷한 상황이 전개된다. 다른 냄새 화합물들이 같은 혼합물 패턴을 생성하기도 하는 것이다.

여러분들은 잠깐만, 하고 잠시 뜸을 들일지 모른다. 맞다, 수용체 조합이 암시하는 것은 모든 혼합물이 아니라 일부 혼합물이 중첩된 활성 패턴을 보인다는 사실이다. 여전히 원리적으로는, 혼합물 속 냄새 화합물들이 수용체 판을 이중으로 활성화하지 않기 때문에 냄새가 결정될 수 있다. 좀 복잡하기는 하지만, 아마도 가능할 것이다. 패턴에 약간의 모호함이 있긴 하지만, 우리는 혼합물보다는 개별 냄새 화합물로부터 냄새 암호화에 관한 일반적인 이론을 유도해 낼 가능성이 크다. 하지만, 뒤섞인 수용체 데이터로부터 의미를 추출하는 뇌의 어려움은 여기서 멈추지 않는다. 혼합물 속의 냄새 화합물은 서로를 차단할 수도 있기 때문이다.

수용체 수준에서의 억제는 다른 감각에서는 찾아볼 수 없다. 아마도 후각에서 통용되는 독특한 메커니즘일 것이다. 시각이나 청각에는 억제라는 것이 없다. 미각이나 촉각 그 어디에도 억제는 없다고 말할 수 있다. "어떤 감각계에서도 찾아볼 수 없는 일이지요." 파이어스타인은 흥분된 어조로 말했다. "초록 광자는 녹색을 담당하는 원뿔세포를 활성화시킵니다. 하지만 그것이 파랑이나 빨강을 담당하는 원뿔세포를 억제하지는 않습니다. 보색이라는 게 있지만, 그건 다 여기 위에 있는 겁니다." 그는 자신의 머리를 톡톡 쳤다. 수용체 수준에서 "그러한 메커니즘은 없습니다. 녹색 원뿔세포를 약간 활성화하는 아주 강한 광도를 가진 붉은 광자를 얻을 수는 있지만, 뭔가를 차단하지는 않아요. 억제는 없습니다."

억제 메커니즘은 냄새를 암호화하는 첫 번째 단계에서 작동하는 것일까? 파이어스타인 연구진들은 최근에 그렇다고 밝혔다.[11] 대부분의 후각 연구가 중추에서 진행되는 큰 질문들로 방향을 옮길 때, 파이어스타인 연구진들은 수용체 연구에 집중했다. 파이어스타인은 아직 우리가 수용체의 기능을 제대로 이해하지 못한다고 생각한다. "그래서 우리는 냄새 배합물에 관심이 있습니다."라고 그는 말했다. 하지만 냄새 물질이 후각 수용체를 활성화할 때 (암호 조합의 결과로) 중첩을 일으키는 대신, 서로를 차단했는지 아닌지를 연구자들이 어떻게 결정할 수 있을까? 우리가 상피에 제공하는 혼합물이 무엇이든, "활성화된 수용체의 수는 보다 단순한 혼합물들을 따로 따로 제공했을 때 얻을 수 있는 것보다 적게 마련입니다." 파이어스타인은 설명했다. "왜냐하면 두 가지 혹은 세 가지 특성을 한꺼번에 감지하는 수용체들이 있기 마련이거든요."

해답은 새로 도입된 스케이프(SCAPE)* 현미경을 통해 얻을 수 있었다.[12] "스케이프는, 말하자면 빛 평면에 기반을 둔 일종의 현미경이지요. 그 빛 평면을 매우 빠르게 스캔하여 삼차원 조직 안의 많은 세포를 기록합니다. 정말 빠르게 이미지를 모은답니다. 기술적으로 크나큰 진척을 이룬 거죠."

스케이프는 엄청난 양의 데이터를 쏟아 내면서 실험 연구의 새로운 장을 열었다. 살아서 움직이는 파리의 전체 스캔 영상을 얻을 수도 있었다. 과학자들은 냄새 화합물을 들이마실 때 뇌가 어떻게 **활동하는지** 확인할 수 있었다. 파리나 유충보다 더 큰 생쥐의 뇌 조직 절편도 관찰할 수 있었다. 스케이프는 조직 전체를 볼 수 있을 뿐만 아니라, 단일 세포의 활성도 측정할 수 있다는 점에서 참신했다. 그것도 믿을 수 없을 만큼 빠르게, 고해상도의 이미지를 통해서 말이다.

"우리는 뇌의 조직 절반을 확보했어요." 파이어스타인은 설명했다. "이렇게 확보한 생쥐의 뇌를 접시에 놓고 혈액을 뽑아내 씻은 다음, 후각 상피의 넓은 통로를 상세히 확인했습니다. 조직 깊숙이 180마이크로미터 아래까지도 관찰할 수 있었어요. 낱개의 세포를 볼 수도 있어요. 원한다면 단세포 수준의 해상도를 얻는 일도 가능합니다. 단일 세포와 전기 후각도(EOG)**의 조합이지요." 스케이프를 이용하면 어떤 세

---

* Swept Confocally-Aligned Planar Excitation(공초점 정렬 평면 들뜸)의 약자. 움직이는 유기체의 삼차원 이미지를 빠르게 얻는 현미경.

** ElectroOlfactoGram. 후각 상피의 전기 신호를 읽는 전기 생리학적 검사. 심전도, 뇌파검사와 기술적으로 동등하다.

포가 어떤 냄새에 특이적으로 반응하는지 알 수 있어서 냄새 패턴을 구분할 수 있다. 이런 모든 작업을, 분리된 세포나 절편으로 잘려 고정된 뇌가 아니라 손상되지 않고 살아 있는 조직에서도 수행할 수 있다. 파이어스타인은 말했다. "이런 작업을 통해 냄새 혼합물 혹은 배합된 냄새에서 냄새 암호를 확인하는 심도 있는 연구가 가능해졌습니다." 파이어스타인 연구실 대학원생인 루 쉬Lu Xu가 모은 데이터는 아름다웠다. 이제 우리는 조직의 절단면을 관찰하고, 자극에 반응하는 전체적인 그림을 한눈에 볼 수 있다.

이러한 연구를 통해 두 가지 놀라운 점을 발견했다. 첫 번째는, 냄새 화합물이 작용제agonist이면서 동시에 길항제antagonist로도 작동한다는 점이다. "혼합물 안의 어떤 화합물은 하나 혹은 여러 수용체에 대해 작용제이면서 동시에 길항제로도 작용한다는 점이 드러났습니다." 파이어스타인은 말했다. O1, O2, O3 화합물이 들어 있는 혼합물에 노출되었을 때 화합물 O2 혹은 O3에 의해 활성을 띠게 된 어떤 세포가, 화합물 O1에 의해 그 수용체의 활성이 줄거나 아니면 아예 활성을 띠지 않는 쪽으로 조절될 수 있다는 의미이다. O1 화합물은 그 자체로 길항제는 아니지만 특정한 다른 종류의(이들도 다른 향 화합물에 대해 길항작용을 할 수 있다) 냄새 화합물과 섞이자 그런 현상을 드러낸 것이다. 따라서 길항작용이라는 것은 어떤 냄새 화합물이 본디 가진 특성이 아니라, 혼합물 안에서의 조합에 따라 결정되는 특성이다. 파이어스타인은 확신한다. "당신이 여러 가지 화합물을 가지고 있다 해도 거기서 작용제 또는 길항제로만 작용하는 화합물은 결코 찾지 못할 겁니다."

냄새 혼합물 인식 과정에서 나타나는 억제 효과는, 정신물리학 실험에서 흔히 발견되는 지각 현상의 하나로 알려져 있다.[13] 그러나 억제의 원리는 잘 알려지지 않았다. 억제는 중추와 말초 중 어디에서 비롯되는 효과일까? 혹은 둘 다에서일까? 억제 효과가 후각 수용체 수준에서 나타난다는 초기 연구가 있었다.[14] 여기서 사람들이 깜짝 놀란 것은 억제의 보편성이었다. 억제는 한두 개의 수용체에서만 두드러지는 현상이 아니었다. "어디서든 볼 수 있습니다." 파이어스타인은 강조했다. "세 가지 냄새 물질로 된 혼합물에서, 세 냄새 화합물을 각각 조사한 다음 섞어서 혼합물의 효과를 관찰했을 때, 약 20~25 퍼센트 억제 효과를 보았습니다. 억제 효과가 상당하죠? 가령 시트랄*에 의해 활성화된 세포가 있다고 해 보죠. 여기에 다른 냄새 화합물을 함께 처리하면 시트랄 향의 세기가 20퍼센트 줄어든다는 뜻입니다."

두 번째 발견에는 더 많은 의미가 함축되어 있다. 혼합물의 암호를 해독하는 과정에는 억제뿐만 아니라 **증강** 효과도 있었던 것이다. 개별 냄새 화합물에 전혀 반응하지 않던 어떤 세포들이 화합물들을 뒤섞은 냄새에 급작스러운 반응을 보이기도 한다. 파이어스타인은 이 사실이 중요하다는 점을 잘 알고 있다. 그는 말했다. "처음에 저는 그게 무슨 의미인지 몰랐습니다." 이 책을 쓰는 와중에도 그의 연구는 계속되었다. 논문 초고를 투고하기 직전, 파이어스타인은 내게 '다른자리입체성 allosteric' 상호작용으로 그 효과를 설명 수 있다는 이메일을 보내왔다. 거칠게 말하자면, 이 메커니즘은, 가령 냄새 화합물 같은 리간드가 수용체의 특정한 자리(즉, 다른 자리allosteric site)에 달라붙어 그 수용체의 활

---

* citral. 귤, 오렌지 혹은 레몬에서
냄새 맡을 수 있는 향 성분의 일종.
탄소 10개짜리 화합물이다.

성을 변화시킨다는 뜻이다. 다시 말하면, 어떤 냄새 화합물은 다른 냄새 화합물이 결합하는 자리를 조절할 수 있다. 예를 들어 냄새 화합물 O1, O2가 있을 때, O2가 수용체의 특정 부위에 달라붙으면 비로소 O1이 결합하여 수용체의 활성을 조절할 수 있게 된다. 쉬Xu와 파이어스타인은 다양한 혼합물에 대해, 혼합물 속 화합물의 농도가 서로 같은 경우와 다른 경우를 실험했다. 어떤 경우에도 보강 효과는 살아 있었다.

다른자리입체성 상호작용은 약물학에서 잘 알려진 현상이지만, G-단백질 결합 단백질(GPCR)에서는 전혀 알려진 바가 없었다. 쉬Xu는 이렇게 설명했다. "(후각 수용체가 아닌) 다른 GPCR A집단**에서 이런 현상이 발견되지 않는 것은 놀라운 일이 아닙니다. 후각 수용체 집단에 비해 수용체의 수가 월등히 적은 데다 수용체들 간에 구조적 차이도 훨씬 덜하기 때문이죠."[15] 후각을 담당하는 GPCR은 숫자도 많고 유전적으로 다양한 데다 각종 구조의 리간드를 가지고 있기 때문에, 다른 GPCR을 연구하는 데 훌륭한 모델이 될 수 있다. 따라서 이 주제는 약물학 연구와 신약 개발에서 매우 중요해질 것이다.

그런데 억제와 증강은 냄새 암호화에서 어떤 기능을 하는 걸까? 쉬Xu 등은, 복잡한 배합물을 구별하고 식별하는 데 억제와 증강이 활용될 것이라고 말했다. 후각에서 암호 조합의 효과를 생각해 보자. "좀 깐깐하게 따져서, 중간 농도의 어떤 냄새 분자가 3~5가지 수용체를 자극할 수 있다고 가정해 보죠. 이런 냄새 분자 10가지가 섞인 혼합물은 최대 50가지 수용체를 차지할 수 있을 겁니다. 이는 인간 후각 수용체의 약 10퍼센트가 넘는 수치예요. 비슷한 화합물 10가지로 구성된 두 혼합

** 2006년까지 발견된 GPCR 단백질 중 A 집단은 662개, B 집단 15개, C 집단 22개 그리고 기타가 92개이다. 후각 수용체가 포함된 A 집단은 다시 리간드가 알려진 것과 그렇지 않은 수용체로 세분화된다. 아직 리간드가 알려지지 않은 수용체 수가 거의 400개에 이른다.

물이라면 냄새 차이는 더 적겠죠?" 따라서 아마도 보다 복잡한 혼합물 ─수십 혹은 수백 가지 냄새 화합물이 포함된─에서는 냄새 물질의 활동을 전혀 구분하지 못할 수도 있다. 불가피하게 수용체들이 중복해서 감응함에 따라, 냄새 물질의 활동 패턴은 점점 구분하기 힘들어질 것이다. 이처럼 수용체가 수많은 층으로 중복해서 활성화되고 냄새 물질의 패턴이 중첩될 때, 우리 뇌는 어떻게 이렇게 복잡한 혼합물을 구분할 수 있을까? 각기 다르게 조합된 혼합물의 냄새를 선별적으로 구분하려면 수용체의 활동을 줄여야 할 것이다. 억제와 보강은 바로 이런 목적에 봉사한다.

궁극적으로, 이러한 연구 결과는 냄새 암호화 이론의 패러다임을 바꾸었다. 혼합물에서의 수용체 암호는 단일 분자 자극에 따른 수용체 암호와는 근본적으로 다르다는 점을 보인 것이다. 시각이나 청각에서와 같이 암호가 선형적이라는 생각과 산술적인 조합 모델은 냄새 연구에서 더는 설 자리를 잃게 되었다. 수용체의 행동을 이해하지 못하면 후각 암호의 비밀은 풀 수 없을 것이다.

하지만, 조합적 설계에 바탕을 둔 냄새 암호 모델은 기껏해야 불충분한 해답만을 내놓았을 뿐이다. 서로 다른 냄새 배합물은 동일한 수용체를 활성화할 수 있다. 따라서 냄새 신호의 공간적 분포를 파악한다고 해서, 혼합물에서 냄새의 정체가 명확해지지는 않는다. 과학철학에서 아주 유명한 개념, '증거에 의한 과학 이론의 저평가'[16] (프랑스 물리학자 피에르 뒤엠Pierre Duhem이 제안하고, 미국 철학자 윌러드 반 오먼 퀸Willard Van Orman Quine이 발전시킴)와 비교해 보자. 이 개념에 따르면 심지어 서로 양립할 수 없는 다른 이론일지라도, 같은 관찰 결과를 받아들일 수 있다. 이런 관점에서는 동일한 관찰 데이터라도 해석의 틀에 따라 완전히 다르게 읽힐 수 있다. 예를 들면, 동쪽에서 해가 뜨고 서쪽으로 진다는 사실은 지동설과 천동설 양쪽에서 제각각 모순되지 않게 사용된다. 같은 데이터, 다른 모델. 우리는 수용체상에서 벌어지는 냄새 물질의 암호 조합 과정에서 이와 유사한 원리를 발견한다. 그렇다면 우리의 뇌는 코 밖에서 무슨 일이 벌어지고 있는지 어떻게 아는 것일까? 코는 어떻게 어떤 냄새가 나는지를 정확히 알아낼까? 그리고 그런 불확실한 암호화가 제대로 기능할 수 있도록 하는 것은 과연 무엇일까?

수용체의 행동에서 출발한 모델이 없다면 우리는 뇌가 어떻게 냄새에 의미를 부여하는지, 즉 신경 활동 패턴을 통해 냄새가 어떤 신호를 보내고 무엇을 표상하는지 이해할 수 없다. 쉬Xu와 동료들은 수용체 암호화 연구에서 발견한 것들이 중추에서의 후각 정보 처리 과정을 이해하는 데 중요한 의미가 있다고 말했다. 그들은 뇌가 암호 조합 방식이나 뇌 지도가 아니라 패턴 인식을 통해 냄새를 인지하는 것을 확인했다. "조롱박 겉질*에서 얻은 최근 결과를 종합하면, 뇌의 특정 위치에 상응하는 냄새 암호는 없습니다. 따라서 수용체를 구별하는 첫 번째 단계에서 수용체 조절을 설명하는, 다른 암호화 전략을 고려해 볼 동기는 충분합니다." 7장과 8장, 두 장에 걸쳐 우리는 이러한 전략에 대해 자세히 알아볼 것이다.

일단 지금은, 개별 구성 요소를 통해 얻은 냄새 암호로는 혼합물의 냄새를 예측할 수 없다는 결론에 만족하자. 이런 효과를 만드는 정확

---

*후각과 관련한 대뇌 겉질로, 관련 내용은 8장에서 상세히 다룬다.

한 작동 원리가 무엇인지 여전히 의문이지만 우리는 고전 화학에 입각한 물질의 분자 구조가 아니라, 자극에 대한 수용체 반응으로부터 후각의 일반 이론이 출발한다는 점을 명확히 했다. 스티브 멍거는 이렇게 말했다. "궁극적으로 우리 뇌가 보는 것은, 개별 구성 요소(화합물)가 드러내는 표상과는 아무런 관계가 없습니다."

분자 과학과 향수 산업이 만나는 곳

후각계는 동떨어진 상태가 아니라 맥락 안에서 냄새를 평가하도록 진화했다. 이는 냄새의 암호화 메커니즘을 이해하기 위한 가장 중요한 첫걸음이다. 그러한 암호화 과정은 뇌의 중추신경계에서도 계속된다. 분자 구름은 또렷하게 분리되는 물체가 아니다. 냄새 화합물 또한 환경으로서의 배경과 합쳐진다. 따라서 코는 냄새 물질들 간의 관계 속에서, 후각적 풍광의 일부로 냄새를 측정한다. 이는 두 가지 작업을 의미한다. 복잡한 혼합물끼리 비교하기(같은가 혹은 다른가)와 복잡한 혼합물의 일부로서 성분 평가하기(현저하게 두드러지는 냄새와 배경에 깔리는 냄새의 구분 포함). 이러한 맥락에서 볼 때, 코가 개별 냄새 화합물을 아주 정확하게 감지할 수 있다고 해서 거기에 냄새 암호의 핵심 연산 원리가 있는 건 아니다.

혼합물 지각은 분자 과학이 향수 제조 지식과 만나는 지점이다. 후각 수용체는 냄새 혼합물을 암호화하면서 억제와 증강 효과를 보인다. 이러한 분자적 효과가 과학자들에게는 놀라웠지만, 조향사들 사이에서는 오래전부터 잘 알려진 지각 현상이었다.

화장실 혁명을 떠올려 보자(맞다, 정확히 읽은 것이다). 빌&멜린다 게이츠 재단은 최근 세계 최대 향수 생산 업체인 피르메니히와 제휴하여, 수자원이 부족한 아프리카 농촌 지역의 공중 화장실 악취 해결책을 찾아 나섰다.[17] 수세식이 아닌 재래 화장실은 위생 문제가 심각하다. 심한 악취를 중화시키려면 많은 물이 필요하다. 물이 없다면 공중화장실은 코 고문실로 돌변한다. 참을 수 없게 쌓인 대변, 소변, 몸 냄새, 음식 냄새 그리고 담배 연기 냄새가 뒤섞여 소란도 그런 소란이 없다. 이것은 물을 조금 부어서 해결될 일이 아니다. 본능적으로 사람들은 신선한 공기를 마시며 들판에서 볼일을 보는 것을 더 좋아한다. 하지만 이는 질병의 위협과 공중 감염의 문제를 초래한다. 이런 행동에 변화를 주기 위해 피르메니히와 게이츠 재단은 공중 화장실 냄새를 개선하기 위해 함께 노력한다.

사회적 파급력도 크지만, 이러한 작업은 기초 연구에도 시사점을 준다. 후각 암호화 모델에서 분자적 토대와 지각 효과를 연결하는 일이기 때문이다. 프로젝트에 참여하고 있는 로저스는 이렇게 말한다. "이 프로젝트는 악취에 대항하는 물질을 개발하는 일입니다. 수용체 길항제이지요. 악취 물질이 결합하는 수용체를 차단하는 분자를 찾아, 그것을 아프리카 화장실에 뿌리는 겁니다. 우리는 이미 길항제 목록을 향수 제조업체에 전달했습니다. 거기서 곧 길항 효과를 내는 분자 향수를 만들 거예요."

조향사들은 냄새가 지닌 다양한 지각 효과가 향을 배합하는 방법과 관련 있다는 사실을 알고 있다. 분자 과학자들은 그러한 사실을 탐구하기 시작했다(3장). 어떤 냄새 화합물은 혼합물에 들어 있는 다른 냄새 물질의 지각을 억제하는 길항 효과를 나타낸다. 하지만 어떤 화합물이 길항제로 작용하는가는 종종 혼합물 속 다른 냄새 화합물들과의 조합에 따라 결정된다. 앞에서 말했듯이, 후각계는 개별 자극을 계속 더하는 방식으로 작동하지 않는다. 종종 혼합물 전체의 암호화 원리를 통해서만 냄새의 정체가 드러나는 것이다.

분자 전문가와 지각 전문가가 만나는 자리에 심리학자가 참여하는 일이 늘었다. 분자 수준에서의 냄새 암호화를 관찰 가능한 지각 효과와 연결짓는 연산 원리를 구축하고자 할 때, 심리학 이론이 도움을 줄 수 있다(9장). 코네티컷 대학의 매리언 프랭크는 이렇게 말한다. "보다 자연적인 상황에서 작동하는 후각계를 주시해야 합니다. 말하자면 한 번에 서너 개의 서로 다른 화학물질을 가지고 실험할 때, 시간에 따라 각 물질의 세기가 변하는 것이죠." 프랭크는 무작위로 숫자를 제시한 것이 아니다. 그 수는 '레잉 한계Laing limit'와 관련이 있다.[18] 1980년대에 데이비드 레잉은 훈련을 받은 사람과 받지 않은 사람을 대상으로, '지각 모자perceptual cap'라고 이름 붙인 복잡한 혼합물에서 사람이 즉각적으로 분간할 수 있는 개별 냄새 분자가 몇 개쯤 되는지를 연구했다. 레잉 한계는 보통 훈련되지 않은 코는 3개, 전문가의 경우에는 3~5개였다. 이는 훈련받고 아니고의 문제가 아니라 감각 처리의 일반적인 한계를 나타내는 것이다. 이 결과는 우리에게 냄새 암호화에 관한 첫 번째 근본적인 단서를 준다. 그것은 냄새 암호화가 패턴 인식에 바탕을 두고 있으며, 패턴 인식은 개별 냄새 화합물의 암호로 결정되는 것이 아니라 후각계가 화합물들의 조합에서 개별 화합물을 어떻게 다루느냐에 따라 결정된다는 것이다.

　냄새 혼합물에서, 코는 **골라내고** 뇌는 **측정한다**. 측정이라는 이 개념은 말초신경계에서 이미 두 가지 방식으로 작동되고 있다.

　첫째는, 후각계 보정이다. 뇌가 환경 속에서 냄새를 측정하기 위해서는 변화량을 평가하고, 새로운 것을 감지하며, 두드러진 점을 인식할 기준이 필요하다. 놀랍게도 우리 후각계는 현재 있는 냄새에 구애받지 않으면서 그 모든 일을 수행한다. 우리 코가 금세 냄새에 익숙해지고, 늘 같은 속도는 아니라 해도 빠르게 냄새에 적응할 수 있는 것도 이런 이유 때문이다. 모든 후각 수용체가 똑같이 적응하지 않기 때문에 혼합물의 실험연구가 어렵고 부정확해질 수 있다. 하지만 이런 불균등한 적응은 혼합물을 지각하는 중요한 방식이다.

　일정 시간이 지나면 혼합물 중 일부 화합물들은 선택적 적응의 결과로 억제되고, 따라서 억제되지 않은 요소들이 더 도드라진다.[19] 그래서 냄새에 오랜 시간 노출되면 같은 혼합물이라 해도 다르게 느껴질 수 있다. 여기에 더해서, 사람들마다 각기 적응 속도가 다르다. 토머스 헤틴저는 선택적 적응으로 후각계가 어떻게 혼합물 속에 포함된 냄새 화합물을 지각하는지를 설명할 수 있다고 말한다. "예를 들어 혼합물 중에서 세 가지 냄새 화합물을 알아냈다고 칩시다. 여기에 네 번째 화합물을 추가해 보죠. 우리는 세 가지 화합물로 된 혼합물을 몇 차례 냄새 맡고, 배경이 되는 그 냄새에 얼마간 '적응한 뒤 제거'합니다. 그러고는 곧바로 네 번째 냄새 화합물이 더해진 혼합물의 냄새를 맡습니다. 앞에서 익숙해진 세 개의 화합물로 된 물질의 냄새를 배경으로 네 번째 화합물을 지각하는 것입니다. 이런 방식으로 우리는 개별 냄새 화합물에 대한 정보를 추출한다고 볼 수 있습니다." 그는 다시 한번 강조했다. "혼합물 억제와 선택적 적응의 조합에 의해 우리는 혼합물에 포함된 냄새 물질을 알아냅니다." 혼합물 암호화는 화학이 생물학을 거쳐 심리학과 만나는 접경이다. 프랭크도 동의한다. "잘 알려진 정신물리 현상인 '혼합물 억제'와 '선택적 적응'을 이용해서 우리는 후각계를 실험적으로 조절할 수 있습니다."

둘째는, 수용체에서 시작되는 후각 정보의 연산 척도이다. 그런 척도에는 '얼마나 많이' 그리고 '어떤 비율로' 재는지가 포함된다. 맥락 속에서 화학 정보를 어떻게 배치할지 평가하기 위해서 후각계는 냄새 이미지를 재구성하기 전에, 받아들인 표본 정보를 여러 조각으로 쪼갠다. 이미 우리가 알고 있듯이, 이러한 이미지는 분자 단위의 합이 아니다. 우리 뇌는 중첩하는 각기 다른 냄새 화합물로부터 어떻게 혼합물의 냄새 이미지를 연산할까? 여기서도 단서는 혼합물 암호화에 있다.

냄새 이미지 연산은, 후각계가 혼합물에서 감지한 냄새 화합물들의 비율과 관계가 깊다. 최신 연구에 따르면, 후각계는 냄새 화합물들의 비율을 패턴 인식의 형태로 받아들인다. 헤틴저와 프랭크는 냄새 활성도(OAV: Odor Activity Value)라는 개념을 써서 농도 계수를 분석했다.[20] 자라고자 대학의 화학자 비센테 페헤이라도 이와 비슷한 연구를 수행했다.[21] 프랭크는 이렇게 설명했다. "OAV는 문턱값에 도달하기 위한 냄새 화합물의 농도 비율로 정의됩니다. 몇 가지를 가정하면, 같은 냄새로 식별될 확률의 비율(P1/P2)이 냄새 활성도의 비(OAV1/OAV2)와 얼추 같다고 볼 수 있습니다. 이런 변환은 흔히 OAV로 기술되는 향이나 향수 혼합물 속 개별 냄새 성분의 공헌도를 평가하는 데 도움을 준다는 점에서 요긴하지요."

냄새 화합물의 비율이 냄새 이미지를 결정하는 것일까? 테리 애크리는 더 진전된 실험 결과를 발표했다. 그의 실험실에서는 단지 세 종류의 냄새 물질로 '감자 칩' 냄새를 만들어 냈다.[22] 애크리가 몇 가지 핵심적인 냄새 물질로 복합 방향 혼합물을 합성한 일은, 냄새의 질을 몇 가지 물리적 변수로 환원시켜 설명하려는 의도는 아니었다. 핵심 물질 그 어느 것도 감자 칩 냄새를 풍기지는 않았다. 메타네치올은 썩은 배추 냄새가 나고 메치오날은 감자 냄새 그리고 2-에틸-3,5-디메틸피라진은 토스트 냄새가 난다. '감자 칩'의 만들어진 이미지는 단순히 구성 성분의 목록에 의존하는 대신, 이들 세 냄새 물질의 혼합 비율과 관련이 깊었다는 사실이야말로 중요한 발견이었다.

보정 및 척도는 측정에 필수적이다. 이는 지각 효과를 분자적 원인에 연결시키는 후각 암호화의 중심 요소다. 혼합물의 구성 요소와 구성 비율은 향수 제조법과 생물학 연구에서 유래한 또 다른 현상이다(9장). 스티브 멍거는 이렇게 말했다. "복잡한 혼합물로 된 화학물질은 화학적 구성이 정확할 뿐 아니라, 그 구성 요소들의 비율도 매우 정밀합니다. 후각계는 개별 성분을 식별하기 위해 그것들을 분리할 필요가 있지요. 그러나 혼합물의 중요한 특성은 뇌로 보내는 출력물 패턴으로 보존됩니다. 그 패턴은 신경계에 의해 해독되고, 따라서 동물은 그에 걸맞은 행동 반응을 할 수 있지요."

　냄새의 질을 연산하고 암호화하는 과정에서 단지 '무엇'이 아니라, '어떤 관계'가 중요하다는 점이 이 장의 결론이다. 후각을 담당하는 뇌가 화학적 환경에서 다양한 성분을 표본으로 뽑고 측정한 다음 표시하고 배치하는, 이런 방식으로 입력을 받아들이고 작동하게 하는 신경의 메커니즘은 무엇일까?

신경 표상의 지형도

　후각 수용체가 냄새 물질을 암호화하는 과정을 통해, 우리는 뇌가 후각 자극을 수용하는 방식이 분석 화학자가 분자를 다루는 방식과 다르다는 것을 알았다. 신경계의 냄새 표상을 이해하기 위해서는 자극에 관한 화학적 이해를 넘어서야 한다. 이번 장에서 살펴보았듯, 냄새 혼합물의 암호화 메커니즘 연구는 매우 복잡하다. 하지만 뇌는 코에서 도달한 것이 무엇인지를 꼭 알아내야만 한다. 수용체 패턴은 유일한 답도 최종적인 답도 아니다. 모종의 방식으로, 뇌는 방대한 수용체 활성의 조각들을 배치한다. 하지만 수용체를 넘어서, 혼합물을 암호화하는 신경계의 활동은 우리에게 뚜렷한 자극-반응 지도를 제시하지 않는다. 우리는 산술적 덧셈 방식으로 후각 자극을 수용하지도 않는다. 후각 망울에서도(7장), 심지어 후각 겉질에서조차(8장), 암호를 해독하고 측량하는 일이 그런 방식으로 이루어지지 않기 때문이다. 뇌의 관점으로 보면, 떨어져 있는 물체에서 중복적으로 도달한 자극(물리적 자극)에 의해 동일한 후각 수용체가 활성화(뇌의 관찰)될 수도 있는 것이다.

뇌가 수용체 패턴을 어떻게 해석하는지는 매우 흥미로운 수수께끼다. 이 질문은 더 이상, 뇌가 그것을(예컨대 시스-3-헥세놀이 막 자른 잔디 냄새라는 것을) 어떻게 아느냐의 문제가 아니다. 그보다는 냄새 물질에 반응할 때 중첩되고 확연히 구분되지도 않는 수용체 활성에 어떻게 뇌가 의미를 부여하는가의 문제이다. 뇌는 어떻게 뒤섞인 수용체 활성을 신경 얼개로 조직화하고, 지각 이미지로 만드는 것일까? 어떤 원리로, 뇌는 수용체로부터 오는 단편적인 데이터들을 이해하는 것일까? 다음 두 장에 걸쳐 우리는 후각을 담당하는 뇌에 대해 살펴볼 것이다.

　이제 판도라의 상자가 열렸다.

7장

후각 망울의 정체

"저는 망울 지도가 지각 혹은 그 밖의 다른 어떤 것과 무슨 관계가 있는지 의심이 들었어요."

— 린다 벅

감각과 같은 복잡한 생물학적 시스템은 기본 구성 요소의 특성을 아는 것만으로는 결코 전모를 이해할 수 없다. 예를 들면 후각 망울에서는 수용체 정보가 유형별로 수렴 배치되고, 그에 따라 분리된 공간적 활성이 뚜렷하게 드러난다. 하지만 이런 공간적 배치로부터 우리는 얼마나 후각 기능을 예측할 수 있을까? "그 누구도 모르지요." 스튜어트 파이어스타인은 냉소적으로 말했다. "생물학 대부분이 그렇겠지만 신경과학에서도 우리는 뭔가가 존재하는 방식을 보고 이렇게 말합니다. '이런 기능을 아주 잘 수행할 것 같은데.' 하지만 기능을 무리 없이 수행한다는 바로 그 이유 때문에, 혹은 그것이 발생학적 문제를 매끄럽게 설명하기 때문에, 정말 그런 방식으로 작동하는 건지 아닌지 모를 수도 있습니다. 완성된 체계로서 그 계가 작동하는 방식과 관련이 없을 수도 있다는 말이죠. 이런저런 가능성을 따져 보는 일이 가장 쉬운 방식일 겁니다. 후각 망울도 마찬가지고요." 그러한 시도를 통해서 우리는 후각 뇌의 기능에 대해 무엇을 알게 될까?

언뜻 후각 경로는 단순해 보인다. 그것은 공기에서 대뇌 겉질의 안쪽까지 거의 중단 없는 길로 이어져 있다. 오직 두 개의 신경연접부만으로 환경의 화학 정보가 신경 표상으로 둔갑한다. 아마 감각계에서 후각 경로가 가장 직접적일 것이다. 시각계에서는 두 신경연접부만으로는 망막층조차 넘지 못한다. 그럼에도 불구하고, 우리는 후각 뇌가 감각 정보를 어떻게 처리하는지 완전히 이해하지 못하고 있다. 후각계의 단순성은 기만적이다.

상피층에 체계 없이 마구잡이로 모여 있던 정보가 한두 개의 신경연접부를 지나면서 어떻게 생생한 지각으로 번역될 수 있을까? 후각 뇌가 다른 감각계의 약식 버전처럼 작동하지 않기 때문에, 이런 질문에 답을 구하는 일은 현재 신경과학에서 매우 중요한 과업이다. 감각 신경과학의 중심 패러다임인 기능적 국지화는 감각 겉질에서의 정형화된(유전적으로 결정되고, 재현될 수 있다는 의미에서) 자극 지도와 관련이 깊다. 하지만 이 모델은 후각에 적용되지 않는 것 같다. 이번 장과 다음 장에서는 다른 감각계와 비교하여 후각의 신경 구조가 얼마나 다른지 살펴볼 것이다. 후각 망울에서 벌어지는 일은 곧 후각 신호 연산의 숨겨진 복잡성을 여실히 드러낸다.

두 신경연접부를 지나 곧바로 겉질로

언뜻 보기에 후각계는 세 가지 기본 단계로 이루어진 얕은* 경로다. 냄새 정보를 처음으로 포착하는 곳은 비강 상피에 있는 감각 신경세포의 섬모에 존재하는 수용체들이다. 수용체의 활성 패턴은 6장에서 설명한 바와 같이 공간적으로 불규칙하다. 수용체가 받아들인 신호는 뇌의 아래 이마엽에 있는 후각 망울로 전달되고, 거기서 이른바 토리(공 모양의 신경 구조)라 불리는 장소에 집결한다(18~19쪽 그림 참조). 망울에서,

---
* 데이터 과학 용어로, 짧은 단계에 걸쳐 중첩된 정보가 전달된다는 뜻이다.

우리는 갑자기 공간적으로 구분되는 활성 패턴을 발견하게 된다. 후각계의 독특한 유전적 특성 때문에 이런 일이 가능하다. 각각의 토리는 하나의 특정한 수용체 유전자를 발현하는 모든 신경세포에서 오는 신호를 수집한다(생쥐 연구를 통해 알려진 바로는, 한 종류의 수용체 유전자를 발현하는 신경세포는 평균 약 두 개의 토리에 신호를 전달한다. 하지만 그보다 적을 수도, 많을 수도 있다). 승모세포가 토리에 신경 가지를 뻗고 있다. 바로 이곳이 첫 번째 신경연접부이다.

승모세포는 수용체 신경세포로부터 온 신호를 후각 겉질의 여러 영역으로 빠르게 송치한다. 겉질 편도체, 내후각 겉질, 후각 결절 외에도, 이들 승모세포의 축삭 대다수는 후각계 너머 여러 인접 겉질 영역과 연결되는 이른바 조롱박 겉질에 신경 가지를 뻗는다. 여기서 후각 신호는 감각 통합 상호작용(후각 결절), 의사결정(눈확이마 겉질[**]), 기억(해마) 그리고 정서(편도체)와 같은 여러 생체 과정과 관련된 영역과 뒤섞인다. 여기가 두 번째 신경연접 연결 부위다. 20세기에 들어설 무렵, 라몬 이 카할은 이미 후각 경로의 이러한 특성을 알고 있었다. 그가 그린 후각계 그림은 초기 통찰력을 여실히 보여 준다(그림 7-1).[1] 카할은 후각의 얕은 경로가 일반적인 뇌 연구에 훌륭한 모델이 되리라 추론했다.

하지만 20세기 전반에 걸친 뇌 연구에서 카할의 성과는 거의 잊혔다. 그 이유는 부분적으로 방법론 때문이었다. 후각 자극은 다루기도 어려웠고, 통제하기도 힘들었다(1장). 시각 분야에서 커플러의 망막 연구에 상응하는, 코의 수용장을 결정하는 일은 불가능해 보였다(2장). 후각 수용체가 엄청나게 다양하다는 사실과 현대 과학자들이 냄새 암호

[**] orbitofrontal cortex. 가운데를 우묵하게 판 돌을 돌확이라고 하는데, 곡식도 찧고 고추도 간다. 뇌의 전두엽에 있는 겉질로, 돌확처럼 눈이 위치하는 곳 주변 움푹 파인 겉질이다. 안와전두피질이라고도 한다.

7장. 후각 망울의 정체

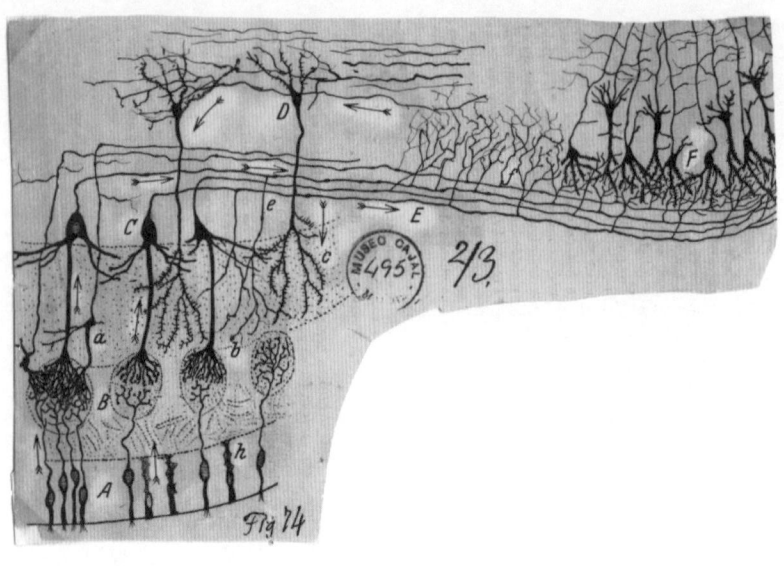

그림 7-1 카할이 그린 후각 경로
이 그림에서 우리는 냄새 정보가 두 개의 신경연접부에 의해 매개됨을 알 수 있다. 첫 번째는 후각 망울의 토리층(B), 두 번째는 일차 후각 겉질인 조롱박 겉질로 신호가 투사될 때이다(오른쪽 위 F). A는 후각 상피층으로 신경세포들이 보인다. C는 승모세포, D는 과립세포, a는 작은 타래세포, b는 승모세포의 가지돌기.
출처: 카할 연구소, 카할의 유물, 스페인 국립 학술원, 마드리드, 스페인

화를 이해하느라 겪었던 어려움을 돌이켜 보면, 그런 생각도 수긍이 간다. 수용체가 발견된 지 30년이 지난 지금까지도 여전히 신경 암호가 완벽하게 풀리지 않은 까닭은 무엇일까? 카할의 그림을 보면 그 이유를 짐작할 수 있다.

"카할은 후각계 저변에 깔린 분자적 복잡성을 전혀 이해할 수 없었습니다."라고 찰리 그리어가 대답했다. 후각 분야의 세부 사항에 대

해서는 여전히 모르는 게 많다고, 파이어스타인 연구실의 둥-징 저우는 말한다. "예를 들면, 후각 망울에 신경 가지를 내린 승모세포는 몇 개일까? 그들은 모두 같은 세포일까? 한 종류의 세포일까, 아니면 여러 종류의 세포로 구성되었을까? 그 누구도 그런 연구를 주의 깊게 수행하지 않았습니다." 랜들 리드도 이 말에 동의했다. "어려운 질문이죠. 우리는 승모세포가 모두 같은 것이 아니라는 사실을 알고 있습니다. 하지만 왜 그럴까요? 모릅니다."

후각 뇌의 가장 곤혹스러운 점은, 후각 망울에서 정교한 지형을 구축한 냄새 신호가 첫 번째 신경연접부를 지난 뒤에는 완전히 사라진다는 사실이다. "우리는 이렇게 아름다운 지도를 보고 있습니다." 리처드 액설이 말했다. "이것은 뇌의 가장 아름다운 지도 중 하나입니다. 개념적으로 아름다울 뿐만 아니라 미학적으로도 아주 만족스럽습니다." 하지만 겉질은 이 지도를 바로 잊어버린다. 조롱박 겉질에서 후각 신호는 결국 철저하게 섞이고, 공간 분포는 거의 임의적이다(8장). "그러니까 망울에서 촘촘히 짜였던 그 아름다운 구조 대부분이 겉질에서 갑자기 사라지고 맙니다."

후각 망울에는 쉽게 눈에 띄지 않는 의문점이 있다. 그곳의 공간적 배치가 자명함과는 거리가 멀다는 것인데, 두 가지 이유에서 그렇다. 첫 번째는 망울에서의 뚜렷한 냄새 지도가, 이어지는 후각 신호 처리와 냄새 이미지 연산에서 더 이상의 역할을 하지 않는다는 점이다. 감각 연구의 신경과학적 패러다임인 위상 조직화가 결여되어 있다는 점에서, 후각 겉질은 다른 감각계 겉질과 뚜렷한 차이가 난다. 두 번째 이유는 망울 자체에서의 냄새 지도 개념과 관련된다. 거기엔 무엇이 지도화된 것일까? 망울에서의 공간적 패턴이 정말 지도이긴 한 것일까? 망울의 지형도는 생각했던 것보다 훨씬 더 불안정한 토대 위에 서 있다.

기만적 단순성

후각 망울은 아마 과학자들이 가장 자세히 연구한 신경 구조일 것이다. 시각 연구자들이 망막을 재조명하듯, 망울에 관한 최신 연구 결과는 망울의 구조와 기능을 다시금 생각하게 한다.

후각 망울에 대한 전통적 관점을 검토하게 된 까닭은 그 크기에서 비롯되었다. 후각 망울은 고등 포유류, 특히 인간에서 퇴화된 구조라며 오랫동안 무시되었다. 유명한 심리학자 스티븐 핑커에 따르면, 진화하는 동안 후각 망울은 '영장류의 크기에 비추어 기대되는 크기의 3분의 1로 쪼그라들었다(포유동물과 비교하면 더 작다).'[2] 이 견해는 널리 퍼져 있다. 하지만 면밀히 살펴보면 이는 전혀 사실이 아니다. 최근 《사이언스》에 실린 논문에서 러트거스 대학의 신경과학자 존 맥건은 인간의 후각 망울이 그리 작은 게 아니라고 주장했다.[3] 맥건은 이렇게 물었다. "우선, 크기가 의미하는 게 뭐죠? 비율적인 비교인가요? 종과 종 사이의 비교인가요? 아니면 밀도(단위 면적당 신경세포의 숫자)일까요? 구조-기능 관계를 살펴보는 방법은 셀 수 없이 많습니다!"

다른 측정과 마찬가지로 크기는 척도에 따라 달라진다. 비율로 보면, 인간의 후각 망울은 길이 면에서 짧다. 하지만 망울에 있는 신경세포의 밀도는 다른 포유동물과 다를 바 없다. 보기에 따라서는 인간의 후각 망울이 오그라든 게 아니라 인간의 뇌가 커졌다고 말할 수도 있다. 소크 연구소의 찰스 스티븐스는 여러 종에서 후각의 신경 구조가 잘 보존되었다는 사실을 증명하기 위해 미소 회로의 척도 원리를 살펴보았다.[4] 일반적으로 뇌의 상대적 크기가 보존*된 데 비해서, 후각 망울은 주목할 만한 예외라는 사실을 발견한 과학자들도 있다. 그들에 따르면 후각 망울의 크기는 뇌의 나머지 부위와 상관성이 떨어지고, 예측하기도 어려웠다.[5] 그 이유는 아직 잘 모른다.

이러한 사실은 구조에서 기능으로 넘어갈 때도 나름의 문제를 제기한다는 점에서 눈여겨볼 필요가 있다. 그렇다면 망울의 기능은 어떻게 이해해야 할까? 망울과 그 수용장은 시각계의 망막과 시상**, 혹은 일차 감각 겉질에 상응하는 기능을 해야 하는 것일까? 의견은 다양하다. 역사적으로는 카할이, 그리고 그 뒤에 고든 셰퍼드가 망울을 망막과 비교했다(16~19쪽, 118~119쪽 그림 참조). 시카고 대학의 신경과학자인 레슬리 케이는 이렇게 말했다. "고든의 주장은 가지돌기 사이 연접에 의존하고 있죠."(이 내용은 뒤에서 바로 살펴볼 것이다.) 케이는 우호적인 논조로 설명한다. "2007년에 머리 셔먼과 저는 후각 망울과 시상의 신경 회로를 비교하는 논문을 썼어요.[6] 우리는 두 곳에서 신경세포의 연결 양상과 특성이 같다는 것을 이야기했지요." 케이는 시상 연구자들이 이런 생각을 받아들이길 원했다. "우리가 후각 망울에서 회로를 연구한 것이 있으니까요. 우리는 후각계를 변화시키는 것이 무엇인지를 시상 연구자 집단보다 더 폭넓게 예측할 수 있습니다."

정보 처리 과정과 원리에 대한 통찰 없이 구조와 기능을 짝 짓는

---

* 여러 동물을 비교했을 때 체중과 뇌의 무게 사이에 일정한 상관성이 관찰된다는 뜻이다. 체중에 비해 인간의 후각 망울이 그리 크지 않다는 뜻이기도 하다.

** 시상은 감각 정보와 운동 정보가 대뇌를 출입하기 위해 통과해야 하는 곳으로, 후각을 제외한 모든 감각기관으로부터 오는 자극을 대뇌 겉질의 각 부분으로 선별하여 보내는 역할을 한다.

일은 완전하지 않다. 후각 정보 처리는 위상 배열을 필요로 하지 않을 수 있다. 망울의 공간적 활성이 굳이 정보 처리의 연산 원리를 표현한 것일 필요는 없다. 다르게 설명할 수도 있는 것이다.

19세기말 카밀로 골지는 망울의 해부학에서 본질적인 요소를 발견했다. 개의 후각 망울에 존재하는 세포 형태를 묘사한 1875년 발표 논문을 통해서였다.[7] 골지는 은 염색법을 써서 후각 망울의 완벽한 이미지를 처음으로 얻을 수 있었다. 그림 7-2에서 골지가 놀랍도록 상세히 묘사한 개 후각 망울의 모습을 확인할 수 있다.

여기서 곧바로 눈에 띄는 점은, 망울이 여러 층으로 이루어져 있다는 사실이다. 거기엔 다양한 종류의 세포들이 밀집되어 있었다. 첫째, 상피에서 시작된 후각 신경의 종착역인 토리층이 있다(A층). 다음은 승모세포 근처로, 여기서는 토리에 내린 가지돌기를 통해 후각 신호를 받고, 마찬가지로 그 신호를 겉질로 투사하는, 작은 타래세포들을 볼 수 있다(B층).

겉질로 멀리 떠나기 전에 이 신호들은 망울 안에서 국소적으로 처리된다. 후각 신호의 국소 처리에는 측면 억제가 포함된다. 측면 억제는 흥분된 세포가 이웃 세포의 활동을 억제할 수(활성을 감소시킬 수) 있음을 의미한다. 이는 활성이 걷잡을 수 없이 확산되는 것을 막는, 모든

그림 7-2 골지가 염색한 개의 후각 망울

각기 다른 해부학적 층을 볼 수 있다. 공 모양의 신경 구조인 토리층(A), 작은 타래세포를 포함하여 가지돌기가 풍부한 커다란 승모세포층(B), 겉질 영역까지 파고든 두터운 과립세포층(C) (119쪽 참조).

출처: 골지, 「후각 망울의 구조」, 법의학 실험 저널, 1, 405-425, 1875 (레기오-에밀리아: 스테파노 칼데리니 출판, 1985 별쇄본)

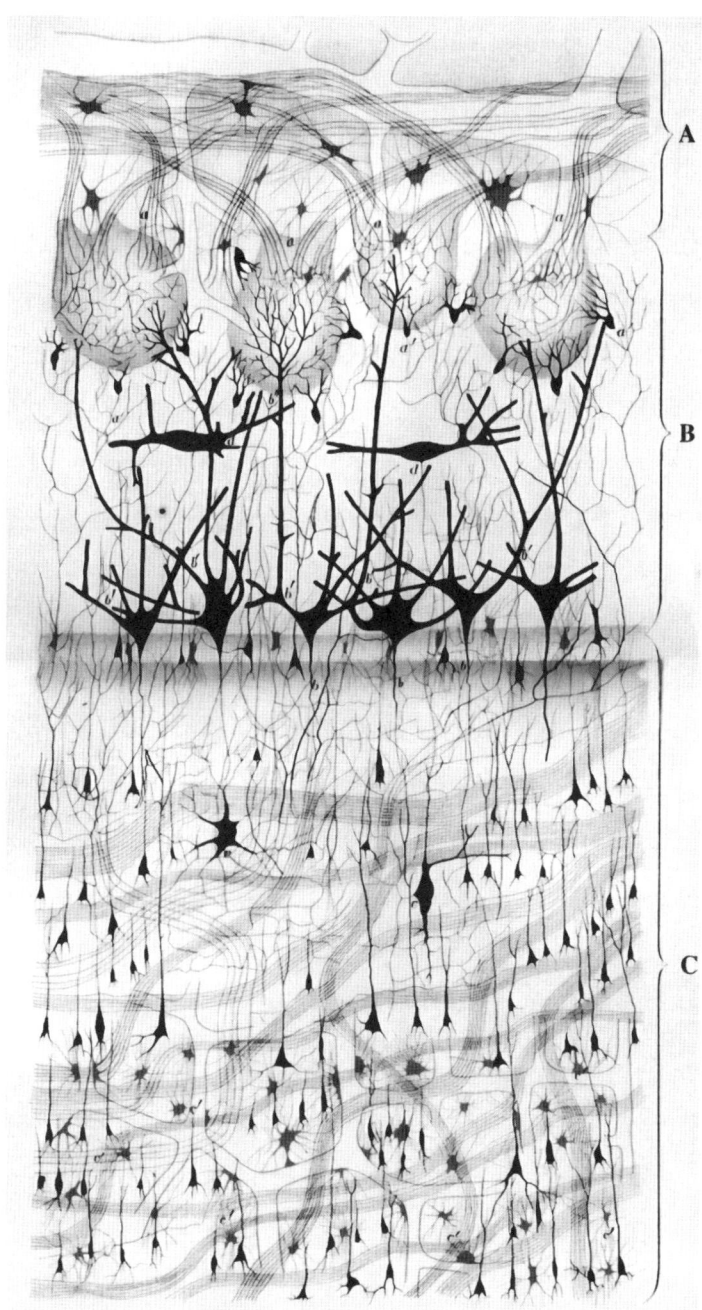

시스템에서 유용한 특성이다. 비활성이거나 덜 활동적인 부위와 활성 부위 사이에 선을 그음으로써 신호의 신경 표상을 선명하게 하는 것이다. 이런 연산 특성은 시각과 다른 감각계에서도 알려져 있다.

겉보기에 망울 속 일들은 망막에서 진행되는 일과 비슷해 보인다(118~119쪽 그림 참조). 특별한 신경세포인 과립세포가 망울의 측면 억제 과정을 담당한다(C층). 전형적인 신경세포와 달리 과립세포는 (망막의 아마크린세포와 마찬가지로) 축삭이 없이 오직 신경세포체(소마soma)와 가지돌기로만 구성되어 있다. 과립세포의 가지돌기는 승모세포 사이를 다리처럼 연결하여 그들의 활성을 조절한다. 과립세포는 작지만, 많다. 약 백 개의 과립세포가 하나의 승모세포에 달라붙는다. 과립세포와 승모세포는 고든 셰퍼드가 말하는 '미소 회로'에서 정보를 주고받는다. 승모세포가 과립세포를 자극하면 과립세포는 승모세포를 억제하는 것이다. 망울 내에서 진행되는 이런 순차적 자기 억제 활동은 "축삭이 관여하지 않는, 전적으로 가지돌기 사이의 연접 상호작용"[8]을 통해 이루어진다.

많은 일들이 첫 번째 신경연접부를 지난 직후에 벌어진다. 그것은 마치 망울이, 들어오는 수용체 신호의 흐름에 못 이겨 억지로 일을 하는 대신 자신의 속도를 조절하는 것처럼 보인다. 이러한 미소 회로는 망울 내 신호의 공간 패턴과 시간적 순서를 모두 결정하기 때문에 흥미롭다.

망울의 구조를 더 깊이 들여다보면, 모양과 크기와 기능이 다른 여러 종류의 세포와 마주하게 된다. 예를 들어, 토리 '껍질'은 토리곁세포(감각이나 운동 신경세포와 중추신경 사이의 통신을 중재하는 핵심 기지인 사이 신경세포)로 구성되어 있다. 승모세포와 타래세포의 '일차회로' 주변에서는 토리주위 세포(PGs), 외곽타래세포(ETs), 축삭짧은세포(SAs)를 포함하여 망울의 다른 세포층에 존재하는 사이 신경세포* 집단을 볼 수 있다. 이 세포들은 토리의 안 혹은 인접 토리 사이의 통신에 관여하는 미소 회로를 구성한다.

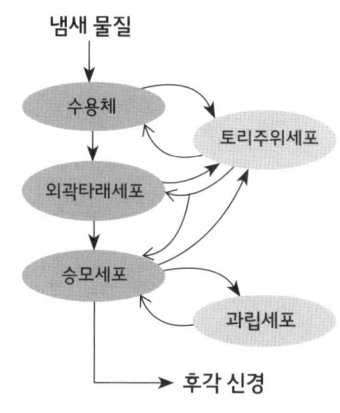

후각 망울 내 미소 회로

특히 망울에 있는 사이 신경세포 연구는 속속 놀라움을 자아내고 있다(축삭짧은세포는 감각 입력층과 연결되는 최초의 사이 신경세포일 가능성이 있는 것으로 최근 밝혀졌다).[9]

    미소 회로에 대한 지식이 어떻게 망울의 기능적 그림과 자극을 지도화하는 문제에 도움이 될까? 미소 회로의 세부 사항은 수용체에서 도달한 정보가 망울의 다양한 세포층을 지나는 동안 어떻게 '지연', '통합', '동기화' 및 '확대'되는지를 이해하는 데 무척 중요하다(마이클 시플리, 재커리 마이넨, 베르트 자크만, 게리 웨스트브룩, 벤 스트로브리지, 제프리 아이잭슨, 토머스 클리랜드, 맷 와코위악, 네이션 어번, 고든 셰퍼드, 찰리 그리어 등이 참여한 망울 미소 회로에 관한 상세한 연구에 따르면 그렇다).[10] 구체적으로는 다음과 같은 내용들이다. 수용체에서 온 정보가 얼마나 많이 망울의 활성으로 표시되는가? 활성화된 여러 개의 토리는 어떻게 상호작용하

---

*사이 신경세포(interneurons)는
중추신경계의 서로 다른 신경세포 사이에서
흥분 정도를 중개한다. 개재介在 뉴런,
혹은 국소 회로 뉴런이라고도 한다.

는가(그리고 그 상호작용은 지도와 관련이 있는가)? 망울에서의 공간 패턴은 자극 입력이나 병렬 계산 프로세스(억제나 하향식 같은)에 의해 주로 결정될까? 그렇다면, 다양한 조건에서 동일한 냄새가 다른 패턴을 보일 수도 있을까?

두 가지 다른 냄새 물질, A와 B로 구성된 혼합물의 냄새를 맡았다고 생각해 보자. 수용체에서의 억제 효과와 관계없이, 그다음 질문은 수용체에서 여러 개의 개별 신호로 분리된 혼합물 AB의 신호가 선형 덧셈에 의해 처리되는가 아니면 비선형 재조합에 의해 처리되는가 하는 것이다. 그림 7-3에서 가상 시나리오를 따져 보자.[11] 개별적으로 맡았을

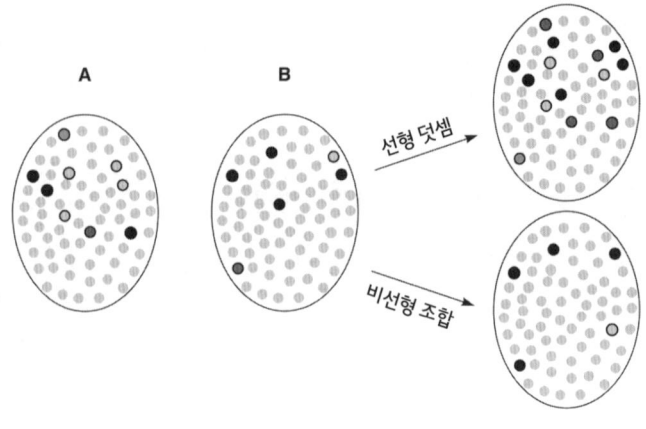

그림 7-3

후각 망울의 혼합물 처리 과정에서 자극을 통합하는 두 가지 가능한 메커니즘. 후각계는 토리 활성의 선형 덧셈(위, 오른쪽) 혹은 토리 활성의 비선형 선택적 조합(아래, 오른쪽) 방식에 따라 혼합물을 표상한다.

출처: 『향미: 음식에서 행동, 복지 그리고 건강에 이르는 길』 (에트레반 편집. 식품 과학, 기술, 영양 시리즈, 케임브리지, 영국, 우드헤드, 엘제비어 출판사, 2016) 그림 3.3 ©2016 Elsevier Ltd.

때 냄새 물질 A가 특정 그룹의 토리{G1-G9}를 활성화한다고 가정하자. 물질 B는 활성이 중첩되는 G1 토리를 포함해서 {G1; G10-G14}을 활성화한다. 이제 두 물질을 섞으면 어떻게 될까? 혼합물 활성화 패턴이 덧셈식이라면 {G1-G14} 토리가 활성화될 것이다. 반면, 선별적으로 토리가 활성화된다면 그 조합은 예컨대 {G1; G6; G9; G10; G13}이 될 수 있다. 이 중 어느 한 가지 선택이 가능하며, 그것은 억제 메커니즘이나 혹은 어떤 신호가 임곗값을 넘기엔 너무 약하다든가 하는 상황에 따라 달라질 수 있다.

망울의 활성 표현에 숨어 있는 구성 원리를 분석하고자 할 때 망울 활성을 기록한 이미지는 전체 이야기의 일부에 불과하다.

망울 톺아보기

후각 망울에서 우리가 주목할 것은 망울이 어떻게 상피에서 보이는 얼핏 무질서하고 분산된 활동을 각 냄새의 지문 혹은 뇌의 지문* 같은, 공간적으로 분리된 다발들로 정리하는가 하는 것이다. 잠시 멈춰서서 좀 더 깊이 생각해 보자. 수용체 수준에서의 혼란스러운 조합이 후각 망울에 이르면 급작스레 각 냄새에 대한 정확한 지도처럼 보이고, 마치 수용체 활성이 신경 표상으로 이어지는 지름길이 있는 것 같다. 과학 논문에서는 시각계를 본떠서 이러한 배열을 흔히 '자극 지도'라고 언급했다. 자극의 화학적 특성은 각기 분리된 공간의 신경 활동 패턴에 그대로 반영되는 것 같다. 서로 다른 활성 패턴은 원칙적으로 다른 성격의 자극을 설명할 수 있어야 한다. 후각 망울은 냄새 물질 혹은 냄새의 화

---

* 지문이 사람마다 다르듯이, 문자에 반응하는 뇌파도 사람마다 달라서 이를 개인 식별에 이용할 수 있다는 연구 결과가 2015년에 발표되었다. 이에 따라 뇌의 지문이라는 용어가 만들어졌다.

학을 표상하는 지도일까? 불행히도 상황은 그리 간단하지 않다.

우리는 환경으로부터 선택된 물질적 특성을 질서 정연하게 표현하거나 그것을 별도로 연산하는 방법을 찾고 있다. 냄새 지도는 어떤 식으로든 그런 물질적 자극이 입력되었음을 표현해야 한다. 망울과 관련하여 우리는 세 가지 지도를 생각해 볼 수 있다. 코 지도(수용체 위치의 총체적 표현), 냄새 지도(냄새 물질과 상관성을 갖는 뚜렷한 공간 활성), 화학 지도*(냄새 물질의 화학적 특성을 공간적으로 표현).[12] 하지만 이러한 선택지 중 어느 것이 적용되는지는 명확하지도 직관적이지도 않다.

망울의 '화학적 지형' 혹은 '공간 배열' 특성을 언급하는 리뷰 논문이 있지만, 후각 과학자들 사이에 이런 개념이 확고히 정착된 것은 아니다. "저는 늘 '냄새 지도' 개념이란 것에 확신이 들지 않았습니다." 파이어스타인은 인정했다. "솔직히 말하면 그 지도가 어떻게 생겼을지 상상이 되질 않았어요. 만약 망울과 연결시킨다면 알데히드를 케톤 옆에 놓거나 아니면 그 사이에 에스테르를 넣을 수 있을까요? 그런 지도를 만들 수 있을까요? 그럴 만한 합리적 근거가 없기 때문에 우리는 어떤 답변도 할 수 없답니다."

"저는 망울 지도가 정말로 어떤 의미를 가져야 한다고는 생각하지 않습니다." 린다 벅은 대답했다. 한때 그녀는 후각 망울이 수용체의 공간적 지도여야 한다고 생각했었다. "하지만 저는 망울 지도가 지각 혹은 그 밖의 다른 어떤 것과 무슨 관계가 있는지 의심이 들었어요. 오래전부터 저는 동일한 수용체를 가진 신경세포들이 동일한 위치에 있는 신경연접부로 연결되도록 진화한 발생학적 메커니즘에 의해, 간접

---

* 화학 지도(chemotopy)는 자극의 화학적 특성에 따른 질서 정연한 공간 배열을 의미하는 생리학 용어다. 보다 일반적인 용어는 지형도(topography)인데, 구성 요소의 형태, 크기 또는 위치를 따져 지역이나 시스템 혹은 신체 기관의 특성을 파악하는 일을 말한다.

적으로 망울이 조직화되었을 거라고 생각했습니다. 왜냐하면 그 편이 수천 개의 신경에서 나오는 낮은 수준의 신호를 훨씬 더 적은 수의 망울 신경세포로 통합하는 데 유리할 테니까요. 그것이 낮은 농도의 냄새 물질을 감지하는 민감도에는 중요할 수 있어요. 하지만, 그 지도 자체는 별 의미가 없지요."

파이어스타인 연구실의 박사 후 연구원이었던 피르메니히의 매슈 로저스는 '악마의 대변자' 역할을 맡았다. "제가 보기에는 어쨌든 망울에 일종의 화학 지도가 있는 것 같아요. 문제는 스튜어트(스튜어트 파이어스타인)도 지적했듯이, 이것의 목적이 무엇이냐는 거죠." 로저스는 말을 이었다. "화학 지도의 기능적 타당성을 믿지 못하게 된 까닭은 우리가 아직 그것을 완전한 형태로 보지 못했기 때문 아닐까요?" 로저스는 덧붙여 설명했다. "제가 화학 지도라고 말한 건 그렇게 표현한 논문들을 읽었기 때문이에요. 그래서 그것을 묘사하는 방법으로 제 머릿속에 새겨진 거지요. 하지만 저도 회의적인 시각에 충분히 동의합니다. 정말 지도가 있는지는 사실 모르겠어요. 그건 어쩌면 '지도'가 아닐지도 모르지요. 그럼 대체 뭘까요?"

"의미론적 질문일 수도 있어요." 그리어가 끼어들었다. "동일한 후각 수용체를 가진 감각신경세포에서 출발한 축삭이 후각 망울 안에서 적어도 이웃에 광범위하게 분포하면서 토리로 수렴되는 것은 의문의 여지가 없습니다. 그것을 위상 지도라고 말하지는 않겠지만, 거기엔 분명 **특이성**이 있습니다."

위에서 언급한 세 종류의 지도를 폐기해야 할 이유도 적지 않다.

엄밀한 화학 지도는 6장에서 반박되었다. 수용체 메커니즘이 화학적 위상을 반영하지 않는다는 사실이 밝혀졌기 때문이다. 하지만 상피에서 수용체가 냄새 물질과 결합하는 원리와 망울에서 토리의 조직화를 결정하는 메커니즘은 구별해야 한다. 망울은 냄새 물질의 화학적 위상 표현과 관련이 있을까? 그 답도 역시 부정적이다. 고차원 자극은 망울의 이차원 평면에 위치할 수 없다. 심지어 그 특성의 일부도 새겨 넣지 못한다.[13] 이런 현상은 곤충뿐만 아니라 포유류에서도 발견되었다. 곤충의 경우는 예외적일 정도로 관련성이 적었다.[14] "알데히드는 여기, 케톤은 저기 그리고 에스테르는 바로 저기." 하는 식의 화학적 특성과 결부된 공간적 배열이 전혀 보이지 않았던 것이다. 토리 활성에 화학적 특이성이 있을지는 몰라도, 화학 지도는 없다.[15]

      코 지도(시각의 망막 지도와 유사)는 어떨까? 우리는 망울에서 유전적 영역 비스름한 것을 발견하기는 했지만 그것의 조직화는 시각계의 망막 지도와 비교할 거리도 못 되었다. 시각계에서 망막 지도의 특징은 인접 세포들이 비슷한 수용장을 갖는다는 점이다. 바로 그것이 시각 표상을 조직화하는 핵심이었다(2장). 얼핏 보기에 망울에도 비슷한 원리가 적용되는 듯했다. 각각의 냄새 물질은 활성 측면에서 '지문'을 가진 것처럼 보인다. 또한 특정한 자극에 의해 활성화된 토리는 함께 무리를 짓는 것 같다. 하지만 좀 더 살펴보면, 이웃한 토리라고 해서 멀리 있는 토리보다 더 비슷한 반응을 보이지는 않는다. 비슷한 계열이 아닌, 몇 가지 다양한 냄새로 시험했을 때 더 그랬다.[16] 예일 대학의 존 칼슨은 초파리 실험에서, 예컨대 냄새 물질에 대한 토리의 반응이 지역적으로 매우 분산되어 있다는 사실을 밝혔다.[17] 게다가 유사한 냄새 물질에 반응하는 토리 집단의 활성 영역 역시 '연속적'이 아니라 '틈'을 드러냈다.[18]

어쩌면 냄새 지도가 답일지 모른다. 그것은 가장 확실한 선택처럼 보인다. 만약 망울에 개별 냄새 물질의 '지문'이 드러나는 것처럼 보이고 유사한 냄새에 대해 토리의 집단적 반응에 어느 정도 중복이 있다면, 망울에서의 공간적 활성화가 인접한 토리 집단에 의해 조직화되지는 않더라도, 그 공간적 활성화가 일종의 지도를 이룰 수는 있다. 조악하고, 여전히 분리되어 분포하지만, 식별 가능한 패턴 같은 지도 말이다. 셰퍼드와 하버드 대학의 벤카테시 머시Venkatesh Murthy가 이런 관점을 선호했다.[19] 그래서 아마도 기능 지도를 만들었을 것이다. 하지만 그것은 동시에 위태롭기도 했다. 기능 지도가 자리매김하기 위해서는 이러한 패턴이 전형적인 것이어야 한다. 다른 종은 차치하고라도, 한 종의 구성원들 사이에서나마 패턴이 일반화될 수 있어야 한다는 뜻이다.

전형적 기능성은 패턴이 임의적일 수 있다는 사실을 암시한다(임의적이란, 내재적 또는 체계적 가치가 없는 곳에 입력이 도달한다는 의미이다). 그러면서도 그 패턴은 재현가능해야 한다(특정 입력이 정확히, 혹은 거의 비슷하게 바로 **여기에** 도달하는 것이다). 달리 말하면, 기능성은 단단히 배선되어 있어야 한다. 즉, 측면 억제를 포함한 연산 원리에 따라 기능성은 변치 않는 공간에 표상되어야 하는 것이다. 그렇다면 망울은 토리를 **어디에** 놓아야 하는지 어떻게 알 수 있을까? 궁극적으로 이런 전형적인 조직은 유전적으로 미리 결정되어 있어야 한다.

유기체는 특정 기능을 목표로 해부학적 구조를 만드는 게 아니라, 다만 발생 과정의 역사가 구조에 투영될 뿐이다. 후각 망울에도 이런 관점을 적용할 수 있을까? 토리 안에서 벌어지는 신호 활동은 어찌 되었든 냄새 물질의 분자 특성과 관련이 있다. 후각 망울은 후각계의 수용장 비슷한 것을 형성한다. 그렇지만 망울은 자극의 화학이 아니라, 일차적으로 수용체 활성을 반영한다. 토머스 헤틴저도 동의한다. "그것은 냄새 지도가 아닙니다. 수용체 지도지요." 이 구분은 망울이 수용체 유전학의 결과라는 의미에서 무척 중요하다. 유전과 발생학적 기초에 바탕을 둔 망울 지도 연구가 급부상하면서, 망울 지도의 인과적 토대에 대한 질문이 고개를 들기 시작했다. 과연 망울은 미리 배선된 것일까?

각 냄새에 배당된 지문

후각 망울에 대한 과학적 관심이 대두된 것은 위상 모델이 신경과학 발전의 중심에 있을 때였다. 1970년대 초반부터 망울 연구에 앞장섰던 고든 셰퍼드는 당시 경험을 떠올렸다. 후각계가 다른 감각계와 그다지 다르지 않다는 점을 증명하는 일이 그의 초기 연구 목표였다. 당시 많은 과학자들은 후각이 별난 감각이라고 믿었지만, 그는 그렇지 않다고 생각했다. 셰퍼드는 회상했다. "마침내 우리는 냄새를 표상하는 생성 패턴을 발견했습니다! 이러한 기본적인 속성들은 체성감각계, 시각계, 운동계 등에서 익히 보았던 것이었죠. 저는 냄새도 마땅히 그래야 한다고 생각했던 겁니다."

파이어스타인은 고든 셰퍼드 실험실에서 박사 후 연구원으로 일했던 시절을 떠올렸다. "고든은 후각계가 주류 신경과학의 일부라는 생각을 고수했어요. 작동하고 있는, 혹은 앞으로 밝히려고 하는 후각 메커니즘은 우리가 당대의 신경과학에 대해 알고 있는 것과 일치해야 했지요. 기존 모델에 부합해야 했고요. 하지만 공통된 견해는 아니었습니다. 많은 사람들은 후각이 다른 신경계, 특히 다른 감각계와는 다소 다른 독특하고 기이한 체계라고 느꼈습니다. 그렇기 때문에 후각계에 대해 배우고 달려들어 실험하는 일이 어렵다고 생각했어요. 어떤 식으로든 후각은 특별했습니다. 그러나 고든은 정반대였어요. 그는 우리가 배운 것, 가령 후각계 말초든 중추든 어디든지 뇌와 신경과학의 보편적인 맥락에서 이해할 수 있어야 한다고 보았지요."

"이해하기 매우 어려운 지점이었습니다." 셰퍼드가 말했다. "향수 업계 사람들의 도움 혹은 부추김을 받아서, 후각 연구자들은 후각계가 특별하다고 주장했습니다. 저는 향수 및 향 국제협회 사람들 중 한 명이 이렇게 말하던 것을 기억합니다. '음, 당신은 특정 종류의 냄새에 관한 생리학 연구를 결코 수행할 수 없을 겁니다. 냄새 물질은 항상 오염되기 때문이죠.' 유기화학자였던 그들은 다른 냄새 물질을 섞기 위한 매질로서 아무런 냄새 물질도 없는 공기를 제조하는 일이 얼마나 힘든지 잘 알고 있었습니다. 만약 향이 진정 소량의 특정 화합물에서 나오는 것이라면, 그 화합물이 B나 C나 D 혹은 E일 수도 있는데 우리는 어떻게 꼭 짚어 냄새 물질 A를 연구하고 있다고 말할 수 있을까요? 이런 일 때문에 다른 감각계와 달리 후각계에서는 표준적인 생리학 연구를 할 수 있다고 믿기가 참 어려웠습니다."

여러 어려움이 있었지만 셰퍼드는 연구를 계속했고, 마침내 그가 옳다는 것을 증명했다. 그는 후각 망울에서 예외적일 만큼 특이하고, 공간적으로 뚜렷한 활성 패턴을 발견했다.[20]

그러나 결정적인 조각은 여전히 빠져 있었다. 망울의 활성이 자극의 지도임을 확인하기 위해서는, 후각계와 자극 사이의 상호작용을 결정하는 입력 접속 장치인 수용체가 반드시 필요했다. 파이어스타인은 분명하게 말했다. "신경과학 연구 중 냄새와 관련된 것은 거의 없었습니다. 모두 후각 망울의 배선도를 묘사하는 데 관심을 쏟았지요. 그들의 관심사는 누가 무엇과 연결되어 있고, 어떤 방식으로 그렇게 되었는가, 신호가 어떤 방향으로 움직이고 있는가 하는 것이었죠. 그 많은 일들은 실제로 냄새 물질을 사용하지 않은 채 진행되었습니다." 이는 감각 생리학 분야에서 흔히 사용되는 전략이었다. "망막의 배선도에 대해 우리가 알고 있는 엄청난 양의 지식은, 빛을 사용하지 않은 실험을 통해 이루어졌습니다." 파이어스타인은 강조했다.

일단 신호가 수용체 수준에서 어떻게 구조화되었는지 확실해지면, 그 신호는 뇌 전체에 걸쳐 투사된 경로에 고스란히 반영되어야 했다. 벅과 액설이 후각 수용체 유전자를 발견하면서 후각 연구의 퍼즐을 맞추는 데 필요한 조각이 즉시 현장에 투입되었다.

그다음 단계는 수용체 연구를 통해, 자극의 화학적 특성을 망울의 패턴과 연결시키는 일이었다. 이 단계는 상당히 앞서 있는 것처럼 보였다. 암호화 열풍이 후각 연구자 집단에 불어닥쳤다. 그러나 수용체 암호화를 이해하는 일은 예상보다 훨씬 어려운 과제임이 밝혀졌다. 수백에서 수천 가지에 이르는 수용체 패턴이 있다고 상상해 보자. 수용체는

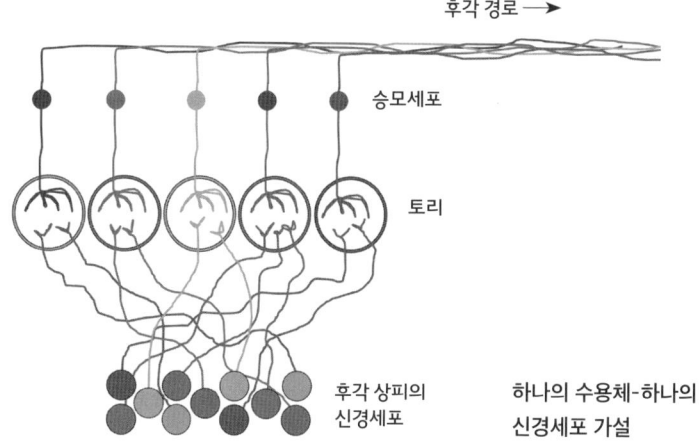

조합 방식으로 작동하며 상피에 무작위로 분포한다. "주어진 냄새가 어떤 세포를 활성화했는지, 우리 뇌는 어떻게 알까요?" 액설은 도전 과제를 이렇게 요약했다.

그 답은 1996년에 나왔다. 당시 액설과 함께 컬럼비아 대학의 박사 후 연구원이었던, 현재는 프랑크푸르트에서 자신의 연구실을 운영하는 페터르 몸바르츠는 후각계가 수용체에서 무작위로 입력되는 정보를 다루기 위해 독특한 기술을 사용한다는 것을 발견했다.[21] 각각의 감각 세포는 한 종류의 수용체만을 발현하는 것처럼 보였다(몸바르츠에 따르면, 비록 오늘날에는 '하나의 수용체-하나의 신경세포'라는 교리를 일반화하는 것이 의심된다 해도).[22] 액설은 후각계의 기예를 이렇게 설명했다. "생쥐에는 1,000가지 종류의 후각 수용체가 있다는 게 밝혀졌는데, 코 상피에서의 분포가 어떠하든, 동일한 수용체를 발현하는 모든 세포에서 온 정보는 두개골을 지나 뇌의 첫 중계국의 고정된 지점에 수렴한다는 사실이 밝혀졌어요." 그곳은 바로 토리이다.

이러한 작동 방식은 엔지니어의 꿈 같았다. '하나의 수용체-하나의 신경세포'라는 교리는 수용체 이후의 배선과 관련하여 불규칙한 복잡성을 줄였다. 후각계는 굉장히 혼란스럽게 조직되어 있다. 그리어는 다음과 같이 지적했다. "후각 상피에서 후각 망울(토리)로 투사되는 경로를 떠올려 보면, 그것은 의심할 여지 없이 중추신경계에서 **가장** 혼돈스러운 경로입니다. 코의 한 쪽마다 120만 개 또는 130만 개의 신경 세포가 있고, 그 세포들 각각은 후각 상피 내에 고유한 자리를 차지하고 있어요. 이들 세포의 축삭은 동일한 냄새 수용체를 발현하는 다른 신경세포의 축삭들과 함께 후각 망울에 수렴해야 합니다." 수용체 종류별로 축삭이 모이지 않고서는, 어떻게 후각계가 입력 자극을 의미 있게 구분할 수 있는지 이해하기란 불가능해 보였다.

새로운 실험 가능성이 순식간에 열렸다. 연구자들은 이제 상피에 있는 수용체세포에서 망울에 모이는 지점까지 신호를 직접 추적할 수 있게 된 것이다. 액설은 기억했다. "우리는 개별 수용체마다 탐침 probe을 사용했습니다. '뇌에서 RNA-인코딩 수용체*를 조사함으로써 상피에 있는 감각 신경세포가 뇌에 투사된 곳을 확인할 수 있을 거야.'라고 생각했죠. 우리는 투사되는 과정에서 RNA의 일부가 축삭 안으로 빠져나갈 수 있다고 가정했어요. 그래서 현장 혼성화**(상보적 서열을 갖는 유전물질을 탐침 삼아, 조직 안에서 RNA의 위치를 추적하는 방식)라는 기법

---

* 서로 다른 수용체 단백질을 가지고 있다 해도 각 상피세포의 DNA는 동일하다. 하지만 세포는 DNA에서 자신이 필요한 유전자만을 활성화시키고 RNA를 생산하기 때문에, 어떤 수용체 단백질을 발현했는지에 따라 상피세포의 RNA는 다르다. 따라서 RNA 인코딩 수용체를 조사하면 뇌에 투사된 후각 수용체의 발현 양상을 파악할 수 있다.

을 써서 뇌에서 수용체 RNA를 찾아냈습니다. 우리는 정말로 그것을 보았어요. 각 수용체는 망울 내 각기 다른 위치에서 발견되었습니다. 몸바르츠는 그곳이 해부학적으로 토리라는 사실을 확인했어요. 처음엔 미친 실험처럼 보였지요. 하지만 멋진 결과를 얻었습니다!" 몸바르츠의 실험은 각 냄새 물질별로 패턴이 있어야 한다는 중요한 암시였다. 토리에 고정된 암호는 각각의 냄새를 나타낼 것이었다. 예를 들어, 시트랄은 특정한 토리 {G1; G5; G6; G204} 집단을 활성화한 반면 사향은 다른 토리{G5; G6; G30; G50; G400; G420} 집단을 활성화한다고 해 보자. 만일 이 냄새 물질을 킁킁거려 냄새를 맡고 두 가지 혼합물에 대한 지각을 기록하기 위해 뇌의 기능성자기공명영상(fMRI) 이미지를 얻었다면, 우리는 각각에 대해 눈에 띄게 다른 신경 패턴을 볼 수 있을 것이다.

"토리가 하나의 기능 단위 역할을 하리라는 발상의 시작이었죠." 파이어스타인은 정리했다. "기능 단위라는 개념은, 각각의 토리가 어떤 냄새 집합에 할당되는지 토리에 공간적 구조를 부여함으로써 어떤 냄새인지 확실히 알 수 있다는 생각입니다."

이제 후각에 대한 관심은 수용체 행동에서 중추신경 처리로 이동했다. "마침내!" 셰퍼드가 말했다. "이제 우리는 서로를 의식하고 경쟁에 박차를 가하는 많은 실험실을 갖게 되었습니다."

화학 지도 이면의 신경 암호를 푸는 작업이 급속히 활기를 띠었다. 화학 지도에 대한 생각은 그 분야 어디에서나 볼 수 있었다. 파이어스타인은 이렇게 기억했다. "후각 망울과 화학적 특성 지도로서 활성 패턴의 공간 배열을 설명하는 논문이 그야말로 쏟아졌습니다. 그런 발

** 인시투 잡종형성(in situ hybridization)이라고도 한다. 세포 혹은 조직 안에서 전령 RNA의 발현 장소를 확인하는 방법. 전령 RNA와 상보적인 RNA를 만들고 거기에 형광물질이나 동위원소를 붙여 전령 RNA의 위치를 추적한다.

견에 기초하여 많은 사람들은 이것이 말이 된다고 판단했죠. 왜냐하면 일종의 지도를 상상할 수 있었기 때문입니다. 냄새의 질(종류), 즉 냄새 물질이 결합한 수용체를 중추와 연결시키는 일이었지요. 일본의 모리 켄사쿠가 바로 이 일에 몰두했습니다."[23]

    레슬리 보스홀은 이렇게 대답했다. "후각 토리는 매우 중요한 개념이었어요. 곤충을 연구하던 초기 과학자 일부는 해부학적으로 토리에 일정한 조직 원리가 있다는 점을 알아차렸습니다. 나방을 예로 들어 보죠. 수컷 나방의 말초 감각 상당 부분은 암컷의 냄새를 맡는 데만 몰두합니다. 수컷의 촉각에 있는 모든 세포가 바로 그것들이지요. 이 세포들을 따라 뇌로 이동하면 암컷을 탐지하는 일이 전부인 거대한 토리에 이릅니다. 사람들은 후각 망울에서 냄새 활성을 볼 수 있게 되었습니다. 토리의 활성 패턴은 냄새 물질의 밀도와 농도 그리고 물질이 혼합된 것인지 아닌지에 따라 달랐지요."

    하나의 냄새 물질은 망울 활성의 특정한 패턴과 짝을 이루었다.[24] 셰퍼드의 말에 의하면 이런 결과는 "냄새가 다르면 패턴도 다른" 양상을 보였다. "많은 연구소의 연구원들이 믿을 수 없을 정도로 중요한 발견을 이어 갔습니다." 보스홀은 덧붙였다. "시간에 따른 냄새 농도와 냄새의 질(어떤 면에서는 분명하지 않았지만)이 암호화되어 있는 이런 이차원 판이 있다는 점은 무척 중요해 보였어요. 초기의 간단한 작업들은 탄소 사슬의 길이를 늘이면 후각 망울 내 토리의 배열에서 질서 정연한 활성을 확인할 수 있다고 말하고 있었습니다. 하지만 아마 틀렸을 거예요. 분명히 곤충에서는 명확한 조직 원리가 없었거든요. 저는 척추동물의 후각 망울도 그럴 거라고 점점 더 생각하게 되었어요. 그렇게 질서정연한 방식으로 작동하는 게 아니에요. 훨씬 더 추상적이지요."

망울 연구는 정체되었고, 화학 지도 개념은 불분명해졌다. 파이어스타인은 결론지었다. "우리가 화학에 기초해서, 예컨대 알데히드는 여기, 케톤은 조기, 에스테르는 요기, 하는 식으로 공간 지도를 찾으려 한다면 우리는 그 지도를 찾을 수 없을 것입니다."

지도를 찾는 작업에서 심오한 질문이 흐려지기도 했다. 후각을 설명한다는 것은 무엇일까? 망울에서의 활성에 관해 확실하게 말할 수 있는 것은, 토리의 패턴은 **패턴**일 뿐이라는 것이다. 셰퍼드가 지적했듯이 토리 패턴은 내부 논리를 갖지 못한 패턴에 지나지 않았다. "패턴 인식, 그것은 거의 토리 자신만의 원칙이지요!" 어떻든 망울 지도는 수용체에 바탕을 둔 모델로 수정할 필요가 있었다. 그러나 수용체는 수용체 자신의 논리를 따른다.

고정된 표상

후각 감각 신경세포가 수용체 신호를 뇌로 전달하는 승용차라면, 수용체 유전자는 운전자라고 이해할 수 있을 것이다. 그렇다면 이 운전자들을 움직이게 만드는 것은 뭘까? 망울의 주된 공학적 원리는, 같은 수용체 유전자를 가진 감각 신경세포가 토리에서 결집하는 것이다. 그리어는 "이 점이 후각의 독특한 특징이겠죠?"라고 강조했다. "이들 세포들은 상피에서 발생한 지점에 따라 각기 매우 독립적인 경로를 따릅니다. 다른 어떤 감각계도 이런 경우는 없습니다." 파이어스타인은

"G-단백질 결합 수용체가 축삭의 경로를 실질적으로 관장하는, 최소한 직접적으로 관장하는 감각계는 후각 말곤 제가 알기에 없습니다."라고 말했다.

파이어스타인은 설명했다. "감각 신경세포의 축삭이 망울에 도달하는 방식에 어떤 식으로든 수용체가 관여한다는 발견은 놀라운 것이었습니다. 왜냐하면 이전에는 G-단백질 결합 수용체가 축삭을 인도한다거나 길을 지시한다는 사실은 전혀 알려진 바가 없었기 때문입니다. 이제 수용체들은 두 가지 일을 하게 되었답니다! 우선 놀랄 만큼 다양한 종류의 수용체가 있습니다. 이런 거대 수용체 집단은 상피에 포진하여 냄새 물질과 결합하지요. 게다가 어떤 수용체가 선택되는지에 따라, 수용체들은 신경세포의 축삭이 망울로 가는 길을 어느 정도 결정했습니다. 제가 발견하긴 했지만 왜 그런지 지금도 참 궁금해요." 이 발견의 진정한 의미는 아직 밝혀지지 않았다.

그 사이에 지도 아이디어는 나름대로 실험적인 데이터를 축적했다. 기본적인 가설은, 망울에 있는 토리의 위치가 유전적으로 미리 배선되어 있다는 것이었다. 토리 조직의 확정된 유전자 지도가 망울 구조를 조직화하는 단서를 제공하리라 가정한 것이다. 이런 가정에는 그럴싸한 근거가 있다. 시각이나 청각 같은 다른 감각계에서 위상 표현은 유전적으로 결정된다. 저우Zou는 이렇게 말했다. "시각계에는 패턴이 있습니다. 시각 자극은 위상 배열에 의해 잘 정의되죠." 태어난 이후의 경험에 따라 나중에 이런 감각 지도는 더욱 정교하게 다듬어진다. 그러나 처음의 주요 조직화는 유전적으로 고정된다. "개별 유기체와 상관없이 시각 패턴은 위상학적으로 불변입니다." 액설은 말했다.

　수용체 유전학에 대한 통찰이 깊어지면서 과학자들은 망울의 배선이 고정되었다는 생각에 의심을 품기 시작했다. 어떻게 이 모든 후각 감각 신경세포들이 갈 곳을 알았을까? 게다가 이 세포들은 어떻게 같은 수용체를 가진 유전자 쌍둥이를 찾았을까? "한동안 의문거리였죠." 파이어스타인은 말했다. "어떻게 수용체가 그러한 일을 할 수 있는지" 우리는 아직 모른다. 확실한 것은, 축삭 수렴에 관한 일반 이론이 부족하기 때문은 아니라는 것이다. 그렇다기보다, 후각계에서 축삭 수렴 과정은 다른 원칙을 따르는 것 같다. "그렇습니다. 음, 핵심은 후각 수용체예요." 그리어는 말했다. "확실히 후각 수용체랑 상관관계가 있어요. 그러나 아무도 후각 수용체가 축삭의 수렴에 중요한 역할을 한다는 사실을 증명할 수 없었습니다. 후각 수용체가 어떻게 그런 과정을 중재하는지도 알아내지 못했지요."

　신경세포들은 어떻게 목표를 찾을까? 일반적으로는, 신경 발생 시 축삭의 경로 찾기로 설명한다. 성장하는 동안 축삭은 화학적 기울기를 쫓아 목적지를 찾는다. 이때 축삭의 투사는 매우 정형화되어 있다. 유전적으로 미리 결정되어 있다는 뜻이다. 이런 체계의 장점은 유기체 발생 시, 상당한 수준의 재현 가능한 몸통 설계*를 담보할 수 있다는 점이다. 파이어스타인은 척수에서 나온 신경이 근육 조직으로 연결되는 운동계를 예로 들어 이것을 설명했다. 운동 신경은 자신의 목적지인 근육 세포를 어떻게 찾아갈까? 운동 신경은 그들을 이끄는 화학물질의 기울기를 감지한다. 신경이 한데 모여서 특정 지점을 향해 여행하는 것이

---

* Bauplan. 몸통의 기본 설계도이다.
가령 좌우대칭, 체절, 척추 또는 사지가
있느냐를 결정하며 동식물 분류에서
문(門, Phylum)의 특성을 드러낸다.

다. "저농도에서 고농도까지 화학물질의 농도 차가 있고, 축삭에는 이런 화학적 끌림에 민감한 수용체가 있기에 가능한 일이죠."

후각 감각 신경세포의 축삭도 그렇다고 보는 게 합리적이다. 이들도 지정된 화학적 흔적을 좇아 토리로 향하는 길을 따르도록 만들어졌다. 따라서 각각의 수용체 신경세포는 상피에서 망울까지 미리 정해진 궤적을 따라 성장해야 한다. 어떤 신경세포가 수용체 R1을 발현하고 망울의 한곳인 토리 {GR1}으로 가고 있다고 하자. 또 다른 신경세포는 수용체 R2를 운반하며, 다른 곳에 있는 토리 {GR2}에 발을 내린다. 그러나 계속된 실험에도 불구하고 이런 전제를 뒷받침하는 데이터는 나오지 않았다. 사실, 유전적으로 미리 정해진 망울 배선에 대한 가설은 삼진 아웃되었다.

망울의 고정된 배선에 대한 첫 번째 장애물은 몸바르츠의 실험에서 나왔다.[25] 아마 일반적인 질문이었다면, 이 결과는 모두를 깜짝 놀라게 했을 것이다. "그들이 그 실험을 하고 있을 때, 제가 거기에 있었다는 건 행운이었습니다." 파이어스타인은 회상했다. "우리가 했던 많은 일들은 이 전체 배선도에 들어 있습니다. 망울의 배선도가 아니라, 상피 전체가 어떻게 망울에 배선되어 있는지를 보여 주지요. 왜 같은 수용체를 발현하는 이들 축삭은 모두 묶여 하나의 토리로 들어가는 것일까? 그들이 감지하는 것이 무엇이든, 수용체들은 축삭들이 특정한 토리로 향하도록 지침을 주는 뭔가를 감지했다는 것이 당시의 정설이었죠." 파이어스타인은 다음과 같이 강조했다. "하지만, 몸바르츠는 후각계가 실제 그런 식으로 작동하지 않는다는 사실을 보여 주었습니다"

몸바르츠의 실험 계획은 간단했다. 잠재적 결정 인자를 하나 선택하여 분리한 후, 그것을 바꾼다. 그리고 그 효과를 관찰한다.

몸바르츠 연구진들은 특정 수용체에 녹색 형광 단백질이 부착된 세 종류의 생쥐를 보유하고 있었다. 과학자들은 단백질의 형광을 추적함으로써 축삭의 발달 경로를 확인할 수 있었다. 한 종의 생쥐에는 수용체 유전자 I7에 형광 단백질을 붙였다. 수용체 유전자 M20에 표지를 단 생쥐가 두 번째 집단이다. 마지막으로 세 번째 집단에는 M20 유전자를 I7의 유전자로 바꾸고 형광 단백질을 붙였다. I7-대체 유전자를 가진 이전의 M20-제거 신경세포는 과연 어디로 갔을까?

"저희는 축삭이 I7 토리로 갈 것이라고 예상했습니다." 파이어스타인은 말했다. "축삭이 토리로 향하는 데 수용체가 결정적인 역할을 할 것이라고 생각했기 때문이었지요. 그것을 증명하려던 실험이기도 했고요. 변한 것은 오직 수용체 한 가지뿐이었어요." 예상과 달리, 신경세포는 I7 토리에 닻을 내리지 않았다. 그렇다면 축삭은 M20 토리를 향했을까? "둘 다 아니었습니다!" 파이어스타인이 대답했다. "답은 '변형된 신경세포들'이 **요기, 조기 혹은 거기**에 있는 토리를 향한다는 사실이었습니다." 파이어스타인은 망울 여기저기에 무작위로 점을 찍어 댔다. "규칙이 뭔지도 분명치 않았어요!" 이것은 망울의 배선이 고정되었다는 가설이 받은 첫 번째 스트라이크였다.

곧이어 두 번째 스트라이크가 찾아왔다. 만일 우리가 어떤 후각 수용체 유전자를 비후각 수용체 유전자, 특히 같은 집단에 속해서 유전적으로 비슷한 수용체 유전자로 바꾸면 무슨 일이 벌어질까? 파이어스타인은 탄식했다. "완전 실패였습니다. 폴 파인스타인이 수행한 실험에서 상상도 못한 일이 벌어졌어요."[26] 몸바르츠 실험실의 박사 후 과정에 있던 파인스타인은 I7 후각 수용체 유전자를 ß2-아드레날린 수용체로 대체했다. ß2-아드레날린 수용체는 아드레날린 수용체로서 I7 후각 수용체와 동일한 단백질 초집단에 속한다. 둘 다 G-단백질 결합 단백질(GPCR)이기 때문에 작용기나 구조가 충분히 비슷하다. 모든 GPCR은 세포막 사이를 일곱 차례 통과하는 나선 사슬이 있으며, 많은 부위에서 아미노산 염기서열을 공유한다. 하지만 이들의 기능은 완전히 다르다. 아드레날린 수용체는 교감신경계의 활동을 조절한다. 물론 후각 수용체는 냄새 물질과 결합한다. 생각해 보면, 파인스타인의 변형된 신경세포들은 갈 곳이 없다. 그것들은 "어딘가에서 받아 줄 후각 수용체를 더 이상 가지고 있지 않았어요."라고 파이어스타인은 분명히 말했다. "지구상에 ß2-아드레날린 수용체 신경세포의 축삭을 기다리는 ß2-아드레날린 토리를 가진 생쥐는 존재할 수 없습니다." 하지만, 모두가 또 한번 놀랐다. 아드레날린 수용체 유전자를 가진 모든 신경세포들이, 보통의 후각 수용체 유전자를 가진 신경세포들과 마찬가지로, 망울 안의 한 토리에 결집한 것이었다. "지도가 없다는 사실이 분명히 증명된 거죠." 파이어스타인은 자신의 가설을 이렇게 수정했다. "축삭이 가기로 예정된 망울의 영역을 의미하는, 미리 존재하는 지도 따위는 없습니다. 만일 지도가 있다면 그것은 유도된 지도여야 합니다. 신경세포 자체의 축삭에 의해 유도되는 것이지요." 투 스트라이크.

후각 수용체를 다른 후각 수용체 유전자나 비후각 GPCR 유전자로 바꿨던 두 실험은, 유전적으로 미리 연결된 지도와 미리 정해진 위치가 없는 축삭을 만들어 냈다. 마지막으로, 만약 어떤 신경세포의 수용체 유전자를 없애 버리면 어떻게 될까? 기술적으로 생각하면, 이들 축삭은 지정된 운전자 없이 망울의 어딘가로 가야만 했다. "음, 그들은 토리를 만들지 않아요." 파이어스타인이 대답했다. "그들은 사방으로 흩어집니다." 이 결과는 유전적으로 미리 정해진 배선이 있음을 의미하는 것일까? "처음에는 이렇게 생각했지요. 아, 거 봐, 어쨌든 수용체가 없기 때문에 감각 신경세포들은 자신의 목적지에 도달할 방법이 없는 거야. 그들은 그냥 헤매고 있었습니다. 뭘 해야 할지를 모르는 것처럼요." 그런 해석은 오래가지 못했다. 후각 수용체 유전자를 완전히 없애는 일이 불가능하다는 사실이 밝혀진 것이다. 후각 감각 신경세포에서 유전자를 없애면, 그 신경세포는 재빨리 다른 수용체 유전자를 대신 발현하기로 결정한다(감각 신경세포는 일정한 범위 안에서 대체 유전자를 선택할 수 있다. 그 범위 내에서 어떤 유전자를 선택하느냐는 무작위적이다). "재미있는 것은, 이 축삭들이 망울 전체를 돌아다니지 않는다는 사실입니다."라고 파이어스타인은 덧붙였다. "망울의 한 지역에 머무르지요." 만약 세포가 특정 수용체 유전자를 발현할 수 없다면, 그 세포는 다른 유전자를 선택한다. 하지만 그 선택은 완전히 무작위로 일어나지는 않는다. 세포는 전체 범위에 걸친 수용체(생쥐의 경우에는 1,000가지 수용체 유전자)에서 하나를 선택하지 않고, 제한된 범위 안에서 선택한다. "어쨌든 그들 중 몇몇 집단은 함께 통제됩니다. 그래서 그 집단의 모든 신경세포들은 망울의 일부 지역을 차지하지요. 하지만 그들이 망울 어디에 있든, 그들은 상관하지 않습니다." 파이어스타인은 말했다. "여러 가지 수용체를 없앤 뒤 망울 안에 그것들이 있는 지역이 몇 곳이나 되는지, 진작에 실험으로 확인해야 했습니다." 유전자를 없애는 실험에서 완전히 임의적으로 축삭이 발생하는 것처럼 보이는 것은, 실은 신경세포들이 여러 유전자에 의해 안내된다는 뜻이다. 스리 스트라이크.

일련의 유전자 대체 연구를 통해, 배선이 정형화된 망울 개념에 커다란 균열이 생겼다. 감각 신경세포의 축삭이 발달할 장소가 미리 설정되는 일은 없다. "지도 개념의 문제는, 망울 표면에 미리 정해진 지도가 없다는 점입니다."라고 파이어스타인은 확신했다. 이 사실은 우리가 아는 한, 후각계에만 해당되는 특별한 현상이다. "다른 감각계에서는 그렇지 않습니다."라고 그는 덧붙였다. 수용체 유전학이 결정적 요소인 것은 틀림없는 사실이다. 아직 분명하지 않은 것은, 발생 과정에서 어떤 원칙이 축삭을 안내하는가이다. "축삭들이 스스로를 배치하는 방식의 결과로 '지도'가 만들어진 것일까요? 그러니까 그것도 '일종의' 지도 형태일 텐데, 기능적으로도 유용한 지도일까요?" 파이어스타인은 잠시 사이를 두었다 말을 끝맺었다. "저는 잘 모르겠습니다."

발생 과정에서 생긴 지도

"아마 그것은 발생학 지도일 겁니다."라고 파이어스타인은 제안했다. "후각 망울이 발달하는 가장 쉬운 방법인 거죠." 수용체들이 서로를 끌어들이면서 축삭의 길을 인도할 수 있다. 파이어스타인은 말했다. "이 가설은, 페터르 몸바르츠 실험실에서 처음 나왔고 우리도 받아들였어요. 우리 실험실 구성원들이 대화하는 도중에, 그리고 어느 정도는 찰리 그리어와 얘기하는 중에 나온 생각입니다." 그 결과 도출된 가설은 "후각 망울 표층에 미리 존재하는 토리는 없다는 것이었죠. 그러나 세포들은 서로를 끌어당깁니다. 그들은 다발처럼 생겨나 얼마간 움직이다가, 망울의 열린 공간에 이르면 털썩 주저앉아 토리를 형성합니다. 그러고 나서 다른 모든 것들이 그들 주위에 모여들어 토리가 완성되죠. 모든 세포가 토리를 만드는 데 관여합니다."

파이어스타인과 저우Zou는 이 가설을 확인하는 실험에 착수했다.[27] 그들은 아주 어린 생쥐의 뇌 발달 과정을 관찰하면서 망울이 성숙해 가는 몇몇 단계를 유심히 살펴보았다. 관찰 결과는 토리의 위치가 고정된다는 가설을 지지하지 않았다. 오히려 단계를 거쳐 성숙하는 동안 감각 경험에 기초하여 토리가 공간적 배치를 조정하는 것 같다는 사실을 발견했을 뿐이다.

이 중 두 가지 연구 결과는 주목할 만하다. 첫째, 어린 동물의 토리는 항상 동질적이지 않다. 그들은 발생 초기에 이질적인 덩어리를 형성한다. 다시 말하면, 초기의 토리는 다양한 수용체를 발현하는 여러 종류의 신경세포로 구성된다. 둘째, 앞서 짐작했듯이 축삭은 함께 자라서 자리 잡고 토리로 수렴하는 것이 아니다. 대신에 축삭이 먼저 여러 장소로 퍼져 나갔다. 토리는 그 후 활동에 따라 다듬어지고 정교해졌다.

초기 망울을 연구했던 사람들이 대부분 성숙한 동물들을 관찰한 것이 문제였다. 저우는 이렇게 설명한다. "이전의 연구에서 사람들은 아주 초기 단계에는 몇 개의 토리가 있고, 음, 아마 몇백 개가 있고,

나중에 동물에 따라 한쪽에 약 2,000개로 늘어날 거라고 생각했습니다. 그렇게 토리의 숫자가 계속해서 더해진다고 생각했지요." 하지만 저우는 달리 보았다. "제 생각에, 토리의 형성은 연속적인 과정이어야 했습니다. 모든 것이 이미 정해진 것은 아니었지요. 그것은 좀 더 역동적인 과정에 가까웠어요. 처음부터 정해진 것은 없었습니다." 저우는 그간의 견해와는 달리, 매우 어린 동물들이 나이 든 동물들보다 일반적으로 더 많은 토리를 가진다는 사실을 바로 알아차렸다. "약간 충격이었죠. 당시 사람들은 (한 개가 있어야 할 곳에서) 두 개의 토리를 보면 그저 실험적 착오일 뿐이라고 생각했습니다. 처음에는 뭔가 잘못됐구나, 그렇게 생각했어요. 염색이 잘 안 된 거야. 하지만 똑같은 결과가 계속해서 나타났어요. 그래서, '이건 진짜임에 틀림없어!'라고 생각할 수밖에 없었습니다."

화학적 흔적 없음. 토리 형성에 동질성 없음. 같은 위치에 여러 개의 토리. 이러한 관찰 결과는 미리 배선된 감각 지형도라는 개념을 크게 훼손시켰다. 후각계 연구자들은 발달 과정에서 얻은 이런 통찰을 널리 수용하지 않았다. 대신 후각 암호화를 위한 연산 모델로 관심을 옮겨갔다. 그 결과, 오늘날에도 정해져 있는 표상이나 화학 지도 같은 개념들이 후각 망울 연구 분야에서 여전히 득세하고 있다.

발생 메커니즘을 무시하는 데는 두 가지 이유가 있는 것 같다. 첫째, 망울에 관한 연구 대부분이 다 자란 생쥐의 뇌 조직을 사용했다는 점이다. 성숙한 개체의 망울은 전형적으로 설계된 것처럼 보인다. 이곳에서 구조와 활성 사이의 상관관계는 정말로 놀랍다. 성숙한 망울에서는 마치 축삭이 유전적으로 지정된 위치를 향해 직진한 것처럼 보인다. 파이어스타인이 지적한 것처럼, 마치 "저 위에 축삭을 끌어당기는 어떤 화학물질이 있는 것 같았습니다." 둘째, 그리어는 발생 연구에 소홀한 일반적인 경향을 지적했다. "역사적으로 후각계의 발생을 연구한 사람은 많지 않습니다." 결과적으로 사람들은 망울에서의 고정된 배선에 대해 거의 의문을 제기하지 않았다. 저우도 동의한다. "지금까지 유전자 조작을 연구했던 사람들 대부분이 신경과학 전공자들이 아니었습니다. 그러다 보니, 발생에 거의 신경을 쓰지 않았죠." 후각 연구 현장에서 문제는 늘 학제 간 통합의 부재에 있었다.

신경 표상의 결정자로서 망울의 배선을 이해하는 데 발생은 필수적이다. 발생 과정에서 감각계의 어떤 부분이 확고하게 배선되고, 어떤 부분이 경험에 좌우되는지에 대한 질문은 초기 시각 연구에서도 중심적인 역할을 했다. 후각에서 토리의 형성은 근본적으로 수용체 유전학과 발생 메커니즘에 의존한다. 저우도 이에 동의했다. "자세한 사항까지 알아야만 후각계가 다른 감각계와 상당히 다르다는 점을 이해할 수 있을 겁니다."

물론, 망울의 발생에는 변이가 있다. 그러나 토리의 최종 배치는 고정된 것처럼 보이고, 신뢰할 수 있는 후각 활성 패턴을 보이는 것 같다. 최소한 같은 종의 개체들이라면 그들의 망울에서 각각의 냄새에 조응하는 지문 같은, 안정된 패턴을 찾아볼 수는 있지 않을까?

하지만, 좀 더 자세히 보면 성숙한 망울에서의 위치나 기능적 활성도 고정되지 않았다는 사실을 알 수 있다. 파이어스타인은 말했다.

"잘 살펴보면 토리는 정확히 같은 장소에 있는 것이 아닙니다. 그것들은 망울 안에서 약 5~8개의 토리 지름만큼* 떨어진 곳에 위치할 수 있어요. 이는 다소간 그들을 가두는 영역일 뿐입니다." 이런 생각은 일반적으로 망울을 다음과 같이 기술하는 대부분의 리뷰 문헌과는 대조를 이룬다.

> "정해져 있는", "일정한", "고정된 위상", "위상적으로 정의된", "위상적으로 정형화된", "위상적으로 자리한", "정확히 고정된", "불변의", "공간적으로 변치 않는", "정밀한", "거의 같은"[28]

2015년 몸바르츠는 "얼마나 정확한 위치여야 정확한 것일까?"[29]라고 되물었다. 이 질문은 의외로 거의 주목을 받지 못했다. 몸바르츠 연구실은 그 답이 토리에 달려 있다는 것을 발견했다. 토리 위치는 일반적으로 알려진 것보다 더 변동 폭이 컸다. 또한 여섯 종류의 토리를 살펴본 결과, 그 변이가 균일하게 나타나지도 않았다. 어떤 토리는 다른 토리에 비해 자리 잡은 위치가 더 들쭉날쭉했다. 이런 현상을 납득하기 위해서는, 감각 신경에서 발현되는 각기 다른 수용체의 전체적인 조율 범위가 어떤 식으로든 토리의 위치 변화와 관계있는 것은 아닌지 확인해야 한다. 수용체 유전학은 망울의 일반적인 공간 설계라는 개념을 막다른 구석으로 몰고 갔다.

그리어는 망울의 불균일한 활성이라는 전형적인 기능을 통해 냄새 암호화를 이해하는 또 다른 경향을 강조했다. 성숙한 망울의 활성

---

* 포유동물에서 토리의 지름은 약 30~200마이크로미터다.

을 전기 생리학적으로 기록한 바에 따르면, (앞서 자세히 다루었던) 국소 회로에서 상당한 가변성이 드러났다. "어떤 토리를 살피든 특정 토리에는 약 8~12개의 승모세포가 자리하고 있습니다. 그들의 반응 패턴은 같지 않습니다. 우리가 어떤 냄새를 맡고, 같은 토리에 있는 두 개의 승모세포에서 기록하고 있다고 해 보죠. 이때 한 세포는 반응하는데, 다른 세포는 그러지 않을 수도 있어요. 아니면 반응 패턴이 시간에 따라 달라질 수도 있지요."

회로에 대한 전기 생리학 연구는, 토리 염색법이나 토리의 신경 영상 방법과 비교할 때 망울의 활성에 대해 훨씬 더 이질적인 그림을 제공한다. 이러한 맥락에서 몇 가지 변화 요소는 중요한데, 특히 두 가지 요소가 그렇다.

첫째, 망울의 활성은 깨어 있는 동물과 마취된 동물 사이에서 다르게 나타났다. 냄새 맡는 행동에서 뚜렷한 차이가 드러났을 뿐 아니라, 마취된 동물의 신경 반응은 되먹임 요소를 비롯해서 주의, 동기, 이전의 경험과 같은 하향식** 요소가 작동하지 않았다. 따라서 이런 연구는, 낮은 감각 영역에서 높은 감각 영역에 이르는 선형 감각 처리 같은 인위적 모델에 의존할 수밖에 없다. 하지만, 이전의 경험이 망울에서의 단위 활성에 끼치는 지대한 영향은 무시할 수 없다. 나탈리 부온비소를 비롯한 연구진들은 특정 냄새에 긴 시간(20분) 노출된 생쥐의 세포는 24시간이 지나도 여전히 망울의 활성이 감소된다는 것을 보였다.[30] 게다가 훈련되지 않은 쥐에서의 활성은, 동기부여 요소에 따라 그랬던 것처럼 매일매일 달라졌다.[31] 다시 말하면 신경 활성은 경험과 훈련, 동기부여, 그리고

** 코의 상피에서 망울을 거쳐 뇌로 가는 것은 상향식, 반면 뇌에서 감각기관이나 운동기관에 신호를 보내는 것은 하향식이다. 하향식은 경험 의존적이다.

기타 의사결정 요소에 좌우된다(9장에서 이들이 지닌 지각적 함의를 살펴볼 것이다).

　두 번째 요소는, 하나의 세포와 세포 집단 기록의 편차에 관한 것이다. 단일 세포(종종 마취된 동물의 단일 세포)를 기록한 결과로는 냄새 암호의 기능적 특성을 충분히 설명할 수 없다. 반면에 세포 집단의 암호화는 냄새 암호화에 대해 보다 결정적인 정보를 준다(8장). 전기 생리학적 방법을 써서 연구한 결과에 기대어 망울을 이해하기는 요원하다. 특히 위상적 활성에 대해서는 더욱 그렇다.

　또한, 토리의 조직화 및 패턴에서의 상대적인 안정성과 상대적 불변성이, 유전적으로 다양한 유기체와 종 모두에서 나타나지 않을 수도 있다. 실험실 생쥐처럼 고도로 조절된 조건이 아닌, 야생의 다양한 경험에 대응하여 형성된 뇌를 가진 종에서는 토리의 조직화된 패턴이 나타나지 않을 가능성이 높다. 방법론적 설계나 실험을 위한 물질 조절에 영향을 받았을 것이기에, 망울 지도가 실험적 인공물일 가능성도 결코 배제할 수 없는 것이다.

　특히 후각계에 대한 우리의 이해는 생쥐mice, 쥐rat, 초파리처럼 유전적으로 동질적인 모델 유기체에 기반을 둔다.[32] 만약 우리가 인간처럼 유전적으로 서로 이질적인 유기체를 살핀다면 어떻게 될까? 크리스천 마고는 찰리 그리어의 연구를 지적했다.[33] "그 작업은 노인들이 기증한 사체 분석에서 (대부분의 지식이) 나왔기 때문에, 인간의 후각 망울에 대해서는 거의 알아낸 바가 없었어요. 찰리 그리어는 젊은 사람들의 토리 '물질'을 추적하는 방식으로 토리 같은 것을 약 5,500개 찾아냈습니다." 전혀 예상하지 못했던 결과가 나왔다. 이전에는 환산 비율이 약 2:1이라고(700개의 토리 : 350개의 수용체 유전자) 어림짐작했다. 하지만 그리어의 조사 결과 그 비율은 약 16:1에 이르렀던 것이다. "거기엔 분명 뭔가 아주 다른 것이 있어요. 하지만 그 누구도 그것을 설명하지 못합니다." 토리의 수가 엄청나게 많다는 사실이 후각 신호를 표상하는 일의 중요성을 대변할지도 모르는데 말이다.

결국 망울 주변부와 망울의 활성 패턴은 보이는 것보다 훨씬 불안정하고 가변적이라는 사실이 드러났다. 미리 배선된 설계 대신, 망울은 발생학적으로 학습된 수용체 활성에 따라 그 형태를 빚어낸다. 파이어스타인은 다음과 같이 결론지었다. "어떤 일을 하든 우리가 유전적으로 동물의 수용체 발현에 영향을 끼치면, 대부분의 경우 망울 내 토리의 조직화 양상이 바뀝니다. 제가 느끼기에 망울에서 토리의 조직화는 그 무엇보다 유연합니다. 가소성이 있다는 뜻이죠. 망가지기도 쉽습니다. 그것은 고정된 것이 아닙니다. 단단하게 연결되어 있지 않아요. 언제든 변할 수 있습니다."

지도 너머의 자극 표상

망울의 배선은 미리 정해져 있지 않지만, 수용체 유전학은 토리 형성에 중요한 역할을 한다. 혼란스러워 보인다고 해서 기능이 없는 것은 아니다. 냄새 지도를 화학 지도나 코 지도 같은 조직화 또는 자극 화학에 기초한 정형화된 냄새 물질 지도로 이해한다면, 후각 망울은 그 어떤 냄새 지도도 제공하지 않는다. 자극의 위상은 망울에 암호화되어 있는 것이 아니다. 그러나 핵심 질문은 여전히 남아 있다. 이렇게 조잡하고, 발생학적으로 유도된 배열로 무슨 의사소통을 하는 것일까? "문제는 우리가 무엇을 찾아야 할지 정확히 모른다는 것입니다." 리드는 대답했다.

"이런 질문을 어떻게 다루어야 할지, 우리에겐 좋은 모델이 없어요. 흥미로운 것은 일정 정도 이것이 시각계와 청각계에는 존재하지 않는 질문 혹은 문제라는 사실입니다. 시각계나 청각계는 이런 종류의 문제와 상관관계가 없습니다. 탈출구는 망울에 일종의 '냄새 위상' 지도가 있다고 간주하는 것이겠죠. 본질적으로 우리가 알고 있는 두 감각계 모델에 그 가설을 끼워 맞추는 일입니다. 아니면 후각계가 근본적으로 다른 과정을 따른다고 인정해야죠."

셰퍼드는 그 해결책이 후각적 지각을 뒷받침하는 연산 원리에 있다고 생각했다. 이 과정은 시각과 근본적으로 다르지 않을 수 있지만, 안면 인식처럼 좀체 알려지지 않은 시각계의 형상 암호화 메커니즘에 바탕을 둘 수 있다. "제가 보기에 안면 인식이라는 새로운 기술은, 불규칙한 후각의 토리 패턴을 정확하게 정량화하는 데 도움을 줄 것 같아요. 후각이 어떻게 주류 과학 기술로부터 도움을 받을 수 있는지를 보여 주는 사례죠."

냄새처럼 얼굴도 형태나 형상의 보편적이고 단순한 구조로 정의되지 않는다. 얼굴이 매력적인 까닭은, 보편적인 패턴들 사이에서 그것이 지닌 개성으로 얼굴을 인식하는 데 있다. 셰퍼드의 제안은 냄새 지각의 결정적인 특징, 특히 맥락과 관련한 특수성 때문에 마음을 끈다. 셰퍼드는 안면 인식이 망울의 활성화와 비슷하다고 확신했다. "안면 인식의 새로운 기술, 또는 그와 비슷한 것을 토리의 활성 패턴 인식에 적용할 수 있다면 그런 예측이 현실화될 수 있겠지요?" 굳이 위상 개념을 적용하지 않더라도 셰퍼드의 연산 비교 방식이 옳다고 밝혀질 날이 올지도 모른다.

냄새 인식에서 화학적 위상의 불규칙성을 포함한 자극의 예측 불가능성이 모델 수립에 필요한 규칙성의 부족으로 이어진다고 생각할 수 있다. 하지만 그것이 후각 모델을 수립할 수 없다는 뜻은 아니다. 단지 다른 모델링 전략이 필요하다는 의미일 뿐이다. 우리는 후각계가 무엇을 연산하고, 그것을 통해 무엇을 표상하는지 곰곰이 다시 생각해야 한다.

후각계가 '현장에서' 마주하는 상황은 환경에 존재하는 예측 불가능한 화학 자극 그리고 그런 자극과 감각계와의 상호작용이다. 코넬대학 심리학과의 토머스 클리랜드는 망울이 표현하는 것은 화학물질의 종류가 아니라, 화학적 환경이라고 제안했다. 더 정확히 말하면, 망울은 변화하는 냄새 환경의 통계 값을 추적한다.[34] 그에 따르면 망울에서의 활성은 화학 환경을 통계로 전환한다.

그러한 **기능적 위상**은 (시각에서와 같은) 해부학적 근접성이 아니라, 후각계의 배선이 충분히 유연하고 변형 가능해야 함을 의미한다. 특히 입력 빈도와 가변성을 학습하기 위한 최적의 설계가 필요하다. 이 설계는 수용체 유전학과 측면 억제라는, 후각계의 두 가지 결정적인 특성에 바탕을 두고 있다.

수용체 유전학은 수용체 패턴의 조정 및 조정 범위를 통해 화학적 환경을 통계적으로 추적하는 데 무척 중요하다(수용체 유전학은 수용체가 결합하는 리간드의 친화력과 관련됨을 떠올리자). 이는 특정 냄새에 대한 활성 패턴이 중첩되는 현상을 설명해 준다. 망울에 자극을 공간적으로 배치하는 것은 수용체 조정 범위를 거칠게 표현하는 방식이다. 이런 맥락에서, 망울에서의 섬세한 미소 회로를 통한 억제 과정은 대비를 강화하는 반면 유사한 자극은 따로 구분하지 않는다. 사이 신경세포의 미소 회로에서 냄새 신호를 국소적으로 처리하는 일은 단순히 공간적 패턴을 조정하고 다듬는 데 그치지 않는다. 그것은 후각 신호의 경계를 정하고, 후각 신호를 구분하는 시간 정보를 얻는 일이기도 하다. 특히, 화학적으로 유사한 냄새 성분 혹은 활성 패턴이 중복되는 다른 자극을 비교하는 일이 그런 것이다. 따라서 시간 암호의 원칙에 따라 후각계가 어떻게 냄새를 인식하고 분류하는지가 8장의 주제가 될 것이다.

  감각계를 이론적으로 설명하는 측면에서 보자면, 신경에 표상된 냄새는 화학적 위상에 의해 정의되는 것이 아니라 환경의 상태를 드러내는 것이라는 결론에 다다른다. 냄새의 신경 표상은 유기체와 유기체를 둘러싼 특징적 환경과의 상호작용에 좌우된다. 따라서 후각계가 허용하는 조건 속에서 그러한 환경 특성을 모델링해야 함을 의미한다. 다음 장에서 우리는 수용체를 중심으로 후각계가 어떻게 배선되는지, 그리고 중추신경계에서 무슨 일이 벌어지는지 살펴볼 것이다. 뇌는 어떻게 자극과의 상호작용에서 환경적 규칙성을 추출하고 기억하는 법을 배울까?

8장

냄새를 측정하다

"어떤 의미에서 후각 망울과 조롱박 겉질 사이의 연결이 바로 이니그마입니다."

— 테리 애크리

◌

　우리 뇌가 영원한 긴장 속에 놓여 있다면 어떨까? 뇌의 '바람wants'과 '필요need'는 다른 것 같다. 탐지견처럼 뇌는 끊임없이 정보를 찾는다. 환경에서 오는 의미 있고 새로운 정보를 찾음으로써 뇌는 항상 변화하는 신체적·정신적 상태에 적응하고 반응한다(배고프거나 화가 났을 때 세상은 다르게 보일 수 있다). 동시에, 우리 뇌는 안정을 원한다. 자신이 무엇을 하고 있는지, 외부 세계로부터 오는 모든 혼란스러운 신호의 밑바탕에 어떤 질서가 놓여 있는지 알려고 한다. 뇌는 예상되는 규칙성에 기초하여 상황을 예측함으로써 대량의 데이터를 처리한다. 이때 하향식 효과(이전의 경험으로 알게 되는 것)는, 특정한 감각 특성을 학습하고 기억하여 지각 범주에 할당하는 데 중요한 역할을 한다.[1]

　이것이 뇌가 작동하는 방식이라고, 존 맥건은 확신하는 것 같다. "뇌는 밖에서 무슨 일이 벌어지고 있는지 현명하게 예측합니다. 그러고는 그 예측이 사실인지 아닌지 이따금 입력을 엿보고 있을 뿐이지요. 뇌가 볼 수 있는, 말 그대로 독립적이고 순수한 상향 신호는 없다고 봅니다. 이런 식의 모델이죠. 여기 예측이 있어. 입력과 일치해? 그렇지 않다면 예측을 조정해야죠."

　뇌가 예측 기계라는 생각이 새로운 것은 아니다. 19세기에 이미

헤르만 폰 헬름홀츠가 이와 비슷한 가설을 제기한 바 있다. 로저 스페리와 에리히 폰 홀스트, 호르스트 미텔슈타트도 1950년에 시각에서 원심성 사본*(또는 동반 방출)의 예측 효과를 설명했다.[2]

이를 위해 간단한 실험을 해 보자. 집게손가락을 앞으로 내밀고 똑바로 본다. 손가락을 옆으로 움직여 보자. 왼쪽에서 오른쪽으로 오른쪽에서 왼쪽으로, 계속. 움직이는 손가락을 눈으로 추적하자. 일정 속도에 이르면 눈으로 손가락을 추적하는 일이 어려워지고, 손가락의 시각적 이미지는 흐릿해진다. 이제 손가락은 놔두고 머리를 왼쪽과 오른쪽, 다시 왼쪽 오른쪽으로 흔들어 보자. 눈은 손가락에 고정시킨다. 이번에는 손가락의 이미지가 흐려지지 않고 비교적 안정되게 유지된다.

우리 뇌는 시각계가 요구하는 예상 움직임의 내부 사본을 만든다. 여기에는 두 가지 예측 과정이 포함된다. 첫째, 눈이 움직이는 손가락을 추적할 때 망막은 외부 물체의 움직임(외부 운동 자극exafference)을 따른다. 어느 순간 손가락의 속도를 따라가지 못하는 느린 망막 운동 때문에 손가락의 시각적 이미지가 흐려진다. 반대로, 눈을 손가락에 고정하고 머리를 흔들면 뇌는 멈춰 있는 손가락(자기 운동 자극reafference)에 고정하고 있는 눈의 적절한 움직임을 예측한다. 그 결과, 망막의 움직임은 지각 과정에서 머리가 움직이는 속도와 일치한다. 이러한 기억 기능은 운동 시스템을 감각 규칙과 짝 짓는다. 눈이 (어디에 있는지가 아니라) 어디에 있어야 하는지 교육을 통해 추측하는 것이다. 테리 애크리는 고개를 끄덕였다. "뇌는 다른 어느 곳이 아닌, 신체로부터 진화했다는 점을 기억해야겠지요?"

---

* 뇌는 움직이라는 명령을 만들고 그 신호의 복사본을 시각 중추로 보내는데, 그 복사본을 원심성 사본(efference copy)이라고 한다. 신경계는 원심성 사본에 비춰 예상되는 움직임을 실제 움직임 신호와 비교함으로써 동물의 운동을 안정적으로 유지한다(아닐 아난타스와미, 변지영 옮김, 『나는 죽었다고 말하는 남자』 참고).

앞서 예를 든 모델에서는, 뇌가 눈에 운동 신호를 보내고 정적인 환경과 비교하여 우리의 움직임을 보정하는 것이 가능하다. 그것은 정확성과 속도 사이의 절충이다. 간단한 모델(정확할 필요는 없고, 단지 '충분히 양호한')을 통해 우리 뇌는 처리해야 할 신호의 양을 줄이는 것이다. 자기-발생self-generated 신호는 외부 입력 신호와 구별된다. 뇌는 잡음 자극을 줄이고, 자기-발생 신호를 통해 들어오는 정보를 안정적으로 처리함으로써 '인식 과부하'를 미연에 방지한다(이 메커니즘은 인간에게만 고유한 것이 아니다. 파리, 물고기, 바퀴벌레, 귀뚜라미 들도 그렇게 한다).

인지 신경과학과 철학의 최신 연구는 이 아이디어에 올라탔다. 예측 메커니즘은 주로 시각 및 청각 연구에 적용되었다. 한편, 대부분의 모델은 실험 연구에 입각한 세포 메커니즘과 관련 없이 연산 방식을 통해 예측하는 뇌에 접근한다.

후각은 세포 메커니즘과 연산을 통한 예측 뇌 사이에 다리를 놓을 수 있다.[3]

열린 카오스계

코의 예측력에 대한 체계적인 연구는 빈약하다. 예외가 있다면, 초기 연구자인 버클리 대학의 월터 프리먼Walter Freeman, 1927~2016이었다. 1980년대에 그는 예측하는 뇌에 관한 현대적 아이디어에 공명하듯, 후각 처리의 비선형 동역학 모델을 주창했다.[4] 프리먼은 망울과 같은 뇌 영역이 일련의 정상상태steady states, 다시 말해 신경 활동의 평형상태에 있다가 더 선호하는 상태인 끌개**에 이끌렸다고 가정했다. 후각에

** attractor. 평형을 벗어난 작은 변이가
있을 때, 변이의 크기를 점차 줄여
나가는 안정된 평형상태.

서 내쉬기와 들이마시기는, 외부 자극에서 오는 정보(내쉬기 후기와 들이마시기 초기)를 취합하거나 내부 신경 활동의 정보를 통합(내쉬기)하는 후각 수용에서의 평형상태를 결정했다. 이러한 지속적인 기본 활동을 통해 우리는 냄새 자극을 익숙한 것으로 인지하거나 새로운 것이라고 학습할 수 있다. 익숙한 냄새는 이미 확립된, 시공간적으로 고유한 활동을 이끌어 낸다. 새로운 냄새는 미래에 소환될 자신만의 고유한 시공간적 특성을 획득하기 전에, 먼저 혼란스러운 활동을 초래한다. 이때 벌어지는 혼돈은 이미 알려진 냄새의 특징과 새로운 냄새의 특징을 구별하기 위한, 불가피한 뇌의 학습 조건이다.

프리먼의 냄새 신경 표상 모델은 시대를 앞서 있었다. 그는 망울 전체의 활성이 냄새 인식에 관여한다고 제안했다.

같은 냄새가 다른 활성 패턴으로 이어질 수 있기 때문에, 시공간적 패턴은 '냄새의 표상'이 아니었다. 이러한 패턴은 동물(프리먼은 토끼를 다루었다)의 특정 배경 상태background state 뿐만 아니라 후각 자극과 관련된 행동에도 좌우됐다. 인지과학자인 앤서니 체메로는 다음과 같은 예를 들었다. "토끼가 특정한 행동(예컨대 침 흘리기)과 특정한 냄새(가령 당근)를 연관시키는 것을 배웠다면, 후각 망울 전체에 걸쳐 신뢰할 만한 특징적 활성 패턴을 만들어 낼 것입니다. 그러나 만약 토끼에게 당근 냄새와 함께 다른 행동(예컨대 움츠림)을 가르친다면, 그것은 다른 활성 패턴을 만들겠죠. 그래서 프리먼과 그의 동료 크리스틴 스카다Christine Skarda는 활성 패턴은 '당근'을 표현할 수 없다고 주장합니다."[5]

프리먼은 고정된 스키마schema나 주형鑄型의 신경 등가물로서의 표상 개념을 거부했다. 신경 표상은 뇌가 자극과 반응 사이에 어떤 연관이 있는지를 학습한 것이라고, 그는 이해했다. 의사결정 맥락에 따라(다른 행동과 연관되거나 여러 감각 단서를 종합하는), 동일한 자극이 여러 가지 표상으로 나타날 수 있는 것이다.

프리먼의 대학원생이었던 레슬리 케이가 비선형 동역학 모델에 대해 언급했다. "분명히 좋은 은유입니다. 후각계는 마치 카오스계인 것처럼 행동합니다." 하지만 "닫힌계는 아니기에, 결코 그것을 증명할 수는 없어요." 그러나 레슬리 케이는 그 효과를 연구할 수는 있다고 말했다. "월터는 냄새와 관련해서 뭔가를 바꾸면 패턴이 바뀐다는 것을 보여 주었어요. 해당 패턴뿐만 아니라 다른 냄새 패턴도 바뀐다고 말이죠. 무언가를 배울 때마다 망울의 연결망이 재정비됩니다." 그녀도 이러한 효과를 발견했다.[6] "연구하고 싶은 진동이나 뇌 활성을 유도하기 위해 우리도 행동을 이용합니다. 만일 우리가 동물을 더 쉽게 훈련하려고 과제를 약간 수정하면, 동물의 뇌는 그 일을 하는 방식을 바꿉니다. 순서도 같고, 상대적 타이밍도 다소 비슷하지요. 예측이 가능합니다. 하지만 그 진폭은 제각각입니다. 동물이 얼마나 많은 과제를 알고 있는지, 어떤 냄새를 맡는지, 처음 경험한 냄새 특성을 배우는 중인지, 아니면 익숙한 냄새 특성을 만났는지에 따라 달라진답니다."

후각 자극은 환경 속에서 발생하고 구조적으로 다양하다는 면에서 예측하기 어렵다. 따라서 후각은 매우 불규칙한 자극에 노출된 채 작업 중심적으로 운영되는 시스템이다. 뇌는 어떻게 그런 혼돈스러운 세상을 다루는 유연한 행동을 체득하게 되었을까? 그에 대한 설명은 최근

인지 신경과학에서 예측 개념을 해석하는 방법과 관련이 있다. 후각계는 어떤 세포 메커니즘을 동원해 뇌가 예측하게 하는 것일까?

세상을 측정하다

잠시, 우리가 뇌가 되어 세상을 경험한다고 상상해 보자. 뇌와 마찬가지로 우리는 코에서 일어나는 일 말고는 냄새의 정체를 전혀 알 수 없다. 우리가 '보는'(더 나은 표현이 없다) 모든 것은 수용체 단계에서 오는 신호와 몇 가지 처리 과정을 거친 신경 활동이다. 신호는 **언제, 얼마나 빨리 그리고 어떤 순서로** 발생하느냐가, 그것이 **어디서** 발생하느냐보다 더 중요하다. 이는 관점의 변화를 촉구한다. 냄새를 확고한 주형으로 고정하는 대신, 후각 신호를 냄새로 연산하여 다소 규칙적인 지각 패턴으로 분류하는 신경 원리를 고려해야 한다. 7장까지 설명한 후각 처리 과정은 화학적 환경에서 정보가 변할 때 친숙성과 예측 불가능한 새로움의 빈도를 평가하는 일이었다. 이 장에서는 뇌가 냄새를 다루는 일종의 측정 기계를 닮았다는 점을 강조할 것이다.

예측을 할 때 나의 뇌는 무엇을 할까? 뇌는 나와 연관된 다양한 차원의 환경을 파악한다. 예컨대, 내가 어떤 것으로부터 얼마나 가까이 혹은 멀리 있는가? 그것은 움직이는가? 빨리 움직이는가, 느리게 움직이는가? 시간에 따라 성질이 달라지는가, 아니면 비교적 안정적으로 유지되는가? 해로울까, 즐거울까? 등등. 이것들은 개체나 환경 자체에 내재하는 속성이 아니라, 지각하는 유기체가 입력된 것을 어떤 식으로 파악하는지에 따라 달라진다(3장부터 5장까지). 따라서 혼합물 암호화에는 불규칙한 자극 신호를 능동적인 행동 문맥으로 유연하게 통합하고 분류하는 과정이 필요하다.

이런 개념은 고정된 신경 표상으로 냄새를 표현하는 정형화된 위상 지도와는 어울리지 않는다. 수용체 행동에 의해 유도되는, 혼합물을 암호화하는 신경 활동은 우리에게 어떠한 자극-반응 지도도 보여 주지 않는다. 망울에서도, 후각 겉질에서도, 냄새의 암호 혹은 연산이 산술적 합으로 이루어지지 않기 때문에 후각 자극은 더하기 같은 방식으로 포착되지 않는다.

대안으로 등장한 결정적인 가설은, 후각 신호가 하향식 과정에 따른 기대 효과를 기준 삼아 환경 정보 안에서 변하는 신호의 비율을 측정하는 식으로 구성된다는 것이다. 비율(6장에서 나온 개념)로서 냄새는 신호의 조합과 크기를 해석한 것이다.

환경을 측정하기 위해서 뇌는 들어오는 신호를 구조화하고 보정한다. 여기에는 몇 가지 처리 단계를 거치는 다양한 방식이 동원된다. 말초에서의 선택적 적응은 어떠한 배경에 대해 화학적 환경 변화를 평가하는, 시스템의 교정 역할을 한다. 중추신경계의 정보 처리 단계에서 뇌의 측정 활동에는, 필요한 경우에 개발하여 사용할 수 있을지는 모르지만, 따로 특별한 공간적 지도가 필요하지는 않다. 후각의 자극 정보는 처음엔 여러 조각으로 분해되고, 그다음에는 각자의 비중에 따라 서로 결합되어 전체적인 감각 인상을 형성한다. 중추신경계는 이런 후각 신호의 광범위한 분포와 통합을 다중 병렬 프로세스로 구조화하고 지배한다. 이제 이러한 중추신경계의 작업 과정을 살펴보자.

냄새 암호화는 매우 역동적인 과정이다. 후각계는 동일한 자극에 여러 의미를 부여할 수 있다. (프리먼 다음으로) 프랑크푸르트 막스 플랑크 연구소의 신경과학자 질 로랑은 이것을 냄새 암호를 모델링하는 중요한 특징으로 보고, 화학 지도 대신 네트워크 모델을 지지했다. 다양한 의사결정 상황에서 다차원 신호를 암호화하기 위해 후각계는 두 가지 주요한 처리 과정을 채택한다. 바로 확장된 암호 공간 형성과 신경 신호의 폭넓은 분산이다.[7]

첫째, 후각의 암호 공간은 정말 넓다. 이전 장들에서 살펴보았듯이, 화학 자극은 (1) 수용체 판에서 조합식 암호화를 거치면서 조각조각 분리되고(6장) (2) 망울의 미소 회로에서 이루어지는 억제·흥분 동역학을 통해 더욱 더 상관성이 사라진다(7장). 상관성 제거decorrelation는 본질적으로 시간적 과정이며, 분자 수준에서 사이 신경세포의 국소적인 처리를 통해 이루어진다. 상관성이 제거된 각각의 후각 신호는 비슷한 동기화 상태에 있는 다른 신호와 짝을 이루면서 시간적 의미를 나타낸다(이 과정을 뒷받침하는 세포 메커니즘은 곧 살펴볼 것이다). 따라서 망울의 시공간적 활성은 냄새의 고정된 표상이 아니라, 역동적인 암호 공간의 표현으로 보아야 한다. 냄새 물질은 다양한 의미를 나타낼 수 있고, 그에 따라 다양한 패턴을 보일 수 있기 때문이다.

둘째, 상관성이 사라진 신호는 후각 겉질에 넓고 성기게 분포된다. 폭넓게 분포되어 있기에, 후각 신호는 주변 겉질 영역의 병렬 프로세스와 합쳐지고 동기화될 수 있다(언어나 다른 단서들, 혹은 여타 감각과 적시에 조합할 수 있다). 이러한 맥락에서 성긴 암호는 다차원 자극의 복잡한 신경 패턴을 덜 중첩되게 한다. 특히 성긴 패턴은 뚜렷한 의미와 다양한 조건에 따른 행동 반응(프리먼의 토끼처럼)을 나타내는 후각 신호를, 빠르게 그리고 일시적으로 증폭시킬 수 있다. 만약 신경 수준에서 신호가 너무 상세하다면 다른 신호와의 연결은 더욱 복잡해지고 나중에 환기하기도 번거로울 것이다. 성긴 암호는 자세하지는 않아도, 빠르게 가공하고 인식할 수 있다(복잡한 냄새 이미지를 통합된 전체 형상으로 분석할 때 해상도에 한계가 있다는 레잉 한계를 떠올리게 하는 가설이다. 6장 및 9장 참조).

냄새 이미지를 역동적으로 연산하는 핵심은 위상 패턴이 아니라 시간적 처리에 있다. 그러므로 지도로 그려지는 투사보다는 '측정'이라는 말이 요동치는 정보 조각을 뇌가 어떻게 감지하느냐를 표현하는 데 더 적합하다.

측정이라는 개념을 받아들이면 표상의 개념 또한 바뀐다. 뇌는 물체의 고정된 패턴(냄새 X를 나타내는 패턴 X)을 산출하지 않지만, 입력 정보를 다른 반응과 연결하는 역동적으로 암호화된 표식을 내놓는다(표식 X는 지각-반응 상태 X를 나타내기 위해 만들어졌다).

후각 뇌가 화학적 환경의 변화를 표현하고 지도화하는 대신, 이런 방식으로 입력을 수신하고 작동하는 것은 어떤 종류의 신경 구조와 세포 메커니즘 때문일까? 망울과 후각 겉질이 인접 겉질 영역과 광범위하게 연결되어 있다는 점에서도 우리는 뭔가 통찰력을 얻을 수 있다. 후각 겉질은 여러 영역의 집합체이다. 상당수의 승모세포가 망울을 일차 후각 겉질의 가장 넓은 영역인 조롱박 겉질에 연결시킨다. 이는 냄새 신호의 폭넓은 분배를 쉽게 하는 설계이다.

이니그마, 수수께끼 기계

후각 겉질에 진입하는 일은 조합적 활동이 장대하게 펼쳐지는 신경의 불꽃놀이 속으로 걸어 들어가는 것과 같다. "그 독일인들이 사용했던 기계의 이름이 뭐죠?" 애크리는 웃었다. "이니그마[*]! 사람들은 그런 수수께끼 기계를 통해 '입력'을 실행하고 있어요. 정보는 여전히 입력 안에 있지만, 입력을 보고 뭔가를 짐작할 수는 없습니다. 우리는 입력의 구조로부터 정보가 무엇인지 알 수 없고, 출력으로부터도 정보 구조가 무엇인지 알지 못해요. 그렇기 때문에 그 수수께끼 기계는 훌륭한 암호 장치임에 틀림없지만, 암호를 풀 원칙이 필요합니다." 그는 흥분한 표정이었다. "어떤 의미에서 후각 망울과 조롱박 겉질 사이의 연결이 바로 이니그마입니다." 출력을 묘사하는 방식이나 각 메시지에 대한 암호만으로는 수수께끼가 풀리지 않았다. 입력과 출력 사이에는 뚜렷한 일치점이 없었다. 수수께끼를 풀려면 기계의 고유한 암호화 원리를 해독해야 했다. 이와 비슷한 생각이 후각 뇌에 적용된다. 그것은 분자 조각들을 그 비율에 따라 정신적 이미지로 변환시키는 일이다.

조롱박 겉질은 출력으로 이어지는 복잡하고 분주한 정보의 중심지이다. 거기서 온갖 신호를 모든 종류의 통합 감각이나 인지 기능을 담당하는 여러 인접 겉질 영역에 전달한다. 해마(기억), 편도체(감정, 회피), 후각 결절(감각 통합, 청각 연관), 눈확이마 겉질(의사결정), 내후각 겉질(보행, 시간 지각), 후각주위 겉질(감각 통합)이 그런 영역들이다. 조롱박 겉질은 단지 이러한 영역에 신호를 보낼 뿐만 아니라, 그곳들로부터 강력한 되먹임을 받아들인다.

---

[*] Enigma. 독일어로 '수수께끼'라는 뜻으로, 1918년 독일 아르투어 세르비우스가 고안한 암호 기계의 한 종류이다. 2차세계대전 당시 독일군이 사용했다. 자판을 써서 암호화할 문장을 입력하면 스크램블러(회전자)가 돌면서 암호문이 만들어진다.

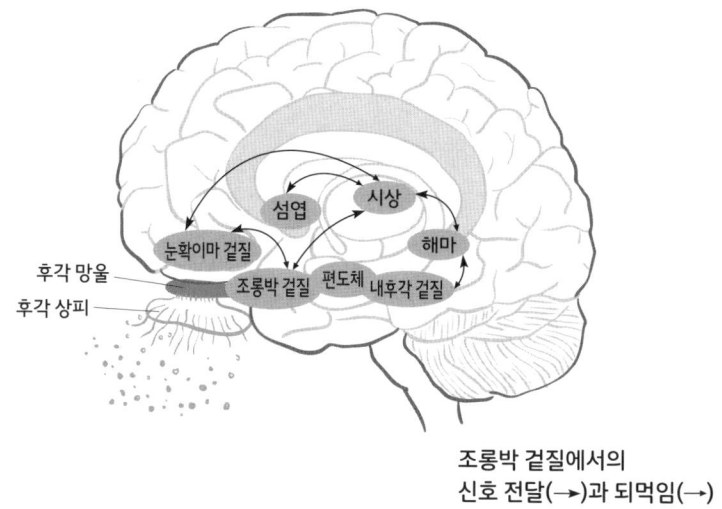

조롱박 겉질에서의
신호 전달(→)과 되먹임(→)

 암호 장치로서 후각 겉질**은 정보를 마구 뒤섞는다. 토리층처럼 별개의 신경 집단을 형성하는 대신, 망울에서 나온 승모세포의 축삭은 넓고 멀리 무작위로 후각 겉질 및 인접하는 겉질 영역들로 퍼져 나간다. 리처드 액설은 "일부 영역은 편도체처럼 일정한 공간적 질서를 유지하고 있습니다."라고 설명했다. 다른 영역은 그렇지 않다. "일차 감각 겉질에서는 이런 질서가 사라진 걸 확인할 수 있습니다. 이제 모든 냄새는 분산된 표상을 활성화합니다. 각각의 냄새가 서로 다르게 표상되기도 하고 서로 얽히기도 하지요. 주어진 냄새에 따라, 뇌의 다른 부위가 다른 표상을 활성화할 겁니다. 우리의 양쪽 뇌에서 벌어지는 일입니다!" 따라서 시스-3-헥세놀(막 깎은 잔디 냄새)에 반응하는 나의 조롱박 패턴은 내 친구의 것과 다르다. 심지어, 내 오른쪽 반구의 활성과 왼쪽 반구의 활성도 서로 다르다.

** 제인 플레일리의 논문(《Frontiers in Behaviour Neuroscience, 8》 article 240, 2014)에 따르면 일차 후각 겉질은 조롱박 겉질, 편도체, 내후각 겉질이다. 이차 후각 겉질은 눈확이마 겉질과 섬엽이다. 섬엽은 감정과 평형을 담당하는 대뇌 겉질로 알려져 있다. 공감, 맛, 지각, 운동 조절 및 인지 기능을 두루 망라한다. 여기서는 이들을 두루뭉술하게 이르는 것 같다.

조롱박 겉질은 냄새 대상을 구체화하는 데 매우 중요한 영역으로 간주된다. 이곳에서는 다른 후각 영역에서 오는 신호 대부분을 통합하여 지각된 냄새를 신경 대응물로 전환한다. 하지만 조롱박 겉질이 명백한 질서를 만들지는 못한다.[8] 2011년 다라 소슬스키는 액설, 샌디프 로버트 다타(예전에는 컬럼비아, 현재는 하버드에 있다)와 함께 망울에서 온 승모세포가 조롱박 겉질에 투사되는 경로를 추적했다.[9] 그들은 토리에 신경 닻을 내린 승모세포에 추적물질(TMP-덱스트란)을 넣고, 이들의 축삭이 가까이 있는 이웃뿐만 아니라 멀리 떨어진 다른 축삭에도 신호를 전달하는 것을 확인했다. 겉질 단계에서 후각 정보는 광범위하고 불규칙하게 분산된다(그림 8-1).[10]

망울에서 볼 수 있는 깔끔한 군집이 감각 겉질에서 감쪽같이 사라지는 것을 목격하는 일은 당혹스럽다. 한때 액설의 연구실에 있었던 레슬리 보스홀은 이렇게 말했다. "사람들이 액설의 조롱박 겉질 연구를 보고 불편해한다는 느낌을 받았어요. 뭔가 무작위적이고 가변적인 것을 증명하기가 어렵기 때문이었죠. 하지만 저는 안도감을 느꼈습니다. 모든 신경연접부가 일대일로 대응하는 지도라면, 우리가 어디든 갈 수 있을 거라고 생각되진 않으니까요. 어떤 면에서 우리는 이런 신경 패턴에서 의미를 추출해야 합니다. 이전에 한 번도 접하지 못했던 냄새를 지각할 수 있을 정도로 그것은 충분히 유연해야 합니다. 뭐라고 형언할 수는 없지만, 그 냄새를 감지할 수는 있습니다. 경험의 층을 쌓는 일이지요. 저는 조롱박 겉질의 유연한 암호화가 정말 대단한 장치라는 사실을 깨달았습니다!"

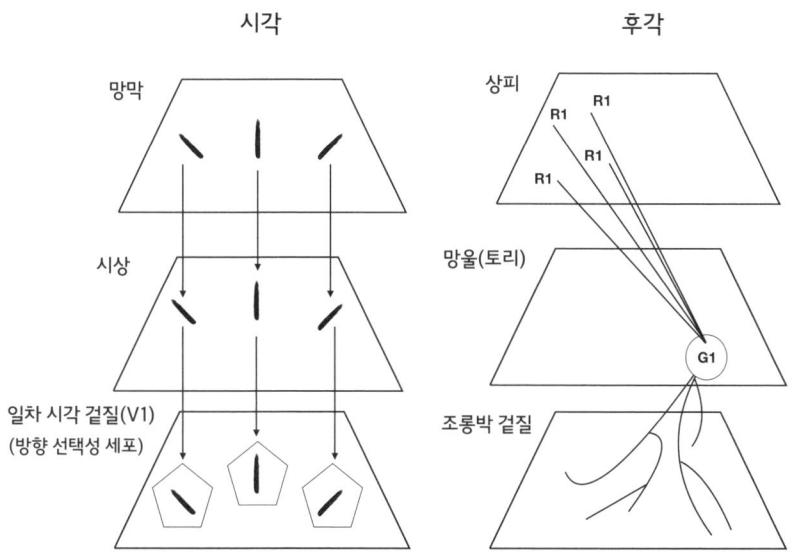

그림 8-1 시각과 후각에서의 신호 투사

왼쪽: 망막에서 온 신호가 시상을 거쳐 일차 시각 겉질(V1)로 지도처럼 투사되는 망막 위상 조직화. 오른쪽: 상피층에 활성화된 수용체가 공간적으로 분포한다. 활성 신호는 한곳으로 모여 후각 망울 내에 공간적으로 나뉜 군집(토리) 안으로 조직화된다. 그다음 조롱박 겉질의 각기 다른 영역으로 퍼져 나간다.

출처: A. S. 바위치

    우리 뇌는 분자가 아니라 일시적인 정보 패턴을 묘사하며, 주어진 맥락에서 정보를 추출하고 중요한지 아닌지 판단한다. 뇌의 이런 작업은 다양한 분자 구조를 갖는 수많은 화학 집단의 중첩에도 방해를 받지 않는다.

    하지만 기술적 진보를 거쳐 일종의 지도를 만들지 못하리란 법도 없다며, 로저스는 신중함을 보였다. "우리는 조롱박 겉질의 10퍼센트에서 15퍼센트, 많아야 최대 20퍼센트만 볼 수 있습니다. 우리가 가진 기술적 도구가 그 정도에 불과한 것이죠. 조롱박 겉질 전체를 삼차원으로 볼 수 있을 때까지, 저는 이 화학 지도가 후각 망울 너머로는 계속되지 않는다는 생각을 보류할 겁니다." 그는 덧붙였다. "물론 지금으로서는 증거가 전혀, 혹은 거의 없다는 걸 저도 압니다. 기록상으로는 '지도'가 없는 것 같아요. 다만 저는 더 큰 문제를 제기하고 싶습니다. 우리는 늘 우리가 갖고 있는 도구와 기술로 최상의 정보를 얻으려 노력한다는 사실을 잊지 말아야죠."

에이버리 길버트는 시각계의 특성을 모델로 하는 한, 일부 숨겨진 지도조차도 냄새 암호를 설명하기에는 충분하지 않다고 지적했다. 이전 장에서 살펴보았듯이 후각은 그런 도식에 맞지 않는다. "저는 (후각이) 모든 면에서 시각의 겉질 지도와 같지 않다고 생각합니다. 연속되는 색상 영역, 모서리 검출, 색 일관성, 우리는 이 모든 것을 지도화할 수 있어요. 그것은 시스템의 숨겨진 배관처럼 완전히 다른 수준 같습니다. 저는 우리가 시각에서 생물학적으로, 신경학적으로 변하지 않는 부분을 잘 찾아냈다고 생각합니다. 반면, 제 생각에 냄새의 불변하는 부분은 모두 말초인 수용체에 집중되어 있는 것 같아요."

액설은 시각계조차도 지도로 축소되지는 않는다고 말했다. 고차원의 시각은 지도를 내다버린다. "예컨대 대상 지각과 같은 문제를 해결할 때, 시각계가 하는 일은 지도 모델보다 훨씬 풍부하고 복잡하지요. 시각계는 공간적 질서를 버리고, 무작위 입력 방식을 사용합니다."라고 액설은 말했다. 우리 뇌는 우연히 마주치는 모든 대상을 표현하지는 못한다. 어느 지점에서는 좀 더 추상적인 수준에서 작동한다. "그러니까 제 말은, 시각에는 구조가 있지만 다시 무작위 입력으로 귀결되리라 생각합니다." 액설은 그렇게 말하고는 덧붙였다. "다른 감각의 마지막 단계에서도 무작위성이 드러날 겁니다. 아름다운 위상 조직을 보이는 다른 영역들도 뇌에서 점점 더 높은 단계로 이동하면서 위상 조직이 폐기 처분되는 것이지요."

다른 종류의 감각에서 고차원 가공의 이상적 모델을 수립할 때, 후각계가 도움이 될 것이다. 보다 고등한 뇌의 통합 과정을 이해하는 일은 까다롭기로 악명이 높다. 그것의 신호 체계는 후각계와 마찬가지로 지도에 의존하지 않고, 무작위적이며, 자동 연상적이다.

최근 모델은 조롱박 겉질을 자동 연상Autoassociative 구조로 묘사하고 있다(이 중에는 루이스 하벌리, 도널드 윌슨, 케빈 프랭크스, 우치다 나오시게, 필리프 리토동, 제프리 아이작슨의 연구가 포함된다).[11] 자동 연상은 조롱박 겉질과 주변 지역의 상호작용 및 교차 연결 처리 과정을 의미한다. 조롱박 겉질이 수행하는 대부분의 활동은 되먹임에 의해 작동된다. 그렇게 정보를 버리고 억제하거나 혹은 강화한다. 여기에는 조롱박 겉질에서 거꾸로 망울로 보내는 되먹임 과정은 물론이고, 조롱박 겉질과 겉질 상위 영역 간의 되먹임 고리도 포함된다. 망울과 조롱박 겉질 사이의 신호를 조사해 보면, 둘 사이에 **다시** '신호가 뒤섞이는' 과정을 확인할 수 있다*. 예컨대, 특정 토리에서 온 신호가 조롱박 겉질 일부 구역에 집중되는가 하면(신호 수렴), 다른 토리에서 온 신호는 완전히 다른 영역에 흩어

---

* 2011년 빈센트와 마이넨이 《뉴런》에 발표한 논문을 보면 주요 후각 망울과 조롱박 겉질 사이에 신호가 수렴하거나(약 200개의 망울이 하나의 겉질로 모인다) 발산하면서(1개의 망울에서 약 10만 개의 겉질로 투영된다) 뒤섞이는 현상을 엿볼 수 있다.

져 투사되기도 한다(신호 발산).[12] 여기서 질문은 이런 현상이 유전적 요인, 다시 말해 다양한 범위에 걸친 수용체의 조율 때문인가 하는 것이다. 액설은 이렇게 복잡하게 얽힌 연결의 의미를 설명했다. "다른 사람들의 실험과 우리 실험 모두, 여러 영역의 토리에서 일차 감각 겉질로 입력 신호가 도달하는 것을 목격했습니다. 하지만 거기에 어떤 질서는 없었어요. 감각 겉질 신경은 토리에서 무작위로 조합된 입력 신호를 받는 것이지요."

"만약 그렇다면…" 액설은 힘주어 말했다. "주어진 냄새는 서로 다른 개인에게 각기 다른 표상을 활성화해야 합니다. 이 말은, 이러한 표상들이 어떤 '본질적' 가치도 없다는 뜻입니다. 냄새는 유기체에 어떤 내재적 의미를 부여할 수 없다는 거죠. 이러한 표상에 의미를 부여하기 위해서는 더 상위의 두뇌와 연결해야 합니다. 우리는 이 혼란스러운 관찰이 사실임을 밝히기 위해 많은 실험을 했습니다."

사람에 따라 혹은 시간 간극에 따라 조롱박 겉질에서의 입력 활동은 여기저기로 나뉘어 흩어진다. 보스홀은 이렇게 말했다. "저는 조롱박 겉질이 고정된 위치나 정체성 없는 정보를 보여 주는, 지울 수 있는 읽기-쓰기 논리 기계라는 생각이 마음에 들어요. 하지만 저는 그것이 어떻게 읽히는지 모릅니다. 사실 아무도 모른다고 생각해요. 다만 제가 보기에 가장 나쁜 것은 400개의 토리를 가져다 조롱박 겉질에 그 400개를 나선형 혹은 입방체로 배열하는 일입니다. 그런 식으로는 지각의 문제를 해결할 수 없기 때문이죠. 패턴을 강요하기 시작하면 정보를 암호화하기가 더욱 힘들어집니다."

이러한 무작위성은 기능적이다. 정보는 셀 수 없이 작은 조각으로 나뉘고 중요도에 따라 다시 집단으로 모이면서 다양한 변이를 겪는다. 후각계는 바로 이런 방식으로, 다양한 환경에서 다른 의미를 부여하는 자극에 대응하여 놀랍도록 유연하게 행동한다. 의미를 창조하는 이 니그마, 이 수수께끼 기계가 작동하는 원리는 기대 효과를 형성하는 하향식 가공과 입력 비율을 구조화하는 시간 암호화 이 두 가지다.

출력 지도

이제 역공학*이 필요하다. 둥-징 저우는 따라서 입력이 아니라 출력 패턴을 주시할 것을 제안했다. "저는 조롱박 겉질의 출력에 관심이 많았습니다. 조롱박 겉질의 출력물은 아마도 사람들이 생각하는 것처럼 비조직적이지 않을 겁니다. 약간의 조직적인 것이 있을 수 있어요. 예를 들면, 수렴 현상이 새롭게 나타나기도 하거든요."

2014년 파이어스타인과 프레드 천은 문제를 반전시켜서 조롱박 겉질을 검사했다.[13] 신호가 어디로 전달되는지 연구하는(**원심성** 연결 추적) 대신, 신호가 어디서 오는지(**구심성** 연결 추적)를 살펴본 것이다. 보다 구체적으로 말하면, 그들은 눈확이마 겉질에 있는 두 상위 영역(무과립 겉질과 옆쪽 눈확이마 겉질)으로부터 거꾸로 조롱박 겉질까지 투사를 따라가 보았다. 그들은 운이 좋았다. 파이어스타인 연구진은 위상 배열이 서로 중첩되지 않는 두 개의 뚜렷한 신경 집단을 발견했다. 이는 하향식 조직을 암시한다. 즉, 조롱박 겉질에서의 신호가 상위 겉질 영역의 되먹임에 의해 조정된다는 뜻이다.

---

* 역공학(reverse engineering)은 이미 완성된 장치의 구조를 분석하면서 시스템의 기술적인 원리를 확인하는 과정이다.

저우는 이렇게 설명한다. "이 세포들은 섞여 있지만, 서로 다른 지역에서 유래했습니다.* 조롱박 겉질의 출력물이 어느 정도 재조직화되었음을 시사하는 것이지요." 하지만 그 결과는 시작에 불과하다. "문제는 조롱박 겉질이 거대하다는 것입니다. 조롱박 겉질로 투사될 수 있는 다른 피질 영역이 많이 있습니다. 좀 더 많은 연구가 필요해요."

어떤 식이든, 하향식 효과가 후각 신호의 통합을 결정한다. 출력이 조롱박 겉질에서의 신호를 조직하는 것이다. 2017년 알렉산더 플라이슈만 실험실의 연구진들은 조롱박 겉질에서 하위 신경망과 시간 패턴을 추적하고, 이 사실을 거듭 확인했다.[14] 이러한 연구들은 여전히 시작 단계이지만, 이미 우리에게 새로운 모델을 제시하고 있다.

연결성이 관건이다. 조롱박 겉질에서 긴밀하게 연결된 신경망을 통해 후각 신호는 이웃하는 과정들로 광범위하게 분산되고, 이웃 과정들과 즉각적으로 통합된다. 후각 신호의 의미는 신호 입력의 조직화보다는, 신호가 병렬 과정에 참여하는 것에 더 영향을 받는다. 후각 겉질의 중심에서 다양한 조합, 연결, 교차 활성화가 매 순간 발생한다. 따라서 우리는 기본적으로 신경 표상이 하나의 **과정**임을 알 수 있다. 조롱박 겉질은 하향식으로 연결된 활성화를 거쳐 정보를 받는 매우 탄력적인 정보 활동을 수행한다. 뇌의 관점에서 볼 때, 뚜렷한 공간적 질서가 없는 상황에서 조롱박 겉질의 주요 과제는 연속적이거나 동시에 도달하는 신호의 존재와 강도를 연산하는 일이다. 하향식 과정은 신호 통합을 결정하고, 냄새 분류를 경험과 기대 그리고 감각 통합 효과와 연결짓는다.

이것은 뇌가 정보를 선택하고 우선순위를 매겨 환경을 측정하는

---

*파이어스타인의 2014년 논문 제목은 '비감각기관이 조롱박 겉질을 조직화한다'이다. 연구진은 눈확이마 겉질과 섬엽에 형광시료를 주사한 뒤 그것이 거꾸로 조롱박 겉질의 어떤 신경세포로 향하는지 조사했다. 두 곳에서 유래한 색소는 조롱박 겉질의 각기 다른 두 부위에 나뉘어 분포하였으며 중첩된 세포는 10퍼센트 이하였다.

이야기의 절반이다. 나머지 절반은 입력 규제에 관한 것이다. 신호 패턴이 어떤 순서로 모습을 드러냈는지 결정하는 일은 입력 동시성, 그리고 다른 신호와 통합하여 두드러짐·익숙함·새로움 측면에서 입력을 평가하는 과정이다. 이때 두 가지 메커니즘 – 수용체 수준에서의 첫인상 암호[**]와 신경 수준에서의 집단 암호 – 이 냄새 신호의 시간적 암호화를 관장한다.

첫인상 암호

수용체 암호화에서 '첫인상'은 수용체의 선택적 활성에 따라 냄새의 정체가 결정된다고 가정한다. 전부가 아니라 몇 종류의 수용체 집단만이 주어진 농도 자극에서 먼저 반응함에 따라, 뇌가 상피로부터 어떤 입력을 받는지를 결정한다는 것이다. 1990년대 중반, 잠복 효과를 연구한 존 홉필드는 시간 암호를 통해 후각을 설명하고자 했다.[15] 잠복기란 자극에 노출된 뒤 반응하는 데 걸리는 시간을 의미한다. 물리학을 공부한 뉴욕 대학의 신경과학자 드미트리 린버그는 이 생각을 연산 수용체 모델로 발전시켰다.[16] "사실 첫인상 효과라는 생각은 몇 해 전에 우리 실험실에서 나왔습니다." 린버그가 말했다. "아주 간단한 아이디어였어요. 우리는 민감도에 따라 수용체를 줄 세울 수 있습니다. 민감한 것, 덜 민감한 것, 매우 약한 수용체, 이렇게요. 기본적으로는 뇌가 그렇게 보는 거지요."

수용체 패턴은 농도가 증가함에 따라 변한다. 린버그는 같은 냄새지만 농도가 다른 것을 인식하는 가상의 수용체를 이렇게 설명했다.

[**] 앞에 들어온 정보가 사람의 기억에 더 큰 영향을 미치는 효과를 말한다.

"예컨대 낮은 농도의 냄새는 {R1, R2}처럼 작은 규모의 수용체를 흥분시킵니다. 중간 농도라면 보다 더 많은 수의 수용체 {R1, R2, R3, R4} 집단을 흥분시키겠죠. 고농도의 냄새에는 수용체가 더 필요하겠지요? {R1, R2, R3, R4, R5, R6}처럼요."

혼합물 인지는 이 모델과 자연스럽게 들어맞는다고 린버그는 설명했다. 상피가 몇 가지 조합의 냄새 물질에 노출되면 일부 수용체가 억제될 수 있고, 그 결과 혼합물에 대한 첫인상 집단이 변하기도 한다. 가령 혼합물 AB에 상피가 노출되고 {R1, R3, R4, R5, R6}의 수용체 첫인상 집단이 활성화되었다면 그것은 개별 냄새 물질 A의 첫인상 집단인 {R1, R3, R5, R7}이나 물질 B의 첫인상 집단 {R2, R4, R6}과 다를 수 있다는 의미이다.

이런 점에서 다양한 냄새 신호의 정체성은 첫인상 수용체 집단의 차이를 반영한다. 첫인상 집단은 개별 물질들인지 혼합물인지뿐만 아니라, 서로 다른 농도의 자극에 따라서도 달라진다. 따라서 애크리의 '감자칩' 이미지와 같이, 혼합물 지각에서 구성 효과를 물질로 설명할 수 있다. 특정 비율의 냄새 조합이 특정한 첫인상 집단을 활성화하는 것이다. 개별 냄새 분자들(메탄티올/ 메티오날/ 2-에틸-3,5-디메틸피라진)은 섞인 혼합물의 첫인상 암호와 다르다. 또한 혼합물의 구성 비율에 따라서도 첫인상 암호가 달라진다.

로저스는 이론적 관점에서 이 생각이 그럴듯하다는 것을 알았다. "린버그가 전면에 내세운 시간적 '첫인상'에 대한 질문은 정말 흥미롭습니다. 특정한 분자에 가장 민감한 수용체가 지각의 산출물과 관련이 깊은 수용체라고 가정한 것이었죠." 냄새 암호에 대한 새로운 의문이 제기되었다. 로저스는 이렇게 말했다. "첫인상 집단에 20개 정도의 수용체가 있다고 해 봅시다. 거기엔 어쩌면 '최상의 수용체'가 있을지도 모르지요. 그렇다면 다른 19개 수용체들은 무엇을 해야 할까요? 왜 거기 있을까요? 뭐 하려고요?" 로저스의 질문은 파이어스타인의 억제 효과를 상기시켰다(6장). "암호를 조정하는 길항작용이 있는 거지요. 이런 일이 벌어지는 범위는 상당히 넓습니다. 제 이론은 후각계에 어떤 융통성이 내장되어 있다는 것이었어요. 따라서 어떠한 이유에서든, 가령 혼합물 안에 길항제가 섞여 있어서 가장 민감한 수용체마저 활성을 띠지 않는다 해도, 우리는 여전히 그 냄새를 어느 정도 인지할 수 있을 겁니다. 특히, 이 냄새가 행동적으로 어떤 의미가 있다면 더 잘 인지할 수 있습니다. 수용체 활성의 여러 채널이 동일한 지각으로 이어질 수 있다는 거예요. 그것이 제가 말하는 융통성입니다. 하지만 혼합물 암호화와 관련한 수용체 활성은 여전히 오리무중이지요."

린버그는 자신의 모델이 순수하게 연산적인 것임을 분명히 했다. 혼합물의 성분들과 관련한 생물학적 특성에 의존하지 않는다는 뜻이다. "첫인상 암호 모델의 장점은 여러 생물학적 요소들과 무관하다는 겁니다." 이 가설을 누구나 받아들이지는 않는다. 케이는 첫인상 암호를 포함해서, 수용체의 행동이 유기체의 생물학적 조건에 영향을 받는다고 주장했다. 그녀는 운동 근육의 행동이 킁킁거리는 속도를 결정하고, 그에 따라 시간 암호를 결정한다고 덧붙였다. 머리를 고정한 설치류에서 얻은 린버그의 데이터가 가진 한계는 "킁킁거리며 냄새를 맡는 동안 얻는 전정前庭* 효과를 무시한 것"이라고 케이는 설명했다. "머리가 고정된 상태에서 생쥐들은 천천히 킁킁거리며 냄새 맡을 수밖에 없지 않겠습니까? 만약 더 느린 속도로 냄새를 맡는다면 그것은 자극이 퍼져 나간다는 의미겠죠? 지각하기는 쉽겠지만, 제가 보기에 그것으로 뭔가를 말하기는 어려울 것 같습니다. 아마도 생쥐들은 화학물질을 걸러 내지 못할 겁니다." 빠르든 느리든 킁킁거리는 속도는, 보다 상세하고 정확한 탐지와 빠른 행동 반응 사이에 모종의 진화적 거래가 있었다는 사실을 반영한다.

하지만 린버그는 후속 연구를 통해, 냄새 인식이 킁킁거리며 냄새 맡는 속도와 관계가 없는 것 같다고 지적했다.[17] 2018년에 발표한 「킁킁거림과 무관한 냄새 암호」라는 논문이 그것이다.[18] 그러나 여전히 그런 안정성은 다른 요소, 예컨대 패턴 인식을 통한 자극 기억 같은 것에서도 영향을 받을 수 있다. 냄새 인식과 기억의 경계선은 왔다 갔다 한다. 저우는 "학습된 기억으로부터 후각 지각을 분리하는 일은 어렵습니다."라고 지적했다. "냄새를 한 번만 맡아도 동물은 바로 외울 겁니다. 우리는 세포가 외우도록 하려면 몇 번이나 반복해서 냄새를 맡아야 할까요?"

첫인상 암호가 생물학적 요인에 의존하는지 아닌지, 혹은 첫인상 암호의 범위는 어디까지인지는 좀 더 연구를 해 봐야 판단할 수 있다. 결과가 어떻든 첫인상 암호는 냄새 암호의 새로운 분야를 개척했다. 그 원리에 따르면 감각계는 환경과 빠르게 상호작용할 수 있다. 첫인상 암호 원리는 또한 지각의 정확도를 높인다. 더 오래, 지속적으로, 혹은

---

* 전정기관은 우리 몸에서 중력에 대한 방향과 평형 감각을 담당하는 기관으로, 머리의 움직임과 중력의 정보를 뇌로 전달한다.

더 강하게 맡은 냄새는 빠르게 도달한 냄새와는 다른 화학적 구성 정보를 코에 전달하고, 이를 바탕으로 유기체는 냄새를 판단한다. 이때 판단은 다음에 설명할 신경 집단에서의 시간 격차 암호화에 달려 있다.

집단 암호

뇌는 신경 자극인 신경의 전위 극파neural spike를 측정한다. 전위 극파의 활동은 신경 집단의 시간 패턴, 즉 뚜렷한 속도와 순서를 보여준다. 이러한 전위 극파는 언제 그리고 어떤 순서, 어떤 조합, 어떤 크기로, 자극이 신경 신호로 변환되는지를 나타낸다. 신호는 단발적이 아니라 연속적으로 전달된다. 앞선 신호와 병렬 신호에 의해 결정된 사항이 후속 신호를 결정하는 것이다. 5킬로그램의 물건을 들고 난 뒤에는 1킬로그램의 무게가 가볍게 느껴지고, 100그램을 든 뒤에는 1킬로그램의 물건이 무겁게 느껴지듯, 세기를 포함하는 신경 신호의 측정은 다른 신호에 의존적이다. 무게 경험이 내용적으로 신체의 척도이듯, 신경 반응은 자극의 척도이다. 이런 유사성은 후각에도 적용된다.

어떻게 신경의 전위 극파를 통해 시간적 암호를 측정할 수 있을까? 로저스는 웃었다. "이곳은 전기 생리학의 무대인 셈이죠!" 전기 생리학에서는 활동 전위를 기록한다. 신경세포가 발화하면 일련의 연속된 과정을 거쳐 이온들이 폭포처럼 세포막을 통과하고, 결과적으로 신경세포에서 전압과 전류가 변한다.

포유류의 후각에서 신경 집단이 시간 암호를 어떻게 다루는지에 관한 연구는 충분히 이루어지지 않았다. 하지만 곤충의 후각 연구는 상당히 진척되었다. 곤충의 후각에서 확립된 시간 모델이 포유류 연구로 진입하지 못한 까닭은, 설치류와 곤충류 연구자들이 서로 다른 공동체에 속해 있기 때문이다. 질 로랑 외에 존 힐데브란트, 위르겐 보크, 존 칼슨 그리고 이 책에 소개된 마크 스토퍼가 곤충을 대상으로 빼어난 연구 결과를 얻었다.[19] 포유류와 곤충의 후각은 상당히 다르지만, 후각의 경로와 원칙은 놀랄 만큼 흡사하다.[20] 우리는 파리에게 무엇을 배울 수 있을까?

곤충 후각에서의 시간 암호는 억제에 의해 조절된다.[21] 스토퍼는 웃었다. "제가 보기에는 억제가 전부입니다! 곤충의 후각 수용체세포를 보면 이미 시간적 구조의 증거가 있습니다. 곤충의 수용체세포는 더듬이의 둥근 돌출부에 있는 투사 신경에 입력 신호를 보냅니다. 이 투사 신경세포들은 수용체세포보다 훨씬 더 복잡한 활동 패턴을 보이죠. 더듬이에 다른 냄새를 제공하고, 투사 신경세포가 실제로 발화되는 패턴을 보면 순식간에 극파가 튀어 오릅니다."

억제 메커니즘은 모스 부호처럼 각각의 신경세포에 신호를 구조화한다. 스토퍼는 말을 이어 갔다. "이들은 복잡하지만 믿을 수 있는 시간 패턴입니다. 억제 패턴을 보면, 흥분이 뒤따르기도 하고 억제가 뒤따르기도 하죠. 억제 뒤에 급격한 전위 극파가 터져 나오고, 다른 억제 뒤에 또 다른 전위 극파가 터져 나오는 현상을 목격할 수 있습니다. 매번 그런 일이 벌어집니다!"

다른 자극에 반응하여 감각 신경세포의 전위 극파 속도가 변하고, 이에 따라 여러 시간 척도가 생긴다. 여기에는 예컨대, 전위 극파의 일시적인 폭발, 자극 노출 시간보다 더 길게 이어지는 완만한 흥분(느리고 단계적인), 또는 이들의 조합이 포함된다. 그다음에는 다양한 잠복기와 지속 시간 그리고 전위 극파의 강도가 있다. 신경 신호는 흥분뿐만 아니라 느리거나 빠르게 작동하는 억제 메커니즘에 의해서도 조절된다. 케이는 덧붙여 말했다. "억제가 하는 일은 신경 신호의 활동과 시간을 조정하고 형태를 부여하는 것이지요. 그게 없다면 우리는 엄청난 양의 정보에 노출될 것이고, 겉질 영역에 가기도 전에 모든 것이 엉망이 되고 말 겁니다."

억제 활동은 신경 집단의 진동을 효과적으로 조절한다고 스토퍼는 설명했다. "예를 들어, 더듬이 돌출부에서 두 개의 시간 척도에 대한 억제를 볼 수 있습니다. 매우 느린 패턴은 투사하는 신경의 패턴에 형태를 부여하고 있지요. 여기에 몹시 빠르고 리듬 있는 진동이 중첩되면서 전위 극파끼리 동조하는 경향이 있습니다. 이게 계의 나머지 부분에 어떤 영향을 끼칠까요? 질 로랑의 생각은, 전위 극파가 서로 연결되는 세포들끼리는 동조화에 아주아주 민감하다는 것이었어요. 제가 보기에는 이 생각이 옳은 것 같습니다."

스토퍼는 활성의 동조화에서 억제의 중요성을 강조했다. "리듬감 있는 억제(진동)가 신경 집단의 전위 극파를 '동조화'하는 방식으로 조정한다는 생각이 바탕이 깔린 것이지요. 두 개의 서로 다른 신경에서 온 활동 전위의 극파가 주어진 진동 주기 내에서 발생하면, '동조화된' 것으로 봅니다." (전위 극파의 동조화를 이렇게 정의하는 까닭은, 주기의 최댓값에서만 후속 신경의 전위 극파가 나타나기 때문이다.)

시간 암호는 신경세포 하나하나의 문제가 아니라 신경 집단 전반에 걸쳐 조정된 활동이다. 스토퍼는 "만약 투사 신경세포에서 전위 극파들이 맞지 않고 흔들리거나 떨린다면 케니언 세포*는 활성화되지 못할 겁니다."라고 말했다(케니언 세포는 곤충의 버섯체-포유류의 조롱박 겉질에 해당하는 신경 구조- 안에 있는 신경이다). 이 세포들은 활성화되지 못할 수도 있다. "왜냐하면 활성이 분산되고 합쳐지지 않으면, 케니언 세포의 활성에 필요한 문턱값을 넘지 못할 것이기 때문입니다. 충분히 많은 투사 신경세포의 전위 극파가 일정한 시간에 **동조화**되어 합쳐질 때만 케니언 세포가 활성화될 수 있다는 말이죠. 그러나 어떤 투사 신경세포들이 서로 언제 활성을 띠는지 결정하는, 매우 느린 억제 패턴도 있습니다. 특정한 투사 신경세포 집단만이 거의 같은 시간에 활성화될 거예요. 일부는 억제되고 일부는 활성을 띨 것이기 때문이지요."

신경 집단의 신경 극파 유형은 서로 축적되어 신호를 증폭하고 운동을 조정하는, 매우 복잡한 상호작용을 반복적으로 일으킨다. 신경 극파는 지각과 동작이 짝 짓는 모습을 반영한다. 뇌는 이들 신호를 어떻게 읽을까?

모스 부호 해석

본격적인 무대는 세 개의 막으로 구성된다. 첫째, 자극에 노출될수록 신경 반응의 특이성이 증가한다. 스토퍼는 곤충을 예로 들어 이 현상을 자세히 설명했다. "처음 냄새에 노출되면 진동이 없습니다. 진동이 축적되려면 두세 번 같은 냄새에 노출되어야 합니다. 왜냐하면 후각

---

* Kenyon cell. 마크 뷰캐넌의 『우연의 설계』라는 책에서 다음과 같은 문장을 찾아볼 수 있다. "각각의 케니언 세포는 많은 투사 신경세포로부터 입력을 받지만 흥분 역치가 극도로 높기 때문에 자기에게 유입되는 투사 신경세포들이 동시에 다수가 흥분할 때만 활성화가 일어난다."

엽**이 바로 이러한 활성 의존적 가소성을 보이기 때문이지요. 국소 신경에는 반복적인 활성화가 더 효과적입니다. 억제된 국소 신경세포는 반복해서 냄새에 노출되는 동안 점점 더 효과적으로 투사 신경을 동조화합니다. 냄새에 자주 노출될수록 후각계는 더 구체화될 수 있겠죠?"

둘째, 이것은 반복적인 경험을 통해 선택성과 분류로 이어진다. 스토퍼는 덧붙였다. "무엇이 중요한 것이고, 무엇이 잡음일까요? 아마도 중요한 것을 가리는 한 가지 방법은 그것이 아주 일시적인지 아니면 계속 주위에 머무는지 판단하는 것입니다. 만약 우리가 냄새의 근원지와 가깝거나 수용체가 특별히 예민하다면 냄새와 자주 마주치게 되겠죠? 이런 과정은 누적될 것이고, 계는 더욱 구체성을 갖게 될 겁니다. 다음과 같은 식으로 작동할 거라고 생각해요. 처음에 우리가 냄새를 접할 때 그것은 일시적으로 크게 도드라질지 몰라도 구체적이지는 않을 겁니다. 어쩌면 뭔가 새로운 것이 있다는 신호에 반응해서 고개를 돌리게 될 수는 있지요. 만약 그 냄새가 한동안 거기 있다면, 후각계는 냄새를 구체적으로 다루기 위해 움직입니다. 후각엽이 자극 주변에 끌개를(일종의 상태 공간을 지정한다) 형성하면, 나중에 후각계는 그 냄새가 무엇인지 더 정확하게 규정할 수 있게 되지요."

셋째, 반복되는 경험은 감각 암호를 정교하게 만든다. 스토퍼가 말을 이었다. "아주 즉각적인 반응에서 훨씬 더 구체적인 반응으로 바뀌지요. 맨 처음 우리가 '환경에 뭔가 새로운 것이 있어.' 하면, 활동 전위가 크게 용솟음칩니다. 그리고 바로 분류 작업에 들어가지요. 예컨대 꽃 냄새와 고소한 냄새가 있다고 칩시다. 만약 그 냄새가 여전히 존재하

** 머리 부위의 더듬이와 작은 턱수염(maxillary palps) 및 입(proboscis)이 초파리의 후각기이다. 이들 감각기관에는 후각 수용체를 가진 후각 신경세포들이 분포한다. 후각엽(antennae lobe)은 안테나의 한 부분이며 더듬이 조각이라고도 불린다.

고 이 과정이 누적된다면, 후각계는 좀 더 구체적이 되겠지요. 하위 단계의 반응을 거쳐 냄새의 정체를 파악하게 됩니다. 처음에는 동일했던 회로가 다음과 같이 변할 겁니다. 무슨 '과일' 같은데? 이제 같은 회로가 이렇게 말합니다. 음, 딸기가 아니라 체리로군. 이런 과정은 유기체가 충분히 관심을 기울일 정도로 냄새가 오래 지속될 때만 일어납니다."

특히 이러한 메커니즘은 입력을 상향식bottom-up으로 구조화하고 우선순위를 매긴다. "그것은 전적으로 앞먹임* 가소성의 한 예입니다."라고 스토퍼는 주장했다. "상향식 메커니즘은 뇌의 다른 부분에서 내려오는 집중 메커니즘에 의존하지는 않죠." 반면, 하향식 효과는 관찰을 정교하게 다듬는 과정을 확실하게 인도하고 적극적으로 강화한다. 따라서 방향성(앞먹임이냐 되먹임이냐)과 임곗값(특정 신호로 표시되는 신경 경험의 영향을 받는)을 포함하는 몇몇 동역학에 의해, 신경 반응을 측정하는 뇌의 활동이 구체화된다.

신경 집단의 행동을 규제하는 이러한 원리는 다소 애매하거나 암호 조합과 신경 분포가 결정되지 않은 냄새들을 후각계가 어떻게 구별하는지 설명한다. 반복적인 평가를 거치면서, 후각계의 선택성과 관찰의 정교함을 보장하는 학습 과정은 쉬워진다. "하지만 이것만으로는 냄새에 어떻게 의미가 부여되는지, 설명이 충분하지 않습니다." 스토퍼는 결론지었다. "이건 제게 몹시 어려운 질문입니다. 왜냐하면 투사 신경에서 케니언 세포까지의 연결이 대부분 무작위적이라는 사실이 밝혀졌기 때문이에요."

신호 분포는 무작위로 보인다. 그러나 후각계가 신호를 임의로

---

* 앞먹임(feed forward)에는 예측이 우선이다. 예컨대 심부 체온 또는 열 이용률 등 조절 변수의 변화를 예상하고, 그에 따라 우리는 몸의 반응 속도를 증진 혹은 감소시켜 조절 요소의 변동 폭을 좁은 수준에서 유지한다. 체온이 떨어졌을 때 열을 내게 해 정상 범위 체온으로 되돌리는 것이 그 예이다.

측정하는 것은 아니라고 스토퍼는 말했다. "후각에서는 각기 다른 신경 세포의 상대적인 시간이 정보를 전달합니다."

일반 원칙, 개별 표상

후각에서의 신경 표상은 개별적이다. 냄새의 정체를 드러내는 전형적인 위상 지도는 없다. 물리적 자극 공간을 유기체 뇌의 지각 공간에 연결하는 몇 가지 일반화된 질서가 있을 뿐이다. 아무런 규칙 없이는 냄새 표현도 없다. 후각에서 대상 측정은 신호 조각을 수정 가능한 지각 판단으로 암호화하는 연산 과정이다. 이는 지각 주체의 생리적 조건과 환경 속에서 변화하는 자극의 비율에 비례하는 연속적인 반응이기도 하다.

후각에서의 암호화와 연산 과정은 매우 역동적이다. 후각의 신경 표현은 고정된 표상이기보다, 개별적인 표상으로 작동한다. 맥건은 이에 동의했다. "신경 암호는 시간이 지남에 따라 발전합니다. 뇌는 내부적으로 자신의 암호를 알고 있지요. 모든 생쥐나 모든 인간 각각에게 적용할 수 있는 하나의 암호를 굳이 찾을 필요가 없다는 게 제 생각입니다. 왜냐하면 발생학적 분화나 이전의 경험에 따라, 암호들이 개인에게 고유한 개별 표상을 가질 것이기 때문입니다." 따라서 생물학적 진화뿐만 아니라 발생과 경험도 세계를 보정하는 척도로서 뇌를 규정하는 배경이 된다. 세상을 측정하는 뇌 활동은 자기 조직적이고 선택적이다.

이러한 틀 안에서, 지각 표상은 곧 정보의 내용이다. 그 내용이 대상에 대한 집단의 보편적인 지각 사례와 같을 필요는 없다. 후각 뇌는

'냄새 상황'을 측정하여 단서들이 서로 어떻게 관련되어 있는지를 평가하고(시간적으로, 조합적으로, 또는 인과적으로), 이런 지각에 특정한 가치(즐겁다, 부패했다)를 부여하며, 행동 반응을 유도한다. 그런 냄새 상황이 드러내는 정보 내용은 가변적이다. 입력의 비율과 조합 사이의 연관성 그리고 (예상되는) 상호작용의 평가에 따라 그 내용이 달라지기 때문이다.

이는 후각계 존재론을 통째로 바꾸었다. 그리고 그에 따라 분석도 바뀌었다고 케이는 강조했다. "우리는 매 순간 같은 계를 연구하지 않는다는 사실에 안도감을 느낍니다. 우리는 역동적인 계를 연구하고 있습니다. 특정 지점을 포착하고 거기에 집중해야 할 필요가 있는 까닭이죠." 실험적으로 도전할 과제는 많고, 그것은 기회이다.

후각에서 출력 처리와 입력의 깊은 얽힘은 실험 신경과학과 컴퓨터를 이용한 연산 이론을 함께 이끌 강력한 접점을 만든다. 구심성 연결(조롱박 겉질에서의)과 시간 암호(첫인상 암호와 집단 암호)는 '예측하는 뇌'라는 최근 이론에서의 두 가지 주요 원리를 세포 수준에서 표현한다. 앞에서 살펴보았듯, 이런 이론들에서는 우리 뇌가 자극의 규칙성을 배운다고 가정한다. 뇌는 예측을 통해 환경을 측정하며, 이때 지각하는 내용은 현재의 입력을 이전의 경험과 일치시킨다. 가소성이 좋은 데다 맥락에 따른 암호화가 가능하기 때문에, 후각은 기대(상향)와 오류 수정(하향)이라는 두 연산 원리가 어떻게 주변과 뇌의 세포 메커니즘에 연결되는지를 파악하는 훌륭한 모델이 된다.

정신물리학 연구자들은 후각이 예측 원리에 의해 작동한다고 오랫동안 생각했다. 요나스 올로프손은 다중 감각의 통합을 강조했다.

"'레몬'이라는 단서를 얻고 그 '냄새'가 레몬인지 아닌지 말해야 할 때, 사람들은 그것이 레몬이 아닐 때보다 레몬일 때 더 빨리 맞힐 수 있습니다. 그 이유는 후각 겉질에서 예측된 '임시' 주형을 만들고 거기에 일치시키기 때문일 겁니다. 그렇게 우리는 특정한 냄새 대상이 그 냄새를 가졌다고 지각합니다. 레몬의 냄새가 아닐 경우, 우리 뇌는 그것이 어떤 종류의 대상인지를 탐색해야 합니다. 어떤 표지를 미리 알려 준 경우라면, 그 반응은 시간적으로 촉진될 겁니다. 이 각본에서 후각은 지각의 변화가 아니라, 비후각적 단서를 검증하는 일을 하겠죠."

최근 조롱박 겉질과 그 인접 부위에서 얻은 신경 영상은 이런 해석을 뒷받침한다. 예측하는 코에 대한 가설을 세운 제이 고트프리트는 바로 실험에 착수했다. 2011년 고트프리트와 그의 박사 후 연구원인 크리스티나 젤라노는 인간의 후각도 예측 과정에 따라 작동한다는 것을 보였다.[22] 그들은 활성 패턴을 기능적자기공명영상(fMRI)과 비교했다. 고트프리트와 젤라노는 먼저 뚜렷한 냄새를 피험자에게 노출시켰다(코마개를 사용하여 확실하게 관리했다). 그 뒤 세 종류의 자극에 더 노출된 피험자들에게 첫 번째 맡은 특정한 냄새를 구분해 보게 했다. 주어진 자극은 예상된 냄새를 포함하고 있는 경우도 있고, 그렇지 않을 때도 있었다. 두 가지 냄새를 혼합한 경우도 있었다(연구는 두 냄새 중 하나를 고르도록 요청받은 두 집단에 관한 것이었다). 냄새에 노출되기 전과 후 피험자들의 활성은, 기대하지 않은 자극보다는 기대하던 자극을 주었을 때 더 높은 상관관계를 나타냈다.

이러한 결과는 조롱박 겉질이 뒤이어 제공되는 익숙한 냄새를 더 빨리 식별할 수 있도록 일시적으로 예상 냄새의 주형을 만든다는 뜻이다. 게다가 일부 겉질 영역(앞쪽 조롱박 겉질과 눈확이마 겉질)에서의 시간 차이는 실제 자극의 성질과 관계없이, 자극에 노출된 뒤 몇 초 동안은 기대했던 냄새 패턴과 동일한 패턴*을 보였다. 이들 영역에서의 활성은 주어진 자극보다 주로 기대에 따라 촉발된다. 한편 다른 영역(조롱박 겉질 뒤쪽)에서는 이전 자극 패턴이 이후 자극 패턴으로 빠르게 전환되었다. 이는 앞먹임 연결과 되먹임 연결의 통합에서 기능적인 역할을 암시한다. 이때의 처리 과정은 되먹임 연결보다는 입력에 따라 달라졌다. 이에 관해서는 추가 연구가 필요하다.

오늘날에는 지각 효과를 가변적 자극 비율의 척도로 생각하는 경향이 있다. 경험과 행동 반응을 거쳐 확립된 선택적 편향에 따라 냄새의 의미가 파악되기 때문이다. 후각계는 암호화 반응과 지각 표상 측면에서 무척 유연하다. 자극을 평가할 때 노출 상황과 경험의 작은 차이에도 매우 민감하게 반응한다는 뜻이다. 그렇게 후각 단서들은 다양한 의사결정 맥락에 통합된다. 하지만, 동일한 물리적 자극을 두고 다르게 지각할 수 있다는 점이 감각 수준에서의 실패로 귀결되지는 않는다. 이는 후각 처리 과정의 한 특성일 뿐이다.

정신신경 이론

후각에서 지각 공간은 경험 공간으로 연산된다. 냄새 감각은 변화하는 혼합물 환경이라는 정황 속에서 정보를 평가하는 역동적 척도로 작용한다. 신호 조각을 유연하게 섞고 가공하는 일은 후각 경로에 참

---

* 예컨대 레몬이라는 말을 듣고 냄새 맡았을 때, 냄새 맡은 물질에 레몬 향이 있든 없든 몇 초 동안은 기대했던 레몬 냄새와 동일한 냄새 패턴이 나타났다는 뜻.

여하는 다양한 구성원의 소임이다. 상피에서의 분산된 수용체 조합(6장)을 시작으로, 환경 통계를 표현하는 후각 망울(7장)을 지나, 신경 수준에서의 개별 연산(8장) 과정이 이어진다. 바로 이것이 코를 통해 뇌가 세상을 파악하는 방식이다. 냄새 지각에는 자연스레 이와 같은 암호화 원칙이 고스란히 드러난다.

심리학은 후각의 이런 절차적 관점을 어떻게 수용할까? 9장에서 답을 찾을 것이다. 이번 장에서 분석한 것처럼 신경 수준에서 후각 암호화를 지배하는 중추신경계의 처리 과정을 포착하고, 그것을 반복과 관찰의 정교함 그리고 학습과 기억이라는 심리적 메커니즘과 연결할 것이다. 측정 기계로서의 뇌 모델은 신경 원리와 지각 효과를 적절히 통합한다. 그것은 분자 과학이 지각과 만나는 틀이기도 하다.

어떻게 세상을 인식하는가와 관련한 현상학적 경험의 구조는 그것을 창조한 신경 구조와 무관하지 않다. 마음이 어떻게 작동하는가는 근본적으로 신경 처리의 표현이다. 동시에 신경 처리는 세계와의 행동적 상호작용에 달려 있다. 케이는 이렇게 결론짓는다. "동역학적 계의 관점에서 후각계를 생각한다면, 행동은 끌개라고 할 수 있어요. 행동은 후각계를 접수하고, 창발된 정신은 되먹임 작용을 합니다. 창발된 정신적 개념이나 생각들은 하위 수준의 행동에 영향을 끼쳐, 행동을 수행하는 어떤 통일체로 유기체를 조직화하지요. 진화의 압력은 신경이 아니라, 유기체에 집중되기 때문입니다."

9장

지각의 기술

"우리는 주의를 집중합니다. 냄새 맡고 있는 것이 무엇인지를 확인하고 묘사합니다. 아주 상세히 말이죠."

— 크리스토프 로다미엘

다음과 같은 실험에 참여한다고 상상해 보자. 눈앞에 모양이 똑같은 두 개의 항아리가 있다. 각각의 항아리에는 색과 양이 같은 방향제 혼합물이 들어 있다. 하지만 표식은 다르다. 하나는 '파르메산 치즈', 다른 하나는 '토사물'이라고 적혀 있다. 당신이 이 두 항아리에서 맡는 냄새는 같을까, 아니면 다를까?

파르메산은 토사물에 비하면 사뭇 그럴듯하게 들린다. 각 표식과 관련된 이미지는 일상 경험의 차이를 드러낸다. 파르메산은 음식이다. 반면 토사물은 오염과 질병의 요인이다. 구별되는 정신적 이미지, 다른 질적 인상 그리고 상반되는 쾌락적 가치. 자, 이제 두 가지가 같은 것이라는 말을 들으면 어떨까? 사실 두 항아리에는 모두 부티르산과 발레르산* 혼합물이 들어 있었다. 사람들은 냄새로 그 둘을 같다고 할까, 아니면 표식에 속아 넘어갈까?

2001년 레이첼 헤르츠는 학생인 줄리아 폰 클레프와 함께, 표식만 다른 다섯 개의 같은 냄새 쌍을 대상으로 사람들의 반응을 시험했다. 냄새를 인식하는 과정에서 언어 표식의 영향을 평가한 것이다.[1] 실험에 사용된 냄새와 표식은 부티르산과 발레르산 혼합물('토사물' 대 '파르메산 치즈')을 비롯해서 파촐리 냄새('지하실 곰팡이 냄새' 대 '향'), 소나무 기름

---

* 부티르산은 토사물 냄새가 난다. 발레르산은 길초근 혹은 쥐오줌풀이라는 식물의 성분이다. 이 식물에서는 쥐오줌 냄새가 난다. 하지만 이 산에 에틸 혹은 펜틸 작용기가 결합하면 과일 향이 난다고 한다.

('발포성 살균제' 대 '크리스마스 트리'), 멘톨('흡입용 민트' 대 '폐질환 치료약'), 제비꽃 잎('신선한 오이' 대 '곰팡이')이었다. 참가자들의 반응은 분명했다. 대다수(83퍼센트)는 표식에 따라 각 쌍의 냄새가 다르다고 믿었다. 참가자들은 또한, 냄새에 주어진 표식이 즐거운 것인지 불쾌한 것인지에 따라 각각의 냄새 쌍에 표식과 일치하는 상반된 쾌락적 가치를 부여했다.

헤르츠와 폰 클레프는 후각 '환상'이 있다는 증거로 그들의 결과를 제시했다. 환상은 다양한 것을 내포하는 개념이다. 환상의 한 가지 의미는 속임수다. 지각 표상과 '진짜' 사물이 다른 것이다. 헤르츠는 맥락의 인과관계에 따라 지각 경험의 내용이 달라질 수 있음을 보이고자 했다.

냄새를 분류하는 과정에서 맥락은 무척 중요하다. "절대적이죠. 100퍼센트." 헤르츠가 고개를 끄덕였다. "우리는 아주 극적으로 유연한 후각계를 가지고 있어요. 맥락이 절대적으로 중요합니다. 제가 환상이라고 말했던 게 바로 그런 의미입니다." 당연히 다른 감각에서도 환상에는 맥락이 중요하다. 헤르츠는 잘 알려진 뮐러리어 착시(화살 끝부분이 안으로 향하는지 밖으로 향하는지에 따라 같은 길이의 화살 두 개가 다르게 보이는)를 강조했다. "안으로 향하는 것이든 밖으로 향하는 것이든, 화살표의 끝은 문맥입니다. 화살표 끝의 방향에 따라 선이 길게도 짧게도 보이지만, 실제 길이는 똑같지요. 언어의 문맥은 화살표 끝과 같습니다. 부티르산과 발레르산 혼합물을 토사물로도 파르메산 치즈로도 만들 수 있어요. 문맥을 변화시키면 말이죠. 저는 문맥을 바꾸기 위해 낱말을 사용했습니다. 뮐러리어 착시는 중심선을 기준으로 양 끝에 있는 작은 선들의 방향을 이용해 문맥을 바꿨던 것이고요."

물리적 특성 면에서 동일한 혼합물이기 때문에, 두 혼합물이 똑같은 경험적 가치를 가져야 한다는 생각은 직관에 반하지 않는다. 그러나 부티르산의 '진정한' 지각 정체란 무엇일까? 토사물일까, 치즈 냄새일까, 둘 다일까, 아니면 어느 쪽도 아닌 것일까? 결론적으로 부티르산 냄새는 파르메산 치즈 냄새에 더 가깝지 않은 것처럼, 토사물 냄새와도 더 가깝지 않다. 분자만으로는 냄새의 근원 물질이 무엇인지 정확히 알기 힘들다. 그것은 파르메산 냄새이기도 하고 토사물 냄새이기도 하다(은행 열매나 노니 과일 냄새일 수도 있다). 따라서 이런 혼합물에 대해 사람들이 보이는 공통된 감각의 정체는 비개념적 차원의 것이다.

개념적 차원에서라면, 이러한 자극은 서로 다른 행동 유도성을 지닌 서로 다른 물질을 나타낸다. 의미의 구성이라 할 수 있는 인지 과정은 물리적 입력의 지각적 의미를 구체화한다. 이와 같은 심리학적 표현은 위상 공간에 널리 퍼진 신호가 더 하위 단계에서 통합되었던 후각 겉질의 자동 연상 구조를 반영한다(8장). 이들 신호는 다양한 병렬 프로세스와 동시에 상호작용할 수 있고, 고등 인지 수준에서 하향 효과를 통해 새로운 지각 범주를 설정하기도 한다. 따라서 사람들이 왜 서로 다르게 지각하는지를 설명할 수 있다.

어떤 상황에서든 어떤 화학 환경에서든 많은 분자들이 존재하고, 이 분자들은 정보의 내용과 가치를 현저하게 변화시킨다. 냄새의 맥락적 경험(3~4장)에서 분리되어 고립된 자극으로 해독되는, 그 자극만의 독특한 '내재적 의미'나 '대표적 개념'은 없다. 인간의 뇌는 자극을 다른 의미와 연관시키는 일을 배운다. 추가적인 단서(언어, 시각 등)에 의해 도움을 받는 일이 다반사다. 이런 이유로, 뇌는 상황에 따라 부티르산의 질적 특성을 파르메산이나 토사물로 '해석'할 수 있다. 크리스천 마고는 이에 동의했다. "그렇습니다. 경험과 맥락에 따라 냄새가 달라지기도 하죠." 스티브 멍거는 이렇게 대답했다. "우리는 경험이라는 맥락에서 냄새를 다르게 느낄 수 있다는 사실을 흔히 잊곤 합니다. 같은 냄새라도 그것과 연관된 경험에 따라 다른 의미를 띠기도 하는 겁니다."

주관성의 흔적

다른 감각과 비교할 때 후각은 지각 편차가 큰 편이다. 같은 냄새 물질이라도 지각하는 사람에 따라 다른 의미로 해석되곤 한다. 심지어 같은 사람인 경우에도 그럴 수 있다. 이렇게 편차가 크다는 사실은 냄새에 내재하는 주관성을 암시하며, 바로 그 때문에 냄새에 관한 보편적 인지 이론에 도달하기가 어려워 보인다. 하지만 이전 장들에서 살펴보았듯이, 후각계의 보편적인 암호화 원리와 분산된 표상은 후각 신호를 통합하는 몇 가지 방법을 지원한다(특히 말초에서부터 그런 일이 벌어진다).

동일한 물리적 자극과 그 특성에 대한 정보는 교대로 병렬적 정보 처리 과정에 참여하면서 지각 통합에 변화를 주고, 나아가 행동에 의미를 부여하거나 개념화한다. 이는 예측할 수 없는 환경에서, 후각이 탄력적이고 빠르게 행동하도록 결정하는 필수적인 조건이 된다. 지각된 냄새의 내용은 (시각처럼) 고유한 특성을 지닌 대상 자체보다, 노출 조건과 맥락에 훨씬 더 많이 좌우된다.

편차가 곧 주관성을 의미하지는 않는다. 주관성은 객관적인 척도가 없다는 뜻이다. 그러나 후각 지각의 편차는 냄새 암호화(수용체 수준) 원리와 신호 통합(중추신경계 처리 과정)의 연산 방식에서 유래하는 것으로 드러났다. 이는, 원인이 되는 요소들의 측정 가능한 효과로서 편차를 다루기 위한 객관적인 근거가 된다. 사실 어느 정도의 편차는 다른 감각에서도 발생한다. 따라서 편차의 기본 사항은 다른 감각에서도 동일하다. 다시 말하면, (1) 후각 반응의 편차가 큰 것은 후각계의 암호화 원리를 반영한다. (2) 이러한 배경에서, 원인과 결과에서 보이는 각 감각 사이의 차이를 검토해야 한다. 후각에서의 지각 편차는 주관적 왜곡이라고 '얼렁뚱땅 넘어갈' 그런 종류의 일탈이 아니다. 그것은 후각계 기능의 독특한 특징일 뿐이다.

그러므로 냄새가 다의적인 것은 의도된 것이다. 후각 자극은 다양한 냄새 물질과 여러 가지 느낌을 의미하는 신호로 작용한다. 후각의 지각 내용은 냄새 물질에 노출되는 맥락에 의해 결정되지만, 한편으로는 유기체의 필요와 한계에 따라 달라진다. 후각에서 보이는 지각의 편차를 이해하려면, 동일한 자극을 '읽고' 그것을 근본적으로 다른 종류의 정보로 처리하는(먹거리인지 오염 물질인지, 즐거운지 불쾌한지) 진정 다른 방법이 있다는 점을 인정해야 한다. 이처럼 혼란스러운 후각계는 다음과 같은 질문을 불러일으킨다. 마음은 어떻게 냄새를 이해할까?

냄새 인지 지도

장미가 다른 이름으로 불릴 때도 여전히 장미의 향기로운 냄새가 날까? 이에 대한 답은 생각만큼 분명하지 않다. 냄새 지각은 본질적으로 모호하다. 지금 우리는 '모호하다'는 말이 개념적으로 충분히 결정되지 않았달 뿐이지, 부정확한 것은 아니라는 사실을 알고 있다. 생태적 원천, 생물학적 암호, 신경 표상뿐 아니라, 정신적 이미지를 드러내는 데도 후각 정보는 충분히 모호할 수 있다. 후각 경험의 인지 지도와 관련된 심리적 메커니즘을 분석할 때는 이런 점을 반영해야 한다.

냄새 이미지는 자극 안에 암호화되어 있지 않다. 오히려 그것은 감각 정보를 분류하면서 생기는 정신적 인상이라고 할 수 있다. 어떤 과정을 거쳐 감각 정보의 분류를 조절할까? 이전 장에서 우리는 후각계가 정보를 추출하고 배분하는 물리적 토대를 살펴보았다. 고립된 구조-냄새 반응을 모델링하는 일은, 마치 진화적 기원이 아니라 순수하게 형태에만 바탕을 두고 종을 정의하는 것과 같다고 사람들은 말한다. 이제 다음과 같은 질문을 해야 한다. 어떻게 우리는 냄새로 장미와 사과 혹은 소변을 구분할까? 우리는 어떻게 합리적이고 확실하게 냄새 지각을 분류할 수 있을까?

분류는 관점이나 기준점이 필요한 과정이다. 하나의 자극을 독립적으로 평가하는 능력은 교차 비교를 통해 두 가지(또는 그 이상의) 자극을 평가하는 일과는 사뭇 다르다. 1956년 미국의 심리학자 조지 아미티지 밀러는 이러한 차이를 '절대적 구별'과 '상대적 구별'로 구분했다.[2]

절대적 구별은 분리되어 있는 단독 자극을 식별할 수 있는 능력이다. 예컨대 우리는 주어진 냄새 물질을 박하로 식별하고, 그것을 녹색이나 상큼함 또는 신선함으로 묘사할 수 있다. 상대적 구별은 두 자극이 같은지 다른지(또는 두 자극이 세 번째 자극과 다른지)를 구별하는 것이다. 이때 우리 뇌는 자극들 간의 지각 '거리'를 측정한다. 같다고 인식하기 직전, 두 자극 사이의 최소 거리는 '감지 가능한 최소 차이'다. 절대적 구별과 상대적 구별, 이 두 과정은 각기 다른 종류의 지각 판단을 수행한다. 둘의 기능과 성취도의 차이는 측정 가능할 정도로 다르다.

사람들은 냄새를 상대적으로 구별하는 일은 무척 잘한다. 훈련을 받았든 받지 않았든 냄새 물질을 놀랄 만큼 정확히 구분한다. 우리의 코는 분자와 지각의 아주 미세한 차이도 구분할 수 있게 조율되어 있다. 냄새 구별을 시험하는 정신물리학적 연구는, 인간의 코가 믿을 수 없을 정도로 적은 양적·질적 차이에 반응한다는 사실을 밝혀냈다. 얼마나 잘 구별할까? 아주 놀라운 예는 코르크 마개를 한 와인의 냄새 성분인 트리클로로아니솔($C_7H_5Cl_3O$)이다.[3] 어떤 사람들은 1조 개당 한 개의 트리클로로아니솔 분자를 감지할 수 있는 능력을 타고났다! 우리는 정말 냄새를 잘 맡는다.

개념적 표식이나 이름이 없어도, 인간의 코는 분자를 아주 잘 탐지한다. "우리 코가 얼마나 민감한지 아세요?" 테리 애크리가 말했다. "냄새 물질의 표준용액을 제조할 때 실제로 우리가 하게 되는 일은 다른 용액을 만드는 거예요. 그것은 매번 다른 냄새를 풍기지요. 정확히 똑같은 냄새를 내는 두 가지 용액을 만드는 건 거의 불가능하답니다."

절대적 구분은 좀 더 복잡하다. 단서 없이 냄새를 식별하는 일은, 훈련되지 않은 코로는 거의 불가능하다. 맥락을 벗어나면 냄새를 묘사하거나 이름 짓기가 매우 어렵다. 심지어 익숙한 냄새일 때조차도 그렇다. 더구나 맥락에서 벗어난 냄새 물질과 마주했을 때, 사람들은 매번 냄새의 의미를 다르게 부여한다. 지각 평가에서 이러한 차이가 나타나는 까닭은 냄새를 개념적 내용에 배당하는 인지적 조건이 다르기 때문이다.

이런 사실을 잘 보여 주는 이야기가 있다. 심리학자 트뤼그 엥엔은 1980년대에 벌어진 사건을 기록했다.[4] "과일 음료를 판매하는 대기업에서 실수로 딸기 음료를 산딸기로, 산딸기 음료는 딸기로 잘못 표시한 적이 있었다." 회사는 소비자들이 불평을 쏟아 낼까 걱정했다. 하지만 불평은 전혀 없었다. 아무도 그 오류를 알아차리지 못했던 것이다. "옆에 나란히 놓고 비교하면 두 음료의 맛은 분명 다르지만 한 가지만 놓고 보면 헷갈리기 십상이다." 이 사건은 재미있는 일화 그 이상이다. 윌리엄 카인과 보니 포츠도 1996년 비슷한 현상을 발표했다. 그들은 참가자들이 실험 도중에 냄새 물질을 다른 것으로 바꾼 것을 알아차리는지 조사했다.[5] 예를 들어 그들은 마늘을 식초로, 오렌지를 라임으로, 간장을 당밀로 바꾸었다. 참가자들은 미끼를 물었다! 그들은 냄새 물질이 교체되었다는 것을 전혀 인식하지 못했다.

상대적 구별에서 높은 정확도를 보이는 것과 비교할 때, 이런 결과는 당혹스럽게 들린다. "저도 실생활에서 그런 경험을 했습니다." 길버트가 말했다. "저는 많은 사람들에게 향수의 조성, 향수의 향기, 이 향기 혹은 저 향기에 대해 설명해 달라고 부탁했습니다. 사람들은 향에 대해 이야기하는 것에 빠져서, 즉시 그들이 좋아하는지 아닌지를 소수점까지 동원해서 평가했어요. '저건 8.5점을 줄 거야.', '이건 6.3점 정도면 충분해.' 사람들은 계속해서 냄새에 점수를 매겼습니다. 그들은 가령, '이것은 좀 더 맵네요.' 하면서 무척 상세하게 구분했어요. 언제 냄새가 다른지도 말할 수 있었습니다. 별로 힘들어하지 않으면서 정확하기까지 했지요."

기능적으로, 상대적 구별과 절대적 구별은 사과와 배처럼 전혀 다른 것이다. 상대적 구별은 '차이'에 주목하여 감각 변화를 감지하고 측정한다. 절대적 구별은 대상의 질적 특성 그리고 대상의 형태와 장면 같은 개념적 내용을 중시한다. 상대적 구별은 구별 과정에서 교차 비교를 통해 자극 특성을 감각으로 평가한다. 반면, 절대적 구별을 할 때는 이전의 경험을 바탕으로 자극을 인지하는 내부 과정이 진행된다. 절대적 구별에는 기억이 포함되는 것이다.

후각에서 일반적으로 우리의 절대적 구별 능력이 떨어지는 현상과 관련하여 중요하게 짚고 넘어가야 할 점 중 하나는, 그렇지 않은 경우도 있다는 사실이다. 많은 사람이 절대적 구별에 어려움을 겪는다고 해서, 인간의 후각이 인지적으로 무능하다는 뜻은 결코 아니기 때문이다. 냄새 전문가들은 절대적 구별을 썩 훌륭하게 수행한다. 조향사, 향신료 화학자, 와인과 위스키 소믈리에를 떠올려 보자. 그들의 기술은 명료하고 반복적인 조절을 통해 습득된 것으로, 정교한 관찰과 분류 능력에 바탕을 두고 있다. 후각 분류에서 인지 능력을 연구하려면, 또 그것이 어떻게 생리학적 기초를 반영하는지 알아보려면 우리는 냄새 전문가들에게 조언을 구할 필요가 있다.

냄새 전문가 코의 비밀

숙련된 참가자가 실험에 참여하는 일은 그리 드물지 않다. 전문가와 일반인 중 누구를 선택하는지는 실험의 목적과 절차에 따라 결정된다. 가령 일상생활에서 통계적으로 의미 있는 행동을 추적하는지, 특정한 메커니즘의 세부 사항을 밝히려는 것인지, 아니면 원칙을 증명하려는 것인지 등등 무엇을 연구하느냐에 따라 참가자들이 달라진다. 어떤 실험은 전문 참가자들로부터 데이터를 얻음으로써 더 믿을 만하고 효과적인 실험이 된다. 1942년 셀리그 헥트, 사이먼 슐리어, 모리스 헨리 피렌이 수행한 실험이 좋은 예다. 그들은 망막 수용체가 단일 광자를 검출한다는 사실을 발견했다(의식적인 효과를 끌어내기 위해 자극에 대한 망막의 문턱값을 더 높여야 하긴 했지만).[6] 이런 통찰이 정신물리학적 실험에서 처음 나왔다는 점은 상당히 놀라웠다. 생리학적으로 그 결과를 확인한 것은 그 뒤로 40년이 지난 뒤였다![7] 실험 자체는 상당히 까다로웠으며, 실험자들에게 주어진 과제 또한 엄청난 집중을 요했다(실험자들은 교대로 실험에 참여했다). 이는 평범한 대학 학부생들처럼 경험이 없고 덜 훈련된 참가자들이었다면 성공하지 못했을, 격렬한 움직임이 필요한 실험이었다.[8] 전문가들이 필요할 때도 있는 것이다. 특히 후각 연구에서는 더 그렇다.

여기서 알아야 할 점은, 전문가들이라고 해서 보통 사람 이상의 뭔가를 감지하는(파트리크 쥐스킨트의 소설 『향수』의 장 바티스트 그르누이* 처럼) 슈퍼 코를 갖지는 않았다는 점이다. 향수 전문가들이라고 해서 평균적인 코가 접근할 수 없는 뭔가를 냄새 맡을 수 있는, 숨겨진 유전적

---

*천부적으로 예민한 후각 능력을 갖고 태어난 그르누이가
천상의 향수를 만들기 위해 25명의 소녀를 살해하고
머리칼을 잘랐다는 괴기스러운 소설로 1985년
출간되었다. 영화로도 만들어졌다.

특성이 있는 건 아니다. 그것은 생물학의 문제가 아니다.

　와인 제조가인 앨리슨 타우지엣은 이렇게 말했다. "함께 와인을 마실 때 사람들은 제가 그들보다 후각을 사용하는 방법을 더 많이 알고 있다고 가정합니다. 흥미로운 일이 아닐 수 없어요. 사람들은 자신의 능력을 과소평가합니다." 타우지엣에게 그것은 상대적 구별과 절대적 구별을 훈련했느냐 아니냐의 차이일 뿐이다. "앞에 두 가지 다른 것이 놓이면 사람들은 '서로 다르군요.'라고 말하고 맙니다. 하지만 저는 그 냄새를 묘사할 언어를 발달시켰습니다. 그것이 그들과 저의 유일한 차이점입니다. 훈련이 필요한 기술이죠. 노력하면 누구나 그런 능력을 갖출 수 있습니다."

　전문가들은 적극적으로 학습한다. 냄새를 맡고 관찰하면서 감각을 섬세하게 가다듬는다. 크리스토프 로다미엘은 향수 전문가 입장에서 이렇게 말했다. "슈퍼 코를 가지진 않았지만, 우리는 사물들을 알아차립니다. 많은 종류의 냄새를 구분하는 것이 우리 일이지요. 우리는 주의를 집중합니다. 냄새 맡고 있는 것이 무엇인지를 확인하고 묘사합니다. 아주 상세히 말이죠."

　이러한 능력을 기르려면 훈련해야 한다. 거기에는 주의력과 지각 기술을 경험적으로 익히고 발달시키려는 노력 그리고 시간이 필요하다. 또한, 냄새의 물질적 기원에 대한 충분한 지식과 더불어 지각의 인지 구조화에 대한 장기적인 집중도 필요하다.

　피르메니히의 해리 프리몬트는 자신의 경험을 회상하며 빙그레 웃었다. "12년 정도가 지나니 일이 좀 편해지더군요! 제 일의 일부는 냄새 재료에 익숙해지는 것이었습니다. 지각과 언어의 측면뿐만 아니라 혼합물의 효과를 이해하는 일도 포함되었지요. 그런 게 바로 경험인 것 같아요."

전문 기술 연구는 뇌에 대해 중요한 뭔가를 알려 준다. 후각 뇌가 매우 유연하다는 점이다. 후각 뇌는 개인의 경험과 보편적인 훈련이 신경 처리에 미치는 영향을 살펴볼 수 있는 훌륭한 모델이다. 최근의 연구들은 후각 훈련이 뇌의 구조를 뚜렷하게 변화시킬 수 있음을 보였다.[9] 요하네스 프라스넬리는 이런 과학적 관심사를 다음과 같이 설명했다. "우리는 뇌에서 특정한 부위의 구조, 예컨대 뇌의 후각 처리 부위인 회백질층의 두께와 겉질의 두께가 후각의 지각 능력과 관련이 있음을 알게 되었습니다." 몇 가지 평가 점수를 살펴본 프라스넬리 연구팀은 지각 능력이 우수한 사람들의 겉질이 더 두껍다는 사실을 발견했다. 그들은 또한 후각을 잃은 사람들도 조사했다. "후각을 잃은 사람들을 살펴봤더니 겉질에서 가운데 쪽의 두께가 줄어들어 있었습니다. 후각 없이 태어나는 사람들을 포함해서, 우리는 왜 서로 다른 뇌 구조를 갖는 걸까요? 이를 알아보기 위해서 우리는 각기 다른 집단을 비교 분석하는 연구에 착수했습니다."[10] 모든 집단에서 뇌가 차이를 보였다. 전문가의 능력은 어느 정도나 천부적으로 타고나는 것일까? "그것은 그들이 그렇게 태어났기 때문에 벌어진 자연스러운 선택의 결과일까요? 아니면 훈련을 통해 뇌가 스스로 변한 것일까요?" 얼마 후인 2019년에 프라스넬리 연구팀은 단지 6주 정도의 후각 훈련만 받아도 "전두엽 오른쪽 아래 이마 이랑, 양쪽 방추 이랑, 오른쪽 내후각 겉질에서"[11] 겉질의 두께가 변한다는 사실을 확인했다.

후각은 합목적적 경험을 통해 능력을 확장하는 놀라운 특성을 지닌 감각이다. 비할 데 없이 뛰어난 전문가 코의 능력도 지각 학습의 일반적인 과정에서 기인한다. 인간은 냄새를 인식하고 평가하는 강력한 분석 능력을 개발할 수 있다. 냄새 전문가의 코는 정교한 지각 능력을 이끌어 내는, 감각 자극과 구조화된 인지 결합의 놀라운 기술을 보여 준다는 점에서 훈련되지 않은 코와는 다르다.[12] 지각을 인지와 구분하는 것은 사실 희미하고 투과성 있는 선일 뿐이다. 그 선은 중복적인 사용과 연습으로 다시 그려질 수 있다.

정교한 관찰과 지각의 전문성

전문가들은 집중한다. 특히, 전문가들은 '선택적'으로 관심을 기울이는 방법을 알고 있다. 그들은 무엇을 찾아야 하는지 알 뿐만 아니라, 잠재적인 선택지와 기준 그리고 지각 판단의 기초가 되는 개념에 대해 더 나은 일람표를 가지고 있다.

조향사나 소믈리에가 하는 일을 살펴보자. 〈소믈리에: 병 안의 이야기〉라는 다큐멘터리 영화의 한 장면에서 우리는 경험의 중요성을 실감할 수 있다.[13] 2015년에 제작된 이 영화는 네 명의 후보가 소믈리에 장인匠人 시험에 합격하기 위해 치르는 고군분투를 그리고 있다. 영화에는 소믈리에 이언 코블이 와인을 맛보고, 이해할 수 없을 정도로 빠르게 와인의 품질을 평가하는 전형적인 장면이 나온다.[14] 백포도주 잔을 바라보며 코블은 이렇게 서두를 꺼낸다.

1번 와인은 백포도주. 맑은 별빛. 가스나 침전의 증거는 없군요.

[코블은 45도 각도로 잔를 든 채, 와인 가장자리에서 빛이 어떻게 부서지는지 분석한다.]

연한 스트로 와인*이고, 가장자리에서 푸른빛을 반사합니다. 색의 농도는 중간 정도.

[그는 잠시 멈췄다가 잔에 든 와인을 휘둘러 냄새를 맡고, 그 들숨 냄새에 관해 설명을 계속한다.]

라임 캔디, 라임 향이 약하게 납니다. 으깬 사과.

[잠깐 멈췄다 잔을 돌려 다시 냄새를 맡는다.]

덜 익은 녹색 망고. 덜 익은 멜론. 멜론 껍질.

[냄새를 맡는다.]

초록 파인애플.

[흔든다. 한 모금 마시고, 입안을 와인으로 세게 헹군 후 뱉는다.]

와인이 아주 떫군요. 바스러진 슬레이트처럼, 분쇄된 백묵처럼, 산비탈 흙처럼.

[다시 45도 각도에서 포도주를 바라본다.]

하얀 꽃들, 마치 갓 꺾은 꽃 같군요. 흰 꽃, 흰 백합. 오크의 흔적은 없네요.

[잔을 빙빙 돌리며 다시 한번 냄새를 맡는다.]

통에서 갓 꺼낸 테니스공, 새로 산 고무호스 같기도 합니다.

[멈춤.]

스트럭처.**

---

* 말린 포도로 만든 와인.

** 산, 타닌, 글리세린, 알코올 및 당분이 포도주의 감촉에 미치는 포괄적인 효과.

[다시 한 모금 마시고, 다시 뱉는다.]

신맛은 미디엄 플러스, 알코올은 중간, 복합미***는 미디엄 플러스.

[잔에 든 와인을 계속 흔들다 식탁 위에 놓고 색상을 살핀다.]

결론을 내리지요. 이 와인은 기후가 온화한 신대륙 온대 지방에서 왔습니다. 그곳에서 자라는 포도는 리슬링Riesling이죠. 가능한 국가는 호주입니다. 1~3년 정도 되었군요. 이 포도주는 바로 리슬링 와인입니다.

[마지막으로 냄새를 맡는다.]

호주산입니다. 호주 남부요. 이 와인은 클레어 계곡에서 왔습니다. 2009년산 리슬링, 고품질 와인이죠.

코블이 결론에 도달하는 데 약 1분이 걸렸다. 그는 옳았다. 많은 사람들에게 이 장면은 감춰져 있는, 소믈리에들만의 독특한 세계를 엿보는 멋진 기회를 준다. 그 세계는 일상적으로 와인을 마시는 사람들의 세계와는 전혀 닮은 데가 없다(양동이에 와인을 뱉어서만은 아니다). 거의 근접할 수 없는 독특한 언어("통에서 갓 꺼낸 테니스공, 새로 산 고무호스 같은")는 자신만의 세계를 가진 '덕후'의 느낌을 풍긴다.

이 장면에서 낱말에 관한 것은 중요치 않다. 여기서 중요한 것은 코블의 지각 능력을 이해하는 일이다. 테니스공이나 고무호스는 잊자. 이런 특정한 표식은 포도주의 품질을 설명하는 것이 아니다. 그것은 맛을 연역하는 코블의 인지적 길잡이 역할을 한다. 그가 "오크의 흔적은 없네요." 하고 말했을 때 그것은 코블에게 인지적 전환점이었다. 애크

*** 향, 맛, 재질의 다양성 혹은 복잡성을 뜻한다.

리는 확신했다. "이 와인은 독일에서 만들어진 리슬링에서 흔히 볼 수 있는 오크(참나무) 통에 저장되어 있지 않았습니다." 이 와인은 "스테인리스 통에 저장되었던 호주산이지요. 호주산 리슬링에서는 참나무 향기가 나지 않습니다. 그리고 여기에는 과이어콜이 있는데, 그것은…" 그는 웃었다. "그것은 고무가 아니라 플라스틱 호스의 주요 성분 중 하나입니다. 반창고 냄새로, 테니스공에서도 맡을 수 있는 고분자 화합물 냄새랍니다. 통에서 갓 꺼낸 테니스공에서 이런 냄새가 나지요. 리슬링이 어떻게 가공되었는지에 따라 이런 냄새가 날 수도 있고 안 날 수도 있는데, 과이어콜 냄새가 났던 겁니다."

    코블이 한 일을 살펴보자. 실제 그가 한 일은 연역 과정에서의 인지 샘플링이다. 그것은 시음하는 도중에 드러난 일련의 지각 인상을 구조화하는 작업이었다. 코블처럼, 소믈리에들은 포도주의 종류와 성질을 기술한 백과사전적 인지 요소를 사용하도록 훈련받는다. 개별 포도주, 지역, 연도는 그 구체적인 특성과 함께 기억으로 남는다. 그것은 새로운 '인지 언어'의 문법과 어휘 그리고 의미론을 배우는 일이다. 이 인지 요소는 어휘와 함께 지각 구조를 형성하는 암기의 틀이 된다.

    다큐멘터리 〈소믈리에〉의 장면을 다시 생각해 보면, 우리는 이제 몇 가지 전략적 장치가 가동되는 것을 볼 수 있다. 소믈리에들은 와인의 실체에 접근하기 위해 잔을 45도 각도로 들고, 이른바 와인의 바디*라고 하는 것부터 평가를 시작한다. 만약 그 와인이 적포도주이고, 예컨대 밝은 자홍색이라면 그것은 '피노누아르 pinot noir'일 수 있다. 또는 백포도주인데 바탕에 노란색이 보인다면 '샤르도네 chardonnay'일지

---

* 와인을 입안에 머금었을 때 다가오는 와인의 질감과 중량감.
  중량감에 따라 라이트 바디, 미디엄 바디, 풀 바디로 나눈다.
  와인의 색과 농도, 향을 통해 바디를 짐작할 수 있다.

도 모른다. 와인 표면에서 어떻게 빛이 부서지는지, 표면에 얇은 기름막이 있는지, 그 밖에 또 다른 가시적인 단서들로부터, 소믈리에들은 와인이 어떤 종류인지 대략 짐작할 수 있는 몇 가지 와인의 특성 목록을 이미 손에 쥔다. 아마 와인 애호가들이 와인을 휘젓는 이유도 비슷할 것이다. 휘저으면 노출되는 액체의 표면적이 늘면서 더 많은 방향성 분자들이 공기 중으로 방출된다. 따라해 보자. 와인을 한 잔 따른다. 이런 효과는 특히 적포도주에서 강하게 느껴지므로 적포도주가 좋다. 먼저 그냥 냄새를 맡아 보자. 다음에는 잔을 빙빙 돌리면서 와인의 향기를 음미하자. 그러면 '훨씬 더 풍부한' 향을 느낄 수 있을 것이다. 여기에 마법은 없다. 다만 계면 물리학과 화학이 있을 뿐이다.

    코블의 냄새 특징 목록은 끝이 없다거나 그리 폭넓지는 않았다. 그것은 세 가지 기본 속성인 라임 캔디와 라임 향 그리고 으깬 사과 향에 국한되어 있다. 이렇게 몇 가지로 정해진 냄새 모음은 레잉 한계를 떠올리게 한다(8장). 레잉의 열렬한 팬이기도 한 애크리는 다시 한번 레잉 한계의 중요성을 역설했다. 레잉은 원래 "사람들이 혼합물에서 그것을 구성하고 있는 개별 성분들을 식별할 수 있는지 알아보기 위해 개별 화합물을 사용했습니다. 일곱 가지 개별 화합물 중 한 개에서 다섯 개를 제공했지요. 그리고 그 일곱 가지 화합물 각각에 단어를 연관시키도록 훈련했습니다." 하지만 그것이 레잉 한계를 이해하는 핵심은 아니다.

    "레잉은 이렇게 훈련을 받은 사람들이 천연물질의 혼합물 성분을 인식할 수 있는지, 실험 전체를 완전히 다시 시행했습니다. 백합 추출물과 베르가모트 추출물 혹은 다마스크 장미 추출물 같은 것을 제공했지요. 이것들은 화학물질 모음과 관련된 낱말들이었습니다. 레잉은 이들 추출물을 섞어서 수행한 실험에서도 같은 결과를 얻었어요! 실험 참가자들은 섞은 물질에서 두 개 혹은 세 개의 혼합물을 감지할 수 있었습니다. 그게 무슨 뜻일까요? 지금 우리는 개별 화학물질이 아니라, 화학물질의 패턴에 대해 얘기하는 것입니다." 애크리는 강조했다. "함께 섞이면, 각각의 성분들은 엄청나게 다른 패턴을 만들어 냅니다. 하지만 소믈리에들은 이 패턴과 저 패턴을 인식할 수 있지요. 단, 그중 둘 혹은 세 가지만 인식할 수 있었습니다. 그래서 이미지 형성이 아니라 이미지 패턴에 대한 이야기라고 생각하는 거예요."

영화에서 코블은 와인의 향 목록에서 그의 기억과 일치하는, 알아볼 수 있는 패턴을 찾았다. 자신이 선택한 세 가지 범주를 통해 코블은 와인의 이력을 특징짓는 예비 범위를 좁혀 갔고, 그것을 바탕으로 한 걸음 더 나아가 와인의 보다 세부적인 성질을 찾아갔다. 그다음 그는 비슷한 정성적 특성에 바탕을 둔 의사결정나무*를 따라 와인의 이력에 접근했다. 덜 익은 녹색 망고, 덜 익은 멜론, 멜론 껍질이 그것이다. 그것은 반복적인 집중과 특화의 방식이다. 코블은 결국 '녹색 파인애플'이라는 냄새 특성에 도착했다(마음속에서 만들어진 가설과 비교하여). 애크리가 설명을 덧붙였다. "사과와 망고가 있습니다. 그는 으깬 사과 그리고 덜 익은 망고를 언급했죠? 멜론 껍질과 파인애플도요. 사과, 망고, 멜론, 파인애플 모두 휘발성이 강한 카프로산에틸이 들어 있습니다. 다른 성분과 결합하면 카프로산에틸은 이들 중 서너 가지의 이미지를 만들어 낼 수 있답니다."

---

* decision tree. 통계 혹은 데이터 마이닝에서 사용하며, 어떤 항목의 관측 값과 목표 값을 연결하는 예측 모델이다.

"가령 여섯 가지 혹은 아홉 가지의 냄새 물질이 모여 있다고 해 봅시다. 어떤 집합, 이른바 '컬렉션'은 소위 하나의 '소집단clique'을 구성할 수 있습니다. 전체 그림의 하위 집단이지요. 각 하위 집단은 나름의 특성을 가집니다. 만일 우리가 아홉 가지 주요 냄새 물질로 구성된 와인의 냄새를 맡는다고 칩시다. 그럼 우리 뇌는 이들 중 세 개를 끄집어내서 그에 대한 세 이미지를 그려 낼 수 있을 것입니다. 세 가지 다른 구성 요소를 꺼내 중첩시켜서 다른 냄새 이미지를 만들 수도 있지요. 또 다른 세 가지 요소와 경험은 다른 냄새의 이미지를 만들 테고요."

"소믈리에가 와인 냄새를 맡을 때, 정확히 그런 일이 벌어집니다. 그는 백합과 장미 그리고 테니스공의 냄새를 맡았죠." 이것을 설명하기 위해 애크리는 그림 9-1을 그렸다. "그들이 하는 일은, 하나의 소집단으로서 냄새의 하위 집단을 취하고 이러한 하위 집단을 서로 다른 이미지의 표상으로 바라보는 것입니다. 그렇기 때문에 하나의 혼합물에서 얻은 이미지로, 겹쳐지는 이미지를 얻을 수 있지요. 코로 냄새를 맡는 연역적 과정은 화학 성분을 찾는 일이 아니라, 지각 요소 또는 지각 관점을 찾는 일입니다. 본질적으로 그것은 다른 문장을 만들기 위해 문장으로부터 단어를 고르는 일과 같습니다. 알파벳으로 이미 있는 낱말을 만들 뿐만 아니라 '손끝감각Fingerspitzengefuhl'과 같은 합성어들을 만들어 내야 하는 스크래블** 게임과 비슷하지요." 그는 웃었다.

와인 시음은 연역적 지각이다. 들숨 냄새를 맡은 후, 코블은 다른 특질과 함께 리슬링 유형에 관한 그의 새로운 예측을 재점검했다. 후각 특성에서 벗어난 다른 특질, 즉 입에 닿는 느낌과 신맛을 설명하면서

** 알파벳 철자를 판 위에 늘어놓으며 크로스워드 퍼즐같이 가로 또는 세로로 단어를 만들어 점수를 매기는 놀이.

아로마(들숨 냄새)

라임(캔디)
라임(향)
사과(으깬)
망고(덜 익은 녹색)
멜론 껍질(덜 익은)
파인애플(초록)

아로마(날숨 냄새)
[아주 떫은 냄새]

슬레이트(바스러진)
백묵(분쇄된)
흙(산비탈)
꽃(갓 꺾은, 흰)
백합(흰)
참나무(흔적 없다)
테니스공(통에서 갓 꺼낸)
고무호스(새로 산)

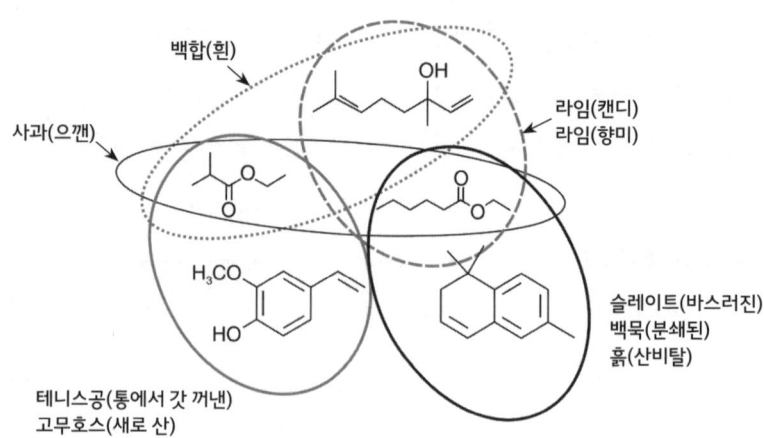

그림 9-1 지각의 소집단(clique)과 중첩된 화학 집단
〈소믈리에: 병 안의 이야기〉에 묘사된 리슬링 와인의 향미 패턴이다. 본문에 언급된 지각적 분석을 화학적 분석과 연결시켰다.
출처: ⓒ 테리 애크리. 허락을 얻어 수록함

코블은 와인의 정체성에 근접해 가는 몇 가지 가정을 교차 검토했다. 지금쯤이면 코블은 가능한 선택지에 이르렀을 것이다. 배제할 것들은 배제하면서, 코블은 자신이 관찰한 와인의 냄새 특성을 검사하고 여과하기 시작한다(이 시점에서 코블은, 다시 잔에 든 와인을 휘젓고 냄새 맡기를 반복했다). 영화의 그 장면은 다중 감각을 동원하는 복잡한 의사결정 과정을 묘사하고 있다. 코블은 자극(와인)에 대한 합목적적이고 적극적인 지각을 통한 몇 차례의 인지 단계를 거치면서 자신의 관찰을 세밀하게 다듬었다.

코블의 방법은 단지 한 가지 예시에 불과하다. 전문 기술의 본질을 분석하기 위한 핵심이 와인 학교마다 다른 물성物性 좌표의 세부적인 구조는 아니다. 전체 과정은 학습된 인지 시스템을 통한 지각 구조화와 관련이 있다. 타우지엣은 이렇게 설명했다. "냄새를 맡고 전체적으로 맛을 보고 나서, 선택의 폭을 좁힙니다. 만약 너무 익어 물렀거나 검은색 과일처럼 과도하게 익은 과일이 들어 있다면 더 따뜻한 지역에서 난 포도라는 걸 알겠지요. 맛을 본다면, 가령 시큼하다든가 혹은 신맛이 적다든가 같은 단서도 아마 기후에 관해 뭔가 얘기를 해 줄 거예요. 어느 지역에서 자란 포도인지 슬슬 짐작이 되지요. 신선함이나 숙성도는 시간 편차에 대한 단서가 될 겁니다. 그러고 나서, 이런 종류의 기후 조건에서 수확한 포도인지 아니면 저런 조건에서 수확한 포도인지 판단을 할 수 있게 됩니다. 그런 식으로 저는 어떤 와인이 어디에서 왔는지 추적할 수 있는 몇 가지 방법이 있습니다. 그다음으로 '어디에서' 그리고 '언제' 만들어졌는지를 향해 가는 것이죠."

숙련된 후각을 가진 사람들은 지각이 층층이 쌓인다고 말한다. 후각 자극의 감각적 복잡성에 바로 접근하기란 불가능하다. 선택적이고 반복적인 집중을 통해 접근해야 한다. 기본적으로는 표적 관찰을 통한 정제된 판단을 거친 후에야 지각의 전문성이 보장된다. 그것은 후각 경험의 내용과 구조를 형상화하는 다중적 평가에 바탕을 둔 특화된 기술이다. 지금부터 살펴볼 후각 학습의 두 가지 특징은 특히 이러한 내용과 관련이 깊다. 훈련된 전문가들과 일반인들에게 정교한 관찰을 안내하고, 지각 내용 형성을 뒷받침하는 그 두 가지는 바로 언어 사용과 분야 특화이다.

인지 조종술로서의 언어

전문가들은 자신이 지각한 것을 이전 경험의 기억 좌표에 연결함으로써 관찰의 틀을 정교화할 언어를 습득한다. 그것은 주의 집중을 구조화하고, 고정하고, 안내 및 전환하기 위한 도구 혹은 인지 조종술이다. 중요한 것은 낱말이나 서술자敍述子의 선택이 아니라, 그것을 사용 또는 발설하는 **행위**이다.

냄새 언어는 본질적으로 공동체적이다. 전문가들의 언어도 다른 언어와 마찬가지로 주관적인 감각뿐만 아니라 범주와 추상적 내용을 전달함을 목표로 한다. 그것은 맥락에 닿는 냄새 경험을 개인뿐만 아니라 공동체의 폭넓은 인지 지형으로 통합하는 지속적인 협상이다. 로다미엘은 이렇게 말했다. "조향사들도 훈련하는 동안 새 어휘를 익힙니다. 매일은 아니지만 우리는 새로운 낱말을 자주 접하는 편이죠. 늘 새로운 냄새를 맡고 그것을 묘사하기 때문입니다. 우리가 보는 것을 함께 보고 냄새 맡은 것을 같이 냄새 맡으며 누군가와 공유하는 일을 우리는 사랑합니다. 프랑스에서 즐겼던 향기를 뉴욕의 향수 전문가들도 보고 느낄 수 있다면 얼마나 좋겠습니까?"

발설 행위로서 의사소통은 합의에 근거하며, 어느 정도로 집단의 크기가 담보되어야 한다. 참고할 만한 특정한 표준이 존재한다면 서술의 구체적 내용은 달라질 수 있다. 이러한 표준은 학습 수준과 전문성(기초는 배웠는가? 아니면 화학 공부를 했는가?), 현재 상황(누구와 얘기하고 있는가? 의사소통의 목적은?) 및 기타 실용적 요소에 따라 달라진다. 가령 와인의 향을 식별하고 설명하는 방법에 대해 배우려 한다고 해 보자. 먼저 우리는 와인 테스트 키트를 구매해서 그것을 이용해 적포도주나 백포도주에 일반적으로 사용되는 약 50가지 냄새를 인식할 수 있도록 연습하고, 고전적인 조건화* 과정을 거쳐 냄새와 라벨을 연결 짓는 것을 배울 수 있다. 또 우리는 향 도표 혹은 '아로마 휠'로 불리는, 기본적인 냄새 물질 목록을 얻을 수도 있다. 아로마 휠은 주요 냄새 물질을 원형으로 배열하고 매우 세부적으로 분류한 도표이다. 예컨대 이를 통해 적포도주, 백포도주, 위스키, 브랜디, 맥주, 대마초의 독특한 냄새 특성을 학습할 수 있다. 요즘에는 사실 거의 모든 냄새를 위한 도표가 있다. 심지어 하수도 냄새 도표도 있다.[15]

1984년에 UC 데이비스 대학의 앤 노블이 와인의 아로마 휠을 처음으로 만들었다.[16] 노블은 어떻게 그런 아이디어가 떠올랐는지 들려주었다. "대부분의 사람들은 향을 묘사하는 것으로 세상을 생각하는 데

---

* 자극과 반응이 연관성을 띠게 하는 일을 조건화(conditioning)라고 한다.

익숙하지 않습니다. 그래서 우리에게 냄새를 나타내는 어휘가 부족한 것이지요." 노블은 인지적으로 설명할 수 없는 뭔가에 접근할 수 있는 도구를 사람들에게 주고 싶었다면서 말을 이어 갔다. "당시 저는 학생들을 가르치고 있었습니다. 한편으로는 와인의 향을 표현하는 묘사 분석 기술을 구체적으로 연구하고 있었는데, 품질을 대변하는 어휘를 사용해야 했습니다. 향미, 질감, 맛 그리고 입안의 감촉 등 모든 것을 표현하는 말을 찾아야 했지요. 속성에 딱 맞는 특정한 단어를 골라야 했습니다. 와인에도 일차적인 향과 맛 그리고 입안의 감촉이 있습니다. 이런 단어를 찾는 일을 수업 시간에 학생들에게 가르쳤어요. 물론 저도 공부를 계속했지요. 저는 사람들이 냄새를 맡고 이렇게 말할 수 있도록 항상 물리적 표준을 제시하려고 했습니다. '그래요. 저건 정향이고 이건 계피입니다.' 아니면 '그건 파인애플이고 저건 피망입니다. 이게 바로 와인에서 나는 향입니다.' 제 연구는 이런 묘사를 향과 연결할 수 있는 빠른 학습 과정을 찾는 일이었습니다." 노블의 아로마 휠 도표는 혁신적이었다. 그것은 서술자敍述子 이상으로 유용했다. 어떤 슈퍼마켓에서도 살 수 있는(블랙베리, 로즈메리, 정향 등의) 표준 제품 표식을 제공할 수 있게 된 것이다. 더구나 노블의 도표는 캘리포니아에서 와인을 막 생산하던 시기와 맞물렸다.

향수 제조업계도 나름의 향 도표를 사용한다. '마이클 에드워즈 판'도 한 예다. 이 도표는 1983년에 처음 만들어졌지만 이후 여러 차례 수정을 거쳤다.[17] 에드워즈 도표에는 일반적인 특성인 '꽃', '오리엔탈*', '나무', '신선한', '푸르게르'(양치류를 뜻하는 프랑스어 'fern'에서 유래. 라벤

---

* 동아시아에서 유럽으로 유입된 향료를 뜻한다.
사향, 영묘향, 용연향 등이 있다.

더, 베티베르, 제라늄, 쿠마린, 베르가모트, 오크모스** 등의 냄새가 난다) 범주가 있다. 또한, '마른 나무' 혹은 '이끼 낀 나무'와 같은 하위 범주를 포함한다. 하르더와 지보단도 다른 종류의 향 도표를 개발했다.[18] 향수 전문가에게 이런 도표는 기초적이지만 소매상인과의 의사소통에 도움을 준다. 결국 향수 산업은 다양한 전문가들이 각기 빈틈을 채워 가며 일하는 분야이다. 피르메니히와 지보단과 같은 대형 기업들은 향수 전문가 외에도 화학자, 마케팅 담당자 및 소매업자를 고용하여 향수(그리고 향 관련 제품)의 생산, 출시 및 유통에 직접 관여한다.[19] 이들 분야는 목표와 환경에 따라 다양한 종류의 지식, 목적, 어휘를 바탕으로 구축된다. 최종 상품을 만들 때까지 각기 다른 영역의 사람들이 원활하게 의사소통을 이어 가야 한다.

　피르메니히의 신경생물학 연구 부문의 매슈 로저스는 이런 대기업들의 기본 구조를 상세히 설명했다. "향수 관련 사업은 매우 세분화되어 있지요. 예상컨대, 향기와 관련된 일은 산업 어디에나 있습니다. 예를 들어 최종 상품이 샴푸 향이라고 해 보죠. 거기에도 관여하는 사람이 무척 많습니다. 우선 향을 특화하는 데 도움이 될 성분을 발견하는 연구 개발 영역인 R&D 부서가 있죠. 그들은 향을 특화하는 기술을 개발하기도 합니다. 가령 병을 열었을 때 강한 향기가 빨리 풍기도록 하는 기술이 그런 예라고 할 수 있습니다. 그 이면에도 기술이 숨어 있죠. 이런 것이 연구 개발 영역입니다. 새로운 것을 연구하는 것과는 관련이 없지만, 개발 부서도 있습니다. 거기서는 '이런 냄새를 풍기는 향수가 좋아요.' 같은 소비자 민원을 접수합니다. 개발팀 안에도 향수 전문가가

** 베티베르는 묵직한 나무 향 혹은 젖은 흙냄새가 나고, 쿠마린은 특정 구조를 가진 일군의 화합물로 바닐라처럼 달콤한 향을 내는 향수에 사용된다. 베르가모트는 자몽보다 덜 시지만 쓰다. 오크모스는 귤속 운향과에 속하는 열매로 흙, 이끼 향, 나무 냄새가 어우러진 향.

있지요. 향수 개발 인력팀도 있습니다. 이들은 전통적인 방식으로 훈련된 사람들은 아닙니다. 궁극적으로 그들은 소수의 향수 제조업자가 고개를 끄덕일 향수를 개발하라는 지시를 받습니다."

피르메니히의 프리몬트는 조향사의 시각에서 말을 보탰다. 사람들에게 제품을 평가하고 설명할 때 "그들은 냄새 맡고 있는 향수에 대해 더욱 큰 그림을 그리려 합니다. 그래서 자주 느낌을 언급해요. '오, 이 향기 아주 훌륭합니다. 신선해요. 하지만 크림 향이 좀 약하네요.' 원재료의 이름을 말하는 사람도 있긴 하지만, 일반적인 용어를 사용할 때가 훨씬 많습니다. 거기에 해석을 덧붙이지요. '분말이군요. 크림 질감은 좀 떨어지네요.' 혹은 '너무 달아요, 너무 강해요, 너무 묽어요.' 또는 '풀 냄새가 많이 나요. 좀 더 시원하면 좋겠어요. 너무 시큼해요….' 이러쿵저러쿵 말을 쏟아 냅니다." 프리몬트는 몸을 뒤로 젖혔다. "조향사들도 그런 태도를 이해합니다. 우리가 무에서 뭘 창조하는 건 아니니까요. 첫째, 고객의 요청이 있습니다. 향수 전문가로서 저희는 생활양식, 감정, 색상 등을 번역하는 일을 합니다. 고객의 요청을 받고 특정 브랜드를 만드는 일도 하죠. 그런 브랜드는 저희가 아는 어떤 특성을 갖습니다. 마치 DNA처럼요. 고객이 원한다면 그런 브랜드가 작업의 출발점이 됩니다. 고객의 요청은 예컨대, 현대적이고 스포티한 향으로, 또는 그 밖의 다른 향으로 창조되겠지요. 고객들은 저희에게 다양한 방법으로 정보를 제공합니다. 그림을 그리거나 사진 혹은 비디오로 디자인을 보내오기도 합니다. 최근에 구매한 향수를 보여 주기도 하죠. 향수 전문가로서 저희는 그런 아이디어를 구현하려고 노력합니다."

다른 언어처럼, 후각 전문가의 언어도 배울 수 있다. 세련되고 기능적으로 전문화된 언어를 배우기 전에 기초부터 시작해야 한다는 점도 다른 언어와 같다. 또한, 후각 언어에도 말하기의 일반적인 관례가 적용된다. 실제로 전문가들은 어떻게 후각 언어를 배우고 연습할까?

인지 목록 쌓기

의사소통의 기초는 기표記標(단어나 기호)와 지시 대상(기표의 의미 대상)과 그들의 정신적 표상(개념화, 의미론) 사이의 삼각관계로 정리되곤 한다. 20세기 초 프랑스 언어학자 페르디낭 드 소쉬르Ferdinand de Saussure, 1857~1913가 구상했던 이 삼각형은 화용론話用論*과 문맥을 배제한 채 언어 행위와 관련된 요소를 단순화시켜 이해하는 틀을 보여 주었다.[20] 소쉬르의 삼각형은 적어도 시각적 개념에서는 직관적으로 보인다. 예를 들어 색을 볼 때 '빨강'·'루주rouge'·'로트rot'**는 지시 대상(파장이 700~635나노미터인 전자기파 스펙트럼) 및 정신적 표상(지각 범주로서의 빨강)과 관련되어 있다. 색상과 사용 언어는 이보다 복잡하지만, 이 간단한 도식에서 기본적인 착상을 읽을 수 있다.

신경과학자인 캐서린 루비와 언어학자 다니엘레 뒤부아는 냄새 언어가 덜 직설적이라고 주장했다.[21] '장미 향'을 예로 들어 보자. 이것의 적절한 지시 대상은 무엇일까? 멀리 있든 가까이 있든 후각 자극은 시각이나 청각 자극만큼 뚜렷하지도 균일하지도 않다. 딱부러지게 지정된 '장미 향 분자'나 장미 향의 특성도 없다. 향수 전문가 장클로드 엘레나는 '그' 장미 향 자극을 찾는 일을 다음과 같이 기술했다.

---

* 말하는 사람과 듣는 사람의 관계에 따라, 다시 말해 상황과 맥락에 따라 언어 사용과 의미가 어떻게 변하는지를 연구하는 언어학의 하위 분야.

** 루주(rouge)는 프랑스어로, 로트(rot)는 독일어로 모두 빨강을 뜻하는 낱말.

순진한 접근입니다. 장미 향은 수백 가지 다른 분자로 구성되어 있지만, 그 어느 분자도 장미 향과 같은 냄새가 나지 않으니 말이죠. 지금껏 저는 '그' 장미 향 분자를 본 적이 없습니다. 하지만 저는 꽃의 향기가 생물학적으로 규정된 주기를 가진다는 사실을 발견했습니다. 향의 정체성을 잃지 않으면서 구성 성분이 크게 달라질 수도 있죠.[22]

인지 조종술로서 언어는 우리를 집중하게 하고, 그를 통해 지각에 관여할 수 있게 한다. 언어는 지각한 것에 접근해서 그것을 구조화하고, 초점을 맞추며, 수정하는 마음의 도구이다. 후각을 훈련하면서 지각 경험을 형상화할 때도 이런 과정이 펼쳐진다. 우리가 지각하는 것은 경험과 학습에 달려 있다. 이런 맥락에서 주의 집중은 기본적으로 도움이 된다. 그리고 특징적 패턴을 인식할 때 참조할 만한 지시 대상을 알려주는 언어는, 어떤 특성에 대한 '마음의 시선'을 학습할 수 있는 좌표를 제공한다.

진정한 후각의 전문성은 바로 이 지점에서 시작된다. 참조 기준이 되는 냄새 물질의 이름을 아는 것만으로는 냄새 전문가의 지식과 지각 범위를 설명할 수 없다. 향수 전문가에게 필수적으로 요구되는 사항은, 어떤 물질이 지각 감각을 일으키는 방식을 이해할 수 있도록 체계적으로 훈련하고 그 이해를 확장하는 일이다. 여기에는 화학 작용, 혼합 패턴, 연결 등이 포함된다. 프리몬트는 고개를 끄덕였다. "방대한 작업이죠. 하지만 모든 성분을 외운다고 해서 훌륭한 향수 전문가가 되지는 않습니다. 솔직히 말하면 혼합물 속에서 이들 성분이 어떤 효과가 있는지 아는 게 훨씬 중요합니다." 기준이 되는 냄새 물질을 암기하면 패턴 인식-화합물이 어떻게 상호작용하는지, 어떤 조합이 생기고, 그 효과는 어떠한지 등과 같은- 을 훈련할 때 필요한 다양한 공통 화합물을 '정신적으로 확정'하게 된다. 로다미엘도 이에 동의한다. "우리는 패턴 인식에 무척 능하죠."

패턴 인식에는 여러 층위가 포함된다. 우선 물질 목록이 있다. 물질끼리의 상호작용을 학습한 목록이다. 어떤 화합물은 혼합물 안에서 특별한 효과를 발휘하기도 한다. 그 효과는 단순히 한 화합물을 단독으로 첨가했다는 사실만으로는 설명할 수 없다. 향수에서 전체는 부분들의 합보다 더 크다. 로다미엘은 예를 들었다. "블랙 올리브를 볼까요? 블랙 올리브 냄새를 원한다면 고무를 나무로 태우면 됩니다." 재료들을 적극적으로 섞어 보고, 단순한 혼합물이나 성분 조합의 목록을 완성하면서 얻은 지식은 최종 제품 분석에 적용된다. 프리몬트는 또 다른 예를 들었다. "예전에 누군가 제게 블랙 시트러스*라는 것을 가져왔습니다. 사워용 젤이었는데, 저는 이렇게 말했지요. '하지만 이 냄새를 풍기는 것은 **라이트 블루****가 맞아.' 사실 그는 이미 그것을 분석했고 제 예측이 맞았습니다. 저는 어떤 재료가 포함되었는지 알아챘죠."

물질 목록 다음은 연상 훈련이다. 연상은 관계를 맺는 일이다. 물질과 물질, 물질과 개념 그리고 어떤 개념을 다른 개념과 연관시키는 일이며, 이 과정에서 사람들의 인지적 배경 또한 고려된다. 때때로 그것은 "물질이든, 주체든, 개념이든, 그림이든, 대상이든, 별로 상관없어 보이

* 감귤류의 향이 나는 향수.

** 패션 디자이너인 돌체 앤 가바나가 2001년 출시한 향수. 은은하고 달콤한 향으로 감귤 향과 비슷하지만, 사람에 따라서는 청포도 향이나 에프킬라 향으로 느끼기도 한다. 시칠리아 레몬 껍질 추출액, 사과, 대나무, 재스민, 백장미, 합성 목재, 사향 등이 포함되어 있다.

9장. 지각의 기술

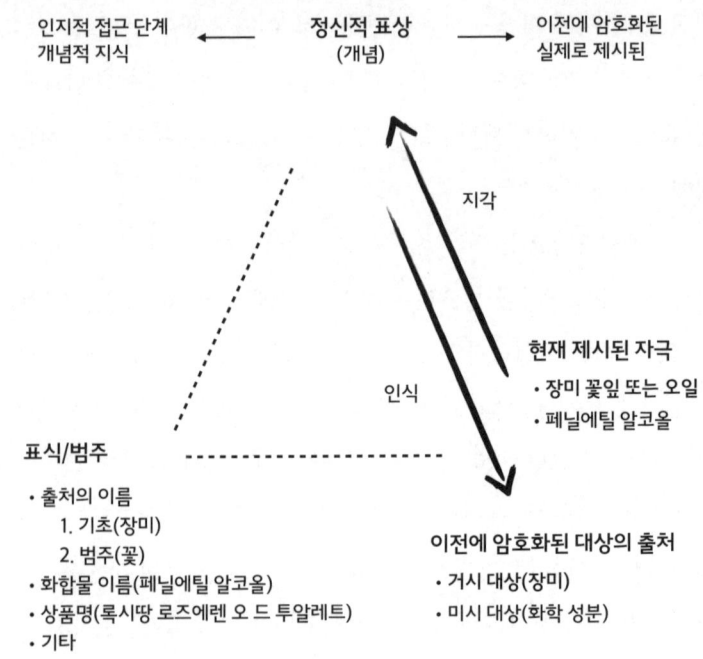

그림 9-2 냄새의 언어 차원

페르디낭 드 소쉬르의 삼각형. 개념(냄새 특성), 지시 대상(냄새 대상), 기표(냄새 이름) 사이의 관계를 보여 준다.

출처: 뒤부아와 루비, '냄새의 이름과 범주: 정직한 반응(veridical label)*' 『후각과 미각 그리고 인지』, 루비(편집), 케임브리지 대학 출판사, 47-66쪽, 2002. 그림 4-2, https://doi.org/10.1017/CBO9780511546389.009

* 원문을 보면 '진실한 표식' 또는 '정직한 반응'을 같은 의미로 사용했다. 이해하기 쉬운 용어를 선택했다.

는 것들 사이에서 패턴을 보는 일"이라고 로다미엘은 지적했다. "아무 상관없어 보이고, 전에 그런 관계를 본 적도 없을지 몰라요. 하지만 어떤 방법을 배웠기 때문에, 우리는 처음 보는 대상에서도 새로운 패턴을 찾아냅니다. 사실 우리는 그런 일을 무척 잘한답니다." 이러한 지각 연상은 학습 궤적의 일부로서, 고도로 전문화된 개념-물질 목록과 개인의 적극적인 참여를 결합하는 일이다.

성공적인 훈련과 의사소통은 지금까지 언급한, 다음과 같은 다양한 단계의 인식에 의존한다. (1) 가시적 혹은 비가시적인 다양한 물질 (2) 과거와 현재를 아우르는 우리의 경험 (3) 이 두 가지를 연결하는 능력의 배양. 이는 우리를 다시 소쉬르의 삼각형으로 되돌아가 수정을 꾀하도록 한다(그림 9-2).

언어를 인지 조종술로 삼아 전문성을 획득하는 일은 서로 다른 층위의 인지적 참여를 연결하는 것을 의미한다. 첫째, 개념적 지식 단계(표상)에서는 이전에 부호화된 경험과 현재의 경험 사이에 시간적 차이가 있다. 여기서는 '같은 것, 거의 비슷한 것, 친숙함으로 연결되는 것'으로 개별 경험들을 비교함으로써, 기억을 쌓거나 개념적 틀을 형성한다. 두 번째는 물질 단계(지시 대상)로, 여기서는 주어진 자극을 이전에 접했던 냄새 근원 대상과 분리하는 것이 핵심이다. 왜냐하면, 자극이 거시적 대상이거나 냄새 물질이 든 유리병일 수도 있기 때문이다. 유리병인 경우 병 안에는 정신적으로 동일 범주에 속하는 여러 냄새 물질이 포함될 수 있다. 예컨대 '오렌지'의 경우 옥타날(알데히드 C-8) 또는 옥틸 아세테이트($C_{10}H_{20}O_2$)가 포함된다. 마지막으로, 표식으로 표현되는 정교함의 단계가 있는데, 이는 매우 다양하다. 향수 전문가는 일반 표식과 범주(장미, 꽃)뿐만 아니라 화합물(예컨대, 페닐에틸 알코올 같은)도 알고 있다. 아마 그 성분이 첨가된 상품까지도 분명히 알 것이다(예를 들면, 대표적인 시그니처 상품 같은 것).

이러한 단계를 연결하는 일은 반복적인 과정이다. 하나씩 하나씩, 더 많은 용어, 더 많은 물질 그리고 더 많은 표상을 더해 가며 인지적 지평을 확대하는 일이다. 이는 새로운 언어를 배우는 일과 같다. 다만 냄새 언어를 습득하는 데는 우리의 지각을 짜맞추는, 안내된 관찰이 필요하다.

후각 언어의 학습은 두 가지 보편적인 인지 과정에 바탕을 둔다. 명칭이 물질 대상체와 어떤 관련이 있는지 추적하는 지식 습득, 그리고 정신적 개념 혹은 범주를 포괄하는 지각 내용의 인식이 그것이다. 대상을 명명하는 지식 습득은 꼭 지각 표상을 필요로 하지는 않는다. 다만 어휘 분석에 따르는 언어 능력이 요구될 뿐이다. 예를 들어, 향수 전문가는 네롤*이라는 용어가 화학식 '$C_{10}H_{18}O$'를 가진 모노테르펜**을 지칭한다는 것을 알고 있다. 네롤의 냄새를 전혀 맡지 않았지만, 이제 우리도 그 사실을 안다. 그런 다음, 예컨대 우리가 네롤의 향을 맡게 되었을 때, 정신적 개념이나 범주를 가진 지각 내용이, 즉 인식이 형성된다("아, 바로 이게 네롤이구나!" 하고). 물론 이 두 과정은 연결되어 반복적으로 서로를 강화한다. 이 둘은 먼저 언어심리학적 능력을 통해 연결되어 있다. 그 능력은 감각에 이름을 부여하고 향수와 같은 특정한 맥락에서 그 적절한 용법을 배우는 일과 관련이 있다(향기 용어 T는 냄새 물질 O를 의미한

---

* 장미꽃 비슷한 냄새가 나는 무색의 액체. 레몬그라스나 호프의 정유 성분이다.

** 식물 정유에 함유된 테르펜 가운데 10개의 탄소 골격으로 이루어진 탄화수소 화합물로 방향성이 있다.

다. 그리고 그것은 가시적인 냄새 근원 대상인 S와 연결된다). 또한 이런 연결 행위를 훈련하기 위해, 과거에 지각 내용을 경험한 적이 있는지, 또 그것과 비슷한 경우나 범주와 연결되는 뭔가가 있는지 파악하는 심리적인 과정이 쌓여야 한다.

    후각 학습에 초점을 맞추면, 지각과 인식은 완전히 분리할 수 있는 단위가 아니라는 사실을 깨닫게 된다. 실제 상황에서 그들은 서로 얽혀 있다. 감각 지각을 '이미 정해진 지각 결과'로 간주해서는 안 된다. 감각 인상은 단지 나중에 상호작용하기 위해 우리 마음에 데이터를 제공할 뿐이기 때문이다. 마음은 우리가 움켜쥐는 감각 정보를 적극적으로 형상화하고, 경험은 우리의 인지적 경관을 쌓아 올리며 우리가 관찰한 것들을 구조화한다(따라서 지각과 인식은 엄밀한 의미에서 똑같지는 않다. 단지 둘을 서로 관련지어 이해할 수 있을 뿐이다).

    후각 전문가들은 냄새를 맡을 때 일반 사람들보다 더 많은 것을 감지하는 것 같다. 그들은 냄새의 복잡한 세부 사항을 알아내고, 구별하며, 유도 경험 학습에 따라 연관 관계를 정확히 파악한다. 관찰을 정교화하면서 냄새의 함량과 범주를 찾아간다. 그렇기 때문에, 지각 전문성은 분야별로 다르다. 전문 와인 제조업자와 향수 장인은 이 세상을 다르게 냄새 맡는다.

분야별로 다른 후각 전문성

    후각은 전문성의 범위, 개념적 범주의 차이 그리고 강력한 특성화가 지각 평가에 영향을 끼친다는 점에서도 특별하다. 후각의 전문성은 코의 예민함이나 분리된 냄새 훈련을 넘어서는 지식을 필요로 한다. 따라서 여타 관련 기술을 두루 섭렵해야 전문성이 보장된다. 와인 제조업자는 향수 전문가와 같은 종류의 학습을 진행하지 않는다. 그들이 관심을 보이는 것은 각기 다른 특성이며, 인지적으로 다룰 물질도 서로 다르다. 육체적 훈련과 공 던지기가 공통적으로 포함된다고 해서 농구선수가 자동적으로 야구를 잘하는 것은 아니다. 요나스 올로프손은 이에 동의했다. "자신의 안전지대를 벗어나면, 다시 말해 훈련받지 않은 냄새에 대해서는 아무리 전문가라 해도 젬병일 겁니다. 후각 성능이 분명 떨어질 거예요. 아마 좀 뛰어난 보통 사람 정도가 아닐까요? 많은 '전문가'들은 특정 형식의 훈련을 받고, 사용하는 어휘도 제각각인 데다 마주치는 자극의 종류도 다릅니다."

2016년에 에이야 크로이만스Ilja Croijmans와 아시파 마지드는 전문가의 코를 대상으로 지각 차이를 연구하고, 「모든 향미 전문가가 같지는 않다」*는 논문을 발표했다. 크로이만스와 마지드는 와인 전문가, 커피 전문가, 그리고 훈련받지 않은 피험자 세 집단을 조사했다. 그들은 세 집단 모두에게 커피와 와인 향을 평가해 달라고 요청했다. 와인 전문가들은 와인 향을 구분하고 명명하는 일에서 커피 전문가와 일반 피험자 모두를 압도적으로 능가했다(흥미롭게도, 커피 전문가들은 커피 향을 명명하고 식별하는 데 와인 전문가나 일반인을 넘어서지 못했다. 설명자를 사용하는 데만 더 뛰어났을 뿐이다). 각기 다른 분야의 후각 전문가들은 일반인과 비교할 때 고작해야 중간 정도의 이점만을 갖는 것으로 드러났다. 한 분야에서 전문가가 된다고 해서, 다른 전문 분야에서도 저절로 성공을 거두

* 부제는 '와인과 커피 전문가의 언어'이며, 《플로스 원》이라는 잡지에 게재되었다.

는 건 아니다. 크로이만스와 마지드의 실험 결과는, 냄새의 질을 개념적으로 이해하는 일이 맥락에 깊이 뿌리내리고 있음을 시사한다. 그래서 후각 전문가는 자신의 전공 분야에 한정된다.

숙련된 코의 성취도가 분야별로 다르다는 사실에 놀랄 필요는 없다. 다양한 분야의 후각 전문가들은 직업의 특정한 요구에 부응하여 후각 지각의 구조와 내용에 적극적으로 개입한다. 마음이 무엇을 주목하는지, 그리고 거기에 집중하도록 어떻게 후각을 훈련하는지는 제각기 다르기 때문이다.

프리몬트는 후각 전문성의 다양함에 대해 회상했다. 향 전문가로서 그는 항상 와인을 만드는 일에 푹 빠져 있었다. 그에 따르면, 후각 기술 구축의 핵심적 내용과 전문가의 다양한 지각 수행 능력은 향 물질과의 특별한 상호작용에 좌우된다. 이러한 상호작용은 물질의 변화 가능성뿐만 아니라, 물질을 취급하고 제어하는 수준과도 관련이 있다. "와인을 예로 들어 보죠. 우리는 그 계절이 어떨지 모릅니다. 비가 얼마나 올지, 얼마나 추울지 알 수 없어요. 포도가 언제 익을지 잘 모른다는 뜻이지요. 그렇기에 같은 와인이라도 언제 수확했느냐에 따라 맛이 달라집니다. 술통도 변수가 많습니다. 관리하기 쉽지 않아요. 이전에 쓰던 통과 상태가 같으리라는 보장은 없습니다." 이와는 대조적으로 향수 제조업자들은 보다 안정되게 제조 원료를 통제할 수 있다. "향수를 제조할 때는 모든 물질에 대해 품질관리를 합니다. 일부 천연 물질에 변이가 없지는 않겠지만, 다른 재료들과 고르게 섞으면서 그 변이를 통제하려고 하지요. 그렇게 품질을 고르게 하는 겁니다. 분자들은 늘 같아야 해요. 또 향수를 얼마나 오래 보관해야 하는지도, 그에 못지않게 중요한 일이랍니다."

와인 전문가들은 복잡한 와인 향에서 개별 향의 특성을 구별하는 방법을 알고 있다. 그들은 와인 향의 목록을 두루 꿰고 있다. 그런 목록은 없지만, 향수 전문가들은 구성 물질의 효과에 대해 깊이 생각하고, 특별한 성분의 화합물을 첨가하면 어떤 효과가 나올지 궁금해한다.

타우지엣은 다음과 같은 예를 들었다. "와인에서 영감을 얻어 향수를 개발하려는 젊은 여성과 함께 일한 적이 있었습니다. 저는 그녀에게 와인의 향에 대해 설명했습니다. 마른 월계수 잎, 세이지*, 마른 세이지와 신선한 세이지, 그런 것들 말이죠. 그녀는 제가 거론한 식물에 조응하는 이런저런 화합물을 더하면서 하나의 제품을 만들어 갔습니다."

와인 제조가들은 와인과 그 품질을 전체적인 맥락에서 생각한다. 건포도 향은 포도를 수확한 그해 포도밭 지역에 불볕더위가 쓸고 지나갔다는 흔적일 수 있다. 향수 전문가들은 화학식을 생각한다. 둘은 전혀 다르다. 일반인들은 향수 전문가들이 제시하는 조제법을 거의 이해하지 못한다. 향수 조제調劑는 구성 성분의 화합물 목록과 함량을 뜻한다. 어느 것과 어느 것을 섞고 그 양은 정확히 얼마인지, 제품의 성분 목록은 대개 정해져 있다. 다른 전문가들도 그 목록을 읽을 줄 안다. 하지만 그것은 마치 정교한 암호 같아서, 일반인은 설령 그 목록을 보더라도 훈련된 향수 전문가가 읽어 내는 것을 포착할 수 없다. 책에 단어가 들어 있다고 말하는 것과 같은 일이다. 그것은 읽는 방법에 대한 개념적 지식이 필요한 이미지들, 예를 들면 알고리즘, 음악 악보, X선 또는 뇌

---

* 지중해 원산 꿀풀과 식물로, 강하고 쌉싸름한 향이 난다.

스캔과 비견된다.

제품의 성분 목록에 숨겨진 것은 성분과 그 효과를 연결하는 방식에 대한 이해다. 향수 전문가들은, 그런 이해를 통해 물질과 그들의 조합에 따라 변덕스럽게 달라지는 냄새 사이의 미묘한 관계를 기록하고 특징짓는다. 하지만, 늘 그렇듯, 조제법에는 알 수 없는 변수가 포함되어 있기 때문에 성분과 향기를 직접적으로 짝 짓는 일이 쉽지는 않다. 로다미엘은 "어떤 조제법이라 해도 대개는 상당히 복잡합니다."라고 말했다.

"어떤 조제법이든, 거기에는 특정 기능을 지닌 숨겨진 물질이 있기 마련입니다. 그 성분은 어떤 방식으로든 자신을 드러냅니다. 이런 성분들이 자연스럽게 어우러지도록 뭔가를 추가하거나 제거하면, 개발 과정에서 이전에 보지 못했던 제품의 어떤 특성이 도드라지게 나타날 때가 있습니다. 가령 나무, 바닐라 그리고 감귤류로 된 제품이 있다고 칩시다. 다 괜찮고 좋았는데 거기에 뭔가를 더했더니 갑자기 감귤하고 바닐라만 보입니다. 아니면 바닐라, 감귤, 백합 그리고 역겨운 냄새가 날 수도 있습니다. 이전부터 거기 있었지만 두드러진 냄새를 풍기지 않았을 수도 있는 것이죠. 심지어 그 안에 그런 냄새가 있다고 말을 해 줘도, 그걸 알아차리지 못하는 경우가 있습니다. 그런데 뭔가를 집어넣었더니 어떤 냄새가 갑자기 눈에 띄는 겁니다. 첨가한 성분이나 그 성분의 효과 때문일 수도 있습니다. 그 효과가 어디서 비롯했는지 몰라 골치 아플 때도 생기지요. 이게 뭘까? 커피 향인가? 레몬인가? 아니면 바닐라? 이들 모두가 섞인 복합 향을 맡아 본 적이 없기 때문에, 우리는 그 향을 전혀 알지 못합니다. 섞이지 않았을 때와는 완전히 다른 거죠."

향수 전문가는 물질을 섞는다. 그들은 첨가, 제거, 균형 잡기로 성분의 조합을 결정한다. 그들은 경험을 통해 화합물의 조합이 개별 구성 요소의 냄새와는 다른 지각 특성을 나타낸다는 것을 알고 있으며, 예측도 할 수 있다. 역으로, 이렇게 습득된 지식은 복합 향에 어떤 화합물이 들어 있는지 파악할 수 있는 패턴 인식 능력을 향상시킨다. 다시 코블의 와인 시음 장면을 떠올려 보면, 숙련된 패턴 인식이란 향수 전문가 혹은 소믈리에의 지각 전문 기술의 융합임을 알 수 있다.

냄새 경험의 인지 구조

가령 시각과 같은 감각의 지각 범주는 어린 시절에 일찍 획득된다. 이런 지각 범주는 직관적이고 직접적인 것으로 보인다. 하지만 다른 감각 신호들, 특히 후각 신호는 분류에 덜 직접적이다. 이는 고도로 분산되고 애매모호한 신호의 암호화와 관련이 있다(5~8장). 후각 신호의 의미는 추가 단서-통합 감각이나 의미론에 따른-를 통해 그 의미를 기존에 존재하는 범주나 새로운 범주와 연관시키는 훈련에 따라서 달라진다.

이러한 연관은 기본적으로 학습된 것이다. 학습은 헤르만 폰 헬름홀츠가 자신의 지각 인식 이론에서 정의했던 '무의식적 추론unconscious inferences'의 발달을 촉진한다. 무의식적 추론이란 잠재의식의 처리를 통해 지각이 형성되는 것을 말한다.[23] 무의식적 추론은 이전의 경험과 기억을 바탕으로 형성되며, 현재의 기대와 후속적인 과정에 따라 추가되는 형상화가 즉시 결합된다. 어떤 의미에서 무의식적 추론은 우리 감각 체계의 조건화된 반응으로 바뀐다(헬름홀츠의 생각은 현재 인지신경과학에서 이야기하는 '예측 기계로서의 뇌'로 이어졌다. 8장).

이런 까닭에 지각은 판단을 수반한다. 지각은 직접적인 감각이 아니기 때문이다. 그것은 현재와 과거의 경험적 배경과 떼려야 뗄 수 없는, 습관적인 반응 패턴을 구성한다. 그러한 무의식적 추론 작업은 그 자체로 지각되지 않는다. 우리 정신은 내면 관찰을 거친 우리 자신의 경험의 역사로부터 감각 내용을 분리하지 못한다.

그렇다면 사람들은 어떻게 비교적 안정되고 균형 잡힌 지각 체계를 갖추게 되었을까? 여기에는 두 가지 단서가 있다.

1. 우리의 감각계와 신체는 특성이 비슷하게 맞춰져 있다. 이것들은 어느 정도 체화된 공간* 혹은 환경에 조응하는 공통된 생리적 조건을 공유한다.
2. 우리는 고립해 살지 않는다. 사회적인 동물이기 때문이다. 우리는 여러 수준의 공동체(가족, 이익집단, 사회 등)를 이루며, 그런 공동체 구조의 일부로서 사물과 관계 맺고 그들과 소통하는 법을 배운다. 이렇게 무의식적 추론을 통해 획득된 조건화는 내면 관찰을 통해 접근할 필요가 없다.

학습의 역사로부터 지각을 분리할 수 없다고 해서 지각의 변형이 없는 것은 아니다. 결국 전문성이란, 목표를 정하여 노력하고 집중

---

* enactive niches. 1991년 바렐라 등은 논문 「체화된 마음: 인지과학과 인간의 경험」에서 '행화주의(enactivism)'라는 용어를 사용했다(229쪽 역자주 참조). 인지과학자들은 'embodied or enactive cognition'을 '체화된 인지'로 번역한다.

한 결과물이다. 그러나 향수 전문가나 와인 제조업자와 같은 지각 전문가의 인지 조건화는 일반인이나 초보자의 지각 학습과는 크게 다르다. 의미 개발과 지식 습득을 전문으로 연구하는 인지과학자 존 윌리츠Jon Willits는 그 차이를 다음과 같이 개략적으로 설명했다. 전문가는 과제별 목표와 성공 조건이 제시된 상태에서 감독관의 감독 아래 훈련을 통해 배운다. 이들의 분류 체계는 다른 전문가들로부터 획득한 개념이며, 그 인지 구조는 전문가로서의 지각 성취도를 끌어올린다. 초보자는 과제와 별다른 상관성이 없이 무감독 상태에서 배운다. 초보자들의 분류 체계는 사회적으로 조정되며, 목표를 가진 표상이 아닌 일반적 입력의 한 부분이다. 따라서 그들의 인지 틀은 지각 성취도에 부수적 역할을 할 뿐이다.[24]

인지 전략과 학습의 차이를 반영하는 까닭에, 전문가들의 인지 구조는 무척 다양하다. 초보자와 달리 전문가에 대한 후각 훈련은 무작위가 아니라 조직적으로 진행된다. 개념적 표상과 지각 범주를 물질과 짝 짓는 일도 부단히 연습한다. 분류자classifiers와 비교 기준은 당면한 과제에 따라 달라진다. 앞서 살펴본 바와 같이, 전문가라 해도 자신의 전문 분야가 제각각이고 그에 따라 다루는 물질마저 서로 다른 까닭에 몇 가지 차원에서 그들이 강조하는 대목이 달라질 수 있다.

전문가 지각이 의미 공간에서 드러내 보이는 다양성은 군집화 학습*에서 비롯된다.[25] 후각 전문가도, 일반인도, 전문가의 지각 목록과 기술을 개별적으로 얻지는 못한다. 훈련을 거치지 않은 일반인들의 성취도가 크게 차이 나는 까닭은 냄새를 지각하는 과정에서 획득한 범주

* clustering learning.
비슷한 특성을 갖는
데이터를 모으는 일.

가 고도로 구조화되지 않았기 때문이다. 우리는 행동 지표를 통해 무작위로 냄새에 대해 배운다. 가끔 그것은 물체(음식, 도시의 '모든 냄새', 정원 등)와 느슨하게 연관되어 있다. 살면서 우리가 냄새를 냄새로 제대로 배우는 일은 거의 없다. 이와 달리 전문가들은 냄새를 표적 분류자와 연관시키는 특별한 훈련을 받는다. 같은 분야에 속해 있는 한, 그들의 성취도는 전문가마다 큰 차이가 없다. 물론 전문가들 사이의 개인차는 존재한다. 와인 시음에서 전문가들이 선택한 묘사 어휘를 떠올려 보자. 그런 편차는 훈련과 공유 언어의 개인차를 반영한다. 그러나 언어를 통한 향 지각의 일반적 인지 구조와 목록은 커다란 차이가 없기 때문에, 결국 소믈리에 장인들은 와인의 정체를 거의 틀림없이 정확히 집어 낸다.

분야별로 특화된 후각 성취도에서 폭넓은 안정성을 확인할 수 있는 이유는, 전문가 학습이 구조화된 군집 모델을 추구하기 때문이다. 군집화 학습은 분류자와 요소(기준 냄새 물질과 기본 범주의 집합)를 설정하고 연결함으로써 시작되며, 이는 서로 다른 군집 간의 체계적인 배열로 이어진다. 학습의 일반적인 과정은 본질적으로 관계적이다. 새로운 물질과 개념은 이전에 획득한 집단과의 연계성에 따라 배치되어, 점차 군집의 의미 공간을 발전시켜 나간다. 전문 학습은 지도되고 직무별 절차 및 관습을 따른다는 점에서 차별화된다. 전문가 교육의 핵심 과정은 비슷하지만, 그들이 사용하는 도구는 다양하고 그에 따라 다양한 결과가 초래된다.

전문가들의 코 지각 구조는 일반인들과 크게 다르다. 왜냐하면 전문가들은 지각 판단의 과정이 다르기 때문이다. 이것은 두 가지 방법으로 작용한다.

첫째는, 지각 공간의 정교함과 그 개념적 군집화다. 이는 물질과 질적 뉘앙스를 가로지르는 상호 교차 군집화 연결이라 할 수 있다. 한 예로, 향수 전문가는 옥타날(알데히드 C-8)과 옥틸 아세트산($C_{10}H_{20}O_2$)과 같이 오렌지 향이 나는 냄새 물질 목록을 외웠을 것이다. 그 향수 전문가는 옥틸 아세트산과 같은 냄새 물질의 향기를 다른 일반적인 냄새와 구분하여 특별한 서술자('과일' 혹은 '오렌지')를 동원해서 구체화하고, 그 질적 특성을 훨씬 자세히 분석할 수 있다('약간 밀랍 느낌이 나는데'와 같은 뉘앙스를 더한다). 역으로, 이 향수 전문가는 옥틸 아세트산 외에도 '약간 밀랍 느낌이 나는' 지각적 군집들을 모을 수 있다. 알릴 아밀 글리콜산과 같은 몇몇 냄새 물질이 이 군집에 포함된다(오렌지 대신, 배나 풀 향기라도 마찬가지다). 나중에 이 향수 전문가는 냄새 물질 군집을 화학적으로 적용할 수 있게 된다(예컨대, 세제나 샴푸에 사용해도 충분히 안정적인 냄새 물질이다). 일반인과 비교할 때 전문가의 지각 공간은 상세하고 풍부하며, 특히 여러 층위의 분석 결과를 상호 비교하는 방식에 따라 구조화된다.

후각에서의 개념적 군집화는 본질적으로 비선형적이다. 그것은 물질 분류와 지각 범주가 근저에서부터 복잡하게 얽혀 있다. 이런 측면에서, 후각 기준은 서로 교차되기도 하며 모호하다. 다시 말해, 선형적이지 않다('이 영역대의 파장은 빨강색'이라는 식과는 다르다). 냄새 인지의 편차는(개인차든 아니면 분야별 차이든) 지각의 개별성 문제가 아니다. 그것은 분자와 지각 차원에 얽힌 복잡성에서 비롯된다.

둘째는, 숙련된 후각 전문가의 지각 능력이다. 수년에 걸쳐 연마

한 관찰 기술과 정교함을 통해 배양된 지각 능력 말이다. 후각 전문성에서 가장 중요한 핵심은 목적 지향적 훈련을 통해 냄새가 가진 미묘한 뉘앙스를 포착하는 일이다. 목적 지향적 훈련을 받으면 냄새 물질이 어떤 종류의 특징을 전달하는가에 관한 여분의 정보도 추출할 수 있다. 훈련받지 않은 코로는 도저히 감지할 수 없는 관찰이 가능한 것이다. 그에 따라, 냄새는 여러 가지 질적 특성을 실어 나르게 된다.

시각 자극과는 달리 냄새는 한 가지 이상의 특성을 동시에 전달하는 경우가 잦다. 많은 냄새가 다중적이고도 뚜렷한 특성을 갖는다. 로다미엘은 이렇게 설명한다. "향수에 들어가는 여러 성분은 항상 몇 개의 얼굴을 가집니다. '냄새의 단위'란 건 없어요. 앞으로 그런 것을 갖게 되리라 생각할 수도 없습니다. 왜냐하면 모든 분자들은… 이렇게 생각해 봅시다. 초록색을 보면 우리 눈엔 초록색만 보입니다. 거기서 노랑이나 파랑을 볼 수는 없어요. 초록색만 볼 수 있죠. 빨간색을 보면 빨간색만 볼 수 있습니다. 특정 파장이 활성화되기 때문입니다. 그래서 훨씬 더 구체적이에요. 우리는 하나의 파장에 대응하는 색을 정의하지요. 향수에는 그런 게 없습니다. 어떤 향을 맡았는데 그게 단지 하나의 대상이다? 저는 그런 분자는 하나도 모릅니다. 잔디를 깎는다고요? 베인 풀은 온 세상과 같습니다. 베인 풀에는 젖은 흙이 있어요. 배 냄새도 납니다. 풀과 나뭇잎 냄새가 주변에 가득해요. 그렇다면 풀이나 나뭇잎 냄새는 어떤 단일 특성으로 정의해야 하죠? 저건 베인 풀 냄새야. 그래서 22번 향이라고 했다 쳐요. 그래 봤자 향에는 어디에서 시작해 어디에서 끝나는지 완성되는 지점이 없습니다."

마고가 말을 받았다. "아주 중요한 지적입니다. 에틸 시트로넬롤 옥살산이란 분자가 좋은 예죠. 분자 구조에 따른 활성은 사향과 비슷합니다. 이제 그 냄새를 모르는 사람에게 설명해야 한다면, 향수 전문가는 이렇게 말할 겁니다. '배의 향입니다. 과일 배 말이에요. 달달하죠.' 어떤 사향 분자의 냄새에는 과일 배 성분이 들어 있답니다."

월트 휘트먼*의 시에서 냄새 물질을 나타내는 낱말들은 다양한 의미를 담고 있다. 냄새 물질에 대한 이런 풍부한 정보에 접근하여 시를 감상하는 일은 체계적이고 반복적인 관심을 통한 인지적 참여를 바탕으로 한다. 이러한 사실이 지각 이론에 던지는 가장 중요한 메시지는, 지각은 직접적이지 않으며 늘 눈에 보이는 것 혹은 첫눈에 파악한 것 이상이라는 점이다. 우리는 물론 시각에서도 그런 사실을 확인했다. 우리는 우리가 의식적으로 알고 있는 대상을 시각적으로 훨씬 더 잘 지각한다(변화 맹시**를 떠올려 보라). 그런 점은 후각도 예외가 아니다.

이전 장에서 우리는 냄새 지각이 물리적 정보, 생리적 암호 그리고 지각 해석과 관련하여 본질적으로 모호하다는 점을 살펴보았다. 이 장에서 시도한 후각 전문가 분석은 자극 분류에서 파생된 전통적인 접근법을 넘어, 지각 분류의 심리적 활동을 이해하는 새로운 관점을 제공한다.

냄새는 단일하고 균질한 실체가 아니다. 하나의 냄새 물질이 다양한 질적 의미를 전달할 수 있다. 개념적으로 이것은 우리 뇌가 적극적으로 냄새 이미지를 만들어 낼 수 있다는 의미이다. 이런 이미지들은 지각을 그저 외부에서 수신된 것으로 생각하는 이론에서 제안하는 거울

---

* Walt Whitman, 1819~1892. 미국의 시인, 수필가. 대표작으로 시집 『풀잎』이 있다.

** 연속 제시되는 장면들에서 어느 한 부분의 변화가 있음에도 이 변화를 탐지하는 것이 어려운 현상.

상과는 다르다. 그것은 자극으로부터 재구성된 뭔가가 아니다. 지각에서 개념적 내용을 구성하는 일은 후각계가 마주친 감각 경험과 분리할 수도, 혹은 거기에 단순히 뭔가를 더할 수도 없다. 오히려, 이러한 과정은 감각을 처리하는 과정과 복잡하게 얽혀 있다.

따라서, 냄새 지각의 객관적 가치는 특정한 자극과 연계된 경험의 동일성에 있지 않다. 후각의 객관성은 정보를 암호화하는 원칙에 있다. 감각 신호를 적절한 반응으로 믿을 만하게 연결하는 인과 과정은 후각 지각을 특징짓는 객관성 개념과 다른 감각 모델을 이해하는 데 훨씬 더 나은 근거를 제공한다. 우리 코는 외부 세계에서 중요한 정보를 포착한다. 하지만 특정 행동과 개념화 유도를 포함해서 그 정보가 수반하는 내용은 암호 체계에 의해 구현된 평가의 차원, 암호화 원칙, 암호 연결에 크게 좌우된다. 간단히 말하면, 감각계가 어떻게 자극 정보로부터 냄새를 만들어 내느냐에 달려 있다.

변화하는 경관의 경험적 표식

일반인이든 전문가든 냄새 지각의 개인적 편차를 단순히 주관적인 것으로 치부해서는 안 된다. 개인 편차는 지각을 이론화하는 데 총체적 관점이 필요함을 역설한다. 지각 범주화 작업은 학습된 과정이며, 다양한 등급의 전문성과 여러 수준의 정교함이 있는 기술을 연마하는 일이다. 냄새는 뇌의 창작품으로, 지각자의 생리 및 변화하는 요구에 조응하고 다중 감각 환경에서 다양한 형태로 입력되는 정보에 적절히 반응하도록 설계되었다. 냄새 지각은 인과적 기초가 비선형적인 데다 뒤섞이고 분산적인 처리 과정을 거치기 때문에, 행동적 유연성이 크고 문맥에 따라 의미가 정해지는 경향도 뚜렷하다. 덕분에 우리 코는 매우 정교하게 냄새를 맡고, 개인별 맞춤화된 방식으로 화학적 환경을 측정한다.

뇌는 냄새를 이용하여 선택하고, 구별을 이끌어 내며, 그에 따라 사물이나 상황의 본성을 판단한다. 코에서 어떤 종류의 선택이 이루어지는지, 그리고 세계와 의연하게 맞서는 상황에서 마음이 냄새로 무엇을 하는지 이해하는 일은 무척 중요하다. 그런 맥락에서 후각은 몇 가지 인지적 역할을 할 수 있다. 시각과 달리 후각은 원거리에 있는 대상의 정보를 항상 똑같은 지각으로 수용하지 않는다.[26]

무엇보다 후각은 변화를 중시한다. 코는 융통성 있게 상황을 평가할 뿐 아니라, 환경의 복잡한 화학적 구성에서 극히 사소한 변화도 감지할 수 있다. 지각 형성 과정에서 감각 입력은 기대와 예측, 경험과 학습, 기억과 거기서 떠오르는 의미, 집중과 자각, 통합 감각의 영향, 배고픔이나 피로와 같은 생리적 조건 등, 수없이 많은 다른 관련 과정들에 의해 여과되고 구조화된다. 그러므로 우리가 최종적으로 지각하는 냄새는, 이들 신호에 어떤 지각적 판단을 내릴지 결정하는 다른 과정들과의 신호 조합에 따라 크게 달라진다. 정보가 명확하지 않은 데다 암호 시스템이 냄새 물질 정보를 분리된 정보 조각으로 읽지 않기 때문에, 같은 냄새 물질이라도 다른 것으로 지각될 수 있는 것이다. 또한, 냄새는 수용자와 물질 사이의 정성적 관계를 나타내는 지표로 작용한다. 그 물질로부터 냄새가 발생하고, 냄새 지각에 수용자가 적극적으로 개입하기 때문이다.

우리 코는 냄새를 정성적으로 비교하는 일을 정말 잘한다. 아주 작은 질적 변화도 섬세하게 구분한다. 개괄하자면, 냄새는 대상과 상황을 정성적으로 측정한 것이다. 냄새는 사물 그 자체로 암호화되지 않지만, 대상이나 환경을 식별하는 기능을 한다. 맹목적으로 냄새를 맡으면 어떤 사물의 냄새인지 알아차리기 힘든데, 이는 주관적인 감정 때문이 아니라 후각계의 암호화되고 연산적인 특성 때문이다(후각 자극은 환경의 다양한 의미를 드러낸다).

이러한 관점에서, 우리는 후각을 유기체의 의사결정 도구로 분석하고 모형화해야 한다. 냄새 지각은 대상이나 복잡한 상황을 비교하는 뚜렷한 문맥 표식인 것이지, 개별 감각 정보에 대한 '확립된' 정신적 이미지나 '냄새로서의 냄새'에 대한 암호화가 아니다. 이런 맥락에서 냄새는 보다 넓은 정신적 지평의 일부로서 대상의 뚜렷한 특질을 나타내곤 한다. 매일매일 벌어지는 지각 과정에서 코는 문맥을 재는 척도로 작용한다. 심리학자 E. P. 쾨스터는 이렇게 주장했다. "냄새는 대개 이전에 벌어졌던 상황을 떠올리는 일화 기억에 의해 가장 잘 파악된다."[27]

우리는 일반적인 인지 과정에서 지각의 표식으로 냄새를 경험한다. 생각해 보자. 냄새로서 냄새에 대한 개념적 기억을 떠올리는 일은 서툴 수 있지만, 대상이나 맥락과 결부된 표식으로서 냄새에 대한 일화 기억은 예외적일 정도로 정확하다(할머니의 익숙한 냄새처럼). 뇌는 대상이나 상황과 연관 지어 냄새를 기억하는 경향이 크다. 특히 나중에 마주쳤을 때 충분히 비슷한 대상이나 특정한 상황이(좋거나 나쁘거나 정말 고약한) 떠오른다면 더욱 잘 기억할 것이다. 뇌가 우선해서 소환하는 것은 냄새 그 자체가 아니라, 냄새와 함께 뇌가 암기한 상황 정보이다.

그렇다고 해서 우리가 냄새 대상에 대해 언제나 말을 못하는 것은 아니다. 우리는 분명 대상에 대해 언급한다. 우리는 여전히 개념적인 차원에서 후각 인상을 말할 때, 구별되는 범주를 다루기 위해 '냄새 대상'이나 '냄새 이미지'와 같은 개념을 손쉽게 사용할 수 있다(장미나 오줌과 같은). 하지만, 철학적 오류의 희생양이 되어 이러한 범주가 시각 대상과 동등하고 또 이와 유사한 의미에서 외부 세계를 충실히 표상한다고 생각해서는 안 된다. 물리적 자극 공간에서 냄새는 대상의 고립된 표현이 아니다. 냄새는 자극 패턴의 규칙성(서로 관계가 있는 것이 동시에 출현하는, 즉 같은 냄새 자극에 대해 같은 반응을 보이는)을 연상 학습한 결과에 따라, 물질의 특성이 드러나는 상황을 측정하고 가공한 것이다.

이 구별은 매우 중요하다. 냄새의 질에 대한 지각 표현이 풍부하다고 해서 그것을 자극 공간이나 후각 암호화 원리의 직접적 결과인 냄새 집단에 균일하고 동등하게 지도화할 수 없다.

이제 과학자들은 후각에 새로운 전망을 제시한다. 올로프손은 이렇게 말했다. "후각 연구가 인간의 기억 메커니즘을 새로운 방식으로 이해하는 데 도움이 될 수 있습니다. 명시적 기억*은 후각과 비교했을 때 분명 연구가 많이 진척된 분야이지요. 하지만 후각은 시각계와 상당히 다른, 뚜렷이 구별되는 방식으로 지각을 조직화합니다. 서로 다른 두 가지 유형의 감각 기억이 어떻게 유사한 종류의 장기 기억으로 저장될 수 있는지, 두 감각 기억을 비교하는 일은 매우 생산적인 연구가 되겠지요. 아마도 이런 연구를 통해 후각은 스스로를 넘어설 것이고, 인간의

---

* 의식적으로 떠올릴 수 있는 기억이며,
일화 기억과 의미 기억(수학 공식
외우기 같은)으로 구분한다.

보편적인 지각 기능을 이해하는 데에도 도움을 줄 겁니다."

후각의 핵심은 연상 기억 능력에 있을지도 모른다. 냄새는 강화된 경험을 통해 학습된 연상의 표상으로 기능한다. 냄새만 주어졌을 때 그것을 식별하기가 쉽지 않은 것도 이런 이유이다. 전문가가 아닌 이상 우리 코는 보통 다른 감각적 단서와 함께, 주어진 상황에 의존하여 냄새의 개념적 내용을 떠올린다. 따라서 정상적이고 일상적인 지각에서 냄새는 뇌를 위한 경험의 표식 역할을 한다. 뇌는 인식의 부추김과 도움을 받아, 의식의 배경과 지시자로 냄새를 활용하는 것이다.

우리 정신은 늘 후각과 어깨동무해 왔다.

10장

코는 마음과
뇌로 통하는 창

> "감각 지각에서 객관성과 주관성의 전통적 이원론은 오래된 철학적 프레임의 유물이다. 이제 생각을 바꿀 때가 되었다."
>
> — A. S. 바위치

후각 연구는 포괄적인 감각 이론을 수립할 절호의 기회가 될 것이다. 또한 우리는 후각을 통해 정보 처리의 신경 기반 모델에 필요한 전제를 명확히 파악할 수 있다.

후각은 지각 이론의 주요 철학적 전제에 의문을 던진다. (1) 지각 경험의 개인적 편차는 지각의 객관성과 양립할 수 없는가(9장) (2) 지각 항등성*은 감각 처리의 주요 기능인가(3, 4장) (3) 신경 위상학은 뇌의 기본적 조직화 원리인가(6-8장). 이를 통해 우리는 뇌가 마음을 창조하는 방식에 대한 새로운 통찰력을 얻는다.

시각 처리가 움직임을 감지하는 데 집중되어 있음에도 불구하고, 시각 중심 이론에서는 지각이 대상의 안정적인 표상에 관한 것이라는 생각을 고수한다. "매일 끊임없이 변화하는 감각을 기반으로 우리는 어떻게 일정한 지각을 유지할 수 있을까?" 좋은 질문이다. 제임스 J. 깁슨이 이러한 질문을 제기했고,[1] 뒤에, 데이비드 마가 정식화했다.[2] 그러나 그 항등성은 지각의 여러 기능 중 하나일 뿐, 유일한 지각 기능은 아니다. 하지만 감각 지각에서 외관과 실체의 차이를 구분하는 객관성의 표현으로 안정성을 택했기 때문에 이 문제는 아직도 철학적·과학적 논쟁의 핵심 주제다.

* 자극 조건이 변해도 크기, 모양, 색채 등 대상의 속성을 일정하게 지각하는 것. 예를 들면, 멀리 있는 집이 사람보다 작아 보여도 실제로는 집이 크다고 지각하는 것이다.

시각계의 전형적인 위상학은, 우리 뇌에 세계를 지도화할 수 있다는 관점을 뒷받침하는 것 같다. 이런 관점에서 뇌는 세계와 마음이 상호작용하는, 다소 수동적인 플랫폼을 닮았다. 지금까지 신경과학은 마음과 세계 사이에 존재하는 철학적 이원론의 세부 사항을 채워 넣었다. 뇌가 **어떻게** 세계의 구조화된 표상에 도달하는가는 실험 과학의 흥미로운 연구 주제였다. 그것이 뇌의 **기능인지 아닌지를** 의심하는 사람은 거의 없었다.

후각은 이런 대응 모델과는 잘 맞지 않는다. 후각은 행동 맥락에서나 물리적 장소성 면에서 예측할 수 없는 자극을 다루는 감각이다. 화학 환경은 늘 유동적이다. 이를 통계적으로 추적하기 위해서는 복잡한 문제를 간단히 다룰 해결책이 필요하다. 이런 의미에서 미리 정해진, 지나치게 상세한 지도는 형세를 더욱 불리하게 만들 수 있다(6, 7장). 대신 우리는 입력 정보와 하향식 효과 사이의 미묘한 경계를 반복해서 지켜보았다(8, 9장). 후각은 평가하고 판단하는 성격이 강한 감각이다. 냄새 경험에는 지각과 판단이 얽혀 있다. 어떻게 대상을 마주하고 연관시키느냐에 따라, 이들을 어떻게 분류하고 가치 판단을 내릴지가 결정된다(3, 4장). 세계와 마음이 서로 대응할지라도, 뇌는 세계와 마음을 일대일로 짝 짓지 못한다.

뇌는 역동적이다. 뇌는 세계를 지도화한다기보다 세계를 측정한다. 이런 맥락에서 뇌는 어떻게, 무엇을, 언제 선택해야 하는지 답을 구하기 위해 냄새의 '무게를 잰다.' 냄새는 비율에 대한 해석이자, 신호의 조합과 크기에 대한 평가로서 질적 유사물의 표상을 형상화하는 것이다. 측정 기계로서의 뇌가 시사하는 바는, 지각이 안정된 대상 인식과 식별에 관한 것이 아니라는 사실이다. 그렇다기보다, 지각은 변화하는 의사결정 맥락에서 사소한 질적 차이를 유연하게 평가하기 위해 이전 경험을 떠올리고 관측 결과를 다듬는다. 냄새가 지닌 정보의 내용을 지시하는 일은 가변적이며, 입력의 특정 비율과 조합 사이에 형성된 연관성 그리고 이들의 (가능한) 상호작용 예측치와 관련이 있다. 측정된 감각을 지각 범주로 일반화할 때 어떤 해석이 선택되고 무엇이 잠재적 후보가 되는지는 생물학적 요구와 경험 및 학습에 기초를 둔다. 또한, 기억력에 기반할 뿐만 아니라 행위와도 관계가 있으며, 수용하는 유기체와 환경과의 상호작용 측면에서도 이해해야 한다.

뇌의 활동과 행동의 관점에서 보면, 다시 말해 유연한 의사결정 기관으로서 뇌를 들여다보면, 공간적 표상은 시간과 상황을 측정하는 행위에 따르는 이차적 부산물이다. 유기체의 진화적 발달과 개별 개체의 생활사가 측정을 보정하는 역할을 한다는 점까지 고려하면, 지각 처리를 정의하는 가장 근본적인 원리는 자극 표상이 아니라 측정이다.

후각 이야기는 철학적 직관에 순응하기보다 시스템을 통해 사고하는 법을 보여 주고, 신경과학의 개념적 기초를 재고하게 만든다. 또한 지각을 이해하는 새로운 대안을 제시한다.

지각은 기술이다. 냄새 지각은 신경 처리 과정과 인지전략- 유기체가 냄새 맡는 일을 배우는- 을 포함하는, 여러 단계로 구성된 기술이다. 무엇보다, 지각은 의사결정 과정에서 정보 측정에 따라 결정되는 것이지 그 자체로 안정적인 것은 아니다. 감각계가 어떤 종류의 분류 활동을 허용하는지, 감각 정보가 어떻게 지각 범주 및 인지 대상으로 처리되는지가 중요한 관건이라는 말이다.

지각은 포착 행동과 학습 행위로 이루어진 지속적인 활동이다. 외부 정보는 정형화된 범주나 표식이 부착된 형태로 제공되지 않는다. 우리가 경험하는 범주화된 지각은 감각계의 작동에 따른 결과물로, 그것은 활동이다. 감각 입력은 다양한 종류의 근원에서 비롯한다. 눈에 도달하는 표면 반사광, 귀에 도달하는 압력파, 코 위로 솟구치는 휘발성 화학물질, 피부에 가해지는 기계적 압력, 심장이 박동하면서 생성되는 감각. 이런 다양한 물리적 정보는 곧바로 신경 신호로 변환된다. 이후 이들 정보는 여과되고 의미 단위로 구조화된 뒤, 비슷한 무리끼리 통합되거나 혹은 신경계의 다른 병렬 프로세스에 맞추어 다시 가공된다.

따라서 후각의 지각 내용은 '냄새 대상'이 아니라 '냄새 상황'으로 분석해야 한다. 냄새 상황이란 시간 및 학습 연상의 관점에서 입력 단서를 통합하고, 그에 따라 신경계가 의사결정을 내리는 지각 척도를 의미한다. 이러한 관점에서, 감각 지각은 하향식 과정의 기대 효과에 맞춰 환경에서 오는 신호 비율의 변화를 측정하는 작업이라 할 수 있다.

코와 눈이 만나는 곳

후각 연구는 시각 이론에 얼마나 기여할 수 있을까? 신경조직의 원리에 관한 한 시각은 크리스털처럼 투명하고 분명하게 보이지만, 시각의 모든 정황이 실제로 그리 명쾌하지는 않다. 시각 위상학의 기초는 주류 모델들이 주장하는 것만큼 튼실하지 않다. 예컨대, 바다거북과 다른 파충류의 일차 시각 겉질은 자극 입력에 대해 위상학적 구조를 보이지 않는다. 즉, 바다거북의 시각 겉질은 망막으로 입력된 시각 신호를 지도화하지 않는다.[3] 이제 우리의 보편적인 모델 유기체-포유동물인 설치류나 영장류 같은-를 위한 대안을 찾아야 할 것이다.

2017년 저명한 신경과학자 마거릿 리빙스턴은 마카쿠 원숭이의 방추상 얼굴 영역에 나타나는, 공간적으로 분리된 활성 패턴이 경험에 따라 달라진다는 사실을 발견했다.[4] 시각 정보 처리에서도 감각 학습은 신경 신호 배열의 기초가 된다. 시각계에서 이러한 연산 원칙은 유전적으로 미리 결정된 몸통 설계 이상의 것을 포함한다. 후각에서 볼 수 있는 비위상적·연상적 신경 신호를 떠받치는 연결성은, 위상 지도를 넘어 연산 원리를 탐구하는 대체 모델이 될 수 있다.

선택과 통합을 특징으로 하는, 감각계를 작동시키는 특별한 원칙은 지각의 특성을 결정하고 평가하는 견고한 근거가 된다. 예를 들어 색상 등의 일부 지각 범주가 냄새 같은 다른 범주에 비해 더 개별적이고 덜 모호한지 여부는, 정보가 처음 어떻게 암호화되고 나아가 어떻게 의미 단위로 통합되는가에 달려 있다. 따라서 지각 이론은 지각 효과의 실현과 관련된 다양한 상호작용에 기초해야 한다. 우리는 분자와 신경에 기반해서 어떤 종류의 인지와 행동 원리가 유도될 수 있는지 물어야 하고, 역으로 인지와 행동을 통해 분자와 신경 기반을 추적해야 한다.

이런 맥락에서 환영illusions을 생각해 보자. 헬름홀츠는 환영이 무의식적 추론의 결과라고 생각했다. 무의식적 추론은 다름 아닌 감각으로부터 마음이 지각을 형성하는 메커니즘이다(9장). 이런 생각은 시

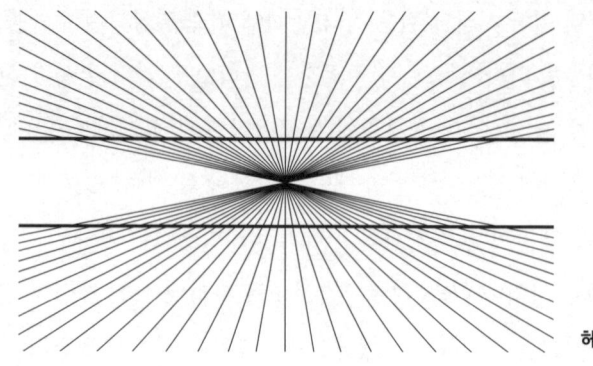

헤링 착시

각뿐만 아니라 후각의 환영도 잘 설명한다. 인지과학자 마크 챙기지는 많은 시각적 환영(착시 현상)을 '신경 지연neural lag'으로 설명할 수 있다고 말했다.[5] 그는 헤링 착시Hering illusion를 예로 들었다. 휜 것처럼 보이는 두 직선은 지각적으로 모사된, 소실점을 향한 운동 기댓값의 결과물이다. 이것은 시각계가 어떻게 세상을 이해하는가에 대한 하나의 그럴듯한 설명으로, 신경적 기초이자 행동과 지각을 짝 짓는 예측하는 뇌 이론의 성과를 반영한다.

감각 지각은 기본적으로 발생과 경험에 비추어 형성된다. 고도로 조직화된 맥락에서도 그렇고, 시각처럼 그 구조가 미리 결정된 감각계에서도 마찬가지다. 만약 뇌를 통해 마음을 이해하기를 바란다면 우리는 뇌의 구조와 기능의 다양함에 대해 깊이 생각해야 한다.

지각 이론 ≠ 시각 이론

현실은 눈으로 보는 것 이상이다. 지각 이론이 시각 이론으로 축소될 수는 없다. 진화의 역사 전반에 걸쳐 감각은 다양하게 갈라져 왔다. 진화 과정에서 시각은 비교적 늦게 등장했으며, 맛이나 냄새 같은 화학적 수용이 진화 초기에 먼저 나타났다. 모든 감각은 각기 다른 수단을 동원하여 다양한 행동 기능에 참여한다. 그런데 왜 지각을 이해하는 데 시각이 최선의 선택이라고 여기는 것일까? 왜 모든 감각이 한 가지 원리에 의해 작동한다고 생각하고, 그럴 때 왜 굳이 시각을 최적의 모델로 삼을까?

시각은 환상적인 감각계이다. 현대 신경과학의 여러 관점은 시각을 바탕으로 형성되었다. 그러나 시각 중심적 접근 방식은 기본적으로 '다른 감각들'에 대한 잘못된 우월주의로 이어졌다. 시각 연구의 렌즈는 지각의 기능과 조건을 어떻게 생각해야 하는지, 우리 사고의 틀을 짜 왔다. 그것은 우리가 지각이라고 생각하는 것을 선험적으로 결정했다. 얼마나 많은 '다른 감각들'이 있는지, 또 '다른 감각들'이 무엇인지 충분히 이해하지 못한 상태에서 내린 기이한 결론이었다. 시각 우월주의는 잘 드러나지 않았던 다른 감각계를 알게 모르게 무시하도록 조장했다. 심각한 뇌병변을 앓기 전까지는 전혀 의식하지 못하는 중요한 감각들도 있다. 흔히 알고 있는 사실과 달리, 우리에게는 다섯 가지 이상의 감각이 있다.

현대 감각 과학은, 어떻게 세느냐에 따라 혹은 분류의 목적이 무엇인지에 따라, 우리의 감각이 27개에 이를 수 있다고 추정한다. 표준 지각 모델로는 설명할 수 없는 감각이 있는 것이다. 자기수용감각*이나 내부감각** 등이 대표적인 예다. 이들 감각은 행동 유도성에서 그 폭이

---

* 몸의 위치, 자세, 평형 및 움직임에 대한 감각.

** 심장의 박동을 느끼는 것과 같은, 내부 장기를 통해 느끼는 감각.

넓고, 생리학과 현상학 측면에서도 각기 다르다.

이동移動에 대해 생각해 보자. 이동은 감각계가 진화하는 데 핵심적인 역할을 했다. 시각과 후각 그리고 자기수용감각은 유기체를 움직여 환경에 반응할 수 있게 한다. 이동은, 다양한 종류의 환경 데이터를 처리하기 위해 신경계가 어떻게 배선되어 있는지 등을 포함하여 감각 정보가 어떻게 사용되는지를 결정하는, 유기체 행동의 중요한 일부다. 자극을 처리하는 과정에서 모든 감각이 일관된 규칙성을 보이지는 않는다. 모든 감각이 같은 방식으로 공간을 탐색하는 것도 아니다. 어떻게 행동이 특정 감각계의 신경조직을 형성했는지, 감각의 지각 과정은 어떻게 결정되는지는 감각계마다 서로 다른 것이다.

세 가지 감각을 비교하면 이 문제가 더 선명하게 드러난다. 몸의 위치와 움직임을 지각하는 자기수용감각을 생각해 보자. 그것은 공간에서 항해하는 물리적 존재로서 우리의 몸을 공간 경험과 연결시킨다. 자기수용감각은 육체적 실체로서 자신의 정체성과 육체의 내적 감각을 통해 무의식적으로 공간성을 이해하는 숨은 감각이다. 후각은 이와 다르게 작용한다. 들숨 냄새는 외부 단서에 근거한 공간적 행동을 허용하지만, 공간 차원성 자체에 대한 비교 감각은 부족하다. 몸으로 공간 감각을 얻기 위해, 자기수용감각이 꼭 외부 신호를 처리할 필요는 없다. 자기수용감각은 그렇게 하는 대신 시각 지각과 긴밀하게 짝 짓는다. 반면, 후각은 체성감각과 결합하여, 코를 킁킁거리며 냄새 맡는 행동을 통해 손쉽게 공간을 탐색한다. 이처럼 감각은 상호 보완적으로 작용한다. 각각의 감각 결과가 항상 일치하지는 않지만 통합적인 방식으로 서로를 보완한다.

감각의 다양성에 비추어 보면, 시각이 특출하고 후각은 그렇지 않다는 생각은 터무니없다. 시각계는 매우 특이하다. 대략적으로 말하면, 시각계는 삼차원 환경을 이차원 망막 이미지로 변환한 다음, 특정한 형상 집합(모양, 색상, 움직임)을 추출하고 깊이를 더하여 삼차원의 정신적 이미지를 재구성한다. 이는 촉각이나 미각 혹은 다른 감각계에서의 연산 작용 방식과는 매우 다르다.

시각은 예측 가능한 자극으로부터 정보를 추출함으로써 공간 탐색이라는 임무를 수행하는, 고도로 조직화된 신경을 가진 감각이다. 그러나 촉각이나 후각 같은 감각은 예측할 수 없는 자극에 반응하기 위해 진화했다. 항상성(심박수나 호르몬 균형과 같은 생리 과정에서의 안정된 평형)을 좌우하는 내부감각은 규칙적인 데다 예측 가능성도 없다. 이런 점을 감안하면 지각 이론을 일반화하는 작업에서 굳이 시각에 방점을 둘 필요는 없다.

냄새엔 뭔가 특별한 것이 있다

감각 모델로 코를 지명할 수 있는 근거는 무엇일까? 후각은 정말 시각과 그토록 다른 것일까? 후각과 시각은 지각 효과를 일부 공유한다. 앞에서 살펴본 '파르메산 치즈-토사물' 사례는 시각에서의 게슈탈트 전환*을 연상시킨다. 후각이 본질적으로 시각과 다른 것은 아니다. 그러나 이 말은 혁신적인 의미를 품고 있다. 마음과 뇌 이론에 관여하는 것을 포함해서, 이들 감각에 대해 살펴볼 때 후각과 시각을 모든 면에서

---

* Gestalt switch. 형태나 이미지가 변하지 않았음에도 관찰자의 시각에 따라 다른 형태나 이미지로 지각되는 현상. 똑같은 그림이 소녀로도 노파로도 지각되는 경우가 잘 알려진 예이다.

다르게 볼 필요는 없다. 실질적인 문제는 이들 감각의 무엇이 같고 무엇이 다른지, 그리고 여러 감각으로 분화된 의미는 무엇인지 숙고하는 데 있다.

지금까지 우리는 후각을 시각, 청각 그리고 체성감각과 비교하고, 이들 감각계가 각기 다른 신경 표상의 원리에 의해 작동한다는 점을 살펴보았다(2장, 5~8장). 유전학적으로 볼 때 후각은 신경 말단에서부터 이미 심한 편차가 나타난다. 부가적인 자극 암호화가 나타나지도 않고, 정형화된 위상 자극 표상도 엿볼 수 없다. 이러한 특성은 20세기 감각 신경과학의 핵심에 있었던 자극 지도화 개념과 극명한 대조를 이룬다. 마음과 뇌 이론에서 지도화 문제는 철학적 토론에서도 다루어졌다. 이 때 지각에 관한 논의를 주도한 것은 표상 이론이다.[6] 표상 이론에서, 믿을 만한 지각이란 물리적 특성을 정확한 정신적 표상으로 변환시키는 작업이다. 그러나 '지도화'라는 화두는 지각이 무엇인지 이해하는 작업을 방해했다. 연상 학습, 관찰의 정교화 그리고 맥락에 민감한 의사결정이라는 지각의 본궤도에서 벗어났기 때문이었다. 코 이야기는 개념적 인상을 포함하여(3, 9장), 일반적인 지각 효과가 자극 위상보다는 신경 구조의 발생에 달려 있다는 사실을 보여 주었다.

지각 효과는 지각이 만들어지는 과정을 통해 이해해야 한다. 즉, 지각 효과를 이해하기 위해서는 자극의 암호화 과정을 비롯해서 연산 체계와 신경 처리 원리의 의미를 명시적으로 살펴보아야 한다. 패트리샤 처칠랜드는 이런 학문적 접근방식에 '신경철학neurophilosophy'이라는 이름을 붙였다. "마음을 이해하는 일은 곧 뇌를 이해하는 일이다." 뇌를 이해하기 위해서는 그 구조와 배치에 집중하는 것만으로는 충분치 않다.

맺는 말

후각 뇌 이야기는 여기서 끝나지만 연구는 계속될 것이다. 현 단계에서 신경과학 연구는 다음과 같은 철학적 교훈을 중심에 불러 세웠다. 개인적 편차는 지각의 객관성 개념과 상충하지 않는다. 오히려 그런 편차는 감각계의 핵심 메커니즘을 드러낸다. 우리는 지각의 주관적 효과를, 그것이 만들어지는 인과 원리를 통해 접근하고 측정하고 비교할 수 있다. 감각 지각에서 객관성과 주관성의 전통적 이원론은 오래된 철학적 프레임의 유물이다. 이제 생각을 바꿀 때가 되었다.

후각 뇌 연구는 또한, 자연주의 철학을 21세기로 끌어들이고 신경과학의 질문을 철학과 구분하는 제도화된 규율의 이기주의를 청산할 기회이기도 하다. 철학은, 그 사상과 토론이 시대를 초월하고 경험적 발전과는 무관하게 적용된다는 오만한 태도를 버려야 한다. 신경과학은 마음과 그것의 생성과 구조, 환경에 대해, 역사적으로 성장한 뿌리 깊은 직관을 재조명하는 새로운 철학적 질문과 시각을 제시한다. 우리는 우리의 방법을 퍼즐에 맞추어야 한다. 그 반대가 아니라.

신경철학은 종이에 쓰인 산뜻한 낱말들보다 더 먼 곳에 이를 것이다. 이는 공허한 선언이 아니라 현실적인 전망이다. 이제 내 개인적 이야기를 덧붙이며 책을 끝맺으려 한다. 3년 동안 밤낮으로 실험실에서 생활한 철학자는 과학과 철학, 양쪽 모두에 그 흔적을 남길 수밖에 없다. 파이어스타인은 자신의 과학적인 작업을 넘어서, 요즘은 고문서 보관소에서 19세기 철학 원고를 읽고 있다. 한편, 나의 미래는 전환점을 맞이했다. 나는 곧 몸소 실험실을 운영한다. 고든 셰퍼드와 함께 한 운명적인 아침 식사 후에, 그가 이렇게 물은 게 발단이었다. "실험을 해 볼 생각이 있으신가요?"

인터뷰에 응한 사람들
주註
감사의 글
찾아보기

인터뷰에 응한 사람들

게르킨, 릭Gerkin, Rick　　　　신경정보학 연구원, 애리조나 주립대학
　　　　　　　　　　　　　　04/17/2018, AChemS

고트프리트, 제이Gottfried, Jay　신경과학자, 펜실베이니아 대학교
　　　　　　　　　　　　　　04/17/2018, AChemS

그리어, 찰리Greer, Charlie　　　신경과학자, 예일 대학교
　　　　　　　　　　　　　　09/05/2017, New Haven

길버트, 에이버리Gilbert, Avery　감각 과학자 08/13/2016, Skype

노블, 앤Noble, Ann C.　　　　감각 화학자, UC 데이비스 대학교
　　　　　　　　　　　　　　02/01/2018, phone

도티, 리처드Doty, Richard　　　임상 과학자, 펜실베이니아 대학교
　　　　　　　　　　　　　　04/18/2018, AChemS

로다미엘, 크리스토프　　　　　조향사, 드림에어 05/14/2018, Skype
　Laudamiel, Christophe

로저스, 매슈Rogers, Matthew　　신경생물학자, 피르메니히 05/18/2018, NYC

리드, 랜들Reed, Randall　　　　신경생물학자, 분자생물학자, 존스 홉킨스 대학
　　　　　　　　　　　　　　04/26/2018, Skype

린버그, 드미트리Rinberg, Dmitry　신경과학자, 뉴욕 대학교 08/17/2016, NYC

인터뷰에 응한 사람들

마고, 크리스천 Margot, Christian	화학자, 피르메니히 04/17/2018, AChemS
마지드, 아시파 Majid, Asifa	인지과학자, 요크 대학교 03/04/2018, Skype
맥건, 존 McGann, John	신경과학자, 러트거스 대학교 04/18/2018, AChemS
멍거, 스티브 Munger, Steve	신경과학자, 플로리다 대학교 04/17/2018, AChemS
메르신, 안드레아스 Mershin, Andreas	생물물리학자, 매사추세츠 공과대학 01/27/2016, Skype
메이어, 파블로 Meyer, Pablo	IBM 04/30/2017, NYC
메인랜드, 조엘 Mainland, Joel	신경과학자, 모넬화학감각센터 04/17/2018, AChemS
모젤, 맥스웰 Mozell, Maxwell	생리학자, 업스테이트 메디컬 대학교 명예교수 05/03/2018, NYC
바토슉, 린다 Bartoshuk, Linda	심리학자, 플로리다 대학교 04/18/2018, AChemS
벅, 린다 Buck, Linda	신경과학자, 프레드 허치슨 암 연구센터 09/21/2017, phone
보스홀, 레슬리 Vosshall, Leslie	신경과학자, 록펠러 대학교 02/07/2017, NYC
셰퍼드, 고든 Shepherd, Gordon	신경과학자, 예일 대학교 03/22/2017, New Haven
스미스, 배리 Smith, Barry C.	철학자, 런던 대학교 04/16–17/2017, NYC
스토퍼, 마크 Stopfer, Mark	신경과학자, 미국립보건원(NIH) 04/18/2018, AChemS
애크리, 테리 Acree, Terry	미각 화학자, 코넬 대학교 08/10–11/2016, Ithaca; 04/18/2019, AChemS
액설, 리처드 Axel, Richard	신경과학자, 컬럼비아 대학교 03/07/2018, NYC
올로프손, 요나스 Olofsson, Jonas	인지과학자, 스톡홀름 대학교 06/01/2017, NYC
와이엇, 트리스트럼 Wyatt, Tristram	동물학자, 옥스퍼드 대학교 06/09/2018, Skype
윌슨, 도널드 Wilson, Donald	신경과학자, 뉴욕 대학교 01/26/2018, NYC

저우, 둥-징Zou, Dong-Jing	신경과학자, 컬럼비아 대학교 04/24/2018, NYC
케이, 레슬리Kay, Leslie	신경과학자, 시카고 대학교 04/18/2018, AChemS
켈러, 안드레아스Keller, Andreas	신경과학자, 철학자, 뉴욕 시립대학교 09/30/2016, 04/30/2017, NYC
타우지엣, 앨리슨Tauziet, Allison	와인 제조가, 나파벨리의 콜긴 셀러스 01/23/2018, Skype
파이어스타인, 스튜어트 Firestein, Stuart	신경과학자, 컬럼비아 대학교 05/23/2017, 01/26/2018, NYC
포이벳, 에르완Poivet, Erwan	신경과학자, 컬럼비아 대학교 09/01/2016, NYC
푸스, 아이나Puce, Aina	신경과학자, 인디애나 대학교 블루밍턴 03/02/2019, email
프라스넬리, 요하네스 Frasnelli, Johannes	임상 과학자, 퀘벡 아 트루아리비에르 대학교 04/19/2018, AChemS
프랭크, 매리언Frank, Marion	심리학자, 코네티컷 대학교 04/19/2018, AChemS
프리몬트, 해리Fremont, Harry	조향사, 피르메니히 05/11/2018, NYC
핑거, 톰Finger, Tom	신경생물학자, 콜로라도 대학교 05/04/2018, Skype
헤르츠, 레이첼Herz, Rachel	심리학자, 브라운 대학교 04/17/2018, AChemS
헤틴저, 토머스Hettinger, Thomas	화학자, 코네티컷 대학교 04/19/2018, AChemS
호로비츠, 알렉산드라 Horowitz, Alexandra	인지과학자, 뉴욕 바너드 대학 03/06/2017, NYC
화이트, 테레사White, Theresa	심리학자, 르 모인 대학교 04/27/2018, Skype
훔멜, 토마스Hummel, Thomas	임상 과학자, 드레스덴 기술대학교 04/28/2017, phone

주註

서문

1_ Abbé de Étienne Bonnot Condillac, *Condillac's Treatise on the Sensations*, trans. M. G. S. Carr (1754; repr., London: Favil, 1930), xxxi.
2_ Immanuel Kant, *Anthropology from a Pragmatic Point of View*, ed. and trans. R. B. Louden (1798; repr., Cambridge: Cambridge University Press, 2006), 50–51. 임마누엘 칸트, 백종현 옮김, 『실용적 관점에서의 인간학』(아카넷, 2014)
3_ Charles Darwin, *The Descent of Man, and Selection in Relation to Sex*, vol. 1(London: Murray, 1874), 17. 찰스 다윈, 이종호 옮김, 『원서발췌 인간의 유래와 성선택』(지만지, 2019)

서론: 냄새 속으로

1_ Alexander Graham Bell, "Discovery and Invention," Alexander Graham Bell Family Papers, 1834 to 1974: Article and Speech Files, Library of Congress, reprinted from *National Geographic Magazine*, June 1914.
2_ Jutta Schickore, "Doing Science, Writing Science," *Philosophy of Science* 75, no. 3 (2008): 323–343.
3_ Stuart Firestein, *Failure: Why Science Is So Successful* (New York: Oxford University Press, 2015); Stuart Firestein, Ignorance: How It Drives Science (New York: Oxford University Press, 2012). 스튜어트 파이어스타인, 김아림 옮김, 『구멍투성이 과학: 지금 이 순간 과학자들의 일상을 채우고 있는 진짜 과학 이야기』(리얼부커스, 2019)

4_ Patricia Smith Churchland, Neurophilosophy: Toward a Unified Science of the Mind-Brain (Cambridge, MA: MIT Press, 1989); quote taken from Patricia Smith Churchland, " Of Brains & Minds: An Exchange," *New York Review of Books* 61, no. 11, June 19, 2014, accessed March 20, 2019, https://www.nybooks.com/articles/2014/06/19/brains-and-minds-exchange/. 패트리샤 처칠랜드, 박제윤 옮김, 『뇌과학과 철학-마음 뇌 통합과학을 위하여』(철학과 현실사, 2006)
5_ Paul M. Churchland, *The Engine of Reason, the Seat of the Soul: A Philosophical Journey into the Brain* (Cambridge, MA: MIT Press, 1996); John Bickle, *Psychoneural Reduction: The New Wave* (Cambridge, MA: MIT Press, 1998).

1장. 코의 역사

1_ Aristotle, *The Works of Aristotle,* ed. J. A. Smith and W. D. Ross, vol. 3, *On the Senses and the Sensible* (Oxford: Clarendon Press, 1931), 441b, 442b (emphasis added).
2_ Theophrastus, *Enquiry into Plants and Minor Works on Odours and Weather Signs,* ed. and trans. Sir Arthur Hort (London: William Heinemann, 1916), 2:413.
3_ Susan Ashbrook Harvey, *Scenting Salvation: Ancient Christianity and the Olfactory Imagination* (Berkeley: University of California Press, 2006); Christopher M. Woolgar, *The Senses in Late Medieval England* (New Haven, CT: Yale University Press, 2006).
4_ Adam Hart-Davis and Emily Troscianko, *Taking the Piss: A Potted History of Pee* (Hornchurch, UK: Chalford Press, 2006), 55.
5_ Sabine Krist and Wilfried Grießer, *Die Erforschung der chemischen Sinne: Geruchs- und Geschmackstheorien von der Antike bis zur Gegenwart* (Berlin: Peter Lang, 2006), 53; Robert Jütte, *A History of the Senses* (Cambridge, UK: Polity Press, 2005), 59.
6_ Simon Kemp, "A Medieval Controversy about Odor," *Journal of the History of the Behavioral Sciences* 33, no. 3 (1997): 211–219; Jütte, *History of the Senses;* Woolgar, *Senses in Medieval England;* Krist and Grießer, *Erforschung der chemischen Sinne,* 55–58.
7_ Kriest and Grießer, *Erforschung der chemischen Sinne,* 52; Avicenna Latinus, *Liber de anima seu sextus de naturalibus,* ed. Simone van Riet, vols. 1–3 (Leuven, Belgium: Peeters; Leiden, Netherlands: E. J. Brill, 1972), 146–153.

8_ Andrea Porzionato, Veronica Macchi, and Raffaele De Caro, "The Role of Caspar Bartholin the Elder in the Evolution of the Terminology of the Cranial Nerves," *Annals of Anatomy* 195, no. 1 (2013): 28–31.
9_ Woolgar, *Senses in Medieval England,* 15.
10_ Carl Linnaeus and Andreas Wåhlin, *Dissertatio medica odores medicamentorum exhibens* (Stockholm: L. Salvius, 1752).
11_ Carl Linnaeus, *Clavis Medicinae Duplex: The Two Keys of Medicine,* from a Swedish translation with introduction and commentary by Birger Bergh et al., trans. Peter Hogg, ed. Lars Hansen (London: Whitby, 2012).
12_ Albrecht von Haller, *Elementa physiologiae corporis humani* (Lausanne: Sumptibus Marci-Michael Bousquet & Sociorum, 1757).
13_ Hendrik Zwaardemaker, *Die Physiologie des Geruchs* (Leipzig: Verlag von Wilhelm Engelmann, 1895).
14_ Anton Kerner von Marilaun, *The Natural History of Plants, Their Forms, Growth, Reproduction* (New York: H. Holt and Company, 1895–1896).
15_ John Harvey Lovell, "Flower Odors and Their Importance to Bees: A Series of Articles," *American Bee Journal* 15 (1934): 392.
16_ Frank Anthony Hampton, *The Scent of Flowers and Leaves: Its Purpose and Relation to Man* (London: Dulau, 1925).
17_ G. W. Septimus Piesse, *The Art of Perfumery, and Method of Obtaining the Odors of Plants* (Philadelphia: Lindsay and Blakiston, 1857); Edward Sagarin, *The Science and Art of Perfumery* (London: McGraw-Hill, 1945); Mandy Aftel, *Essence and Alchemy: A Book of Perfume* (New York: North Point Press, 2001); Matthias Guentert, "The Flavour and Fragrance Industry—Past, Present, and Future," in *Flavours and Fragrances* (Berlin: Springer, 2007), 1–14.
18_ Andrea Büttner, *Springer Handbook of Odor* (New York: Springer, 2017), 4–5.
19_ Robert Boyle, *Experiments and Observations about the Mechanical Production of Odours* (London: E. Flesher, 1675).
20_ Lawrence M. Principe, *The Aspiring Adept: Robert Boyle and His Alchemical Quest* (Princeton, NJ: Princeton University Press, 2000).
21_ Robert Boyle, *The Philosophical Works of the Honourable Robert Boyle Esq., in Three Volumes,* ed. Peter Shaw, vol. 1 (London: W. Innys, R. Manby, and T. Longman, 1738), 412.
22_ Herman Boerhaave, "Of the Smelling," in Dr. *Boerhaave's Academical Lectures on*

the Theory of Physic, vol. 4 (London: W. Innys, 1745), 39–54, 40.

23_ Antoine-François de Fourcroy, "Mémoire sur l'esprit recteur de Boerhaave," *Annales de chimie* 26 (1798): 232.

24_ Johann Franz Simon, *Animal Chemistry with Reference to the Physiology and Pathology of Man,* vol. 2 (London: Sydenham Society, 1846), 343.

25_ Friedrich Wöhler, "Ueber künstliche Bildung des Harnstoffs," *Annalen der Physik und Chemie* 88, no. 2 (1828): 253–256.

26_ Günther Ohloff, Wilhelm Pickenhagen, and Philip Kraft, *Scent and Chemistry: The Molecular World of Odors* (Zürich: Wiley-VCH, 2011), 5.

27_ Jean-Baptiste Dumas, "Über die vegetabilischen Substanzen, welche sich dem Campher nähert und Über einige Ätherische Öle," *Justus Liebigs Annalen der Chemie* 6, no. 3 (1833): 245–258.

28_ Ohloff, Pickenhagen, and Kraft, *Scent and Chemistry,* 5.

29_ Ferdinand Tiemann and Wilhelm Haarmann, "Über das Coniferin und seine Umwandlung in das aromatische Princip der Vanille," *Berichte der Deutschen Chemischen Gesellschaft* 7, no. 1 (1874): 608–623.

30_ Karl Reimer, "Über eine neue Bildungsweise aromatischer Aldehyde," *Berichte der Deutschen Chemischen Gesellschaft* 9, no. 1 (1876): 423–424.

31_ Firmenich, *Firmenich & Co., Successors to Chuit Naef & Co., Geneva, 1895–1945* (Geneva: Firmenich, 1945); Percy Kemp, ed., *An Odyssey of Flavors and Fragrances: Givaudan* (New York: Abrams, 2016).

32_ Christopher Kemp, *Floating Gold: A Natural (and Unnatural) History of Ambergris* (Chicago: University of Chicago Press, 2012).

33_ Leopold Ružička, "Die Grundlagen der Geruchschemie," *Chemiker-Zeitung* 44, no. 1 (1920): 93, 129.

34_ Daniel Speich, "Leopold Ruzicka und das Verhältnis von Wissenschaft und Wirtschaft in der Chemie," *ETH History* (blog), Eidgenössische Technische Hochschule Zürich [Swiss Federal Institute of Technology, Zurich], accessed March 18, 2019, http://www.ethistory.ethz.ch/besichtigungen/touren/vitrinen/konjunkturkurven/vitrine61/.

35_ Olivier Walusinski, "Joseph Hippolyte Cloquet (1787–1840)—Physiology of Smell: Portrait of a Pioneer," *Clinical and Translational Neuroscience* 2, no. 1 (2018): 2514183X17738406.

36_ Hippolyte Cloquet, *Osphrésiologie, ou traité des odeurs, de sens et des organes de*

l'olfaction (Paris: Chez Méquignon-Marvis, 1821).
37_ Walusinski, "Joseph Hippolyte Cloquet," 6.
38_ Eduard Paulsen, "Experimentelle Untersuchungen über die Strömung der Luft in der Nasenhöhle," *Sitzungsbericht der Kaiserlichen Akademie der Wissenschaften* 85 (1882): 348–373.
39_ Zwaardemaker, *Physiologie des Geruchs,* 49–52.
40_ Annick Le Guérer, "Olfaction and Cognition: A Philosophical and Psychoanalytic View," in *Olfaction, Taste, and Cognition,* ed. Catherine Rouby et al. (Cambridge: Cambridge University Press, 2002), 3–15.
41_ Thomas Laycock, *A Treatise on the Nervous Diseases of Women* (London: Longman, Orme, Brown, Green, and Longmans, 1840).
42_ Havelock Ellis, "Sexual Selection in Man: Touch, Smell, Hearing, and Vision," part 1 in *Studies in the Psychology of Sex,* vol. 2 (Philadelphia: F. A. Davis, 1905), 47–83; Constance Classen, David Howes, and Anthony Synnott, *Aroma: The Cultural History of Smell* (London: Routledge, 2002). 콘스탄스 클라센·데이비드 하위즈·앤소니 시노트, 김진옥 옮김, 『아로마-냄새의 문화사』(현실문화, 2002) [절판]
43_ Ellis, "Sexual Selection in Man."
44_ Carl Maria Giessler, *Wegweiser zu einer Psychologie des Geruches* (Hamburg, Leipzig: Leopold Voss, 1894).
45_ Joel Michell, *Measurement in Psychology: A Critical History of a Methodological Concept* (Cambridge: Cambridge University Press, 1999).
46_ Eleanor Acheson McCulloch Gamble, "The Applicability of Weber's Law to Smell," *American Journal of Psychology* 10, no. 1 (1898): 93.
47_ Hans Henning, Der Geruch (Leipzig: Verlag von Johann Ambrosius Barth, 1916).
48_ Eleanor Acheson McCulloch Gamble, "Taste and Smell," *Psychological Bulletin* 13, no. 3 (1916): 137. See also Eleanor Acheson McCulloch Gamble, "Review of 'Der Geruch' by Hans Henning," *American Journal of Psychology* 32, no. 2 (1921): 290–295.
49_ E. C. Crocker and L. F. Henderson, "Analysis and Classification of Odors," *American Perfumer Essential Oil Review* 22 (1927): 325–327.
50_ Ralf D. Bienfang, "Dimensional Characterisation of Odours," *Chronica botanica* 6 (1941): 249–250.
51_ F. Nowell Jones and Margaret Hubbard Jones, "Modern Theories of Olfaction:

A Critical Review," *Journal of Psychology: Interdisciplinary and Applied* 36, no. 1 (1953): 207-241.
52_ Ellis, "Sexual Selection in Man." Ellis mentions the theories of von Walther (1807-1808), Zwaardemaker (1898), Haycraft (1887-1888), Rutherford (1892), Southerden (1903), and Vaschide and Van Melle (1899).
53_ Malcolm Dyson, "Some Aspects of the Vibration Theory of Odour," *Perfumery and Essential Oil Record* 19 (1928): 456-459; Malcolm Dyson, "The Scientific Basis of Odour," *Journal of the Society of Chemical Industry* 57, no. 28 (1938): 647-651.
54_ Robert H. Wright, "Odor and Molecular Vibration: The Far Infrared Spectra of Some Perfume Chemicals," *Annals of the New York Academy of Sciences* 116 (1964): 552-558; Robert H. Wright, "Odor and Molecular Vibration: Neural Coding of Olfactory Information," *Journal of Theoretical Biology* 64, no. 3 (1977): 473-474.
55_ H. Teudt, "Eine Erklärung der Geruchserscheinungen," *Biologisches Zentralblatt* 33 (1913): 716-724.
56_ M. N. Banerji, "Incidence of Smell: Theory of Surface Friction," *Indian Journal of Psychological Medicine* 6 (1930): 87-94.
57_ Luca Turin, *The Secret of Scent* (London: Faber & Faber, 2006); Ann-Sophie Barwich, "How to Be Rational about Empirical Success in Ongoing Science: The Case of the Quantum Nose and Its Critics," *Studies in History and Philosophy of Science* 69 (2018): 40-51. 루카 튜린, 장재만 외 옮김, 『향의 비밀-향수로의 모험 냄새의 과학』(센텍, 2010) [절판], 챈들러 버, 강미경 옮김, 『루카 튜린-향기에 취한 과학자』(지식의 숲, 2005). 루카 튜린의 진동 이론을 소개한 책이다.
58_ Lloyd H. Beck and Walter R. Miles, "Some Theoretical and Experimental Relationships between Infrared Absorption and Olfaction," *Science* 106 (1947): 511.
59_ A. Müller, "A Dipolar Theory of the Sense of Odour," *Perfumery and Essential Oil Record* 27 (1936): 202.
60_ M. Heyninx, "La physiologie de l'olfaction," *Revue d'Oto-Neuro-Ophthalmology* 11 (1933): 10-19.
61_ T. H. Durrans, "The 'Residual Affinity' Odour Theory," *Perfumery and Essential Oil Record* 11 (1920): 391-393; C. E. Pressler, "Theories on Odors," *Drug and Cosmetic Industry* 62 (1948): 180-182.
62_ Gertrud Woker, "The Relations between Structure and Smell in Organic

Compounds," *Journal of Physical Chemistry* 10 (1906): 455–473.

63_ Gösta Ehrensvärd, "Über die Primärvorgänge bei Chemozeptorenbeeinflussung," *Acta physiologica Scandinavica* 3, suppl. 9 (1942): 151.

64_ J. LeMagnen, "Analyse d'odeurs complexes et homologues par fatigue," *Comptes rendus de l'Académie des Sciences* 226 (1949): 753–754; M. Ghirlanda, "Sulla presenza di glicogena nella mucosa olfattoria, puo'avere il glicogeno nasale rapporto con la funzione dell'olfatto?" *Atti dell'Accademia delle Scienze di Siena, detta dei fisiocritici* 18 (1950): 407–412.

65_ J. H. Kremer, "Adsorption de matières odorantes et de narcotiques odorants par les lipoïdes," *Archives Néerlandaises de Physiologie de l'Homme et des Animaux* 1 (1916–1917): 715–725.

66_ G. B. Kistiakowsky, "On the Theory of Odours," *Science* 112 (1950): 154–155.

67_ John E. Amoore, "Current Status of the Steric Theory of Odor," *Annals of the New York Academy of Sciences* 116, no. 2 (1964): 457–476; John E. Amoore, *Recent Advances in Odor: Theory, Measurement, and Control* (New York: New York Academy of Sciences, 1964), 457–476; John E. Amoore, *The Molecular Basis of Odor* (Springfield, IL: Thomas, 1970).

68_ Linus Pauling, "Molecular Architecture and Biological Reactions," *Chemical and Engineering News* 24, no. 10 (1946): 1375–1377.

69_ Robert W. Moncrieff, "What Is Odor? A New Theory," *American Perfumer* 54 (1949): 453.

70_ Günther Ohloff, *Scent and Fragrances: The Fascination of Odors and Their Chemical Perspectives,* trans. W. Pickenhagen and B. M. Lawrence (New York: Springer, 1994).

71_ Günther Ohloff, "Relationship between Odor Sensation and Stereochemistry of Decalin Ring Compounds," in *Gustation and Olfaction,* ed. G. Ohloff and A. F. Thomas (Cambridge, MA: Academic Press, 1971), 178–183.

72_ Ohloff, Pickenhagen, and Kraft, *Scent and Chemistry.*

73_ Charles S. Sell, *Fundamentals of Fragrance Chemistry* (Weinheim, Germany: Wiley-VCH, 2019); Paolo Pelosi, *On the Scent: A Journey Through the Science of Smell* (Oxford: Oxford University Press, 2016).

74_ Karen J. Rossiter, "Structure-Odor Relationships," *Chemical Reviews* 96, no. 8 (1996): 3201–3240; M. Chastrette, "Trends in Structure-Odor Relationship," *SAR and QSAR in Environmental Research* 6, no. 3–4 (1997): 215–254; Charles

S. Sell, "On the Unpredictability of Odor," *Angewandte Chemie International Edition* 45, no. 38 (2006): 6254–6261.

75_ Ann-Sophie Barwich, "Bending Molecules or Bending the Rules? The Application of Theoretical Models in Fragrance Chemistry," *Perspectives on Science* 23, no. 4 (2015): 443–465.

76_ Maxwell M. Mozell, "The Spatiotemporal Analysis of Odorants at the Level of the Olfactory Receptor Sheet," *Journal of General Physiology* 50, no. 1 (1966): 25–41; Paul F. Kent et al., "Mucosal Activity Patterns as a Basis for Olfactory Discrimination: Comparing Behavior and Optical Recordings," *Brain Research* 981, no. 1–2 (2003): 1–11.

2장. 현대적 의미의 후각, 갈림길에서

1_ Linda B. Buck and Richard Axel, "A Novel Multigene Family May Encode Odorant Receptors: A Molecular Basis for Odor Recognition," *Cell* 65, no. 1 (1991): 175–187.

2_ Stuart Firestein, unpublished laudation at Harvey Society Lecture Series, May 18, 2016. Thanks to Stuart Firestein for sharing this material.

3_ Stuart Firestein, Charles Greer, and Peter Mombaerts, "The Molecular Basis for Odor Recognition," *Cell* Annotated Classics, accessed March 20, 2019, https://www.cell.com/pb/assets/raw/journals/research/cell/libraries/annotated-classics/ACBuck.pdf.

4_ Stuart Firestein, "A Nobel Nose: The 2004 Nobel Prize in Physiology and Medicine," *Neuron* 45, no. 3 (2005): 333–338; Richard Axel, "Scents and Sensibility: A Molecular Logic of Olfactory Perception (Nobel Lecture)," *Angewandte Chemie International Edition* 44, no. 38 (2005): 6110–6127; Linda B. Buck, "Unraveling the Sense of Smell (Nobel Lecture)," *Angewandte Chemie International Edition* 44, no. 38 (2005): 6128–6140.

5_ Ann-Sophie Barwich and Karim Bschir, "The Manipulability of What? The History of G-Protein Coupled Receptors," *Biology & Philosophy* 32, no. 6 (2017): 1317–1339; Robert J. Lefkowitz, "A Brief History of G-protein Coupled Receptors (Nobel Lecture)," *Angewandte Chemie International Edition* 52, no. 25 (2013): 6366–6378; Sara Snogerup-Linse, "Studies of G-protein Coupled Receptors. The Nobel Prize in Chemistry 2012. Award Ceremony Speech,"

Royal Swedish Academy of Sciences (2012), accessed July 9, 2017, https://www.nobelprize.org/nobel_prizes/chemistry/laureates/2012/presentation-speech.html.

6_ Ann-Sophie Barwich, "What Is So Special about Smell? Olfaction as a Model System in Neurobiology," *Postgraduate Medical Journal* 92 (2015): 27–33.

7_ Nicholas Wade, "Scientist at Work / Kary Mullis; After the 'Eureka,' a Nobelist Drops Out," *New York Times*, September 15, 1998, accessed December 31, 2019, https://www.com/1998/09/15/science/scientist-at-work-kary-mullis-after-the-eureka-a-nobelist-drops-out.html;history of PCR: Paul Rabinow, Making PCR: *A Story of Biotechnology* (Chicago: University of Chicago Press, 2011).

8_ Chaim Linhart and Ron Shamir, "The Degenerate Primer Design Problem," *Bioinformatics* 18, suppl. 1 (2002): S172–S181.

9_ David Hubel, *Eye, Brain, and Vision*, Scientific American Library 22 (New York: W. H. Freeman, 1988); Patricia Smith Churchland, *Neurophilosophy: Toward a Unified Science of the Mind-Brain* (Cambridge, MA: MIT Press, 1989). 패트리샤 처칠랜드, 박제윤 옮김, 『뇌과학과 철학-마음 뇌 통합과학을 위하여』(철학과 현실사, 2006)

10_ David H. Hubel and Torsten N. Wiesel, *Brain and Visual Perception: The Story of a 25-Year Collaboration* (New York: Oxford University Press, 2004).

11_ Barbara Tizard, "Theories of Brain Localization from Flourens to Lashley," *Medical History* 3, no. 2 (1959): 132–145; Stanley Finger, *Origins of Neuroscience: A History of Explorations into Brain Function* (Oxford: Oxford University Press, 2001); Erhard Oeser, *Geschichte der Hirnforschung: Von der Antike bis zur Gegenwart,* 2nd ed. (Darmstadt, Germany: WBG, 2010); S. Finger, "The Birth of Localization Theory," chap. 10 in *Handbook of Clinical Neurology* 95 (3rd series), *History of Neurology,* ed. M. Aminoff, F. Boller, and D. Swaab (Amsterdam, Netherlands: Elsevier, 2010), 117–128.

12_ Lily E. Kay, *Who Wrote the Book of Life? A History of the Genetic Code* (Palo Alto, CA: Stanford University Press, 2000).

13_ Stephen William Kuffler, "Neurons in the Retina: Organization, Inhibition and Excitatory Problems," *Cold Spring Harbor Symposia on Quantitative Biology* 17 (1952): 281–292; Stephen William Kuffler, "Discharge Patterns and Functional Organization of Mammalian Retina," *Journal of Neurophysiology* 16, no. 1 (1953): 37–68.

14_ Jerome Y. Lettvin et al., "What the Frog's Eye Tells the Frog's Brain," *IEEE Xplore*:

Proceedings of the Institute of Radio Engineers 47, no. 11 (1959): 1940–1951.
15_ Gordon M. Shepherd, *Creating Modern Neuroscience: The Revolutionary 1950s* (New York: Oxford University Press, 2009).
16_ Hubel, *Eye, Brain, and Vision*, 115.
17_ Vernon B. Mountcastle, "Modality and Topographic Properties of Single Neurons of Cat's Somatic Sensory Cortex," *Journal of Neurophysiology* 20, no. 4 (1957): 408–434; Vernon B. Mountcastle, "Vernon B. Mountcastle," in *The History of Neuroscience in Autobiography*, vol. 6, ed. L. Squire (New York: Oxford University Press, 2009), 342–379.
18_ Jennifer F. Linden and Christoph E. Schreiner, "Columnar Transformations in Auditory Cortex? A Comparison to Visual and Somatosensory Cortices?" *Cerebral Cortex* 13, no. 1 (2003): 83–89.
19_ Jonathan C. Horton and Daniel L. Adams, "The Cortical Column: A Structure without a Function," *Philosophical Transactions of the Royal Society B: Biological Sciences* 360, no. 1456 (2005): 837–862.
20_ Henry J. Alitto and Dan Yang, "Function of Inhibition in Visual Cortical Processing," *Current Opinion in Neurobiology* 20, no. 3 (2010): 340–346.
21_ Bettina Malnic et al., "Combinatorial Receptor Codes for Odors," *Cell* 96, no. 5 (1999): 713–723; Shepherd and Firestein suggested a similar mechanism: Gordon M. Shepherd and Stuart Firestein, "Toward a Pharmacology of Odor Receptors and the Processing of Odor Images," *Journal of Steroid Biochemistry and Molecular Biology* 39, no. 4 (1991): 583–592.
22_ Hans Henning, *Der Geruch* (Leipzig: Verlag von Johann Ambrosius Barth, 1916); John E. Amoore, "Specific Anosmia and the Concept of Primary Odors," *Chemical Senses* 2, no. 3 (1977): 267–281.
23_ Haiqing Zhao et al., "Functional Expression of a Mammalian Odorant Receptor," *Science* 279 (1998): 237–242.
24_ Michael S. Singer, "Analysis of the Molecular Basis for Octanal Interactions in the Expressed Rat I7 Olfactory Receptor," *Chemical Senses* 25, no. 2 (2000): 155–165.
25_ Sandeepa Dey et al., "Assaying Surface Expression of Chemosensory Receptors in Heterologous Cells," *Journal of Visualized Experiments* 48 (2011): e2405; Hiro Matsunami, "Mammalian Odorant Receptors: Heterologous Expression and Deorphanization," *Chemical Senses* 41, no. 9 (2016): E123. For a review on the problem outline see Zita Peterlin, S. Firestein, and Matthew E. Rogers, "The State

of the Art of Odorant Receptor Deorphanization: A Report from the Orphanage," *Journal of General Physiology* 143, no. 5 (2014): 527–542.

26_ Joel D. Mainland et al., "Human Olfactory Receptor Responses to Odorants," *Scientific Data* 2 (2015): 150002.

27_ Kerry J. Ressler, Susan L. Sullivan, and Linda B. Buck, "A Zonal Organization of Odorant Receptor Gene Expression in the Olfactory Epithelium," *Cell* 73, no. 3 (1993): 597–609.

28_ Ramón y Cajal, "Studies on the Human Cerebral Cortex IV: Structure of the Olfactory Cerebral Cortex of Man and Mammals," in *Cajal on the Cerebral Cortex: An Annotated Translation of the Complete Writings,* ed. J. DeFelipe and E. G. Jones (1901 / 02; repr., New York: Oxford University Press, 1988), 289 (emphasis added).

29_ Robert Vassar et al., "Topographic Organization of Sensory Projections to the Olfactory Bulb," *Cell* 79, no. 6 (1994): 981–991.

30_ Gordon M. Shepherd, *Neurogastronomy: How the Brain Creates Flavor and Why It Matters* (New York: Columbia University Press, 2012), 66.

31_ Edgar D. Adrian, "Olfactory Reactions in the Brain of the Hedgehog," *Journal of Physiology* 100, no. 4 (1942): 459–473; Edgar D. Adrian, "Sensory Messages and Sensation: The Response of the Olfactory Organ to Different Smells," *Acta Physiologica Scandinavica* 29, no. 1 (1953): 12–13.

32_ Gordon M. Shepherd, "Gordon M. Shepherd," in *The History of Neuroscience in Autobiography,* vol. 7, ed. L. R. Squire, Society for Neuroscience, accessed March 31, 2019, http://www.sfn.org/About/History-of-Neuroscience/Autobiographical-Chapters.

33_ Frank. R. Sharp, John S. Kauer, and Gordon M. Shepherd, "Local Sites of Activity-Related Glucose Metabolism in Rat Olfactory Bulb during Odor Stimulation," *Brain Research* 98, no. 3 (1975): 596–600; William B. Stewart, John S. Kauer, and Gordon M. Shepherd, "Functional Organization of the Rat Olfactory Bulb Analyzed by the 2-deoxyglucose Method," *Journal of Comparative Neurology* 185, no. 4 (1979): 489–495.

34_ Peter Mombaerts et al., "Visualizing an Olfactory Sensory Map," *Cell* 87, no. 4 (1996): 675–686.

35_ Fuqiang Xu, Charles A. Greer, and Gordon M. Shepherd, "Odor Maps in the Olfactory Bulb," *Journal of Comparative Neurology* 422, no. 4 (2000): 489–495;

Gordon M. Shepherd, W. R. Chen, and Charles A. Greer, "Olfactory Bulb," in *The Synaptic Organization of the Brain,* ed. G. M. Shepherd (Oxford: Oxford University Press, 2004), 165–216.

3장. 코를 사유하다

1_ Günther Ohloff, Wilhelm Pickenhagen, and Philip Kraft, *Scent and Chemistry: The Molecular World of Odors* (Zürich: Wiley-VCH, 2011); Paolo Pelosi, *On the Scent: A Journey through the Science of Smell* (Oxford: Oxford University Press, 2016).
2_ Donald A. Wilson and Richard J. Stevenson, *Learning to Smell: Olfactory Perception from Neurobiology to Behavior* (Baltimore: Johns Hopkins University Press, 2006).
3_ Gordon M. Shepherd, *Neurogastronomy: How the Brain Creates Flavor and Why It Matters* (New York: Columbia University Press, 2012).
4_ Constance Classen, David Howes, and Anthony Synnott, *Aroma: The Cultural History of Smell* (London: Routledge, 1994); Jim Drobnick, ed., *The Smell Culture Reader* (New York: Berg, 2006).
5_ Andreas Keller, *Philosophy of Olfactory Perception* (New York: Palgrave Macmillan, 2017); Barry C. Smith, "The Nature of Sensory Experience: The Case of Taste and Tasting," *Phenomenology and Mind 4* (2016): 212–227; Clare Batty, "A Representational Account of Olfactory Experience," *Canadian Journal of Philosophy* 40, no. 4 (2010): 511–538.
6_ Jean-Claude Ellena, *The Diary of a Nose: A Year in the Life of a Parfumeur* (London: Particular Books, 2012). 장 끌로드 엘레나, 신주영 옮김, 『나는 향수로 글을 쓴다』(여운, 2015)
7_ Paul H. Freedman, ed., *Food: The History of Taste* (Berkeley: University of California Press, 2007). 폴 프리드먼, 주민아 옮김, 『미각의 역사』(21세기 북스, 2009) [절판]
8_ Nadia Berenstein, "Designing Flavors for Mass Consumption," *Senses and Society* 13, no. 1 (2018): 19–40.
9_ Russell S. J. Keast and Andrew Costanzo, "Is Fat the Sixth Taste Primary? Evidence and Implications," *Flavour* 4, no. 1 (2015): 5.
10_ Linda M. Bartoshuk, "Taste," *Stevens' Handbook of Experimental Psychology and*

Cognitive Neuroscience 2 (2018): 121–154.
11_ International Standards Organization, "ISO 18794:2018(en)," accessed August 17, 2019, https://www.iso.org/obp/ui/#iso:std:iso:18794:ed-1:v1:en:term:3.1.6.
12_ Roger Jankowski, *The Evo-Devo Origin of the Nose, Anterior Skull Base and Midface* (Paris: Springer, 2016), chap. 6.
13_ Dana M. Small et al., "Differential Neural Responses Evoked by Orthonasal versus Retronasal Odorant Perception in Humans," *Neuron* 47, no. 4 (2005): 593–605.
14_ Charles Spence, "Oral Referral: On the Mislocalization of Odours to the Mouth," *Food Quality and Preference* 50 (2016): 117–128.
15_ "The Truth about Youth," *McCann Worldgroup*, 2011, accessed March 24, 2019, https://mccann.com.au/wp-content/uploads/the-truth-about-youth.pdf.
16_ David Melcher and Zoltán Vidnyánszky, "Subthreshold Features of Visual Objects: Unseen but Not Unbound," *Vision Research* 46, no. 12(2006): 1863–1867.
17_ Birgitta Dresp-Langley, "Why the Brain Knows More than We Do: Nonconscious Representations and Their Role in the Construction of Conscious Experience," *Brain Sciences* 2, no. 1 (2011): 1–21.
18_ Andreas Keller et al., "Genetic Variation in a Human Odorant Receptor Alters Odour Perception," *Nature* 449, no. 7161 (2007): 468; Casey Trimmer et al., "Genetic Variation across the Human Olfactory Receptor Repertoire Alters Odor Perception," *Proceedings of the National Academy of Sciences* 116, no. 19 (2019): 9475–9480.
19_ Nicholas Eriksson et al., "A Genetic Variant near Olfactory Receptor Genes Influences Cilantro Preference," *Flavour* 1, no. 1 (2012): 22.
20_ Michael Tye, "Qualia," in *Stanford Encyclopedia of Philosophy*, ed. E. Zalta, accessed May 7, 2018, https://plato.stanford.edu/entries/qualia/.
21_ Richard L. Doty, Avron Marcus, and W. William Lee, "Development of the 12-Item Cross-Cultural Smell Identification Test (CC-SIT)," *Laryngoscope* 106, no. 3 (1996): 353–356.
22_ Gordon M. Shepherd, "The Human Sense of Smell: Are We Better than We Think?," *PLoS Biology* 2, no. 5 (2004): e146.
23_ Yaara Yeshurun and Noam Sobel, "An Odor Is Not Worth a Thousand Words: From Multidimensional Odors to Unidimensional Odor Objects," *Annual Review of Psychology* 61 (2010): 219–241.

24_ Shepherd, *Neurogastronomy,* chap. 8.
25_ Tyler S. Lorig, "On the Similarity of Odor and Language Perception," *Neuroscience & Biobehavioral Reviews* 23, no. 3 (1999): 391–398.
26_ Asifa Majid and Niclas Burenhult, "Odors Are Expressible in Language, as Long as You Speak the Right Language," *Cognition* 130, no. 2 (2014): 266–270.
27_ Ewelina Wnuk and Asifa Majid, "Revisiting the Limits of Language: The Odor Lexicon of Maniq," *Cognition* 131, no. 1 (2014): 125–138.
28_ Jonas K. Olofsson and Donald A. Wilson, "Human Olfaction: It Takes Two Villages," *Current Biology* 28, no. 3 (2018): R108–R110.
29_ Andrew Dravnieks, *Atlas of Odor Character Profiles* (Philadelphia: ASTM, 1985).
30_ René Magritte, *The Treachery of Images* (Los Angeles: Los Angeles County Museum of Art, 1929).
31_ William G. Lycan, *Consciousness and Experience* (Cambridge, MA: MIT Press, 1996).
32_ Benjamin D. Young, "Smelling Matter," *Philosophical Psychology* 29, no. 4 (2016): 520–534.
33_ Ann-Sophie Barwich, "A Critique of Olfactory Objects," *Frontiers in Psychology* (June 12, 2019), http://doi.org/10.3389/fpsyg.2019.01337.
34_ Tali Weiss et al., "Perceptual Convergence of Multi-component Mixtures in Olfaction Implies an Olfactory White," *Proceedings of the National Academy of Sciences* 109, no. 49 (2012): 19959–19964.
35_ Karen J. Rossiter, "Structure-Odor Relationships," *Chemical Reviews* 96, no. 8 (1996): 3201–3240; Charles Sell, "On the Unpredictability of Odor," *Angewandte Chemie International Edition* 45, no. 38 (2006): 6254–6261.
36_ Examples: Robert W. Moncrieff, *The Chemical Senses* (London: L. Hill, 1944); Ruth Gross-Isseroff and Doron Lancet, "Concentration-Dependent Changes of Perceived Odour Quality," *Chemical Senses* 13, no. 2 (1988): 191–204; Andrew Dravnieks, "Odor Measurement," *Environmental Letters* 3, no. 2 (1972): 81–100.
37_ Henk Maarse, ed., *Volatile Compounds in Foods and Beverages* (New York and Basel: Marcel Dekker, 1991).
38_ Kathleen M. Dorries et al., "Changes in Sensitivity to the Odor of Androstenone during Adolescence," *Developmental Psychobiology* 22, no. 5 (1989): 423–435.
39_ Donald A. Wilson, "Pattern Separation and Completion in Olfaction," *Annals of the New York Academy of Sciences* 1170, no. 1 (2009): 306–312.

40_ Dan Rokni et al., "An Olfactory Cocktail Party: Figure-Ground Segregation of Odorants in Rodents," *Nature Neuroscience* 17, no. 9 (2014): 1225.

41_ Christophe Laudamiel, "The Human Sense of Smell," Center for Science and Society at Columbia University, YouTube video, accessed August 13, 2019, https://www.youtube.com/watch?v=C7uhbnRJvc8.

42_ Daniel C. Dennett, *Consciousness Explained* (New York: Back Bay Books, 1991), 9. 대니얼 데닛, 유자화 옮김, 『의식의 수수께끼를 풀다』(옥당, 2013)

4장. 냄새, 기억, 행동

1_ Andreas A. Keller and Leslie B. Vosshall, "Human Olfactory Psychophysics," *Current Biology* 14, no. 20 (2004): R875–R878.

2_ Idan Frumin et al., "A Social Chemosignaling Function for Human Handshaking," *eLife* 4 (2015): e05154.

3_ Clare Batty, "A Representational Account of Olfactory Experience," *Canadian Journal of Philosophy* 40, no. 4 (2010): 511–538; Clare Batty, "What the Nose Doesn't Know: Non-veridicality and Olfactory Experience," *Journal of Consciousness Studies* 17, no. 3–4 (2010): 10–27; Clare Batty, "Smell, Philosophical Perspectives," in *Encyclopedia of the Mind*, ed. H. E. Pashler (Los Angeles: SAGE, 2013), 700–704.

4_ Tim Crane, *Elements of the Mind: An Introduction to the Philosophy of Mind* (Oxford: Oxford University Press, 2001).

5_ Jean-Jacques Rousseau, *Emilius and Sophia: Or, A New System of Education,* vol. 1 (London: T. Becket and P. A. de Hondt, 1763), 294. 장 자크 루소, 이환 옮김, 『에밀』(돋을새김, 2015)

6_ Oliver Wendell Holmes, *The Autocrat of the Breakfast-Table* (Boston: Tricknor and Fields, 1865), 88; cf. Constance Classen, David Howes, and Anthony Synnott, *Aroma: The Cultural History of Smell* (London: Routledge, 1994), 87. 콘스탄스 클라센/데이비드 하위즈/앤소니 시노트, 김진옥 옮김, 『아로마-냄새의 문화사』(현실문화, 2002) [절판]

7_ Jean-Paul Guerlain, quoted in Suzanne Biallôt, "Taking Leave of Your Senses," *Elle* 8, no. 1 (1992): 266; Jean-Paul Guerlain, quoted in Ellen Stern, "Shalimar and the House of Guerlain," *Gourmet* 56, no. 3 (1996): 84.

8_ Marcel Proust, "Within a Budding Grove," in *Remembrance of Things Past,*

vol. 1, *Swann's Way*, trans. C. K. Scott Moncrieff (1922; repr., New York: Modern Library, 1992), 48. 마르셀 프루스트, 이형식 옮김, 『잃어버린 시절을 찾아서1』(펭귄클래식코리아, 2015). 다른 번역본이 더 있다.
9_ Crétien Van Campen, *The Proust Effect: The Senses as Doorways to Lost Memories*, trans. J. Ross (Oxford: Oxford University Press, 2014).
10_ Avery N. Gilbert, *What the Nose Knows: The Science of Scent in Everyday Life* (New York: Crown Publisher, 2008), chap. 10, esp. 351.
11_ Rachel S. Herz, "Trygg Engen, Pioneer of Olfactory Psychology, 1926–2009," *Chemosensory Perception* 3, no. 2 (2010): 135; Gesualdo Zucco, "Professor Trygg Engen (1926–2009)," *Chemical Senses* 35, no. 3 (2010): 181–182.
12_ Harry T. Lawless and William S. Cain, "Recognition Memory for Odors," *Chemical Senses* 1, no. 3 (1975): 331–337.
13_ Rachel Herz and Trygg Engen, "Odor Memory: Review and Analysis," *Psychonomic Bulletin & Review* 3, no. 3 (1996): 300–313.
14_ Harry T. Lawless and Trygg Engen, "Associations to Odors: Interference, Mnemonics, and Verbal Labeling," *Journal of Experimental Psychology: Human Learning and Memory* 3, no. 1 (1977): 52.
15_ Lizzie Ostrom, *Perfume: A Century of Scents* (London: Random House, 2015); Laura Eliza Enriquez, "Perfume: A Sensory Journey through Contemporary Scent," *The Senses and Society* 13, no. 1 (2018): 126–130.
16_ Rachel Herz, "Perfume," in *Neurobiology of Sensation and Reward*, Frontiers in Neuroscience, ed. J. Gottfried (Boca Raton, FL: CRC Press, 2011), 371.
17_ Benoist Schaal, Luc Marlier, and Robert Soussignan, "Human Foetuses Learn Odours from Their Pregnant Mother's Diet," *Chemical Senses* 25, no. 6 (2000): 729–737.
18_ E.g., Paul Rozin and Edward B. Royzman, "Negativity Bias, Negativity Dominance, and Contagion," *Personality and Social Psychology Review* 5, no. 4 (2001): 296–320; Paul Rozin, Amy Wrzesniewski, and Deidre Byrnes, "The Elusiveness of Evaluative Conditioning," *Learning and Motivation* 29, no. 4 (1998): 397–415.
19_ Alain Corbin, *The Foul and the Fragrant: Odor and the French Social Imagination* (Cambridge, MA: Harvard University Press, 1986). 알랭 코르뱅, 주나미 옮김, 『악취와 향기-후각으로 본 근대 사회의 역사』(오롯, 2019).
20_ Melanie A. Kiechle, *Smell Detectives: An Olfactory History of Nineteenth-Century*

Urban America (Seattle: University of Washington Press, 2017).
21_ K. Liddell, "Smell as a Diagnostic Marker," *Postgraduate Medical Journal* 52, no. 605 (1976): 136–138.
22_ E.g., Michael McCulloch et al., "Diagnostic Accuracy of Canine Scent Detection in Early-and Late-Stage Lung and Breast Cancers," *Integrative Cancer Therapies* 5, no. 1 (2006): 30–39; Leon Frederick Campbell et al., "Canine Olfactory Detection of Malignant Melanoma," *BMJ Case Reports* (2013): bcr2013008566.
23_ Elizabeth Quigley, "Scientists Sniff Out Parkinson's Disease Smell," *BBC News*, December 18, 2017, accessed December 16, 2018, https://www.bbc.com/news/uk-scotland-42252411.
24_ Jules Morgan, "Joy of Super Smeller: Sebum Clues for PD Diagnostics," *Lancet Neurology* 15, no. 2 (2016): 138–139; Drupad K. Trivedi et al., "Discovery of Volatile Biomarkers of Parkinson's Disease from Sebum," *ACS Central Science* 5 (2019): 599–606; Sarah Knapton, "Woman Who Can Smell Parkinson's Disease Helps Scientists Develop First Diagnostic Test," *Telegraph,* December 18, 2017, accessed December 16, 2018, https://www.telegraph.co.uk/science/2017/12/18/woman-can-smell-parkinsons-disease-helps-scientists-develop/?WT.mc_id=tmg_share_em.
25_ Claire Guest, *Daisy's Gift: The Remarkable Cancer-Detecting Dog Who Saved My Life* (New York: Random House, 2016).
26_ Ann-Sophie Barwich and Hasok Chang, "Sensory Measurements: Coordination and Standardization," *Biological Theory* 10, no. 3 (2015): 200–211.
27_ Richard L. Doty, Paul Shaman, and Michael Dann, "Development of the University of Pennsylvania Smell Identification Test: A Standardized Microencapsulated Test of Olfactory Function," *Physiology & Behavior* 32, no. 3 (1984): 489–502; Daniel A. Deems et al., "Smell and Taste Disorders,a Study of 750 Patients from the University of Pennsylvania Smell and Taste Center," *Archives of Otolaryngology–Head & Neck Surgery* 117, no. 5(1991): 519–528; Richard L. Doty, "Smell and the Degenerating Brain," *The Scientist,* October 1, 2013, accessed July 15, 2015, http://www.the-scientist.com/?articles.view/articleNo/37603/title/Smell-and-the-Degenerating-Brain/; Isabelle A. Tourbier and Richard L. Doty, "Sniff Magnitude Test: Relationship to Odor Identification, Detection, and Memory Tests in a Clinic Population," *Chemical Senses* 32, no. 6 (2007): 515–523.
28_ Andreas F. Temmel et al., "Characteristics of Olfactory Disorders in Relation

to Major Causes of Olfactory Loss," *Archives of Otolaryngology–Head & Neck Surgery* 128, no. 6 (2002): 635–641; Thomas Hummel, Basile N. Landis, and Karl-Bernd Hüttenbrink, "Smell and Taste Disorders," *GMS Current Topics in Otorhinolaryngology, Head and Neck Surgery* 10 (2011): Doc04.

29_ Thomas Hummel et al., " 'Sniffin' Sticks': Olfactory Performance Assessed by the Combined Testing of Odor Identification, Odor Discrimination and Olfactory Threshold," *Chemical Senses* 22, no. 1 (1997): 39–52.

30_ Jörn Lötsch, Heinz Reichmann, and Thomas Hummel, "Different Odor Tests Contribute Differently to the Evaluation of Olfactory Loss," *Chemical Senses* 33, no. 1 (2008): 17–21.

31_ Avery N. Gilbert et al., "Olfactory Discrimination of Mouse Strains *(Mus musculus)* and Major Histocompatibility Types by Humans *(Homo sapiens),*" *Journal of Comparative Psychology* 100, no. 3 (1986): 262.

32_ Claus Wedekind et al., "MHC-Dependent Mate Preferences in Humans," *Proceedings of the Royal Society B: Biological Sciences* 260, no. 1359 (1995): 245–249; Manfred Milinski, "The Major Histocompatibility Complex, Sexual Selection, and Mate Choice," *Annual Review of Ecology, Evolution, and Systematics* 37 (2006): 159–186; Andreas Ziegler, Heribert Kentenich, and Barbara Uchanska-Ziegler, "Female Choice and the MHC," *Trends in Immunology* 26, no. 9 (2005): 496–502; Claire Dandine-Roulland et al., "Genomic Evidence for MHC Disassortative Mating in Humans," *Proceedings of the Royal Society B: Biological Sciences* 286, no. 1899 (2019), https://doi.org/10.1098/rspb.2018.2664.

33_ Shani Gelstein et al., "Human Tears Contain a Chemosignal," *Science* 331, no. 6014 (2011): 226–230.

34_ Michael J. Russell, "Human Olfactory Communication," *Nature* 260 (1976): 520–522.

35_ Original study: Martha K. McClintock, "Menstrual Synchrony and Suppression," *Nature* 229 (1971): 244–245; critical evaluation: Jeffrey C. Schank, "Menstrual-Cycle Synchrony: Problems and New Directions for Research," *Journal of Comparative Psychology* 115 (2001): 3–15; further context: Donald A. Wilson and Richard J. Stevenson, *Learning to Smell: Olfactory Perception from Neurobiology to Behavior* (Baltimore: Johns Hopkins University Press, 2006).

36_ Kobi Snitz et al., "SmellSpace: An Odor-Based Social Network as a Platform for Collecting Olfactory Perceptual Data," *Chemical Senses* 44, no. 4 (2019): 267–278.

37_ Shlomo Wagner et al., "A Multireceptor Genetic Approach Uncovers an Ordered Integration of VNO Sensory Inputs in the Accessory Olfactory Bulb," *Neuron* 50, no. 5 (2006): 697–709; Stephen D. Liberles and Linda B. Buck, "A Second Class of Chemosensory Receptors in the Olfactory Epithelium," *Nature* 442, no. 7103 (2006): 645.

38_ Peter Karlson and Martin Lüscher, " 'Pheromones': A New Term for a Class of Biologically Active Substances," *Nature* 183 (1959): 55–56.

39_ Tristram D. Wyatt, "Fifty Years of Pheromones," *Nature* 457, no. 7227 (2009): 262.

40_ Richard L. Doty, *The Great Pheromone Myth* (Baltimore: Johns Hopkins University Press, 2010).

41_ E.g., Milos Novotny et al., "Synthetic Pheromones That Promote Inter-male Aggression in Mice," *Proceedings of the National Academy of Sciences* 82, no. 7 (1985): 2059–2061.

42_ Benoist Schaal et al., "Chemical and Behavioural Characterization of the Rabbit Mammary Pheromone," *Nature* 424, no. 6944 (2003): 68.

43_ Stephen D. Liberles, "Mammalian Pheromones," *Annual Review of Physiology* 76 (2014): 151–175.

44_ Tristram D. Wyatt, *Pheromones and Animal Behaviour: Communication by Smell and Taste* (Cambridge: Cambridge University Press, 2003).

5장. 공기를 타고, 코에서 뇌로

1_ A conceptual comparison of "perceptual space" between various modalities is found in Ingvar Johansson, "Perceptual Spaces Are Sense-Modality- Neutral," *Open Philosophy* 1, no. 1 (2018): 14–39. I agree with Johansson that spatiality requires modality-integrative analysis but disagree on the neglect of differentiation in spatial coding across the senses.

2_ John Locke, *An Essay Concerning Human Understanding* (London: Thomas Bassett, 1690). 존 로크, 추영현 옮김, 『인간지성론』(동서문화사, 2016)

3_ Thomas Nagel, "What Is It Like to Be a Bat?" *Philosophical Review* 83, no. 4 (1974): 435–450.

4_ Margaret Livingstone, *Vision and Art: The Biology of Seeing* (New York: Harry N. Abrams, 2002).
5_ Mazviita Chirimuuta, *Outside Color: Perceptual Science and the Puzzle of Color in Philosophy* (Cambridge, MA: MIT Press, 2015).
6_ Joel D. Mainland et al., "From Molecule to Mind: An Integrative Perspective on Odor Intensity," *Trends in Neurosciences* 37, no. 8 (2014): 443–454.
7_ Yevgeniy B. Sirotin, Roman Shusterman, and Dmitry Rinberg, "Neural Coding of Perceived Odor Intensity," eNeuro 2, no. 6 (2015): ENEURO.0083-15.2015.
8_ Daniel C. Dennett, *Consciousness Explained* (London: Penguin, 1991).
대니얼 데닛, 유자화 옮김, 『의식의 수수께끼를 풀다』(옥당, 2013)
9_ Neil J. Vickers et al., "Odour-Plume Dynamics Influence the Brain's Olfactory Code," *Nature* 410, no. 6827 (2001): 466; Antonio Celani, Emmanuel Villermaux, and Massimo Vergassola, "Odor Landscapes in Turbulent Environments," *Physical Review X* 4, no. 4 (2014): 041015, https://doi.org/10.1103/PhysRevX.4.041015; Ring T. Cardé and Mark A. Willis, "Navigational Strategies Used by Insects to Find Distant, Wind-Borne Sources of Odor," *Journal of Chemical Ecology* 34, no. 7 (2008): 854–866; Seth A. Budick and Michael H. Dickinson, "Free-Flight Responses of *Drosophila melanogaster* to Attractive Odors," *Journal of Experimental Biology* 209 (2006): 3001–3017.
10_ Massimo Vergassola, Emmanuel Villermaux, and Boris I. Shraiman, "'Infotaxis' as a Strategy for Searching without Gradients," *Nature* 445, no. 7126 (2007): 406.
11_ Noam Sobel et al., "Sniffing Longer rather than Stronger to Maintain Olfactory Detection Threshold," *Chemical Senses* 25, no. 1 (2000): 1–8; Stefan Heilmann and Thomas Hummel, "A New Method for Comparing Orthonasal and Retronasal Olfaction," *Behavioral Neuroscience* 118, no. 2 (2004): 412–419; Kai Zhao et al., "Effect of Anatomy on Human Nasal Air Flow and Odorant Transport Patterns: Implications for Olfaction," *Chemical Senses* 29, no. 5 (2004): 365–379.
12_ Joel Mainland and Noam Sobel, "The Sniff Is Part of the Olfactory Percept," *Chemical Senses* 31, no. 2 (2005): 181–196.
13_ M. Hasegawa and E. B. Kern, "The Human Nasal Cycle," *Mayo Clinic Proceedings* 52, no. 1 (1977): 28–34; R. Kahana-Zweig et al., "Measuring and Characterizing the Human Nasal Cycle," *PloS One* 11, no. 10 (2016): e0162918.
14_ Lucia F. Jacobs et al., "Olfactory Orientation and Navigation in Humans," *PloS One* 10, no. 6 (2015): e0129387.

15_ Jess Porter et al., "Mechanisms of Scent-Tracking in Humans," *Nature Neuroscience* 10, no. 1 (2007): 27.
16_ Alexandra Horowitz, *Inside of a Dog: What Dogs See, Smell, and Know* (New York: Simon and Schuster, 2010). 알렉산드라 호로비츠, 구세희 외 옮김, 『개의 사생활-우리 집 개는 무슨 생각을 할까?』(21세기북스, 2011)
17_ Matt Wachowiak, "All in a Sniff: Olfaction as a Model for Active Sensing," *Neuron* 71, no. 6 (2011): 962–973.
18_ James J. Gibson, *The Senses Considered as Perceptual Systems* (Boston: Houghton Mifflin, 1966); James J. Gibson, *The Ecological Approach to Visual Perception* (1979; repr., New York: Psychology Press, 2015).
제임스 깁슨, 박형생 외 옮김, 『지각체계로 본 감각』(아카넷, 2016)
19_ Humberto R. Maturana, and Francisco J. Varela, *Autopoiesis and Cognition: The Realization of the Living* (Dordrecht, Netherlands: Springer Science & Business Media, 1991); Francisco J. Varela, Evan Thompson, and Eleanor Rosch, *The Embodied Mind: Cognitive Science and Human Experience* (Cambridge, MA: MIT Press, 2017). 프란시스코 바렐라·에반 톰슨·엘리너 로쉬, 석봉래 옮김, 『몸의 인지과학』(김영사, 2013)
20_ Susan Hurley, "Perception and Action: Alternative Views," *Synthese* 129, no. 1 (2001): 3–40; Fred Keijzer, *Representation and Behavior* (Cambridge, MA: MIT Press, 2001).
21_ Rufin VanRullen, "Perceptual Cycles," *Trends in Cognitive Sciences* 20, no. 10 (2016): 723–735.
22_ Leslie M. Kay et al., "Olfactory Oscillations: The What, How and What For," *Trends in Neurosciences* 32, no. 4 (2009): 207–214.
23_ Christina Zelano et al., "Nasal Respiration Entrains Human Limbic Oscillations and Modulates Cognitive Function," *Journal of Neuroscience* 36, no. 49 (2016): 12448–12467.
24_ Rebecca Jordan et al., "Active Sampling State Dynamically Enhances Olfactory Bulb Odor Representation," *Neuron* 98, no. 6 (2018): 1214–1228.
25_ Rebecca Jordan, Mihaly Kollo, and Andreas T. Schaefer, "Sniffing Fast: Paradoxical Effects on Odor Concentration Discrimination at the Levels of Olfactory Bulb Output and Behavior," *eNeuro* 5, no. 5 (2018): ENEURO.0148-18.2018.
26_ Ulric Neisser, *Cognition and Reality: Principles and Implication of Cognitive*

Psychology (New York: W. H. Freeman, 1976).

27_ Hermann von Helmholtz, "Concerning the Perceptions in General," in *Treatise on Physiological Optics*, vol. 3, ed. and trans. J. P. C. Southall (1866; repr., New York: Optical Society of America, 1925), 1–37; Theo C. Meyering, *Historical Roots of Cognitive Science: The Rise of a Cognitive Theory of Perception from Antiquity to the Nineteenth Century* (Dordrecht, Netherlands: Springer, 2012), chaps. 7–11.

28_ Paul M. Wise, Mats J. Olsson, and William S. Cain, "Quantification of Odor Quality," *Chemical Senses* 25, no. 4 (2000): 429–443; Ann-Sophie Barwich, "A Sense So Rare: Measuring Olfactory Experiences and Making a Case for a Process Perspective on Sensory Perception," *Biological Theory* 9, no. 3 (2014): 258–268.

29_ Adam K. Anderson et al., "Dissociated Neural Representations of Intensity and Valence in Human Olfaction," *Nature Neuroscience* 6, no. 2 (2003): 196; Dana M. Small et al., "Dissociation of Neural Representation of Intensity and Affective Valuation in Human Gustation," *Neuron* 39, no. 4 (2003): 701–711; Joel D. Mainland et al., "From Molecule to Mind: An Integrative Perspective on Odor Intensity," *Trends in Neurosciences* 37, no. 8 (2014): 443–454.

30_ Ann-Sophie Barwich, "A Critique of Olfactory Objects," *Frontiers in Psychology* (June 12, 2019), http://doi.org.3389/fpsyg.2019.01337.

31_ Mike W. Oram and David I. Perrett, "Modeling Visual Recognition from Neurobiological Constraints," *Neural Networks* 7, no. 6–7 (1994): 945–972.

32_ Irving Biederman, "Recognition-by- Components: A Theory of Human Image Understanding," *Psychological Review* 94, no. 2 (1987): 115.

33_ Yukako Yamane et al., "A Neural Code for Three-Dimensional Object Shape in Macaque Inferotemporal Cortex," *Nature Neuroscience* 11, no. 11 (2008): 1352.

34_ Christopher Peacocke, "Sensational Properties: Theses to Accept and Theses to Reject," *Revue internationale de philosophie* 62, no. 242 (2008): 11.

6장. 분자를 넘어 지각으로

1_ Alexei Koulakov et al., "In Search of the Structure of Human Olfactory Space," *Frontiers in Systems Neuroscience* 5, no. 65 (2011), http://doi.org/10.3389/fnsys.2011.00065; E. Darío Gutiérrez, Amit Dhurandhar, Andreas Keller, Pablo Meyer, and Guillermo A. Cecchi, "Predicting Natural Language Descriptions of Mono-molecular Odorants," *Nature Communications* 9, no. 1 (2018): 4979.

주註

2_ Andreas Keller et al., "Predicting Human Olfactory Perception from Chemical Features of Odor Molecules," *Science* 355, no. 6327 (2017): 820–826.
3_ Andreas Keller and Leslie B. Vosshall, "Olfactory Perception of Chemically Diverse Molecules," *BMC Neuroscience* 17, no. 1 (2016): 55.
4_ Ed Yong, "Scientists Stink at Reverse-Engineering Smells," *The Atlantic,* November 16, 2016, accessed July 16, 2019, https://www.theatlantic.com/science/archive/2016/11/how-to-reverse-engineer-smells/507608/.
5_ Avery N. Gilbert, "Can We Predict a Molecule's Smell from Its Physical Characteristics?" *First Nerve,* February 23, 2017, accessed April 2, 2018, http://www.firstnerve.com/2017/02/can-we-predict-molecules-smell-from-its.html.
6_ Kerry J. Ressler, Susan L. Sullivan, and Linda B. Buck, "A Zonal Organization of Odorant Receptor Gene Expression in the Olfactory Epithelium," *Cell* 73, no. 3 (1993): 597–609.
7_ Donald A. Wilson and Richard J. Stevenson, *Learning to Smell: Olfactory Perception from Neurobiology to Behavior* (Baltimore: Johns Hopkins University Press, 2006).
8_ Erwan Poivet et al., "Applying Medicinal Chemistry Strategies to Understand Odorant Discrimination," *Nature Communications* 7 (2016): 11157; Erwan Poivet et al., "Functional Odor Classification through a Medicinal Chemistry Approach," *Science Advances* 4, no. 2 (2018): eaao6086.
9_ Bettina Malnic et al., "Combinatorial Receptor Codes for Odors," *Cell* 96, no. 5 (1999): 713–723.
10_ Edwin A. Abbott, *Flatland: A Romance of Many Dimensions* (1884; repr., London: Penguin, 1987). 에드윈 A. 애벗, 윤태일 옮김, 『플랫랜드』 (늘봄, 2009). 다른 번역본이 더 있다.
11_ Lu Xu et al., "Widespread Receptor Driven Modulation in Peripheral Olfactory Coding," *bioRxiv*: 760330, accessed December 2019, https://www.biorxiv.org/content/10.1101/760330v1. This study, by Firestein's graduate student Lu Xu, was conducted during my time in the lab. The paper has yet to be published. Firestein presented the data at several occasions to the astonishment of the audience.
12_ Matthew B. Bouchard et al., "Swept Confocally-Aligned Planar Excitation (SCAPE) Microscopy for High-Speed Volumetric Imaging of Behaving Organisms," *Nature Photonics* 9, no. 2 (2015): 113.

13_ William S. Cain, "Odor Intensity: Mixtures and Masking," *Chemical Senses* 1, no. 3 (1975): 339–352; Douglas J. Gillan, "Taste-Taste, Odor-Odor, and Taste-Odor Mixtures—Greater Suppression within than between Modalities," *Perception & Psychophysics* 33, no. 2 (1983): 183–185; David G. Laing et al., "Quality and Intensity of Binary Odor Mixtures," *Physiology & Behavior* 33, no. 2 (1984): 309–319; Leslie M. Kay, Tanja Crk, and Jennifer Thorngate, "A Redefinition of Odor Mixture Quality," *Behavioral Neuroscience* 119, no. 2 (2005): 726–733; Larry Cashion, Andrew Livermore, and Thomas Hummel, "Odour Suppression in Binary Mixtures," *Biological Psychology* 73, no. 3 (2006): 288–297; M. A. Chaput et al., "Interactions of Odorants with Olfactory Receptors and Receptor Neurons Match the Perceptual Dynamics Observed for Woody and Fruity Odorant Mixtures," *European Journal of Neuroscience* 35, no. 4 (2012): 584–597.

14_ Ricardo C. Araneda, Abhay D. Kini, and Stuart Firestein, "The Molecular Receptive Range of an Odorant Receptor," *Nature Neuroscience* 3, no. 12 (2000): 1248–1255; Yuki Oka et al., "Olfactory Receptor Antagonism between Odorants," *EMBO Journal* 23, no. 1 (2004): 120–126; Georgina Cruz and Graeme Lowe, "Neural Coding of Binary Mixtures in a Structurally Related Odorant Pair," *Scientific Reports* 3 (2013): 1220; Peterlin Zita et al., "The Importance of Odorant Conformation to the Binding and Activation of a Representative Olfactory Receptor," *Chemistry & Biology* 15, no. 12 (2008): 1317–1327; Chaput et al., "Interactions of Odorants with Olfactory Receptors."

15_ Xu et al., *Modulation in Peripheral Olfactory Coding.*

16_ P. K. Stanford, *Exceeding Our Grasp: Science, History, and the Problem of Unconceived Alternatives* (Oxford: Oxford University Press, 2006).

17_ Firmenich, "Firmenich Demonstrates Role of Smell to Accelerate New Toilet Economy," November 7, 2018, accessed March 29, 2019, https://www.firmenich.com/en_INT/company/news/Firmenich-demonstrates-role-of-smell-to-accelerate-new-toilet-economy.html.

18_ David G. Laing and G. W. Francis, "The Capacity of Humans to Identify Odors in Mixtures," *Physiology & Behavior* 46, no. 5 (1989): 809–814; David G. Laing, "Coding of Chemosensory Stimulus Mixtures," *Annals of the New York Academy of Sciences* 510 (1987): 61–66.

19_ Marion E. Frank, Dane B. Fletcher, and Thomas P. Hettinger, "Recognition of the Component Odors in Mixtures," *Chemical Senses* 42, no. 7 (2017): 537–546.

20_ Thomas P. Hettinger and Marion E. Frank, "Stochastic and Temporal Models of Olfactory Perception," *Chemosensors* 6, no. 4 (2018): 44.
21_ Vicente Ferreira, "Revisiting Psychophysical Work on the Quantitative and Qualitative Odour Properties of Simple Odour Mixtures: A Flavour Chemistry View. Part 2, Qualitative Aspects. A Review," *Flavour & Fragrance Journal* 27, no. 3 (2012): 201–215.
22_ Madeleine M. Rochelle, Géraldine Julie Prévost, and Terry E. Acree, "Computing Odor Images," *Journal of Agricultural and Food Chemistry* 66, no. 10 (2017): 2219–2225.

7장. 후각 망울의 정체

1_ Ramón y Cajal, "Croonian Lecture: La fine structure des centres nerveux," *Proceedings of the Royal Society of London* 55 (1894): 444–468; Ramón y Cajal, "Studies on the Human Cerebral Cortex IV: Structure of the Olfactory Cerebral Cortex of Man and Mammals," in *Cajal on the Cerebral Cortex: An Annotated Translation of the Complete Writings,* ed. J. DeFelipe and E. G. Jones (1901 / 02; repr., New York: Oxford University Press, 1988).
2_ Steven Pinker, *How the Mind Works* (London: Penguin Books, 1998), 183. 스티븐 핑커, 김한영 옮김, 『마음은 어떻게 작동하는가』(동녘사이언스, 2007)
3_ John P. McGann, "Poor Human Olfaction Is a 19th-Century Myth," *Science* 356, no. 6338 (2017): eaam7263.
4_ Shyam Srinivasan and Charles F. Stevens, "Scaling Principles of Distributed Circuits," *Current Biology* 29, no. 15 (2019): 2533–2540e.7.
5_ Kara E. Yopak et al., "A Conserved Pattern of Brain Scaling from Sharks to Primates," *Proceedings of the National Academy of Sciences* 107, no. 29 (2010): 12946–12951.
6_ Leslie M. Kay and S. Murray Sherman, "An Argument for an Olfactory Thalamus," *Trends in Neurosciences* 30, no. 2 (2007): 47–53.
7_ Camillo Golgi, "Sulla fina struttura dei bulbi olfactorii," *Rivista sperimentale di freniatria e medicina legale* 1 (1875): 66–78; for an English translation of Golgi's article on the bulb see Gordon M. Shepherd et al., "The Olfactory Granule Cell: From Classical Enigma to Central Role in Olfactory Processing," *Brain Research Reviews* 55, no. 2 (2007): 373–382.

8_ Gordon M. Shepherd, "Dendrodendritic Synapses: Past, Present and Future," *Annals of the New York Academy of Sciences* 1170 (2009): 215–223.
9_ Mark D. Eyre, Miklos Antal, and Zoltan Nusser, "Distinct Deep Short-Axon Cell Subtypes of the Main Olfactory Bulb Provide Novel Intrabulbar and Extrabulbar GABAergic Connections," *Journal of Neuroscience* 28, no. 33 (2008): 8217–8229.
10_ E.g., Zuoyi Shao et al., "Reciprocal Inhibitory Glomerular Circuits Contribute to Excitation-Inhibition Balance in the Mouse Olfactory Bulb," *eNeuro* 6, no. 3 (2019): ENEURO.0048-19.2019; Nathan N. Urban, "Lateral Inhibition in the Olfactory Bulb and in Olfaction," *Physiology & Behavior* 77, no. 4–5 (2002): 607–612; Matt Wachowiak and Michael T. Shipley, "Coding and Synaptic Processing of Sensory Information in the Glomerular Layer of the Olfactory Bulb," *Seminars in Cell & Developmental Biology* 17, no. 4 (2006): 411–423; Thomas A. Cleland, "Construction of Odor Representations by Olfactory Bulb Microcircuits," *Progress in Brain Research* 208 (2014): 177–203; Shepherd et al., "The Olfactory Granule Cell"; Alison Boyd et al., "Cortical Feedback Control of Olfactory Bulb Circuits," *Neuron* 76, no. 6 (2012): 1161–1174; Veronica Egger, Karel Svoboda, and Zachary F. Mainen, "Mechanisms of Lateral Inhibition in the Olfactory Bulb: Efficiency and Modulation of Spike-Evoked Calcium Influx into Granule Cells," *Journal of Neuroscience* 23, no. 20 (2003): 7551–7558; Nathan N. Urban and Bert Sakmann, "Reciprocal Intraglomerular Excitation and Intra-and Interglomerular Lateral Inhibition between Mouse Olfactory Bulb Mitral Cells," *Journal of Physiology* 542, no. 2 (2002): 355–367; Christopher E. Vaaga and Gary L. Westbrook, "Distinct Temporal Filters in Mitral Cells and External Tufted Cells of the Olfactory Bulb," *Journal of Physiology* 595, no. 19 (2017): 6349–6362; Ramani Balu, R. Todd Pressler, and Ben W. Strowbridge, "Multiple Modes of Synaptic Excitation of Olfactory Bulb Granule Cells," *Journal of Neuroscience* 27, no. 21 (2007): 5621–5632.
11_ Patricia Duchamp-Viret et al., "Olfactory Perception and Integration," chap. 3 in *Flavor: From Food to Behaviors, Wellbeing and Health,* ed. P. Etrévant et al., Series in Food Science, Technology and Nutrition (Cambridge, UK: Woodhead, 2016), 57–100.
12_ Venkatesh N. Murthy, "Olfactory Maps in the Brain," *Annual Review of Neuroscience* 34 (2011): 233–258.
13_ Thomas A. Cleland, "Early Transformations in Odor Representation," *Trends in*

주註

Neuroscience 33, no. 3 (2010): 130–139.
14_ Murthy, "Olfactory Maps," 250.
15_ Edward R. Soucy et al., "Precision and Diversity in an Odor Map on the Olfactory Bulb," *Nature Neuroscience* 12, no. 2 (2009): 210.
16_ Soucy et al., "Precision and Diversity in an Odor Map."
17_ Elissa A. Hallem and John R. Carlson, "Coding of Odors by a Receptor Repertoire," *Cell* 125, no. 1 (2006): 143–160.
18_ Rainer W. Friedrich and Mark Stopfer, "Recent Dynamics in Olfactory Population Coding," *Current Opinion in Neurobiology* 11, no. 4 (2001): 468–474; Gilles Laurent, "A Systems Perspective on Early Olfactory Coding," *Science* 286, no. 5440 (1999): 723–728.
19_ Paolo Lorenzon et al., "Circuit Formation and Function in the Olfactory Bulb of Mice with Reduced Spontaneous Afferent Activity," *Journal of Neuroscience* 35, no. 1 (2015): 146–160.
20_ Frank R. Sharp, John S. Kauer, and Gordon M. Shepherd, "Local Sites of Activity-Related Glucose Metabolism in Rat Olfactory Bulb during Odor Stimulation," *Brain Research* 98, no. 3 (1975): 596–600; W. B. Steward et al., "Functional Organization of Rat Olfactory Bulb Analysed by the 2-Deoxyglucose Method," *Journal of Comparative Neurology* 185, no. 4 (1979): 715–734.
21_ Peter Mombaerts et al., "Visualizing an Olfactory Sensory Map," *Cell* 87, no. 4 (1996): 675–686.
22_ Peter Mombaerts, "Odorant Receptor Gene Choice in Olfactory Sensory Neurons: The One Receptor–One Neuron Hypothesis Revisited," *Current Opinion in Neurobiology* 14, no. 1 (2004): 31–36.
23_ Kensaku Mori and Yoshihiro Yoshihara, "Molecular Recognition and Olfactory Processing in the Mammalian Olfactory System," *Progress in Neurobiology* 45, no. 6 (1995): 585–619; Naoshige Uchida et al., "Odor Maps in the Mammalian Olfactory Bulb: Domain Organization and Odorant Structural Features," *Nature Neuroscience* 3, no. 10 (2000): 1035; Kensaku Mori et al., "Maps of Odorant Molecular Features in the Mammalian Olfactory Bulb," *Physiological Reviews* 86, no. 2 (2006): 409–433.
24_ Fuqiang Xu, Charles A. Greer, and Gordon M. Shepherd, "Odor Maps in the Olfactory Bulb," *Journal of Comparative Neurology* 422, no. 4 (2000): 489–495; OdorMapDB: Home–SenseLab, "Olfactory Bulb Odor Map DataBase,"

Yale University, accessed December 31, 2019, https://senselab.med.yale.edu/odormapdb/.

25_ Leonardo Belluscio et al., "Odorant Receptors Instruct Functional Circuitry in the Mouse Olfactory Bulb," *Nature* 419, no. 6904 (2002): 296.

26_ Paul Feinstein et al., "Axon Guidance of Mouse Olfactory Sensory Neurons by Odorant Receptors and the β2 Adrenergic Receptor," *Cell* 117, no. 6 (2004): 833–846.

27_ Dong-Jing Zou, Alexaner Chesler, and Stuart Firestein, "How the Olfactory Bulb Got Its Glomeruli: A Just So Story?" *Nature Reviews Neuroscience* 10, no. 8 (2009): 611–618.

28_ Bolek Zapiec and Peter Mombaerts, "Multiplex Assessment of the Positions of Odorant Receptor-Specific Glomeruli in the Mouse Olfactory Bulb by Serial Two-Photon Tomography," *Proceedings of the National Academy of Sciences* 112, no. 43 (2015): E5873–E5882.

29_ Zapiec and Mombaerts, "Positions of Odorant Receptor-Specific Glomeruli," E5873.

30_ N. Buonviso et al., "Short-Lasting Exposure to One Odour Decreases General Reactivity in the Olfactory Bulb of Adult Rats," *European Journal of Neuroscience* 10, no. 7 (1998): 2472–2475; N. Buonviso and M. Chaput, "Olfactory Experience Decreases Responsiveness of the Olfactory Bulb in the Adult Rat," *Neuroscience* 95, no. 2 (2000): 325–332.

31_ Rémi Gervais et al., "What Do Electrophysiological Studies Tell Us about Processing at the Olfactory Bulb Level?" *Journal of Physiology* 101, no. 1–3 (2007): 40–45.

32_ Rachel A. Ankeny and Sabina Leonelli, "What's So Special about Model Organisms?" *Studies in History and Philosophy of Science Part A* 42, no. 2 (2011): 313–323.

33_ Alison Maresh et al., "Principles of Glomerular Organization in the Human Olfactory Bulb—Implications for Odor Processing," *PloS One* 3, no. 7 (2008): e2640.

34_ Thomas A. Cleland and Praveen Sethupathy, "Non-topographical Contrast Enhancement in the Olfactory Bulb," *BMC Neuroscience* 7 (2006): 7.

8장. 냄새를 측정하다

1_ Andy Clark, "Whatever Next? Predictive Brains, Situated Agents, and the Future of Cognitive Science," *Behavioral and Brain Sciences* 36, no. 3 (2013): 181–204.
2_ Erich Holst and Horst Mittelstaedt, "Das Reafferenzprinzip," *Naturwissenschaften* 37, no. 20 (1950): 464–476; Roger W. Sperry, "Neural Basis of the Spontaneous Optokinetic Response Produced by Visual Inversion," *Journal of Comparative and Physiological Psychology* 43, no. 6 (1950): 482–489.
3_ Ann-Sophie Barwich, "Measuring the World: Towards a Process Model of Perception," in *Everything Flows: Towards a Processual Philosophy of Biology,* ed. D. Nicholson and J. Dupré (Oxford: Oxford University Press, 2018), 227–256.
4_ Christine A. Skarda and Walter J. Freeman, "How Brains Make Chaos in Order to Make Sense of the World," *Behavioral and Brain Sciences* 10, no. 2 (1987): 161–173; Walter J. Freeman, "Simulation of Chaotic EEG Patterns with a Dynamic Model of the Olfactory System," *Biological Cybernetics* 56, no. 2–3 (1987): 139–150; Yong Yao and Walter J. Freeman, "Model of Biological Pattern Recognition with Spatially Chaotic Dynamics," *Neural Networks* 3, no. 2 (1990): 153–170; Walter J. Freeman, "Neural Networks and Chaos," *Journal of Theoretical Biology* 171, no. 1 (1994): 13–18; Walter J. Freeman, "Characterization of State Transitions in Spatially Distributed, Chaotic, Nonlinear, Dynamical Systems in Cerebral Cortex," *Integrative Physiological and Behavioral Science* 29, no. 3 (1994): 294–306.
5_ Anthony Chemero, "Empirical and Metaphysical Anti-representationalism," in *Understanding Representation in the Cognitive Sciences,* ed. A. Riegler, M. Peschi, and A. von Stein (Boston: Springer, 1999), 41.
6_ Leslie M. Kay, Larry R. Lancaster, and Walter J. Freeman, "Reafference and Attractors in the Olfactory System during Odor Recognition," *International Journal of Neural Systems* 7, no. 4 (1996): 489–495.
7_ Gilles Laurent, "Olfactory Network Dynamics and the Coding of Multidimensional Signals," *Nature Reviews Neuroscience* 3, no. 11 (2002): 884.
8_ Dan D. Stettler and Richard Axel, "Representations of Odor in the Piriform Cortex," *Neuron* 63, no. 6 (2009): 854–864.
9_ Dara L. Sosulski et al., "Distinct Representations of Olfactory Information in Different Cortical Centres," *Nature* 472, no. 7342 (2011): 213.

10_ M. Inês Vicente and Zachary F. Mainen, "Convergence in the Piriform Cortex," *Neuron* 70, no. 1 (2011): 1–2.

11_ Lewis B. Haberly, "Parallel-Distributed Processing in Olfactory Cortex: New Insights from Morphological and Physiological Analysis of Neuronal Circuitry," *Chemical Senses* 26, no. 5 (2001): 551–576; Robert L. Rennaker et al., "Spatial and Temporal Distribution of Odorant-Evoked Activity in the Piriform Cortex," *Journal of Neuroscience* 27, no. 7 (2007): 1534–1542; Donald A. Wilson and Regina M. Sullivan, "Cortical Processing of Odor Objects," *Neuron* 72, no. 4 (2011): 506–519; Donald A. Wilson, Mikiko Kadohisa, and Max L. Fletcher, "Cortical Contributions to Olfaction: Plasticity and Perception," *Seminars in Cell & Developmental Biology* 17, no. 4 (2006): 462–470; Merav Stern et al., "A Transformation from Temporal to Ensemble Coding in a Model of Piriform Cortex," *eLife* 7 (2018): e34831; Kevin A. Bolding et al., "Pattern Recovery by Recurrent Circuits in Piriform Cortex," *bioRxiv* 694331 (2019): 694331; Naoshige Uchida, Cindy Poo, and Rafi Haddad, "Coding and Transformations in the Olfactory System," *Annual Review of Neuroscience* 37 (2014): 363–385; P. Litaudon et al., "Piriform Cortex Functional Heterogeneity Revealed by Cellular Responses to Odours," *European Journal of Neuroscience* 17, no. 11 (2003): 2457–2461; Cindy Poo and Jeffry S. Isaacson, "An Early Critical Period for Long-Term Plasticity and Structural Modification of Sensory Synapses in Olfactory Cortex," *Journal of Neuroscience* 27, no. 28 (2007): 7553–7558.

12_ Vicente and Mainen, "Convergence in the Piriform Cortex."

13_ Chien-Fu F. Chen et al., "Nonsensory Target-Dependent Organization of Piriform Cortex," *Proceedings of the National Academy of Sciences* 111, no. 47 (2014): 16931–16936.

14_ Benjamin Roland et al., "Odor Identity Coding by Distributed Ensembles of Neurons in the Mouse Olfactory Cortex," *eLife* 6 (2017): e26337.

15_ John J. Hopfield, "Pattern Recognition Computation Using Action Potential Timing for Stimulus Representation," *Nature* 376, no. 6535 (1995): 33; Brice Bathellier, Olivier Gschwend, and Alan Carleton, "Temporal Coding in Olfaction," in *The Neurobiology of Olfaction,* ed. A. Menini (Boca Raton, FL: CRC Press, 2010), chapter 13.

16_ Christopher D. Wilson et al., "A Primacy Code for Odor Identity," *Nature Communications* 8, no. 1 (2017): 1477.

17_ Rebecca Jordan, Mihaly Kollo, and Andreas T. Schaefer, "Sniffing Fast: Paradoxical Effects on Odor Concentration Discrimination at the Levels of Olfactory Bulb Output and Behavior," *eNeuro* 5, no. 5 (2018), http://doi.org/10.1523/ENEURO.0148-18.2018.

18_ Roman Shusterman et al., "Sniff Invariant Odor Coding," *eNeuro* 5, no. 6 (2018), https://doi.org/10.1523/ENEURO.0149-18.2018.

19_ Gilles Laurent, Michael Wehr, and Hananel Davidowitz, "Temporal Representations of Odors in an Olfactory Network," *Journal of Neuroscience* 16, no. 12 (1996): 3837–3847; Gilles Laurent and Hananel Davidowitz, "Encoding of Olfactory Information with Oscillating Neural Assemblies," *Science* 265, no. 5180 (1994): 1872–1875; Joshua P. Martin et al., "The Neurobiology of Insect Olfaction: Sensory Processing in a Comparative Context," *Progress in Neurobiology* 95, no. 3 (2011): 427–447; Paul G. Distler and Jürgen Anthony Boeckh, "An Improved Model of the Synaptic Organization of Insect Olfactory Glomeruli," *Annals of the New York Academy of Sciences* 855, no. 1 (1998): 508–510; Elissa A. Hallem, Anupama Dahanukar, and John R. Carlson, "Insect Odor and Taste Receptors," *Annual Review of Entomology* 51 (2006): 113–135; Hugh M. Robertson, Coral G. Warr, and John R. Carlson, "Molecular Evolution of the Insect Chemoreceptor Gene Superfamily in *Drosophila melanogaster*," *Proceedings of the National Academy of Sciences* 100, no. 2 (2003): 14537–14542; Nitin Gupta and Mark Stopfer, "Insect Olfactory Coding and Memory at Multiple Timescales," *Current Opinion in Neurobiology* 21, no. 5 (2011): 768–773; Gilles Laurent et al., "Odor Encoding as an Active, Dynamical Process: Experiments, Computation, and Theory," *Annual Review of Neuroscience* 24 (2001): 263–297.

20_ John G. Hildebrand and Gordon M. Shepherd, "Mechanisms of Olfactory Discrimination: Converging Evidence for Common Principles across Phyla," *Annual Review of Neuroscience* 20 (1997): 595–631; Nicholas J. Strausfeld and John G. Hildebrand, "Olfactory Systems: Common Design, Uncommon Origins?," *Current Opinion in Neurobiology* 9, no. 5 (1999): 634–639.

21_ Sam Reiter and Mark Stopfer, "Spike Timing and Neural Codes for Odors," chap. 11 in *Spike Timing: Mechanisms and Function,* ed. P. M. DiLorenzo and J. D. Victor (Boca Raton, FL: CRC Press); Maxim Bazhenov and Mark Stopfer, "Forward and Back: Motifs of Inhibition in Olfactory Processing," *Neuron* 67, no. 3 (2010): 357–358.

22_ Christina Zelano, Aprajita Mohanty, and Jay A. Gottfried, "Olfactory Predictive Codes and Stimulus Templates in Piriform Cortex," *Neuron* 72, no. 1 (2011): 178–187.

9장. 지각의 기술

1_ Rachel S. Herz and Julia von Clef, "The Influence of Verbal Labeling on the Perception of Odors: Evidence for Olfactory Illusions?," *Perception* 30, no. 3 (2001): 381–391.
2_ George Armitage Miller, "The Magical Number Seven, Plus or Minus Two: Some Limits on Our Capacity for Processing Information," *Psychological Review* 63, no. 2 (1956): 81–97.
3_ Mark Sefton and Robert Simpson, "Compounds Causing Cork Taint and the Factors Affecting Their Transfer from Natural Cork Closures to Wine—A Review," *Australian Journal of Grape and Wine Research* 11, no. 2 (2005): 226–240; John Prescott et al., "Estimating a 'Consumer Rejection Threshold' for Cork Taint in White Wine," *Food Quality and Preference* 16, no. 4 (2005): 345–349.
4_ Trygg Engen, *Odor Sensation and Memory* (New York: Praeger, 1991), 79.
5_ William S. Cain and Bonnie Potts, "Switch and Bait: Probing the Discriminative Basis of Odor Identification via Recognition Memory," *Chemical Senses* 21, no. 1 (1996): 35–44.
6_ Selig Hecht, Simon Shlaer, and Maurice Henri Pirenne, "Energy, Quanta, and Vision," *Journal of General Physiology* 25, no. 6 (1942): 819–840.
7_ Denis A. Baylor, T. D. Lamb, and King-Wai Yau, "Responses of Retinal Rods to Single Photons," *Journal of Physiology* 288 (1979): 613–634.
8_ Recently, debate has emerged about the nature and scope of inferences from WEIRD data; see Joseph Henrich, Steven J. Heine, and Ara Norenzayan, "Most People Are Not WEIRD," *Nature* 466, no. 7302 (2010): 29. WEIRD is an acronym for Western, educated, and from industrialized, rich, and democratic countries. In other words, theories of mind are built on data from white twenty-something college students who may or may not be representative enough from which to draw general conclusions about human nature and cognition.
9_ Jean-Pierre Royet et al., "The Impact of Expertise in Olfaction," *Frontiers in Psychology* 4 (2013), https://doi.org/10.3389/fpsyg.2013.00928.

10_ Johannes Frasnelli et al., "Neuroanatomical Correlates of Olfactory Performance," *Experimental Brain Research* 201, no. 1 (2010): 1–11; J. Frasnelli et al., "Brain Structure Is Changed in Congenital Anosmia," *NeuroImage* 83 (2013): 1074–1080; Janina Seubert et al., "Orbitofrontal Cortex and Olfactory Bulb Volume Predict Distinct Aspects of Olfactory Performance in Healthy Subjects," *Cerebral Cortex* 23, no. 10 (2012): 2448–2456.

11_ Syrina Al Aïn et al., "Smell Training Improves Olfactory Function and Alters Brain Structure," *NeuroImage* 189 (2019): 45–54.

12_ Ann-Sophie Barwich, "Up the Nose of the Beholder? Aesthetic Perception in Olfaction as a Decision-Making Process," *New Ideas in Psychology* 47 (2017): 157–165; Barry C. Smith, "Beyond Liking: The True Taste of a Wine?," *The World of Fine Wine* 58 (2017): 138–147.

13_ *Somm: Into the Bottle*, directed by Jason Wise, written by Christina Tucker and Jason Wise (Los Angeles: Forgotten Man Films, 2015).

14_ Ian Cauble, "somm exam," clip from *Somm: Into the Bottle*, 2015, YouTube video, 1:29, accessed March 31, 2019, https://www.youtube.com/watch?v=PKNmcCCE15E.

15_ Avery N. Gilbert and Joseph A. DiVerdi, "Consumer Perceptions of Strain Differences in *Cannabis* Aroma," *PloS One* 13, no. 2 (2018): e0192247; Annette Schmelzle, " 'The Beer Aroma Wheel.' Updating Beer Flavor Terminology according to Sensory Standards," *Brewing Science* 62, no. 1–2 (2009): 26–32; I. H. Suffet and P. Rosenfeld, "The Anatomy of Odour Wheels for Odours of Drinking Water, Wastewater, Compost and the Urban Environment," *Water Science and Technology* 55, no. 5 (2007): 335–344; N. P. Jolly and S. Hattingh, "A Brandy Aroma Wheel for South African Brandy," *South African Journal of Enology and Viticulture* 22, no. 1 (2001): 16–21.

16_ Jancis Robinson, ed., *The Oxford Companion to Wine*, 3rd ed. (Oxford: Oxford University Press, 2006), 35–36.

17_ Michael Edwards, "Fragrance Wheel," Fragrances of the World, accessed March 30, 2019, http://www.fragrancesoftheworld.com/FragranceWheel.

18_ U. Harder, "Der H&R Duftkreis," *Haarman & Reimer Contact* 23 (1979): 18–27; Laura Donna, "Fragrance Perception: Is Everything Relative? Research Presents a Leap Towards a Consensus in Fragrance Mapping," *Perfumer & Flavorist* 34 (2009): 26–35.

19_ David H. Pybus, "The Structure of an International Fragrance Company," chap. 5 in *The Chemistry of Fragrances: From Perfumer to Consumer,* ed. C. Sell (Cambridge: Royal Society of Chemistry, 2006).
20_ Ferdinand de Saussure, *Course in General Linguistics,* ed. C. Bally et al. (1915; repr., New York: McGraw-Hill, 1966). 페르디낭 드 소쉬르, 최승언 옮김, 『일반언어학 강의』(민음사, 2006)
21_ Danièle Dubois and Catherine Rouby, "Names and Categories for Odors: The Veridical Label," in *Olfaction, Taste, and Cognition,* ed. C. Rouby et al. (Cambridge: Cambridge University Press, 2002), 47–66.
22_ Jean-Claude Ellena, *The Diary of a Nose: A Year in the Life of a Parfumeur* (London: Particular Books, 2012). 장 끌로드 엘레나, 신주영 옮김, 『나는 향수로 글을 쓴다』(여운, 2015)
23_ Hermann von Helmholtz, "Concerning the Perceptions in General," in *Treatise on Physiological Optics,* vol. 3, ed. and trans. J. P. C. Southall (1866; repr., New York: Optical Society of America, 1925), 1–37; Theo C. Meyering, *Historical Roots of Cognitive Science: The Rise of a Cognitive Theory of Perception from Antiquity to the Nineteenth Century* (Dordrecht, Netherlands: Springer, 2012).
24_ M. N. Jones et al., "Models of Semantic Memory," in *Oxford Handbook of Mathematical and Computational Psychology,* ed. J. R. Busemeyer (Oxford: Oxford University Press, 2015), 232–254.
25_ Semantic space is a specialized formatting of perceptual space, e.g., as part of a culture or expert group; distinction also in Ingvar Johansson, "Perceptual Spaces Are Sense-Modality- Neutral," *Open Philosophy* 1, no. 1 (2018): 14–39.
26_ Direct comparison of odor and visual coding in Ann-Sophie Barwich, "A Critique of Olfactory Objects," *Frontiers in Psychology* (June 12, 2019), http://doi.org/10.3389/fpsyg.2019.01337.
27_ Egon P. Köster, Per Møller, and Jos Mojet, "A 'Misfit' Theory of Spontaneous Conscious Odor Perception (MITSCOP): Reflections on the Role and Function of Odor Memory in Everyday Life," *Frontiers in Psychology* 5 (2014): 64.

10장. 코는 마음과 뇌로 통하는 창

1_ James J. Gibson, *The Senses Considered as Perceptual Systems* (Boston: Houghton Mifflin, 1966). 제임스 깁슨, 박형생 외 옮김, 『지각체계로 본 감각』(아카넷, 2016)

2_ David Marr, *Vision: A Computational Investigation into the Human Representation and Processing of Visual Information* (Cambridge, MA: MIT Press, 1982), 29.

3_ Gilles Laurent et al., "Cortical Evolution: Introduction to the Reptilian Cortex," in *Micro-, Meso-and Macro-Dynamics of the Brain,* ed. G. Buzsáki and Y. Christen (New York: Springer, 2016), 23–33; Julien Fournier et al., "Spatial Information in a Non-retinotopic Visual Cortex," *Neuron* 97, no. 1 (2018): 164–180; R. K. Naumann et al., "The Reptilian Brain," *Current Biology* 25, no. 8 (2015): R317–R321.

4_ Margaret S. Livingstone et al., "Development of the Macaque Face-Patch System," *Nature Communications* 8 (2017): 14897.

5_ Mark A. Changizi et al., "Perceiving the Present and a Systematization of Illusions," *Cognitive Science* 32, no. 3 (2008): 459–503; Mark A. Changizi and David M. Widders, "Latency Correction Explains the Classical Geometrical Illusions," *Perception* 31, no. 10 (2002): 1241–1262.

6_ Michael Tye, *Ten Problems of Consciousness: A Representational Theory of the Phenomenal Mind* (Cambridge, MA: MIT Press, 1997); David Pitt, "Mental Representation," in *Stanford Encyclopedia of Philosophy,* ed. E. Zalta, accessed March 30, 2019, https://plato.stanford.edu/entries/mental-representation/.

감사의 글

이 책은 개인적 여행의 결산이다.

스튜어트 파이어스타인은 마땅히 내가 가장 먼저 고마움을 표해야 할 분이다. 지난 3년 동안 나는 컬럼비아에 있는 그의 실험실에서 보냈다. 나의 멘토인 스튜어트는 내 생각을 변화시켰다. 가능한 대안에 늘 의문을 제기하는 그의 급진적인 아이디어는 철학적 사고가 꼭 철학자에게서 나올 필요가 없다는 걸 내게 가르쳐 주었다. 그 영향은 여전히 매우 심오하지만, 그의 깊은 우정은 더더욱 측정할 길이 없다.

파이어스타인 연구소 연구원들도 모두 고맙다. 그들은 이상한 철학자의 출현을 기꺼이 환영해 주었다. 실험실 미팅과 실험실 생활에 기꺼이 도움을 주었고, 해마다 새로운 양치식물을 키우는 기행도 눈감아 주었다. 둥-징 저우, 루 쉬, 에르완 포이벳, 첸 장, 나르민 타이로바, 클라라 알토메어. 그들이 짐작하는 것 이상으로 나는 그들에게 많은 것을 배웠다.

감사의 글

이 책을 쓰는 동안 많은 사람들이 자신의 표식을 남겼다. 테리 애크리의 마음을 만나는 일은 『이상한 나라의 앨리스』를 읽는 느낌이었다. 보석 같은 아이디어가 전혀 틀에 얽매이지 않았다. 안드레아스 메르신은 내 생각뿐만 아니라 내가 '하는' 과학을 믿어 준 최초의 사람이다. 고든 셰퍼드는 철학자인 나의 아이디어가 실험으로 이어질 수 있게 손을 내밀어 주었다. 몇 시간에 걸친 토론을 통해 그는 어떤 실험 수단을 동원해야 하는지 조언했다. 배리 C. 스미스와는 단어와 경험, 그리고 와인을 음미하면서 지각의 철학적 사고를 두고 열띤 토론을 벌였다. 크리스 피코크와 대화하는 동안 나는 때때로 과학 용어에 묻혀 버린 나의 철학적 목소리를 키울 수 있었다. 안드레아스 켈러는 내 용감한 아이디어를 적극 수용해 주었다. 그리고 훌륭한 편집자 재니스 오뎃이 있다. 그녀는 이 책의 틀을 잡아 준 사람이다.

재니스를 만난 사건에는 부록이 필요하다. 그것은 이 책의 독특한 뒷이야기와 그 사건이 벌어진 도시에 관한 이야기이다. 2015년 크리스마스, 뉴욕에서 독일로 처음 여행했을 때 이야기는 시작된다. 프랑크푸르트에서 나는 기차에 가방을 싣는 어르신을 도와주었다. 그는 영어로 고마움을 표했다. 그는 뉴욕에서 온 피터 주드로, 그 일을 계기로 우리는 몇 년 동안 우정을 나누었다. 우리는 격주로 만나 메트로폴리탄 오페라를 관람했다. 〈피델리오〉(베토벤의 유일한 오페라, 그리고 내가 가장 좋아하는)가 잠시 중단된 틈을 타서 나는 피터의 친구들을 만났다. 조이스 셀처도 그중 하나였다. 집으로 가는 길에 그는 우리가 냄새에 관해 알고 있는 것이 무엇인지 질문했고, 냄새를 다룬 책을 쓸 의향이 있는지 물었다. 물론이었다. 그게 출발점이었다. 그녀는 내게 기획안을 보여 달라고 했다. 조이스는 하버드 대학 출판부 편집자였다. 기획안은 약간 수정이 필요했는데, 조이스는 어느 날 오후 뉴욕에서 내 마음을 꿰뚫어 보고 조언을 주었고, 덕분에 나는 이 책의 핵심이 될 기획을 탄생시킬 수 있었다. 그녀는 지체 없이 곧 출판부 과학 분야 편집자에게 기획안을 보냈다. 그다음 날 나는 재니스에게 연락을 받았다. 그녀는 숙련된 정원사처럼 잘라야 할 가지와 남겨야 할 가지를 구분하고, 원고가 훌륭하게 성장하도록 노력을 아끼지 않았다.

초고를 마지막까지 한 자 한 자 빠짐없이 자세히 읽어 준 동료들이 있다. 아이나 푸스와 에이버리 길버트였다. 정말 고맙다. 그들은 원고를 마감하던 마지막 한 달 동안 밤늦게까지 원고를 쓰는 나를 행복하게 했다. 그들의 코멘트는 매끈하지 못한 내 생각을 가다듬어 주었다. 마지막 교정 단계에서 도움을 준 매슈 로드리게스와 그랙 카포라엘, 두 개의 핵심 챕터의 최종 마무리 작업에 건설적 의견을 준 크리스틴 하우스켈러, 교열 작업에 참여한 잉그리드 버케도 고맙다. 나는 평범함과는 거리가 먼 세 명의 리뷰어를 얻었다. 운이 따랐다. 존 비클은 분자에 관한 한 모르는 게 없었고, 나와 잘 통했다. 익명의 두 리뷰어들은 아마도 후각계에 발을 담그고 있는 듯하다. 앞으로 만나게 되면 인사를 나누고 함께 한잔할 기회가 오기를 고대한다.

원고를 간결하게 만드는 작업은 쉽지 않았다. 목소리를 빌려 준

감사의 글

사람들의 매력적인 인터뷰 내용을 줄이기가 난감했기 때문이다. 혹시라도 내 실수 때문에 그들의 목소리가 빛이 바라지 않기를 바란다. 스튜어트, 테리, 에이버리, 내 두 명의 안드레아스, 그리고 배리. 그 외에도 찰리 그리어, 린다 벅, 리처드 액셀, 마크 스토퍼, 레슬리 케이, 크리스천 마고, 매슈 로저스, 에르완 포이벳, 둥-징 저우, 레슬리 보스홀에게 고마움을 표한다. 테레사 화이트, 레이첼 헤르츠, 크리스토프 로다미엘, 해리 프리몬트, 앨리슨 타우지엣, 도널드 윌슨, 랜들 리드, 드미트리 린버그, 트리스트럼 와이엇, 토마스 홈멜, 스티브 멍거, 요하네스 프라스넬리, 존 맥건, 제이 고트프리트, 조엘 메인랜드, 릭 게르킨, 아시파 마지드, 요나스 올로프슨, 매리언 프랭크, 토머스 헤틴저, 린다 바토슉, 톰 핑거, 리처드 도티, 알렉산드라 호로비츠, 앤 노블 및 파블로 메이어, 마지막으로 화학감각협회(AChemS)의 맥스웰 모젤, 모두 고맙다.

　　이 작업은 컬럼비아 대학 사회학 및 신경과학 프로그램의 총장 장려금 지원을 받아 진행되었다. 파멜라 스미스에게 특히 고마움을 표한다. 또한 피터 토드와 쥬타 쉬코어에게 감사의 말을 전한다. 나를 인디애나 대학교 블루밍턴으로 이끈 사람들이다. 이 책은 무척 호의적인 분위기 속에서 완성되었다. 이 원고를 읽고 토론한 과학 및 과학철학 그룹의 구성원, 특히 쥬타와 조르디 캣에게도 고마움을 전한다. 마지막으로, 클로스터노이부르크, KLI 연구소의 친구이자 전 멘토인 베르너 칼보트가 여전히 강건하기를 고대한다. 그는 이 책의 인터뷰 내용에 대한 아이디어를 제공했다.

이 책을 떠나서, 다음 분들과 함께 한 토론은 학자로서 내 경력에 커다란 영향을 미쳤다. 이들 다섯 분은 따로 언급해야 할 것 같다. 도나 빌락, 크리스틴 하우스켈러, 장하석, 린다 카포라엘, 존 듀프레.

이 책의 교정은 2019년 여름 바이마르의 듀체스 안나 아말리아 도서관에서 진행되었다. 도서관은 경험이 일천한 철학자가 과학자로 변모하기 위해 거쳐야 하는, 예측 불가능한 여정을 마무리하기에 완벽한 환경이었다. 집중해서 이 책을 쓰는 동안, 직업적 미래가 오랫동안 불확실했을 때, 대신 타이프를 쳐 주었다거나 빨래를 해 주었다거나 하는 식으로 고마움을 전할 아내와 아이들은 없다. 그러나 지금도 그때도 여전히 나는 가족의 일원이다. 어머니, 사촌 베르너, 삼촌 디이터(최근에 세상을 떠났다. 내가 과학을 시작했다는 것에 자부심을 느끼고 그 사실을 얘기하는 데 전혀 싫증을 느끼지 않던 사람), 좋든 싫든 그들은 나의 일부이다.

찾아보기

DNA 97, 99, 106, 392
G-단백질 결합 단백질(GPCR) 31, 95, 96, 98, 99, 258, 277, 314, 318
HLA(인간 백혈구 항원) 206, 207
PCR 97-99

가쪽 무릎핵 101, 109
감각기관 50-52, 132, 133
감각 신경, 감각신경세포 90, 99, 114, 116, 117, 122, 135, 258, 290, 303, 310, 313-316, 319, 320, 324, 356
감각 통합, 통합(된) 감각 137, 142, 173, 291, 342, 350, 404, 412
강화, 증강 180, 187, 276, 277, 280, 330, 347, 360, 398, 415
개dog 134, 136, 201, 225-228, 296
객관성, 객관적 28, 40, 47, 75, 81, 371, 411, 417, 427
검출 역치 ▶ 임곗값
겉질, 대뇌 겉질 29, 103, 152, 289
  감각 겉질 39, 111, 290, 295, 344, 348
  감각운동 겉질 109, 111
  눈확이마 겉질 291, 342, 349, 364
  일차 시각 겉질, 시각 겉질 101-104, 107, 111, 221, 234, 345, 421
  일차 청각 겉질, 청각 겉질 236-238
  일차 후각 겉질, 후각 겉질 38, 117, 123, 286, 291-293, 339-343, 350, 363, 369, 378
  조롱박 겉질 39, 279, 291-293, 341, 342-350, 362-364
겉질 기둥 108, 110
고수cilantro 55, 56, 145, 176
고실 신경, 고실계 134, 237
곤충 57, 66, 209, 210, 222, 304, 312, 355, 356, 358
골지, 골지 염색 71, 105, 296
공기 흐름 52, 69, 70, 87, 136, 223, 225
구강 참조oral referral 30, 137
구조-냄새 85, 86, 165, 169, 249-257, 262, 265, 267, 372
국소 회로 ▶ 미소 회로
국지화, 국지성 29, 100, 105, 109, 111, 121, 290
기계 학습 124, 202, 250, 252, 255
기본 냄새 ▶ 일차 냄새
기억 38, 47, 73, 74, 76, 129, 137, 141-143, 183-192, 231, 291, 333, 334, 342, 354, 365, 375, 382, 384, 388, 397, 404, 412-415, 419

기저막 236-238, 261
길항제 275, 281, 282, 353

날숨 냄새 55, 133-139, 150, 386
내부감각 423, 425
냄새 도표
　아로마 휠 도표, 향 도표 389, 390, 391
　오줌 도표 50
냄새 프리즘 79, 80

대상 인식, 지각 대상 151, 154, 158, 217,
　232, 234, 419
돌연변이 145, 170, 176
동기부여 197, 198, 227, 325
동기화, 동조화 206, 299, 231, 340, 357, 358,
　359
들숨 냄새 134-139, 227, 380, 385, 386, 424

레잉 한계 282, 341, 383, 384

맛 27, 47, 48, 50, 55, 57, 79, 80, 133-138, 150,
　151, 155, 157, 185, 186, 190, 198, 217, 374,
　379, 381, 385, 387, 390, 401, 423
망울 ▶ 후각 망울
머스크 ▶ 사향
모넬화학감각센터(Monell Chemical Senses
　Center) 115, 205
무의식 129, 140, 143-145, 156, 172, 180,
　181, 224, 404, 405, 421, 424
문턱값 ▶ 임곗값

발생(학) 39, 67, 196, 289, 302, 306, 313, 315,
　320, 321, 323, 327, 328, 360, 322, 426
방향성, 방향족 53, 54, 56, 140, 166, 168,
　244, 260, 265, 285, 367, 383
배선(체계) 108, 111, 247, 305, 306, 308, 310,
　316-330, 424
백색 냄새 161-163
베버의 법칙 Weber's Law 75
변이 33, 96, 145, 170, 322, 324, 349, 401
보습코 기관(VNO), 보조 후각계 208, 210
분자생물학 32, 90, 96, 97, 120, 123
블랙박스 172, 256, 258-268
비강 68-70, 87, 99, 115, 134, 135, 223-225,
　290
비선형 158, 300, 335, 337, 408, 411

사향 53, 55, 56, 66, 84, 112, 122, 166, 194,
　195, 201, 311, 410
상대적 구별 372-377
상향식, 상향 신호 333, 360, 362
색 color 29, 50, 55, 63, 78, 79, 81, 101, 102,
　113, 116, 124, 140, 142, 146, 149, 150,
　158-164, 217, 218, 243, 259, 260, 262, 273,
　346, 392, 393, 408, 409, 421, 425
세기, 강도 45, 75, 78, 79, 120, 134, 144, 162,
　163, 198, 218, 219, 223, 226, 231, 233, 238,
　239, 252, 276, 282, 350, 355, 357
소믈리에 ▶ 와인(전문가)
수용장 receptive field 106, 107, 110-112, 116,
　122, 291, 295, 304
수용체(후각) 31, 32, 38-40, 66, 82, 85, 91,
　93-99, 112-117, 120-125, 135, 136, 145,
　146, 151, 152, 154, 160, 164, 169, 170, 176,

208, 219, 223, 225, 240, 245-287, 289-292, 298-304, 306-321, 323, 324, 327, 329, 330, 338-340, 345, 346, 348, 351-353, 359, 365, 371, 376
수용체 유전학 40, 145, 315, 320, 323, 324, 327, 329, 330
수용체 패턴 115, 256, 262, 268, 286, 287, 308, 330, 351
승모세포 117, 119, 121, 291-293, 296-299, 309, 325, 341, 343, 344
시각, 시각계 28-30, 37, 38, 74, 76, 88-90, 95, 100-113, 115-120, 122, 123, 131, 141, 143, 144, 148, 151, 158-162, 164, 176, 189, 191, 216-222, 229, 232-236, 238, 239, 246-249, 259-262, 273, 278, 290, 291, 294, 295, 298, 301, 304, 306, 308, 314, 315, 323, 328, 329, 334, 335, 345-347, 370, 376, 393, 404, 409, 410, 412, 414, 417, 418, 420-427
시상 thalamus 101, 109, 120, 208, 295, 343, 345
시점 불변 234
식별 58, 74, 121, 151, 152, 182, 209, 211, 277, 285, 305, 364, 372, 373, 383, 389, 400, 413, 415, 419
신경과학 22, 28, 31, 32, 33, 36-39, 84, 88, 90, 95, 102, 103, 108, 110, 123, 126, 129, 131, 137, 149, 171, 208, 218, 245, 248, 254, 290, 293-295, 306-308, 323, 335, 338, 340, 351, 362, 393, 418, 419, 421, 423, 426, 427
신경연접부 107, 116-119, 289, 290-294, 298, 302, 344
신경정보학 124, 250

신경철학 36, 426, 427
신경 패턴 29, 257, 311, 341, 344
신경 표상 239, 240, 243, 248, 259, 268, 269, 286, 289, 298, 301, 323, 330, 336, 337, 339, 350, 361, 372, 426
신경학(의학), 신경학자 22, 105, 110, 204, 346
심리학 22, 37, 39, 67, 68, 71-81, 88, 104, 123, 124, 129, 137, 146, 151, 172, 183, 186, 187, 197, 226, 229, 231, 253, 254, 282, 284, 294, 329, 365, 369, 372, 374, 398, 413

악취 48, 49, 54, 55, 62, 136, 281
알츠하이머병 ▶ 질병
알코올 58-60, 65, 162, 163, 260, 263, 381, 396, 398
암호, 암호화 214-365
 시간 암호 330, 349-361
억제 107, 111, 117, 230, 268-284, 296, 298, 300, 301, 305, 329, 330, 340, 347, 353, 356-359
연산(신경계의) 36, 108, 111, 140, 159, 160-164, 176, 215, 222, 229, 233-235, 238-240, 255, 280-286, 290, 293, 296, 298, 302, 305, 322, 328, 329, 335, 338-365, 371, 413, 421, 425, 426
열쇠-자물쇠 모형 84-86
예측, 예측하는 뇌 332-365
와인(전문가), 포도주 22, 30, 40, 137, 155, 216, 373, 375, 377, 379-390, 399, 400-407
용연향 66, 85, 195
위상, 위상학 29, 86, 100, 108-112, 233-238,

245, 248, 270, 293, 296, 303-306, 314, 315, 324-330, 339, 341, 345-349, 360, 369, 417, 418, 420, 421, 426
유럽화학감각연례회의(ECRO) 88, 89
유전학 40, 58, 99, 106, 122, 123, 145, 315, 320, 324, 327, 329, 330, 426
의미론 156, 157, 303, 382, 393, 404
의사결정 141, 179, 230, 291, 326, 337, 340, 342, 387, 413, 419, 420
인공 두뇌, 인공지능 106, 202, 250
인두 pharynx 134, 135, 136
인지 cognition 74, 128-212, 366-415
일차 냄새 55, 56, 78, 79-81
일화 기억 191, 413
임곗값, 임계치 77, 144-146, 168, 203, 224, 232, 284, 301, 358, 360, 376

자극(시각적) 102, 314, 409
자극(후각적)
  냄새 자극 30, 83, 90, 121, 144, 164, 222, 336, 414
  화학(적) 자극 38, 81, 87, 243, 257, 329, 340
  후각 자극 29, 76, 77, 121, 144, 220, 221, 233, 239, 244, 245, 250, 260, 261, 269, 286, 291, 336, 337, 339, 371, 388, 393, 413
자극-반응(모델, 상호작용, 지도) 164, 171, 260, 262, 286, 339
자기수용감각 423, 424
자하이족 Jahai 153, 154
작용제 275
전기 생리학 117, 231, 325, 326, 355
전위 극파 355-358

절대적 구별 ▶ 상대적 구별
정보(신경과학에서의 개념) 111
정서 38, 182, 183, 197, 216
정유 essential oil 58, 59, 63-65
조합론, 조합 방식 99, 113, 268, 279, 309
  신호 조합 412
  암호 조합 268, 269, 271, 273, 277, 279, 360
조향사 59, 60, 129, 168, 180, 228, 280, 281, 375, 379, 388, 392
주관성, 주관적 21, 28, 40, 75, 192, 199, 370, 371, 388, 411, 413, 427
중첩 57, 99, 113, 218, 269-273, 278, 284, 287, 301, 330, 341, 345, 349, 357, 385, 386
중추, 중추신경계 235, 258, 273, 276, 279, 280, 299, 307, 310-312, 330, 332-365, 371
증강 ▶ 강화
증류(법) 59, 65
지각 내용 130, 148, 156, 158, 161, 172, 173, 224, 229-231, 240, 371, 388, 398, 399, 420
지도, 지도화 mapping 29, 30, 39, 102, 111, 117, 123, 126, 233, 240, 251, 294, 299, 341, 346, 414, 418, 421, 426
  냄새 지도 29, 115, 123, 293, 294, 302, 305, 306, 327
  코 지도 302, 304, 327
  화학 지도 268, 302-304, 311, 313, 322, 327, 340, 346
지보단 Givaudan 66, 244, 391
진동 이론 81, 82
진화 31, 67, 124, 126, 136, 152, 191, 199, 202, 211, 222, 224, 239, 280, 294, 302, 334, 354, 361, 365, 372, 419, 423-425

질병 47-50, 200-206, 281, 367
　알츠하이머, 파킨슨병, 헌팅턴병 201, 202, 203, 204
집단 암호 351, 355-358, 362

첫인상 암호 350-354, 362
청각, 청각계 29, 76, 87, 110, 115, 116, 141, 144, 158, 217, 220, 222, 229, 233, 236-239, 246, 259-261, 273, 278, 314, 328, 335, 342, 393, 426
체성감각 109, 110, 306, 424, 426
체취 73, 193, 195, 200-202
체화된 enactive 공간 223-233, 238, 239, 405
축삭 101, 125, 258, 291, 298, 299, 303, 310, 314-321, 323, 343, 344

코끝 현상 30, 190
콧구멍 43, 51, 52, 68, 76, 77, 81, 134, 224, 225
쾌락성 hedonicity 46, 75, 193, 218, 233, 252
크로마토그래피 86, 87

타래세포 117, 119, 292, 296, 297, 299
토리(층) 117, 119, 121, 122, 290-292, 296-329, 343, 344, 345, 347, 348

파동 이론(냄새의) 46, 50, 51
파킨슨병 ▶ 질병
패턴 인식 171, 279, 282, 284, 313, 329, 354, 395, 404
페로몬 66, 169, 206-212
편도(체) 208, 231, 291, 342, 343

편차(지각적) 40, 46, 48, 139, 193, 370, 371, 407, 411, 417, 426, 427
프루스트, 마들렌 일화 184-192
피르메니히 Firmenich 66, 67, 85, 244, 263, 281, 303, 377, 391, 392

하향식 top-down, 하향 효과 208, 300, 325, 333, 339, 349, 350, 360, 418, 420
학습 39, 129, 146, 155, 171, 174, 181, 183, 190-194, 196, 198, 206, 211, 231, 244, 327, 329, 333, 336, 337, 354, 360, 365, 377, 379, 387-390, 394-400, 404-407, 411, 414, 415, 419-421, 426
합성 46, 47, 56, 59-67, 159, 160, 164, 195, 209, 248, 285
행동 유도성 259, 369, 423
행화주의 229
향미 55, 84, 133, 135, 138, 139, 386, 390, 400 ▶ 날숨 냄새, 맛 항목도 참고
향수 22, 40, 59, 60, 65, 66, 130, 143, 159, 165, 166, 173, 179-181, 184, 192, 194, 195, 216, 244, 260, 280, 281, 285, 307, 374, 376, 377, 389-395, 398-404, 406, 408-410
『향수』 376
현상학 126, 137, 138, 182, 216, 236, 365, 424
형이상학 46, 52
혼합물 57, 60, 62, 75, 76, 78, 79, 140, 145, 159, 161-163, 168, 171, 174, 211, 216, 222, 268-286, 300, 301, 311, 338, 339, 352, 353, 364, 367-369, 378, 383-385, 395
화학감각협회(AChemS) 35, 89

화학 지도 ▶ 지도
환경 49, 75, 76, 123, 124, 132, 143, 144, 169,
　179-182, 190, 192, 197, 199, 203, 212, 220,
　221, 229, 230, 235, 238, 239, 244, 280, 283,
　286, 289, 302, 329, 330, 333, 335, 337-339,
　341, 349, 350, 354, 359, 361, 362, 364, 369,
　370, 405, 411-413, 418-420, 424, 425, 427
후각 경로 31, 33, 37-39, 51, 68, 71, 115-117,
　289, 291, 292, 364
후각 기능 203, 204, 289
후각 뇌 29, 112, 289, 290, 293, 341, 342,
　361, 378, 427
후각 망울, 망울 38, 39, 86, 115, 117-122,
　169, 203, 208, 256, 258, 286, 288-365
후각 상실 84
후각 상피, 상피 69, 83, 87, 99, 114, 115, 117,
　119, 122, 134-136, 208-210, 221-225,
　239, 258, 263, 268, 270, 274, 290, 292, 296,
　301, 304, 309, 310, 313, 314, 316, 345, 351,
　352, 365
후각 수용 ▶ 수용체
후각 측정(기) 76, 77
휘발성 61, 62, 134, 158, 159, 162, 168, 220,
　223, 224, 263, 384, 420

[인명]

갬블, 매컬러 Gamble, E. A. McCulloch 74,
　75, 76, 78
게르킨, 릭 Gerkin, Rick 124, 250, 253, 256,
　431
고트프리트, 제이 Gottfried, Jay 138, 215,
　220, 230, 363, 431
그리어, 찰리 Greer, Charlie 245, 258, 260,
　292, 299, 303, 310, 313, 315, 321, 323, 324,
　326, 327, 431
길버트, 에이버리 Gilbert, Avery 147, 157,
　163, 164, 186, 189, 196, 197, 205, 207,
　224-226, 253, 254, 346, 431
깁슨, 제임스 Gibson, James J. 229
노블, 앤 Noble, Ann C. 389, 390, 431
도티, 리처드 Doty, Richard 203, 204, 431
드라브니엑스, 앤드루 Dravnieks, Andrew
　157, 251
로다미엘, 크리스토프 Laudamiel, Christophe
　173-176, 188, 377, 395, 397, 403, 431
로랑, 질 Laurent, Gilles 340, 356, 357
로저스, 매슈 Rogers, Matthew 281, 303. 346,
　352, 353, 355, 391, 431
리드, 랜들 Reed, Randall 90, 91, 169, 293,
　328, 431
린네, 카를 폰 Linne, Carl von 53-55
린버그, 드미트리 Rinberg, Dmitry 351-354,
　431
마고, 크리스천 Margot, Christian 85, 162,
　163, 165, 168, 169, 170, 326, 370, 410, 432

마지드, 아시파Majid, Asifa 153, 156, 400, 401, 432
맥건, 존McGann, John 294, 333, 361, 432
멍거, 스티브Munger, Steve 211, 280, 285, 370, 432
메르신, 안드레아스Mershin, Andreas 125, 202, 432
메이어, 파블로Meyer, Pablo 250, 251, 254, 432
메인랜드, 조엘Mainland, Joel 115, 123, 145, 219, 250, 255, 257, 432
모젤, 맥스웰Mozell, Maxwell 86-89, 199, 223, 432
몸바르츠, 페터르Mombaerts, Peter 122, 309, 311, 316, 317, 318, 320, 324
바토슉, 린다Bartoshuk, Linda 134, 138, 197, 198, 432
벅, 린다Buck, Linda 31, 91, 93-95, 97-99, 112, 113, 115, 120, 208, 239, 302, 308, 432
보스홀, 레슬리Vosshall, Leslie 84, 126, 145, 156, 157, 170, 251, 252, 254, 312, 344, 348, 432
셰퍼드, 고든Shepherd, Gordon 90, 117, 120, 121, 147, 151, 249, 295, 298, 299, 305-307, 311-313, 328, 329, 428, 432
소벨, 놈Sobel, Noam 149, 160, 180, 207, 226, 227
스미스, 배리Smith, Barry C. 139, 142, 165, 172, 179, 432
스토퍼, 마크Stopfer, Mark 356-361, 432
애크리, 테리Acree, Terry 83, 89, 126, 137, 144, 145, 167, 285, 334, 342, 352, 373, 383-386, 432
액셀, 리처드Axel, Richard 31, 91, 93, 94, 95, 113, 117, 120, 122, 249, 293, 308-310, 315, 343, 346-348, 432
에이드리언, 에드거Adrian, Edgar 86, 120, 121
엘리스, 해블록Ellis, Havelock 72, 73
엥엔, 트뤼그Engen, Trygg 189, 190, 374
올로프손, 요나스Olofsson, Jonas 124, 125, 154, 155, 362, 400, 414, 432
와이엇, 트리스트럼Wyatt, Tristram 208, 209, 210, 432
윌슨, 도널드Wilson, Donald 171, 181, 230, 347, 432
저우, 둥-징Zou, Dong-Jing 293, 314, 321, 322, 323, 349, 354, 433
즈바르데마케르, 헨드릭Zwaardemaker, Hendrik 55, 56, 69, 70, 76, 77
처칠랜드, 패트리샤Churchland, Patricia 36, 426
카할, 라몬 이Cajal, Ramón y 71, 105, 115, 116, 118, 119, 121, 291, 292, 295
칸트, 이마누엘Kant, Immanuel 21, 22
커플러, 스티븐Kuffler, Stephen W. 106, 291
케이, 레슬리Kay, Leslie 295, 337, 353, 354, 357, 362, 365, 433
켈러, 안드레아스Keller, Andreas 131, 143, 145, 167, 170, 174, 250, 251-254, 256, 433
타우지엣, 앨리슨Tauziet, Allison 155, 377, 387, 402, 433
파이어스타인, 스튜어트Firestein, Stuart 33, 90, 93, 114, 181, 239, 247-249, 255,

261-263, 266, 270, 273-277, 289, 293, 303, 306, 308, 311, 313-321, 323, 349, 353, 428, 433
포이벳, 에르완Poivet, Erwan 263, 265, 266, 267, 433
푸스, 아이나Puce, Aina 101, 229, 433
프라스넬리, 요하네스Frasnelli, Johannes 148, 378, 433
프랭크, 매리언Frank, Marion 282, 284, 433
프리몬트, 해리Fremont, Harry 180, 377, 392, 394, 395, 401, 433
핑거, 톰Finger, Tom 225, 229, 235, 240, 433
할러, 알브레히트 폰Haller, Albrecht von 54, 55, 62, 104

헤닝, 한스Henning, Hans 78-81, 148
헤르츠, 레이첼Herz, Rachel 187, 191, 193, 194, 367, 368, 433
헤틴저, 토머스Hettinger, Thomas 163, 283, 284, 306, 433
헬름홀츠, 헤르만 폰Helmholtz, Herrmann von 232, 334, 405, 421
호로비츠, 알렉산드라Horowitz, Alexandra 227, 228, 433
화이트, 테레사White, Theresa 152, 154, 187, 188, 191, 196, 433
훔멜, 토마스Hummel, Thomas 149, 150, 196, 197, 203, 204, 206, 433

【조금 다른 과학자 이야기】

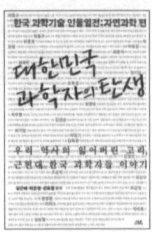

대한민국 과학자의 탄생
한국 과학기술 인물열전: 자연과학 편

김근배·이은경·선유정 편저

"한국 현대사는 산업화, 민주화와 함께 치열한 과학화의 과정이었다."
우리 역사의 잃어버린 고리, 근현대 한국 과학자 이야기.
★ 케임브리지대 장하석 석좌교수, '안될과학' 크리에이터 강성주 박사,
서울대 국제대학원 박태균 교수, 한국과학기술한림원 유욱준 원장 추천!

• 한국출판문화산업진흥원 세종도서   • 제65회 한국출판문화상 학술부문 본심   • 문화일보 '올해의 책'
• 국민일보, 한국일보, 한겨레, 문화일보, 조선일보, 부산일보, 세계일보 등 언론 추천

그렇게 물리학자가 되었다

김영기·김현철·오정근·정명화·최무영 지음

"뭔가 해야 한다면, 그게 뭘까?" 각자의 인생 궤도 속에서 과학자의 길을
발견하고 물리학이라는 항연을 즐긴 K과학자들의 5인 5색 나의 길 찾기!
★ 성균관대 물리학과 한정훈 교수 추천!

• 마산도서관 '진로와 디딤' 추천도서   • 서울 도봉도서관 사서추천도서   • 의정부 과학도서관 사서컬렉션

어나더 ★ 사이언티스트

〔신간〕

신사와 그의 악마
제임스 클러크 맥스웰의 삶과 현대 물리학의 시작

브라이언 클레그 지음 | 배지은 옮김

"나는 뉴턴의 어깨가 아니라 클러크 맥스웰의 어깨 위에 서 있다."
_아인슈타인

19세기의 프로메테우스! 물리학자들의 영웅! 전자기학을 완성한
제임스 클러크 맥스웰과 그의 악마에 관한 이야기.

에미 뇌터 그녀의 좌표

에두아르도 사엔스 데 카베손 지음 | 김유경 옮김 | 김찬주·박부성 감수

"뭔가를 포기했다고 해서 그것이 다 좌절의 이야기는 아니다."
현대 대수학의 개척자, '뇌터 정리'를 증명한 이론물리학의 선구자!
학문적 엄격함을 견지하면서도 섬세하고 문학적인 필치로 되살린
에미 뇌터의 삶.

• 과학책방 '갈다' 주목 신간   • 예스24 과학MD 추천도서   • 한겨레신문 '정인경의 과학 읽기' 추천도서

【지금의 교양, 세로북스 과학】

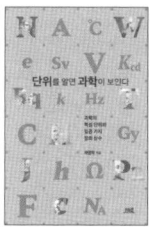

단위를 알면 과학이 보인다
_과학의 핵심 단위와 일곱 가지 정의 상수

곽영직 지음

전면 개정된 새로운 국제단위계를 반영한 최신 단위 사전!
★ 서울대 물리천문학부 최무영 명예교수 추천!

• 학교도서관저널 '이달의 새 책'   • 과학책방 '갈다' 주목 신간

나의 시간은 너의 시간과 같지 않다
_김찬주 교수의 고독한 물리학: 특수 상대성 이론

김찬주 지음

특수 상대성 이론, 물리학자처럼 이해하기!
특수상대론을 정말로 이해하고 나면 다시는 무지몽매했던
과거로 돌아갈 수 없다!
★ 한국출판문화산업진흥원 출판콘텐츠 창작 지원사업 선정작
★ 이화여대 물리학과 이공주복 명예교수 추천!

• 윤고은의 EBS 북카페 추천   • SBS뉴스 이번 주 읽어볼 만한 신간
• 출판문화원 K-BOOK Trends 선정   • 과학책방 '갈다' 주목 신간

이제라도! 전기 문명

곽영직 지음

전기 없인 못 살지만 전기는 모르고, 스마트폰은 늘 쓰지만
전자기파는 모른다? AI를 만나기 전에, 4차 산업혁명을
논하기 전에 이제라도! 전기 문맹 탈출!
★ 한국기술교육대 전기전자통신공학부 정종대 교수 추천!

• 책씨앗 청소년 추천도서   • 과학책방 '갈다' 주목 신간

태양계가 200쪽의 책이라면

김항배 지음

손과 마음으로 느끼는 텅 빈 우주, 한 톨의 지구!
★ 경희대 물리학과 김상욱 교수 추천!

• 제61회 한국출판문화상 편집 부문 본심   • 행복한 아침독서 '이달의 책'
• 경기중앙도서관 추천도서   • 책씨앗 '좋은책 고르기' 주목 도서
• 과학책방 '갈다' 주목 신간   • 고교독서평설 편집자 추천도서